"十三五"国家重点出版物出版规划项目　高等教育网络空间安全规划教材

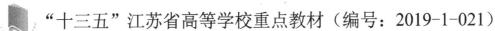"十三五"江苏省高等学校重点教材（编号：2019-1-021）

同步在线开放课程教材

江苏省首批本科优秀培育教材

江苏省首批课程思政建设示范课程配套教材

信息安全案例教程：技术与应用

第 2 版

陈 波 于 泠 编著

机 械 工 业 出 版 社

本书围绕构建信息安全体系结构的技术、管理和人 3 个关键要素展开。信息安全技术围绕网络空间的载体、资源、主体和操作 4 要素，介绍设备与环境安全、数据安全、身份与访问安全、系统软件安全、网络系统安全、应用软件安全和信息内容安全 7 个方面的内容，涵盖了从硬件到软件、从主机到网络、从数据到信息内容等不同层次的安全问题及解决手段。信息安全管理涵盖了法律法规和标准等管理制度、等级保护、风险评估等重要环节。对人的安全意识教育、知识介绍和技能培养贯穿全书。本书的目标是帮助读者构建系统化的知识和技术体系，以正确应对面临的信息安全问题。

本书可作为网络空间安全专业、信息安全专业、计算机科学与技术专业、信息管理与信息系统专业或相关专业的基础课程、通识课程的教材，也可作为信息安全工程师、国家注册信息安全专业人员以及相关领域的科技人员与管理人员的参考书。

本书配有授课电子课件等相关教学资源，需要的教师可登录 www.cmpedu.com 免费注册，审核通过后下载，或联系编辑索取（微信：15910938545；电话：010-88379739）。

图书在版编目（CIP）数据

信息安全案例教程：技术与应用 / 陈波，于泠编著. —2 版. —北京：机械工业出版社，2020.12（2025.1 重印）

"十三五"国家重点出版物出版规划项目　高等教育网络空间安全规划教材

ISBN 978-7-111-67161-9

Ⅰ. ①信…　Ⅱ. ①陈…　②于…　Ⅲ. ①信息安全－高等学校－教材

Ⅳ. ①TP309

中国版本图书馆 CIP 数据核字（2020）第 255224 号

机械工业出版社（北京市百万庄大街 22 号　邮政编码 100037）

策划编辑：郝建伟　　责任编辑：郝建伟　王　荣

责任校对：张艳霞　　责任印制：单爱军

北京虎彩文化传播有限公司印刷

2025 年 1 月第 2 版・第 10 次印刷

184mm×260mm・20.75 印张・512 千字

标准书号：ISBN 978-7-111-67161-9

定价：75.00 元

电话服务　　　　　　　　　　网络服务

客服电话：010-88361066　　　机 工 官 网：www.cmpbook.com

　　　　　010-88379833　　　机 工 官 博：weibo.com/cmp1952

　　　　　010-68326294　　　金 书 网：www.golden-book.com

封底无防伪标均为盗版　　机工教育服务网：www.cmpedu.com

前　　言

党的二十大报告中强调，要健全国家安全体系，强化网络在内的一系列安全保障体系建设。没有网络安全，就没有国家安全。筑牢网络安全屏障，要树立正确的网络安全观，深入开展网络安全知识普及，培养网络安全人才。

信息安全通识课是网络安全人才必修的专业基础课。

本书第 1 版出版迄今已逾 5 年，受到了广大读者的欢迎，被数十所高校选为教材使用，发行量在同类教材中名列前茅。但信息安全攻防对抗在不断发展，新的安全防护技术和安全思想不断产生，因而本书内容也必须与时俱进。在大家的期待和鼓励下，我们用了近两年的时间完成了本书的修订工作。

本书的编写和修订工作适应国家对网络空间安全高层次人才培养的需求，具有强烈的时代背景和应用价值。2014 年 2 月 27 日，中央网络安全和信息化领导小组（现已更名为"中共中央网络安全和信息化委员会办公室"）成立，标志着信息安全已成为构建我国国家安全体系和安全战略的重要组成，"没有网络安全就没有国家安全，没有信息化就没有现代化"。2015 年 6 月，国务院学位委员会、教育部决定在"工学"门类下增设"网络空间安全"一级学科，促使高校网络空间安全高层次人才培养进入了一个新的发展阶段。2016 年 6 月，中共中央网络安全和信息化领导小组办公室等六部门联合印发了《关于加强网络安全学科建设和人才培养的意见》，对网络安全学科专业和院系建设、网络安全人才培养机制、网络安全教材建设等提出了明确要求。

本书第 2 版列入"十三五"国家重点出版物出版规划项目"高等教育网络空间安全规划教材"。本次修订是作者多年来教学改革成果的总结。本书是"十三五"江苏省高等学校重点教材、江苏省本科优秀培育教材，是江苏省高等教育教学改革重点课题（2015JSJG034）和一般课题（2019JSJG280）、江苏省教育科学"十二五"规划重点资助课题（泛在知识环境下的大学生信息安全素养教育——培养体系及课程化实践）、南京师范大学精品课程"计算机系统安全"以及南京师范大学"信息安全素养与软件工程实践创新教学团队"建设项目的成果。

本书第 2 版对前一版进行了全面修订，跟踪当前网络空间安全的发展，分析新问题、解析新技术、实践新应用，以足够的广度和深度涵盖该领域的核心内容。本书在修订中力求体现以下四大特色。

1. 系统化知识体系，结构完整

全书围绕构建信息安全体系结构的技术、管理和人 3 个关键要素展开。信息安全技术围绕网络空间的载体、资源、主体和操作 4 要素，介绍设备与环境安全、数据安全、身份与访问安全、系统软件安全、网络系统安全、应用软件安全和信息内容安全 7 个方面的内容，涵盖了从硬件到软件、从主机到网络、从数据到信息内容等不同层次的安全问题及解决手段。信息安全管理介绍信息安全管理体系，涵盖了法律法规和标准等管理制度、等级保护、风险评估等重要环节。对人的安全意识教育、知识介绍和技能培养贯穿全书。本书的目标是帮助读者构建系统化的知识和技术体系，以正确应对面临的信息安全问题。

第 1 章　信息安全概述。本章以两个更新的案例"斯诺登曝光美国棱镜计划"和"震网攻击与伊朗核设施的瘫痪"引出问题;围绕信息为什么会有安全问题、信息面临哪些安全问题以及如何应对信息安全问题三大问题展开介绍;给出了新的案例拓展:匿名网络。

第 2 章　设备与环境安全。本章以案例"电影《碟中谍 4》中迪拜哈利法塔的机房"引出问题;围绕计算机设备与环境面临的安全问题与防护对策展开介绍;补充更新了物理安全威胁方式,例如旁路攻击、设备在线等工控系统面临的安全新威胁及 10 个新案例;并根据新的国家标准重新组织了数据中心物理安全防护等内容;完善了案例拓展:移动存储设备安全问题分析与对策。

第 3 章　数据安全。本章以新案例"战争与密码"和"数据库损毁事件"引出问题;围绕数据的保密性、完整性、不可否认性和可认证性、存在性以及可用性 5 个方面的安全需求介绍相应的密码理论与技术;补充完善了密钥管理、区块链相关的哈希函数等新的理论和技术,强化了密码技术的实践与应用;完善了案例拓展:Windows 操作系统常用文档安全问题与对策。

第 4 章　身份与访问安全。本章以更新的案例"国内著名网站用户密码泄露事件"引出问题;围绕数据资源访问过程中身份认证和访问控制两个关键安全环节展开介绍;完善了身份凭证信息等内容,增加了对当前无口令、无验证码等 FIDO 身份认证新技术的介绍和一个新案例;完善了案例拓展:基于口令的身份认证过程及安全性增强。

第 5 章　系统软件安全。本章以新的案例"操作系统安全性高低之争"引出问题;围绕操作系统和数据库系统两大系统软件面临的安全问题和安全机制设计展开介绍;完善了操作系统中的身份认证和访问控制两大安全机制,以及安全机制在 Windows 和 Linux 两大常见操作系统中的实现等内容;针对数据库的各项安全需求介绍了数据库的访问控制、完整性控制、可用性保护、可控性实现、隐私性保护等安全控制措施;给出了新的案例拓展:Windows 10 操作系统安全加固。

第 6 章　网络系统安全。本章以更新的案例"高级持续性威胁(APT)攻击"引出问题;围绕网络的安全问题与安全防护展开介绍;根据新颁布的国家标准补充更新了防火墙、入侵检测的技术和产品、无线网络加密协议等内容和 3 个新案例;根据《推进互联网协议第六版(IPv6)规模部署行动计划》,改写了 IPv6 这部分的内容;改写了案例拓展:APT 攻击的防范。

第 7 章　应用软件安全。本章以 3 个更新的案例"永远的软件漏洞""勒索病毒'想哭'""苹果公司 iOS 系统越狱的安全问题"引出问题;在分析应用软件面临的软件漏洞、恶意代码以及软件侵权这 3 类安全问题的基础上,分别从安全软件工程、恶意代码防范以及软件知识产权保护 3 个方面介绍相关新技术;补充完善了章节的内容和示例;给出了新的案例拓展:勒索病毒防护。

第 8 章　信息内容安全。本章以两个更新的案例"社交媒体与伦敦骚乱事件"和"用户隐私数据泄露事件"引出问题;围绕信息内容的安全问题及应对管理措施和技术方法展开介绍;完善了信息内容安全威胁等内容,补充了我国网络信息内容安全管理新的法律法规;改写了案例拓展:个人隐私保护。

第 9 章　信息安全管理。本章以两个更新的案例"动画片《三只小猪》与信息安全管理"和"BYOD 与信息安全管理"引出问题;在介绍信息安全管理概念的基础上,围绕信息安全管理制度、信息安全等级保护、信息安全风险评估这 3 个信息安全管理中的重要工作展开介绍;重新组织了我国信息安全相关法律法规的内容,补充了我国最新的安全标准,重点改写了等级保护 2.0 相关内容;改写了案例拓展:人因安全管理。

2. 情境化案例内容,引导思维

本书精心选择并设计了近 30 个案例。在案例选择上,既注重重大安全事件的代表性,也兼容影视作品中信息安全桥段的趣味性,既注重经典理论素材,也兼顾读者关注的热点问题。在案例的设计上,既注重案例的客观阐述,也追求对案例所涉及原理的深度挖掘,既有对案例的情境设问引导思考，也有对案例的层层剖析解疑释惑。

案例教学法具有鲜明的实践性，是教学中对学生能力培养的一种不可替代的重要方法，因而非常适用于信息安全这门实践性很强的课程。

全书通过以具有经典性和代表性的案例为基本教学素材，将读者引入信息安全实践的情景中，以问题解决为主线，引导读者思考问题，寻找解决思路，使读者在解决问题的过程中掌握知识，从而培养形成自主学习的能力。

3. 层次化设计，适合翻转课堂教学

按照建构主义的学习理论，读者作为学习的主体在与客观环境（这里指本书的书网一体化资源）的交互过程中构建自己的知识结构。为此，本书第 2 版在每一章的内容组织上进行了创新设计以适配翻转课堂教学，如下图所示。

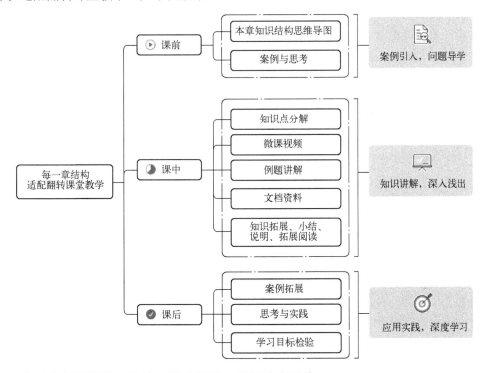

每一章以案例创设学习情境，提出问题，引导读者思维。

本书内容经过精心裁剪和组织，既注重理论深度和广度，也追求内容讲述深入浅出；既注重经典理论素材，也追踪最新技术成果；既注重基础理论阐述，也追求应用技能培养。各个知识点围绕案例问题织成块、形成网，帮助读者充分了解信息安全面临的问题，建立系统化的分析问题的思路，提供实用性强的解决问题的手段。书中给出了以二维码链接的 60 个微课视频，并通过网盘（具体获取方式见封底）提供大量文档资料和视频资料以及拓展知识、拓展阅读参考文献等内容，对重要知识点进行强化说明，引导读者发现新的信息安全问题，拓展知识面。

每一章最后的案例拓展与每章开头的案例引入相呼应，通过案例拓展对每章介绍的理论和技术进行实践应用并进一步地提出问题和思考，帮助读者在学习正文内容后进行知识内化与实践提高。章末还设置了丰富的思考与实践题，包括简答题、知识拓展题、读书报告题、操作实验题、编程实验题、综合设计题和材料分析题等多种题型，全书共计 230 多道题目。题目内容覆盖了每一章的基本知识点，对于读者掌握和应用这些知识点有很大的帮助。最后的学习目标检验帮助读者在学习过程中或结束后，对照知识和能力两大类目标的具体内容进行自测，以此实现对读者学习过程的督促和引导。

总之，本书的每一章均构建了"知""会""行"3 个能力培养层次，为有高阶性、创新性和挑战度的教学提供了帮助。

为了便于教师教学，我们在后面的"教学建议"中给出了全书每章中的"案例""知识点""技能"的具体内容。教师可以对学生进行问题引导、疑难精讲、质疑点拨、检测评估，以促进学生的深度学习和应用。

4. 数字化书网一体，资源丰富

作者围绕本书已经建成了书网一体化的在线开放课程资源，本书的内容通过网站得到动态扩展和更新，方便教师教学和学生自学。读者可以使用移动设备的相关软件（如微信），扫描书中提供的二维码，与在线开放课程资源无缝衔接，免费在线观看微课视频，阅读文档资料等辅助教学资源。也可以直接访问"爱课程"中国大学慕课在线开放课程"移动互联网时代的信息安全防护"主页（https://www.icourse163.org/course/NJNU-1206031809），免费注册后在线学习或下载教学课件、微课视频、试题等全部学习资源。

本书由陈波和冷执笔完成。本书在写作过程中查阅和参考了大量的文献和资料，在此一并致谢。本书的完成也要感谢机械工业出版社的郝建伟编辑一直以来对作者的指导和支持。

由于编者水平有限，书中难免有疏漏之处，恳请广大读者批评指正。为了让读者能够直接访问相关资源进行学习了解，在书中加入了大量链接，虽然已对链接地址进行认真确认，但是可能会由于网站日后的变化而不能访问，请予谅解。读者在阅读本书的过程中若有疑问，也欢迎与编者联系，电子邮箱是：SecLab@163.com。

编　者

教 学 建 议

章	案例与思考（知）	知识点（会）	技能（行）	教学建议
1	1-1：斯诺登曝光美国棱镜计划 1-2：震网攻击与伊朗核设施的瘫痪	● 信息、信息系统、网络空间的概念 ● 信息安全、网络空间安全等概念及其之间的联系与区别 ● 信息安全问题产生的根源，明晰安全事件、威胁以及脆弱点三者之间的关系 ● 信息安全的几大需求或属性 ● 信息安全防护的发展、基本原则和基本防护体系	● 对安全事件、黑客有正确的认识 ● 理解信息安全的"安全"的内涵 ● 对信息流动过程中面临的安全问题进行系统分析 ● 正确认识网络监控及应用匿名网络反监控	1. 围绕案例 1-1 介绍网络空间面临的安全威胁 2. 网络空间信息安全概念的理解 3. 围绕案例 1-2 介绍网络空间信息安全防护的发展及基本体系
2	2：电影《碟中谍4》中迪拜哈利法塔的机房	● 计算机设备和运行环境面临的安全问题 ● 数据中心物理安全防护 ● PC 物理安全防护 ● 移动存储设备面临的安全问题及防护对策	● 数据中心的物理防护方法方案设计 ● PC 物理防护措施应用 ● 移动存储设备安全防护措施应用	1. 围绕案例 2-1 介绍设备与环境安全的重要性、面临的安全威胁及主要安全技术 2. 以移动设备为例进行分析与应用
3	3-1：战争与密码 3-2：数据库损毁事件	● 数据面临的安全问题 ● 现代密码学的基本内容和应用领域 ● 一个密码体制的基本组成 ● 密码体制的安全设计方法和设计原则 ● 对称密码体制与公钥密码体制的概念及算法 ● 哈希函数的概念及算法 ● 数字签名、消息认证的概念及算法 ● 信息隐藏的概念与方法 ● 容灾备份的概念与关键技术	● Windows 操作系统常用文档安全保护 ● 加密、验证、信息隐藏等基本编程与应用 ● 容灾备份系统方案设计	1. 围绕案例 3-1 介绍密码基本概念 2. 介绍数据的保密性、完整性、不可否认性和可认证性、存在性、可用性防护 3. 围绕案例 3-2 介绍数据可用性防护
4	4：国内著名网站用户密码泄露事件	● 身份认证的概念 ● 身份认证的基本过程 ● 身份凭证信息的类别及多因子认证 ● OTP、Kerberos 及 PKI 身份认证机制 ● 访问控制的概念及主要的访问控制模型 ● 经典的接入控制方案	● 系统分析当前身份认证中凭证信息使用的特点及面临的风险 ● 口令安全管理工具的应用 ● 数字证书在网络中的应用 ● 网络接入方案实施	1. 围绕案例 4 介绍用户口令安全问题及防护 2. 身份认证技术原理及应用 3. 访问控制技术原理及应用
5	5：操作系统安全性高低之争	● 操作系统面临的安全问题 ● 操作系统安全等级划分 ● 操作系统的基本安全目标和安全机制 ● Windows、Linux 操作系统安全机制 ● 数据库系统面临的安全问题 ● 数据库系统安全需求 ● 数据库系统安全控制	● Windows 操作系统安全性加固 ● Linux 操作系统安全基准配置 ● 信息系统数据库的安全控制方案设计	1. 围绕案例 5 介绍系统软件安全问题 2. 操作系统安全机制及其在 Windows 操作系统中的体现 3. 数据库系统安全需求与安全控制实现

章	案例与思考（知）	知识点（会）	技能（行）	教学建议
6	6：高级持续性威胁（APT）攻击	● 网络面临的安全问题 ● 网络攻击威胁 ● TCP/IPv4 的脆弱性 ● 防火墙、入侵检测系统等网络安全设备原理、技术与发展 ● 网络安全架构 ● 网络安全协议 ● IPv6 协议的安全新特性 ● 主流无线网络协议	● 防火墙等网络安全软件的配置和使用 ● VPN 等应用设置与应用 ● 无线网络安全配置与应用 ● 对网络传统边界分层防护缺陷分析及对无边界防护新技术的思考	1. 围绕案例 6 介绍网络面临的安全问题 2. 介绍多种网络攻击威胁 3. 网络传统边界分层防护的原理与技术及其缺陷 4. 网络安全技术的发展及新技术的产生与趋势
7	7-1：永远的软件漏洞 7-2：勒索病毒"想哭" 7-3：苹果公司 iOS 系统越狱的安全问题	● 软件漏洞问题 ● 恶意代码的概念 ● 软件知识产权侵权问题 ● 安全软件工程 ● 恶意代码的法律惩处与管理防治、技术防范 ● 软件版权的法律保护与技术保护 ● 勒索病毒防护措施	● 恶意代码查杀工具应用 ● 主机安全加固方法应用 ● 软件代码签名和验证的方法 ● 明晰恶意代码犯罪惩戒相关法律法规，具备软件知识产权保护意识	1. 围绕案例 7-1 介绍软件安全漏洞与面向漏洞消减的安全软件工程 2. 围绕案例 7-2 介绍恶意代码的分类与防范的管理与技术措施 3. 围绕案例 7-3 讨论软件侵权问题与技术和法律保护措施
8	8-1：社交媒体与伦敦骚乱事件 8-2：用户隐私数据泄露事件	● 信息内容安全问题的产生及安全威胁 ● 信息内容安全相关概念 ● 信息内容安全保护的法律与法规 ● 信息内容安全管理的主要技术与设备 ● 隐私相关概念、隐私泄露常见途径及应对措施	● 正确认识信息内容安全的重要意义 ● 正确认识和处理重要公共事件中公民个人信息保护的问题 ● 能够进行手机、手机 App、PC 隐私保护设置	1. 围绕案例 8-1 介绍信息内容安全问题及保护途径 2. 围绕案例 8-2 介绍用户隐私安全问题及保护途径 3. 信息新技术是产生问题的主要根源也是重要解决途径
9	9-1：动画片《三只小猪》与信息安全管理 9-2：BYOD 与信息安全管理	● 信息安全管理的重要性及概念 ● 信息安全管理的制度：法律与标准 ● 信息安全等级保护的概念与实施 ● 信息安全风险评估的概念与实施 ● 人因安全管理的概念及 3 种主要实施途径	● 风险评估方法设计 ● 风险评估工具应用 ● 安全意识自我测试、自我提高	1. 围绕案例 9-1 介绍信息安全管理的概念、制度及安全意识教育 2. 围绕案例 9-2 介绍信息安全等级保护及风险评估的概念与实施，以及人因安全管理

目　录

第1章　信息安全概述

本章知识结构

本章围绕信息为什么会有安全问题、信息面临哪些安全问题以及如何应对信息安全问题三大问题展开，本章知识结构如图1-1所示。

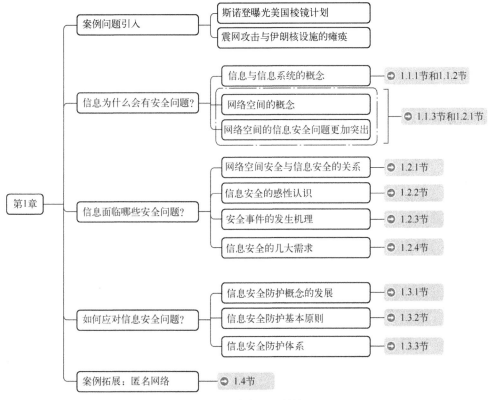

图1-1　本章知识结构

案例与思考1-1：斯诺登曝光美国棱镜计划

【案例1-1】

棱镜计划（PRISM）是一项由美国国家安全局（NSA）自2007年起开始实施的绝密电子监听计划。该计划的正式名号为"US-984XN"。2013年6月，该计划因美国防务承包商博思艾伦咨询公司的雇员爱德华·斯诺登（Edward Snowden）向英国《卫报》提供绝密文件而曝光。图1-2为棱镜计划的标志。棱镜是一种透明的光学元件，抛光与平坦的表面能折射光线，一束普通白光射过棱镜，能够析出其七色光，这对于专门窃取信息的监视项

微课视频 1-1
斯诺登事件

图1-2　棱镜计划的标志

1

目来说,"棱镜"是一个再合适不过的代号。

斯诺登曝光棱镜计划的文件,是一份长达 41 页的秘密 PPT 文件,这是专门为美国国家安全局内部演示而编写的,展示了棱镜计划运作的全过程。

美国国家安全局和联邦调查局凭借棱镜计划,直接进入互联网服务商的服务器,大规模收集分析实时通信和服务器端信息,肆无忌惮地收集并监视个人智能手机使用和互联网活动信息,包括电子邮件、聊天记录、电话记录、视频、照片、存储数据、文件传输、搜索记录、视频会议、登录时间和网络社交等个人信息。可以说,棱镜计划以近乎实时备份的方式,备份了整个全球互联网的全部数据。

被曝光参与棱镜计划的互联网服务商有 9 个,它们为用户提供日常网络服务。

- 终端操作系统服务商有微软、谷歌和苹果。
- 电子邮件服务商有微软、雅虎、谷歌。
- 社交网站服务商有脸书(Facebook)、谷歌、YouTube。
- 即时通信服务商有微软、雅虎、谷歌、脸书、美国在线(AOL)、PalTalk、Skype。
- 网络接入服务提供商有美国在线。

棱镜计划能够对被监控对象展开全方位、多角度的情报搜集和跟踪。在曝光的一页秘密 PPT 中(见图 1-3),显示了两种监控数据来源:Upstream(另一个监听项目的代号)和 PRISM。Upstream项目在承载互联网骨干通信内容的光缆上安装分光镜,复制其通信内容;PRISM 则是从上述美国网络服务提供商的服务器直接进行收集。"我们(斯诺登受雇公司以及美国国家安全局)主要攻击网络中枢,像大型互联网路由器。"斯诺登说,"这样我们可以接触数以十万计的计算机通信数据,而不用入侵每一台计算机。"

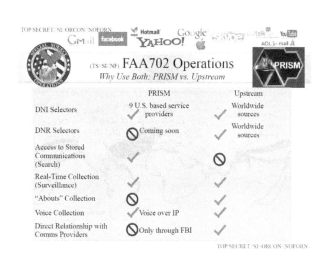

图 1-3 介绍美国国家安全局监控数据来源的一页 PPT

2013 年 7 月 31 日,斯诺登再次通过英国《卫报》爆料,揭露美国更大规模的监控项目"Xkeyscore"。该项目拥有 700 多个服务器,遍布世界各地,可以"最大范围收集互联网数据","几乎可以涵盖所有网上信息"。在 2012 年,1 个月内存储的各类监控数据记录就高达 410 亿条。

斯诺登披露的一系列文件还显示,美国国家安全局一直从事侵入中国内地和香港计算机系统的活动。

【案例 1-1 思考】

- 如何看待棱镜计划被曝光事件对信息安全问题的影响?
- 信息为什么会有安全问题?
- 信息面临哪些安全问题?尤其是在网络空间环境下。
- 如何定义信息安全的概念?
- 信息安全研究的内容是什么?

案例与思考 1-2：震网攻击与伊朗核设施的瘫痪

微课视频 1-2
伊朗核设施瘫痪事件

【案例 1-2】

2010 年 6 月，震网（Stuxnet）攻击首次被发现，这是已知的第一个以关键工业基础设施为目标的蠕虫，其感染并破坏了伊朗纳坦兹核设施，并最终使伊朗布什尔核电站推迟启动。斯诺登证实，是美国国家安全局和以色列合作研制了震网（Stuxnet）蠕虫病毒。

震网病毒让世人惊讶的两点，一是传播和渗透非常精巧。如图 1-4 所示，攻击者首先使得目标用户使用的某些主机感染病毒，这些用户一旦在这些主机上使用 U 盘，U 盘即被感染。

U 盘被带入安全隔离的内部局域网上使用，U 盘上的病毒会利用一系列的系统漏洞，或是 U 盘在内网中不同主机上的使用，实现内网主机间的传播；病毒会尝试与控制台（Command & Control，C&C）服务器通信，将受感染系统的 IP 地址、主机名以及基本配置信息上报给其 C&C 服务器，以此获取关于目标系统的更多信息；病毒通过 U 盘传播感染严格隔离工业网中安装有西门子控制程序的工作站后展开攻击。

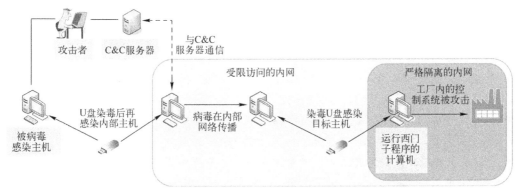

图 1-4　震网病毒攻击工业控制系统流程

震网病毒另一个让人惊讶的是攻击目标精准，即针对德国西门子公司的 SIMATIC Step7 和 WinCC 系统。这是一款数据采集与监视控制（Supervisory Control And Data Acquisition，SCADA）系统，被伊朗广泛使用于国防基础工业设施中。该系统程序可以控制和修改运行在可编程逻辑控制器（Programmable Logic Controller，PLC）上的代码，而 PLC 控制着设备的运行状态，如机器转速等。当病毒到达装有 WinCC 系统用于控制离心机的主机后，首先记录离心机正常运转时的数据，如某个阀门的状态或操作温度，然后将这个数据不断地发送到监控设备上，以使工作人员认为离心机工作正常。与此同时，病毒控制离心机使其运转速度失控，直至瘫痪或报废。而核设施工作人员在一定时间内会被监控设备上显示的虚假数据所蒙骗，误认为离心机仍在正常工作，等到他们察觉到异常时为时已晚，很多离心机已经遭到不可挽回的损坏。

2014 年，美国自由撰稿人金·泽特（Kim Zetter）出版了 Countdown to Zero Day: Stuxnet and the Launch of the World's First Digital Weapon（《零日攻击：震网病毒全揭秘》）。该书是目前关于震网病毒入侵伊朗核设施事件最为全面和权威的读物，也为人们揭开了零日漏洞攻击的神秘面纱。

2016 年，美国导演亚历克斯·吉布尼（Alex Gibney）执导的纪录片 Zero Days（《零日》）讲述了震网病毒攻击伊朗核设施的故事，揭露了网络武器的巨大危险性。

【案例1-2思考】

● 震网病毒这类"精确制导的网络导弹"，与传统的网络攻击相比较有哪些新的特点？

● 面对网络空间不断出现的安全问题，我们应当建立怎样的安全防护体系？

● 建立网络空间信息安全防护体系应当确立哪些原则？

【案例1-1和案例1-2分析】

案例1-1中的棱镜计划，堪称是一场震惊全球的网络空间安全的核冲击波，该计划对全球各国网络空间安全与发展的影响异常深远。斯诺登所揭露的棱镜计划使网络空间这一全新领域的发展与安全问题成为世界性的焦点论题。棱镜计划也要求我们重新思考我国未来的网络空间安全和发展的问题。

为此，我们需要从棱镜计划的本质——大规模网络监控入手，进一步分析目前的网络空间安全威胁，在不断发展的网络空间的全新范式下思考我国信息安全对策。

案例1-2中，在传统工业与信息技术融合不断加深、传统工业体系的安全核心从物理安全向信息安全转移的趋势和背景下，伊朗核设施遭受震网病毒攻击事件尤为值得我们思考。这是一次极不寻常的攻击，具体体现在以下几点。

● 传统的网络攻击追求影响范围的广泛性，而这一攻击具有极其明确的目的，是为了攻击特定工业控制系统及特定的设备。

● 传统的攻击大都利用通用软件的漏洞，而这一攻击则完全针对行业专用软件，使用了多个全新的0 day漏洞（新发现的漏洞，尚无补丁和防范对策）进行全方位攻击。

● 这一攻击能够精巧地渗透到内部专用网络中，从时间、技术、手段、目的、攻击行为等多方面来看，完全可以认为发起这一攻击的不是一般的攻击者或组织。

这一攻击事件绝不是偶然发生的，也不是个案。在中国国家信息安全漏洞共享平台（China National Vulnerability Database，CNVD）中，已经收录了2000余条对我国影响广泛的工业控制系统软件安全漏洞的信息。可以相信，针对我国众多工业控制系统一定还有更多未被发现的漏洞和潜在的破坏者。

因此，这一攻击事件给我们带来的更多是一种安全观念和安全意识上的冲击。安全威胁和网络攻击无处不在，建立科学、系统的安全防护体系成为必然。

接下来，本章围绕信息为什么会有安全问题、信息面临哪些安全问题以及如何应对信息安全问题三大问题展开介绍。

1.1　信息、信息系统与网络空间

本节首先从"信息是什么"的角度探讨信息的本质，接着讨论消息、数据等概念与信息的联系与区别，为理解网络空间环境下的信息安全问题打下基础。

1.1.1　信息的概念

1. 信息的定义

信息依据载体的不同通常可分为文字、图形（图像）、声音、动画和视频，其表现形式有声音、图片、温度、体积和颜色等。信息的分类方法也很多，包括电子信息、财经信息、天气信息和生物信息等。在棱镜计划中，人们的通话时间、通话时长和通话内容等都是受到监控的信息。

我国国家标准 GB/T 4894—2009《信息与文献 术语》中，对"信息"（Information）的解释是被交流的知识，而对"知识"的解释是"基于推理并经过证实的认识"。在 GB/T 17532—2005《术语工作 计算机应用 词汇》中对"信息"的解释是"关于客体（如事实、概念、事件、思想、过程等）的知识，它在一定的上下文中具有特定的意义"。

我国钟义信教授在《信息科学原理》一书中，对"信息"的释义是，信息是事物运动的状态及其状态变化的方式。从认识论的角度说，信息是主体所感知的事物运动的状态和状态改变的方式，包括主体所关心的这些运动状态及其变化方式的形式（语法信息）、含义（语义信息）和价值（语用信息）。这里所说的"事物"，可以是外部世界的物质客体，也可以是主观世界的精神现象；"运动"可以是物体在空间的位移，也可以是一切意义上的变化；"运动的状态"是指事物在特定时空中的性状和态势；"状态改变的方式"是指事物运动状态随时空的变化而改变的样式。

2．信息与消息、数据等概念的区别与联系

读者通常对于消息、数据、资料这些和信息的概念十分接近的名词感到疑惑，什么是"消息""数据""资料"？它们和"信息"概念有什么区别？钟义信教授《信息科学原理》一书中对此进行了阐述。

（1）消息（Message）与信息

可以说消息是信息的俗称，信息是消息的学名。消息是信息的日常称谓，信息是消息的学术表述，两者可以互换。

信息不仅有长短的区别，重要与否的区别，以及价值大小的区别，信息还有信息量大还是小的区别。例如，同样是 140 字左右的微博，有的所包含的信息量很大，有的则很小。

（2）数据（Data）与信息

在计算机应用领域，数据的原意是以数字形式表达的信息。人们通常把文本信息、语音信息、图形信息、图像信息等也分别叫作文本数据、语音数据、图形数据、图像数据等，实际上这是更加注重这些信息在计算机中的数字表达。因此，数据实际是记录或表示信息的一种形式，而信息是经过加工的数据，是有价值的数据，不能把数据等同于信息本身。

例如，用户收到的一个数据文件，在计算机中的表达只是一段 0 或 1 的组合，用户可以以此作为特征码来鉴别文件是否含有恶意代码，但是作为信息，还需要甄别其语义（含义）和语用（价值），因为其表达的信息内容可能是有害的或违法的。因此，本书第 3 章数据安全讨论数据形式层面的安全，第 8 章信息内容安全主要讨论语义和语用层面的安全。

（3）媒体（Media）和信息

媒体的字面意义是"媒介体"或"中介物"，它的表征性作用是在不同的对象之间实现某种意义上的互相沟通。信息作为"事物运动的状态和状态变化的方式"，总是依附于一定的事物。如果要使这些"状态和方式"脱离开原来的事物，提供给相关的人们使用，就必须设法把这些"状态和方式"寄附在那些被称为"媒体"的事物上，这样才便于表现，便于传送，便于被人们利用。因此，在信息技术范畴，媒体是指携带信息、表示信息或显示信息的载体。

例如，在考虑如何防范病毒等恶意代码传播的过程中，人们不能忽视对移动存储设备这种存储媒介（Storage Media）的安全控制。在研究信息内容安全的过程中，也不能忽视对传播媒体的安全管理和控制。

（4）情报（Intelligence）与信息

最早的情报概念出现在军事领域。后来，情报的概念拓展到了其他许多领域，如科学技术领域、金融贸易领域等。在这些领域，情报是决定事业兴衰的重要因素。因此可以说，情报是对主体具有某种特殊意义（军事利益、政治利益、经济利益等）的信息，它与认识主体的目标利益密切相关。我国古代伟大的军事家孙子说过："知彼知己，百战不殆"。这里所说的知彼知己，就是要准确掌握双方的情报。

例如，美国在 9 · 11 事件之后，于 2003 年提出了情报与安全信息学（Intelligence and Security Informatics, ISI）的概念。其核心内容是，研究如何利用并开发先进的数字化和网络化信息系统和智能算法，通过信息技术、组织结构和安全策略的集成，使情报采集和安全分析更加系统化和科学化，保障国际安全、国家安全、社会安全、商业安全和个人安全。

（5）知识（Knowledge）、智能（Intelligent）与信息

信息是知识的原材料，知识是由信息提炼出来的抽象产物。在信息安全的研究中，需要注重信息的搜集，更需要对信息进行"去粗取精、去伪存真、由表及里、由此及彼"的加工提炼。这样的知识不再是仅仅与个别具体的事物相联系，不再是仅仅反映个别事物运动状态及其具体的变化方式，而成为与一类事物相联系，反映一类事物运动状态及其共同变化规律的东西。

智能包括 4 个"能力要素"：获取信息—提炼知识—生成策略—解决问题。知识是从信息提炼出来的产物，策略是知识和目标的综合求解，行为是策略的现实转化。信息是知识之源，也是智能之源。信息—知识—策略—行为这 4 个方面构成了一个严格的有机整体，它们相辅相成，缺一不可。这也为人们分析信息安全问题和解决信息安全问题提供了方法论。

1.1.2　信息系统的概念

本书涉及的是计算机信息系统（Computer Information System），也可称为计算机系统（Computer System）。按照《信息安全技术　术语》（GB/T 25069—2010）（以下简称《术语》），计算机信息系统是"由计算机及其相关的和配套的设备、设施（含网络）构成的，按照一定的应用目标和规格对信息进行采集、加工、存储、传输、检索等处理的人机系统"。

2017 年 6 月 1 日起实施的《中华人民共和国网络安全法》（以下简称《网络安全法》）将"网络"定义为"由计算机或者其他信息终端及相关设备组成的按照一定的规则和程序对信息进行收集、存储、传输、交换、处理的系统"。

不难发现，《网络安全法》里对"网络"的界定与《术语》中对"计算机信息系统"的界定基本一致。由于计算机系统、信息、网络、网络空间这几个概念的内涵与外延有着重叠和交叉，本书依据《网络安全法》和《术语》，确定了研究的是网络空间环境下的计算机信息系统安全问题。

1.1.3　网络空间的概念

1. 网络空间一词的来源

早在 1982 年，加拿大作家威廉·吉布森（William Gibson）在其短篇科幻小说 *Burning Chrome*（《燃烧的铬》）中创造了 Cyberspace 一词，意指由计算机创建的虚拟信息空间。后来他又在另一部小说 *Neuromancer*（《神经漫游者》，中译本封面如图 1-5 所示）中使用这个词，将 Cyberspace 描绘成可带来大量财富和权利信息的计算机虚拟网络，人们可以感知到一个由计算机创造，但现实世界并不存在的虚拟世界，而这个虚拟世界影响着人类的现实世界。

图 1-5　《神经漫游者》中译本封面

Cyberspace 体现的不仅是信息的简单聚合体，也包含了信息对人类思想认知的影响。此后，随着信息技术的快速发展和互联网的广泛应用，Cyberspace 的概念不断丰富和演化。

目前，国内外对 Cyberspace 还没有统一的定义。简单地说，它是信息时代人们赖以生存的信息环境，是所有信息系统的集合。因此，通常把 Cyberspace 翻译成网络空间，突出了客观世界与数字世界交融这一重要特征。

📂 **知识拓展：威廉·吉布森与《神经漫游者》**

威廉·吉布森是当代伟大的英文作家，科幻小说宗师，赛博朋克（Cyberpunk）之父。他的《神经漫游者》是第一本同时获得"雨果奖"（Hugo Award）、"星云奖"（Nebula Award）与"菲利普·狄克奖"（Philip K. Dick Award）三大科幻小说大奖的著作。2005 年，美国《时代》杂志将其列入"1923 年以来 100 本英文小说佳作"。

威廉·吉布森不但在书里创造了 Cyberspace 一词，同时也开创了"赛博朋克"这个文学流派。在赛博朋克的世界，人类生活的每一个细节都处于受计算机网络控制的黑暗地带，这类作品的主要目的是警示人们社会依照如今的趋势将来可能的样子。

"Cyber"出自美国数学家诺伯特·维纳（Norbert Wiener）1948 年创造的新词 Cybernetics（控制论），美国自动控制专家唐纳德·迈克尔 1962 年再造新词 Cybernation（计算机化，自动控制）。于是 Cyber 就成了与计算机有关的词汇的前缀。

2. 网络空间一词的理解

方滨兴院士提出，网络空间包含以下 4 种组成要素。

- 载体：即网络空间的软硬件设施，是提供信息通信的系统层面的集合。
- 资源：即网络空间中流转的数据内容，包括人类用户及机器用户能够理解、识别和处理的信号状态。
- 主体：即互联网用户，包括互联网中的人类用户以及物联网中的机器和设备用户。
- 操作：即对网络资源的创造、存储、改变、使用、传输、展示等活动。

综合以上要素，网络空间可被定义为：构建在信息通信技术基础设施之上的人造空间，用以支撑人们在该空间中开展各类与信息通信技术相关的活动。其中，信息通信技术基础设施包括互联网、各种通信系统与电信网、各种传播系统与广电网、各种计算机系统、各类关键工业设施中的嵌入式处理器和控制器。信息通信技术活动包括人们对信息的创造、保存、改变、传输、使用、展示等操作过程，及其所带来的对政治、经济、文化、社会、军事等方面的影响。其中，"载体"和"信息"是在技术层面反映出"Cyber"的属性，而"用户"和"操作"是在社会层面反映出"Space"的属性，从而形成网络空间——Cyberspace。

由以上定义可知，网络空间具有以下一些特点。

- 网络空间是一个与陆、海、空、天（太空）并行存在的域，涵盖电磁频谱的所有领域，包括计算机、嵌入式电子设备和各类网络化基础设施等。
- 网络空间环境下，计算机系统涉及的软硬件组成更加广泛，结构层次更加复杂，所承载的信息更加丰富，系统与环境的交互更加密切，信息内容的传播影响更加深远。
- 在网络空间中，使用电子技术完成信息的产生、存储、修改、交换和利用，通过对信息的控制，实现对物理信息系统的操控，从而影响人的认知和活动。
- 网络空间是由人—机—物相互作用而形成的动态虚拟空间，它不再只包含传统互联网所依托的各类电子设备，还包含了重要的基础设施以及各类应用和数据信息，人也是构成网络空间的一个重要元素。

如今，网络空间作为新的"全球公共空间"，被越来越多的国家视为陆、海、空、天之外的"第五空间"，是一个新型的军事空间、外交空间和意识形态空间，具有鲜明的主权特征。围绕着这一领域的疆界、外交、安全、经济利益等问题，各国早已开始展开争夺。

1.2　信息安全的概念

由于网络空间、信息、安全这几个概念的内涵与外延一直呈现不断扩大和变化的趋势，对于"信息安全""网络空间安全"等概念目前还没有统一的定义。为此，本节首先介绍本书对于网络空间安全与信息安全关系的认识，然后分别从对信息安全的感性认识、安全事件的发生机理以及安全的几大需求来带领读者认识信息安全。

1.2.1　网络空间安全与信息安全

微课视频 1-3
信息安全概念辨析

在网络空间中，网络将信息的触角延伸到社会生产和生活的每一个角落。每一个网络节点、每一台计算机、每一个网络用户都可能成为信息安全的危害者和受害者。在当前这个"无网不在"的信息社会，网络成为整个社会运作的基础，由网络引发的信息安全担忧成为全球性、全民性的问题。

网络空间安全涉及在网络空间中的电磁设备、信息通信系统、运行数据、系统应用中所存在的安全问题，既要防止、保护包括互联网、各种电信网与通信系统、各种传播系统与广电网、各种计算机系统、各类关键工业设施中的嵌入式处理器和控制器等在内的信息通信技术系统及其所承载的数据免受攻击；也要防止、应对运用或滥用这些信息通信技术系统而波及政治安全、国防安全、经济安全、文化安全、社会安全等情况的发生。

从信息论角度来看，系统是载体，信息是内涵。哪里有信息，哪里就存在信息安全问题。因此，网络空间存在更加突出的信息安全问题。网络空间安全的核心内涵仍然是信息安全。本书研究的就是网络空间（Cyberspace）中的计算机信息系统安全。

✉ 说明：

1. 在英文中，与"信息安全"相关度最高的两个词汇是"Information Security"和"Cyber Security"。从词意本身来讲，"Information Security"的含义较广，包括一切与信息的产生、传递、存储、应用、内容等有关的安全问题。"Cyber Security"则更加明确，是指在网络空间中的安全，这是由于互联网在社会中的角色越来越重要，且信息安全事件通常都与互联网有着直接或间接的关系。因而，近年来在新闻报道、官方文件、学术论文和专著中，"Cyber Security"的使用频率更高。

2. 信息安全、网络空间安全等词汇中的安全在英文中通常使用的是 Security，而不是 Safety。这是因为，Safety 侧重于对无意造成的事故或事件进行安全保护，可以是加强人员培训、规范操作流程、完善设计等方面的安全防护工作。而 Security 侧重于对人为地、有意地破坏进行保障和保护，如部署安全设备进行防护，加强安全检测等。不过，随着信息系统安全向网络空间安全的发展，既要考虑人为地、故意地针对计算机信息系统的渗透和破坏，也要考虑计算机信息系统的开发人员或使用人员无意的错误。因此，本书不对 Security 和 Safety 进行严格区分。

1.2.2 从对信息安全的感性认识理解信息安全

微课视频 1-4
你的计算机安全吗？

迄今还没有严格的针对信息安全的定义。因此，当你发现以下这些问题的答案时就会有感性认识了。

- 如果计算机的操作系统打过了补丁（Patch），那么是不是就可以说这台机器是安全的？
- 如果邮箱账户使用了强口令（Password），那么是不是就可以说邮箱是安全的？
- 如果计算机与互联网完全断开，那么是不是就可以确保计算机的安全？

从某种程度上讲，上面 3 个问题的答案都是 "No"！因为：

- 即使操作系统及时打过补丁，但是系统中一定还有未发现的漏洞，包括 0 day 漏洞，这是系统开发商不知晓或是尚未发布相关补丁前就被掌握或者公开的一类漏洞。
- 即使使用强口令，但是用户对于口令保管不善，例如遭受欺骗而泄露，或是被偷窥，或是由于网站服务商管理不善，明文保存并泄露用户口令，均会造成强口令形同虚设。
- 即使计算机完全与互联网断开，设备硬件仍有被窃或是遭受自然灾害等被破坏的风险，计算机系统仍有被渗透控制的威胁，计算机中的数据仍有通过移动设备或是隐蔽信道被泄露的威胁。案例 1-2 就是物理隔离的内网仍遭受渗透破坏的例子。斯诺登还曾向人们演示过间谍们如何使用一个改装过的 USB 设备来无声无息地偷取目标计算机中的数据，即便物理隔离的计算机也很难躲过这一劫。

基于以上的分析，很难对什么是安全给出一个完整的定义，但是可以从反面罗列一些不安全的情况。例如：

- 系统不及时打补丁。
- 使用弱口令，例如使用 "1234" 甚至是 "password" 作为账户的口令。
- 随意从网络下载应用程序。
- 打开不熟悉用户发来的电子邮件的附件。
- 使用不加密的无线网络。

读者还可以针对特定的应用列举更多的不安全因素，例如，针对一个电子文档分析它所面临的不安全因素，针对 QQ、微博等社交工具分析所面临的不安全因素。

1.2.3 从信息安全事件的发生机理理解信息安全

微课视频 1-5
安全事件如何发生的？

下面从信息安全事件的发生机理来阐述什么是信息安全。可以说，一个安全事件（Security Event）的发生是由于外在的威胁（Threat）和内部的脆弱点（Vulnerability）所决定的。这里，安全事件发生的可能性称作风险（Risk）。

本书在这里讨论信息安全的概念时，没有直接提及攻击（Attack），因为相对于表象具体的攻击，安全事件更具有一般性。本章案例 1-1 中的棱镜计划的泄露算不上是斯诺登发起的一次网络攻击，但这次机密信息的泄露的确算得上是一个安全事件。

发生信息安全事件的根源，是因为信息是有价值的数据，可以成为情报，可以被提炼。人们对信息的依赖或是关注，引发了对信息的外在威胁。另一方面，信息在产生、存储、传播的过程中具有固有的脆弱性，互联网在组建时没有从基础上考虑安全性，它设计之初的公开性与对用户善意的假设也是今天危机的根源。下面，本小节将介绍信息安全威胁和安全脆弱点。

1. 信息安全威胁

对信息系统的安全威胁是指潜在的、对信息系统造成危害的因素。威胁是客观存在的，无论对于多么安全的信息系统，它都存在。

对信息系统安全的威胁是多方面的，威胁的存在及其重要性还会随环境的变化而变化，因此，目前还没有统一的安全威胁分类。本书从非人为因素和人为因素的角度给出一种安全威胁分类，如图 1-6 所示。

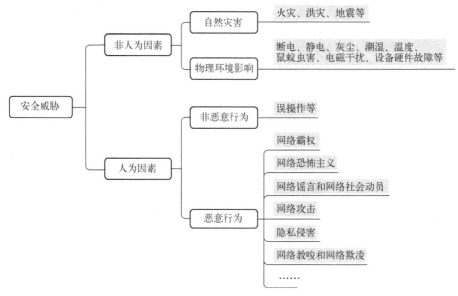

图 1-6　一种安全威胁分类

（1）非人为因素

非人为因素主要是指对信息系统正常运行造成危害的自然灾害和物理环境影响。

● 自然灾害：如火灾、洪灾、地震等。

● 物理环境影响：如断电、静电、灰尘、潮湿、温度、鼠蚁虫害、电磁干扰、设备硬件故障等。

（2）人为因素

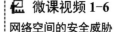

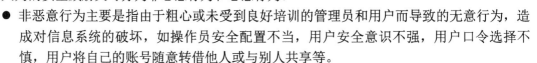

人为的安全威胁又可分为非恶意行为和恶意行为。

● 非恶意行为主要是指由于粗心或未受到良好培训的管理员和用户而导致的无意行为，造成对信息系统的破坏，如操作员安全配置不当，用户安全意识不强，用户口令选择不慎，用户将自己的账号随意转借他人或与别人共享等。

● 恶意行为是指出于各种目的而对信息系统实施的攻击。典型的攻击者涉及 3 个层面：国家政府、组织团体及个人，如某国政府、恐怖组织、犯罪团伙、竞争者、黑客、恶意人员。相应地，安全威胁可以分为 3 个层面：针对国家层面的国家行为的网络霸权威胁、非国家行为体的网络恐怖主义、网络谣言和网络社会动员；针对组织和个人的网络攻击威胁；针对个人的隐私侵害、网络教唆和网络欺凌等威胁。

1）网络霸权。高度发达的信息网络已然成为国家经济发展的重要支柱与动力。借助网络空间夺取信息霸权，获取软权力，输出意识形态或政治价值观念，塑造国际规则和决定政治议题，成为大国建立国际新秩序的重要方法和途径。美国等超级大国在网络空间的霸权主要体现在以下几个方面：

● 掌控国际互联网关键基础设施和关键基础资源。由于国际互联网发源于美国，美国利用先发优势掌控了国际互联网关键基础设施和关键基础资源，形成了对全球各国互联网发展的把控和威慑。以发挥互联网运行总控作用的根域名服务器为例，它犹如互联网运行的"心脏"，美国掌控了全球 13 台根域名服务器中的 10 台，只要简单配置一下根域名服务器，就可以让某个国家在网络空间中消失。另外，IP 地址资源犹如地址门牌号，是发展互联网业务不可或缺的重要资源。美国政府长期利用互联网域名与地址管理公司（Internet Corporation for Assigned Names and Numbers，ICANN）操控国际互联网地址分配，而自己占据了大量优质地址资源，造成了全球网络地址资源分配严重不均，对包括我国在内的互联网业务快速崛起国家形成了有效的资源遏制。尽管 ICANN 管辖权已经移交，但美国政府仍然能通过多种手段形成对 ICANN 机构业务管理的影响。本章案例 1-1 中斯诺登披露的美国针对全球的大规模网络监视就是其利用掌控的国际互联网关键基础设施和关键基础资源实施网络霸权的突出体现。

● 实施网络空间战略。这一战略包括争夺制网权战略、通过网络赋能提高武器打击效果的"网络中心战"战略、网络空间安全战略以及利用网络空间对他国进行政治和思想渗透的战略等。美国是目前世界上唯一提出主动网络攻击的国家，并由国家安全局牵头组建了世界上规模最大的网络战部队。本章案例 1-2 中涉及的震网病毒也被认为是美国针对敌对国的一次网络战。

● 将互联网当作对他国进行意识形态渗透的重要工具。网络空间中不仅仅是信息的流动，还涉及网络参与者对信息的共享、协商、妥协和对抗，其中包括行动背后的观念、意志、情绪等深层次的活动。美国充分利用网络空间的这些特性，同时倚重它在互联网技术方面拥有的国际霸权地位，利用互联网对他国进行意识形态渗透，进行破坏甚至颠覆政权。例如，始于突尼斯的"阿拉伯之春"就是美国利用具有"点对点"和"互动"特点的互联网，"自下而上"地推行其民主扩展战略的结果。

2）网络恐怖主义。网络恐怖主义是传统恐怖主义在网络上的延伸，与传统恐怖主义相比，网络恐怖主义实施成本更低、恐怖来源分散、恐怖分子更加隐蔽、恐怖袭击的目标更大更多，影响范围更广，防范难度更大。例如，"基地组织"以及 ISIS（Islamic State of Iraq and al-Sham，伊拉克和沙姆伊斯兰国）就非常善于利用网络，通过散布激进言论、谣言、血腥视频，攻击和破坏网络系统等方式造成社会轰动效应，增加对方（通常是国家）民众的恐惧心理，以达到破坏其社会稳定，甚至颠覆国家政权的目的。

3）网络谣言和网络政治动员。互联网是匿名的，在虚拟的网名背后，现实世界中人物的背景和动机很难在网络上真实体现出来，这就给一些怀有特定目的的网络用户有了可乘之机，网络谣言和网络社会动员就是两种最常见的表现。

● 网络谣言是指通过网络介质（例如社交软件、网络论坛、邮箱等）传播的没有事实依据的话语，主要涉及突发事件、公共领域、名人要员、颠覆传统、离经叛道等内容。谣言传播具有突发性且流动速度极快，因此极易对正常的社会秩序造成不良影响。

● 社会动员是指在一定的社会环境与政治局势下，动员主体为实现特定的目的，利用互联网在网络虚拟空间有意图地传播针对性的信息，诱发意见倾向，获得人们的支持和认同，号召和鼓动网民在现实社会进行政治行动，从而扩大自身政治资源和政治行动能力的行为与过程。当然，网络政治动员的作用是双面的，如果合理利用，也可以产生良好的正面效果。

4）网络攻击。随着网络应用越来越广泛，网络对社会的生产和生活的影响越来越大，越来越多的人在政治、经济等因素的驱动下，开始从事以达到政治目的或以获取经济利益为目标的网络攻击。由于巨大利益的驱动，网络攻击从以往的"单兵作战"逐渐转变为有组织的"集群作战"，在政治和军事上表现为政府和军队组织下的"网军"，在经济上表现为规模庞大的黑客产业链。

☞ 请读者完成本章思考与实践第10题，访问攻击事件统计和攻击数据可视化站点。

5）隐私侵害。隐私是与个人相关的具有不被他人搜集、保留和处分的权利的信息资料集合，并且它应该能够按照所有者的意愿在特定时间、以特定方式、在特定程度上被公开。然而，随着云计算、大数据及人工智能等新技术和新服务的广泛应用，出现了越来越多的非法获取、截留、监看、篡改、利用他人隐私，擅自在网上宣扬、公布他人隐私等侵害行为。

6）网络教唆和网络欺凌。网络教唆和网络欺凌都是通过网络传播的信息内容对人的精神和意志进行负面影响，迫使受害者厌世、逃避现实，扼杀对生活的希望。两者的区别无非是网络教唆通常是在网络游戏、网络言论中潜移默化地影响，而网络欺凌则更多是通过谩骂、嘲讽、侮辱、威胁、骚扰等人身攻击，造成受害者精神和心理创伤。网络教唆和网络欺凌会给受害者造成巨大的心理伤害，尤其是对于青少年，会严重影响他们的健康成长。国内外曾发生多宗儿童受网络教唆或网络欺凌而患上抑郁症，甚至自毁生命的事情。

微课视频 1-7
认识黑客

📂 知识拓展：黑客

中文"黑客"一词译自英文"hacker"。英语中，动词 hack 意为"劈，砍"，也就意味着"辟出，开辟"，进一步引申为"干了一件非常漂亮的工作"。

"hacker"一词的出现可以追溯到 20 世纪 60 年代，当时麻省理工学院的一些学生把计算机难题的解决称为"hack"。在这些学生看来，解决一个计算机难题就像砍倒一棵大树，因此完成这种"hack"的过程就被称为"hacking"，而从事"hacking"的人就是"hacker"。

因此，黑客一词被发明的时候，完全是正面意义上的称呼。在他们看来，要完成"hack"，就必然具备精湛的技艺，包含着高度的创新和独树一帜的风格。

后来，随着计算机和网络通信技术的不断发展，活跃在其中的黑客也越来越多，黑客阵营也发生了分化。人们通常用白帽、黑帽和灰帽来区分他们。

1）白帽。这是一群因为非恶意的原因侵犯网络安全的黑客。他们对计算机非常着迷，对技术的局限性有充分认识，具有操作系统和编程语言方面的高级知识，他们热衷编程，查找漏洞，表现自我。他们不断追求更深的知识，并乐于公开他们的发现，与其他人分享；主观上没有破坏的企图。例如，有的白帽受雇于公司来检测其内部信息系统的安全性。白帽也包括那些在合同协议允许下对公司等组织内部网络进行渗透测试和漏洞评估的黑客。

2）黑帽。在西方的影视作品中，反派角色，如恶棍或坏人通常会戴黑帽子，因此，黑帽被用于指代那些非法侵入计算机网络或实施计算机犯罪的黑客。美国警方把所有涉及"利用""借助""通过""干扰"计算机的犯罪行为都定为 hacking，实际上指的就是黑帽的行为。为了将黑客中的白帽和黑帽区分，英文中使用"Cracker""Attacker"等词来指代黑帽，中文也译作骇客。国内对于"黑客"一词主要是指"对计算机信息系统进行非授权访问的人员"，属于计算机犯罪的范畴。黑帽已经成为当前网络空间的一大毒瘤。

3）灰帽。灰帽被用于指代行为介于白帽和黑帽之间的技术娴熟的黑客。他们通常不会恶意地或因为个人利益攻击计算机或网络，但是为了使计算机或网络达到更高的安全性，可能会在发现漏洞的过程中打破法律或白帽黑客的界限。

白帽致力于自由地、完整地公开所发现的漏洞。黑帽则利用发现的漏洞进行攻击和破坏。而灰帽则介于白帽和黑帽之间，他们会把发现的系统漏洞告知系统供应商来获得收入。

黑客阵营中的白帽、黑帽和灰帽也不是一成不变的。世界上有许多著名的黑帽原先从事着非法的活动，后来成为白帽或灰帽，当然也有一些白帽成为黑帽，从事着网络犯罪的勾当。

目前，黑客已成为一个广泛的社会群体。在西方有完全合法的黑客组织、黑客学会，这些黑客经常召开黑客技术交流会。在因特网上，黑客组织有公开网站，提供免费的黑客工具软件，介绍黑客手法，出版在线黑客杂志和书籍，但是他们所有的行为都要在法律的框架下。

2. 信息安全脆弱点

信息系统中的脆弱点，有时又被称作脆弱性、弱点（Weaknesses）、安全漏洞（Holes）。脆弱点为安全事件的发生提供了条件，安全威胁利用脆弱点产生安全问题。

一种信息安全的脆弱点划分如图 1-7 所示。

（1）技术脆弱点

技术脆弱点主要涉及物理环境、软件系统、网络及通信协议等。

1）物理环境方面的脆弱点。它包括设备的环境安全、位置安全、限制物理访问、电磁防护等。例如，机房安排的设备数量超过了空调的承载能力，移动存储器小巧易携带、即插即用、容量大等特性实际上也是这类设备的脆弱性。本书将在第 2 章进一步讨论物理环境脆弱点及对策。

2）软件系统方面的脆弱点。计算机软件可分为操作系统软件、应用平台软件（如数据库管理系统）和应用业务软件 3 类，以层次结构构成软件体系。

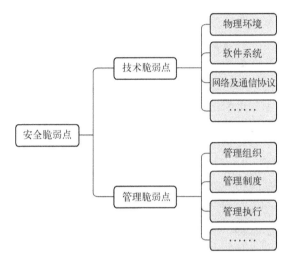

图 1-7　一种安全脆弱点的划分

- 操作系统软件处于基础层，它维系着系统硬件组件协调运行的平台，因此操作系统软件的任何风险都可能直接危及、转移或传递到应用平台软件。
- 应用平台软件处于中间层次，它是在操作系统支撑下，运行支持和管理应用业务的软件。一方面，应用平台软件可能受到来自操作系统软件风险的影响；另一方面，应用平台软件的任何风险可以直接危及或传递给应用业务软件。
- 应用业务软件处于顶层，直接与用户或实体打交道。应用业务软件的任何脆弱点，都将直接表现为信息系统的风险。

随着软件系统规模的不断增大，软件组件中的安全漏洞或"后门"也不可避免地存在着，这也是信息安全问题的主要根源之一。例如常用的操作系统，无论是 Windows 还是 Mac OS（苹果计算机操作系统），几乎都存在或多或少的安全漏洞。众多的服务器软件（典型的如微软的 IIS）、浏览器、数据库管理系统等都被发现过存在安全漏洞。可以说，任何一个软件系统都会因为程序员的一个疏忽、开发中的一个不规范等原因而存在漏洞。本书将在第 5 章和第 7 章进一步讨论软件系统的脆弱点及对策。

3）网络和通信协议方面的脆弱点。TCP/IP 协议族在设计时，只考虑了互联互通和资源共享的问题，并未考虑也无法同时解决来自网络的大量安全问题。例如，SYN Flooding 拒绝服务攻击，即是利用 TCP 三次握手中的脆弱点进行的攻击，用超过系统处理能力的消息来淹没服务器，使之不能提供正常的服务功能。本书将在第 6 章中进一步讨论网络系统安全的脆弱点及对策。

（2）管理脆弱点

网络系统的严格管理是组织机构及用户免受攻击的重要措施。事实上，很多组织机构及用户的网站或系统都疏于安全方面的管理。例如，组织在安全管理机构、职能部门、岗位、人员等方面设置不合理，分工不明确；安全管理制度的制定不到位；员工缺乏安全培训、缺乏安全意识，安全措施执行不到位。本书将在第 9 章中进一步讨论信息安全管理的重要性及多种措施。

1.2.4 从信息安全的几大需求理解信息安全

微课视频 1-8
信息安全需求有哪些？

本节通过分析人们对信息安全的几大需求（或称作属性）来帮助读者理解什么是信息的"安全"。

1. CIA 安全需求模型

如图 1-8 所示，CIA 是典型的 3 大安全需求。

（1）保密性（Confidentiality）

保密性也称为机密性，是指信息仅被合法的实体（如用户、进程等）访问，而不被泄露给未授权实体的特性。

这里所指的信息不但包括国家秘密，而且包括各种社会团体、企业组织的工作秘密及商业秘密，个人秘密和个人隐私（如浏览习惯、购物习惯等）。保密性还包括保护数据的存

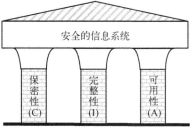

图 1-8　信息安全的 3 大需求

在性，有时候存在性比数据本身更能暴露信息。特别要说明的是，不仅要对人保密，对计算机的进程、中央处理器、存储设备、打印设备的使用也必须实施严格的保密措施，以避免产生电磁泄漏等安全问题。

实现保密性的方法一般是通过物理隔离、信息加密，或是访问控制（对信息划分密级并为用户分配访问权限，系统根据用户的身份权限控制对不同密级信息的访问）等。

（2）完整性（Integrity）

完整性是指信息在存储、传输或处理等过程中不被未授权、未预期或无意的操作破坏（如篡改、销毁等）的特性。

不仅要考虑数据的完整性，还要考虑系统的完整性，即保证系统以无害的方式按照预定的功能运行，不被有意的或者意外的非法操作所破坏。

实现完整性的方法一般分为预防和检测两种机制。预防机制通过阻止任何未经授权的行为来确保数据的完整性，如加密、访问控制。检测机制并不试图阻止完整性的破坏，而是通过分析数据本身或是用户、系统的行为来发现数据的完整性是否遭受破坏，如数字签名、哈希（Hash）值计算等。

（3）可用性（Availability）

可用性是指信息、信息系统资源和系统服务可被合法实体访问并按要求使用的特性。

对信息资源和系统服务的拒绝服务攻击就属于对可用性的破坏。

实现可用性的方法有应急响应、备份与灾难恢复等措施。

2. 其他需求

除了以上介绍的一些得到广泛认可的安全需求，一些学者还提出了其他安全需求，如可认

证性、授权、可审计性、不可否认性、可控性、可存活性等。

1）可认证性（Authenticity）又称为真实性，是指能够对信息的发送实体和接收实体的真实身份，以及信息的内容进行鉴别（Authentication）的特性。可认证性可以防止冒充、重放、欺骗等攻击。实现可认证性的方法主要有数字签名、哈希函数、基于口令的身份认证、生物特征认证、生物行为认证以及多因素认证。

2）授权（Authority）是指在信息访问主体与客体之间介入的一种安全机制。该机制根据访问主体的身份和职能，为其分配一定的权限，访问主体只能在权限范围内合法访问客体。实现授权的基础是访问控制模型，如数据库系统中常采用的基于角色的访问控制模型。

3）可审计性（Accountability 或 Auditability）也称为可审查性，是指一个实体（包括合法实体和实施攻击的实体）的行为可以被唯一地区别、跟踪和记录，从而能对出现的安全问题提供调查依据和手段的特性。审计内容主要包括谁（用户、进程等实体）、在哪里、在什么时间、做了什么。审计是一种威慑控制措施，对于审计的预知可以潜在地威慑用户不去执行未授权的动作。不过，审计也是一种被动的检测控制措施，因为审计只能确定实体的行为历史，而不能阻止实体实施攻击。

4）不可否认性（Non-Repudiation）也称为抗抵赖性，是指信息的发送者无法否认已发出的信息或信息的部分内容，信息的接收者无法否认已经接收的信息或信息的部分内容。实现不可抵赖性的措施主要有数字签名、可信第三方认证技术等。可审计性也是有效实现抗抵赖性的基础。

5）可控性（Controllability）是指对于信息安全风险的控制能力，即通过一系列措施，对信息系统安全风险进行事前识别、预测，并通过一定的手段来防范、化解风险，以减少遭受损失的可能性。实现可控性的措施很多，例如，可以通过信息监控、审计、过滤等手段对通信活动、信息的内容及传播进行监管和控制。

6）可存活性（Survivability）是指计算机系统在面对各种攻击或故障的情况下继续提供核心的服务，而且能够及时地恢复全部服务的能力。可存活性的焦点不仅是对抗计算机入侵者，还要保证在各种网络攻击的情况下业务目标得以实现，以及关键的业务功能得以保持。实现可存活性的措施主要有系统容侵、灾备与恢复等。

总之，计算机信息系统安全的最终目标就是在安全法律、法规、政策的支持与指导下，通过采用合适的安全技术与安全管理措施，确保信息系统具备上述安全需求。

【例 1-1】 信息流动过程面临的安全问题分析。

下面综合运用前面介绍的安全威胁、安全脆弱点以及安全需求等知识来分析信息流动过程面临的安全问题。

正常的信息流向应当是从合法源（发送）端流向合法目的（接收）端，如图 1-9 所示。

然而，信息在产生、存储、传输、处理，乃至删除的这一过程中面临着一系列安全问题。

图 1-9 正常的信息流向

（1）物理设备遭受自然灾害或物理环境因素的影响

物理设备遭遇火灾、地震，设备故障，缺乏防盗、物理访问控制措施等。

（2）系统/应用软件或网络协议漏洞被利用遭受攻击

下面介绍信息流动过程中面临的 4 类典型攻击威胁，更多攻击形式将在后续章节中介绍。

1）中断威胁。如图 1-10 所示，中断（Interruption）威胁使得在用的信息系统毁坏或不能使用，即破坏系统或信息的可用性。

微课视频 1-9
4 类典型攻击威胁分析

这种攻击的主要形式有：

● 拒绝服务攻击或分布式拒绝服务攻击。它使合法用户不能正常访问网络资源，或是使有严格时间要求的服务不能及时得到响应。

● 摧毁系统。物理破坏网络系统和设备组件使网络不可用，或者破坏网络结构使之瘫痪等，如硬盘等硬件的毁坏、通信线路的切断、文件管理系统的瘫痪等。

2）截获威胁。如图 1-11 所示，截获（Interception）威胁是指一个非授权方介入系统，使得信息在传输中被丢失或泄露的攻击，即破坏信息的保密性。非授权方可以是一个人、一段程序或一台计算机。

图 1-10　中断威胁

图 1-11　截获威胁

这种攻击的主要形式有：

● 在信息传递过程中，利用电磁泄漏或搭线窃听等方式截获机密信息，或是通过对信息流向、流量、通信频度和长度等参数的分析，推测出有用信息，如用户口令、账号等。

● 在信息源端，利用恶意代码等手段非法复制敏感信息。

3）篡改威胁。如图 1-12 所示，篡改（Modification）威胁以非法手段窃得对信息的管理权，对信息进行未授权的创建、修改、删除和重放等操作，破坏信息的完整性。

这种攻击的主要形式有：

● 改变数据文件，如修改数据库中的某些值等。

● 替换某一段程序，使之执行另外的功能。

4）伪造威胁。如图 1-13 所示，在伪造（Fabrication）威胁中，一个非授权方将伪造的客体插入系统中，即破坏信息的可认证性。

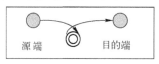

图 1-12　篡改威胁

图 1-13　伪造威胁

这种攻击的主要形式有：

● 在网络通信系统中插入伪造的事务处理。

● 向数据库中添加记录。

（3）人因问题

人是网络空间中信息活动的主体，人的因素其实是影响信息安全问题的最主要因素，因此，在分析安全威胁和安全脆弱点时必须重视以下 3 类人为因素。

1）人为的无意失误。

2）人为的恶意攻击。

3）管理上的漏洞。

1.3　网络空间的信息安全防护

本节首先介绍信息安全防护的发展，然后介绍信息安全防护的两个基本原则，并给出一个网络空间安全防护体系架构，最后介绍本书围绕信息安全防护的研究内容。

1.3.1 信息安全防护的发展

信息安全的最根本属性是防御性的，主要目的是防止己方信息的保密性、完整性与可用性遭到破坏。信息安全防护的概念与技术随着人们的需求，随着计算机、通信与网络等信息技术的发展而不断发展。早期，在计算机网络广泛使用之前，人们主要是开发各种信息保密技术，随着因特网在全世界范围商业化应用，信息安全进入网络信息安全阶段，近几年随着网络空间概念的出现，又发展出了网络空间"信息保障"（Information Assurance，IA）的新概念。下面对各个阶段的情况分别做介绍。

1. 信息保密阶段

（1）通信保密

20 世纪 40 年代～70 年代，这一阶段面临的安全威胁主要是搭线窃听和密码学分析，因而这一阶段主要关注传输过程中的数据保护。因此，通过密码技术解决通信保密，保证数据的保密性和完整性。

这一阶段的标志性工作是：1949 年香农（Shannon）发表《保密通信的信息理论》；1976年，迪菲（Diffie）和赫尔曼（Hellman）冲破人们长期以来一直沿用的对称密码体制，提出了一种公钥密码体制的思想，即 Diffie-Hellman 公钥分配系统（Public Key Distribution System，PKDS）；1977 年，美国国家标准局（National Bureau of Standard，NBS），即现在的美国国家标准与技术研究院（National Institute of Standard and Technology，NIST）公开征集，并正式公布实施的数据加密标准（DES）。公开 DES 加密算法，并广泛应用于商用数据加密，这在安全保密研究史上是第一次，它揭开了密码学的神秘面纱，极大地推动了密码学的应用和发展。本书将在 3.2节介绍这些内容。

除非不正确地使用密码系统，一般来说，好的密码难以破译。因此人们企图寻找别的方法来截获加密传输的信息。在 20 世纪 50 年代出现了通过电话线上的信号来获取报文的方法。20世纪 80 年代，国外发展出了以抑制计算机信息泄露为主的 TEMPEST 计划，它制定了用于十分敏感环境的计算机系统电子辐射标准，其目的是降低辐射以免信号被截获。本书将在 2.2 节介绍相关技术。

（2）计算机系统安全

20 世纪 70 年代～90 年代，人们主要关注于数据处理和存储时的数据保护。因此，研究集中在通过预防、检测，减小计算机系统（包括软件和硬件）用户（授权和未授权用户）执行的未授权活动所造成的后果。

这一阶段的标志性工作是：David Bell 和 Leonard LaPadula 开发了一个安全计算机的操作模型（贝尔-拉帕杜拉模型，BLP 模型）。该模型是基于政府概念的各种级别分类信息（一般、秘密、机密、绝密）和各种许可级别。如果主体的许可级别高于文件（客体）的分类级别，则主体能访问客体。如果主体的许可级别低于文件（客体）的分类级别，则主体不能访问客体。本书将在 4.5 节介绍相关安全模型。

BLP 模型的概念进一步发展，20 世纪 80 年代中期，美国国防部计算机安全局公布了《可信计算机系统评估标准》（Trusted Computing System Evaluation Criteria，TCSEC），即橘皮书，主要是规定了操作系统的安全要求。该标准提高了计算机的整体安全防护水平，为研制、生产计算机产品提供了依据，至今仍具权威性。本书将在 9.2 节介绍该标准。

2．网络信息安全阶段

到了 20 世纪 90 年代前后，随着信息的发展和互联网的兴起，人们对于信息安全保护对象、保护内容、保护方法有了更进一步的认识。人们意识到，应当保护比"数据"更富内涵的"信息"，确保信息在存储、处理和传输过程中免受偶然或恶意的非法泄密、转移或破坏。数字化信息除了有保密性的需要外，还有信息的完整性、信息和信息系统的可用性需求，因此明确提出了信息安全就是要保证信息的保密性、完整性和可用性，即 1.2.4 节中介绍的 CIA 模型。随着信息系统的广泛建立和各种不同网络的互连、互通，人们意识到，不能再从安全功能、单个网络来个别地考虑安全问题，而必须从系统上、从体系结构上全面地考虑安全问题。

国际标准化组织（ISO）在开放系统互连标准中定义了 7 个层次的 OSI 参考模型，它们分别是物理层、数据链路层、网络层、传输层、会话层、表示层和应用层。TCP/IP 是因特网的通信协议，通过它将不同特性的计算机和网络（甚至是不同的操作系统、不同硬件平台的计算机和网络）互联起来。TCP/IP 协议族包括 4 个功能层：网络接口层、网络层、传输层和应用层，这 4 层概括了相对于 OSI 参考模型中的 7 层。

从安全角度来看，一个单独的层次无法提供全部的网络安全服务，各层都能提供一定的安全手段，针对不同层的安全措施是不同的。

应用层的安全主要是指针对用户身份进行认证并且建立起安全的通信信道。有很多针对具体应用的安全方案，能够有效地解决诸如电子邮件、HTTP 等特定应用的安全问题。本书将在 6.4.1 节介绍这一部分内容。

在传输层，因为 IP 包本身不具备任何安全特性，很容易被查看、篡改、伪造和重播。在传输层可以设置 SSL 协议（安全套接字协议）来保护 Web 通信安全。本书将在 6.4.2 节介绍这一部分内容。

在网络层，可以使用防火墙技术控制信息在内外网络边界的流动；可以使用 IPSec 对网络层上的数据包进行安全保护。本书将在 6.4.3 节介绍这一部分内容。

在网络接口层，常见攻击方式是嗅探，攻击者可能从嗅探的数据中分析出账户、口令等敏感数据，同时，嗅探也是其他攻击（如 IP 欺骗、拒绝服务攻击）的基础。网络接口层的安全问题将在 6.1 节中介绍。常用的防范策略有链路加密。另一种方法是采用 VLAN 等技术将网络分为逻辑上独立的子网，以限制可能的嗅探攻击。本书将在 6.3.2 节介绍这一部分内容。

在网络信息安全阶段中，人们还开发了许多网络加密、认证、数字签名的算法、信息系统安全评价准则（如通用评价准则（CC））。这一阶段的主要特征是对于内部网络采用各种被动的防御措施与技术，防止内部网络受到攻击。

3．信息保障阶段

20 世纪 90 年代以后，信息安全在原来的概念上增加了信息和系统的可控性、信息行为的不可否认性要求，同时，人们也开始认识到安全的概念已经不局限于信息的保护，人们需要的是对整个信息和信息系统的保护和防御，包括对信息的保护、检测、反应和恢复能力。除了要进行信息的安全保护，还应该重视提高安全预警能力、系统的入侵检测能力、系统的事件反应能力和系统遭到入侵引起破坏的快速恢复能力。

（1）信息保障概念的提出

1996 年，美国国防部（DoD）在国防部令 *DoD Directive S-3600.1: Information Operation* 中提出了信息保障（Information Assurance，IA）的概念。其中对信息保障的定义为：通过确保信息和信息系统的可用性、完整性、保密性、可认证性和不可否认性等特性来保护信息系统的信息作战行动，包括综合利用保护、探测和响应能力以恢复系统的功能。

1998 年 1 月 30 日，美国国防部批准发布了《国防部信息保障纲要》（Defense Information Assurance Program，DIAP），认为信息保障工作是持续不间断的，它贯穿于平时、危机、冲突及战争期间的全时域。信息保障不仅能支持战争时期的国防信息攻防，而且能够满足和平时期国家信息的安全需求。

（2）网络空间纵深防护战略

这里重点介绍 *Information Assurance Technical Framework*（《信息保障技术框架》，简称 IATF）和 *Framework for Improving Critical Infrastructure Cybersecurity*（《提升关键基础设施网络安全框架》，简称 FICIC）。

1）由美国国家安全局（NSA）提出的，为保护美国政府和工业界的信息与信息技术设施提供的信息保障技术框架（IATF），定义了对一个系统进行信息保障的过程以及对软硬件部件的安全要求。该框架原名为网络安全框架（Network Security Framework，NSF），于 1998 年公布，1999 年更名为 IATF，2002 年发布了 IATF 3.1 版。

IATF 从整体、过程的角度看待信息安全问题，其核心思想是"纵深防护战略（Defense-in-Depth）"，它采用层次化的、多样性的安全措施来保障用户信息及信息系统的安全，人、技术和操作是 3 个核心因素。

人、技术、操作是 IATF 强调的 3 个核心要素。

- 人（People）：人是信息体系的主体，是信息系统的拥有者、管理者和使用者，是信息保障体系的核心，是第一位的要素，同时也是最脆弱的。正是基于这样的认识，信息安全管理在安全保障体系中就显得尤为重要，可以说，信息安全保障体系实质上就是一个安全管理的体系，其中包括意识培养、培训、组织管理、技术管理和操作管理等多个方面。

- 技术（Technology）：技术是实现信息保障的具体措施和手段，信息保障体系所应具备的各项安全服务是通过技术来实现的。当然，这里所说的技术，已经不单是以防护为主的静态技术体系，而是动态技术体系，如 PDRR（或称 PDR^2）模型，是保护（Protection）、检测（Detection）、响应（Reaction）、恢复（Restore）的有机结合，如图 1-14 所示。PDRR 模型之后得到了发展，学者们提出了 WPDRRC 等改进模型。

图 1-14　PDRR 模型

- 操作（Operation）：或者叫运行，操作将人和技术紧密地结合在一起，涉及风险评估、安全监控、安全审计、跟踪告警、入侵检测、响应恢复等内容。

☞ 请读者完成本章思考与实践第 13 题，了解更多有关信息系统安全保护模型和知识。

IATF 定义了对一个系统进行信息保障的过程，以及该系统中硬件和软件部件的安全需求。遵循这些原则，可以对信息基础设施进行纵深多层防护。纵深防护战略的 4 个技术焦点领域如下：

- 保护网络和基础设施：如主干网的可用性、无线网络安全框架、系统互连与虚拟专用网（VPN）。

- 保护边界：如网络登录保护、远程访问、多级安全。

- 保护计算环境：如终端用户环境、系统应用程序的安全。

- 保护安全基础设施：如密钥管理基础设施/公钥基础设施（KMI/PKI）、检测与响应。

信息保障这一概念，它的层次高、涉及面广、解决问题多、提供的安全保障全面，是一个战略级的信息防护概念。组织可以遵循信息保障的思想建立一种有效的、经济的信息安全防护体系和方法。

2）2014 年 2 月，美国 NIST 发布了 *Framework for Improving Critical Infrastructure Cybersecurity*（《提升关键基础设施网络安全框架（1.0 版）》），旨在加强电力、运输和电信等关键基础设施部门的网络空间安全。框架分为识别（Identify）、保护（Protect）、检测（Detect）、响应（Respond）和恢复（Recover）5 个层面，可以将其看作是一种基于生命周期和流程的框架方法。2018 年 4 月，NIST 发布了该框架的 1.1 版本。NIST 网络安全框架被广泛视为各类组织机构与企业实现网络安全保障的最佳实践性指南。

📂 **知识拓展：我国网络空间安全战略**

我国党和政府高度重视网络空间安全。

2013 年 11 月，中国共产党十八届三中全会决定成立国家安全委员会，体现了我国全面深化改革、加强顶层设计的意志，信息安全成为构建国家安全体系和国家安全战略的重要组成。

2014 年 2 月 27 日，中共中央网络安全和信息化领导小组成立，习近平总书记指出："没有网络安全，就没有国家安全。没有信息化，就没有现代化。"这显示出党和政府保障网络安全、维护国家利益、推动信息化发展的决心。

2016 年 12 月 27 日，经中共中央网络安全与信息化领导小组批准，国家互联网信息办公室发布了我国《国家网络空间安全战略》。文件明确了确保我国网络空间安全和建设网络强国的战略目标。

> 📦 **文档资料 1**
> 国家网络空间安全战略

2017 年 3 月 1 日，经中共中央网络安全与信息化领导小组批准，外交部和国家互联网信息办公室共同发布了《网络空间国际合作战略》。文件明确规定了我国在网络空间领域开展国际交流合作的战略目标和中国主张。

网络空间安全事关国家安全、事关社会稳定。我们必须加快国家网络空间安全保障体系建设，确保我国的网络空间安全。

多年来，我国在高等教育领域大力推进网络空间安全的专业化教育，这是国家在网络空间安全领域掌握自主权、占领先机的重要举措。

2015 年 6 月，国务院学位委员会、教育部决定在"工学"门类下增设"网络空间安全"一级学科，这一举措促使高校网络空间安全高层次人才培养进入一个新的发展阶段。

2016 年 6 月，中共中央网络安全和信息化领导小组办公室等六部门联合印发《关于加强网络安全学科建设和人才培养的意见》，对网络安全学科专业和院系建设、网络安全人才培养机制、网络安全教材建设等提出了明确要求。

☞ 请读者完成本章思考与实践第 15 题，了解更多有关网络空间信息安全防御战略的知识。

📖 **拓展阅读**

读者要想了解网络空间的安全威胁与对抗，可以阅读以下书籍资料。

[1] 斯诺登. 永久记录 [M]. 萧美惠，郑胜得，译. 北京：民主与建设出版社，2019.

[2] 东鸟. 监视帝国：棱镜掌握一切 [M]. 湖南：湖南人民出版社，2013.

[3] 利比基. 兰德报告：美国如何打赢网络战争 [M]. 薄建禄，译. 北京：东方出版社，2013.

[4] 格林沃尔德. 无处可藏：斯诺登、美国国安局与全球监控 [M]. 米拉，王勇，译. 北京：中信出版社，2014.

[5] 金圣荣. 黑客间谍: 揭秘斯诺登背后的高科技情报战 [M]. 湖北: 湖北人民出版社, 2014.

[6] 张笑容. 第五空间战略: 大国间的网络博弈 [M]. 北京: 机械工业出版社, 2014.

[7] 辛格, 弗里. 网络安全: 输不起的互联网战争 [M]. 中国信息通信研究院, 译. 电子工业出版社, 2015.

[8] 沙克瑞思 P, 沙克瑞思 J. 网络战: 信息空间攻防历史、案例与未来 [M]. 吴奕俊, 等译. 北京: 金城出版社, 2016.

微课视频 1-10
信息安全防护的基本原则

1.3.2 信息安全防护的基本原则

信息安全威胁的来源多种多样，安全威胁和安全事件的原因非常复杂。而且，随着技术的进步以及应用的普及，总会有新的安全威胁不断产生，同时也会催生新的安全手段来防御它们。尽管没有一种完美的、一劳永逸的安全保护方法，但是从信息安全防护的发展中，可以总结出两条最基本的安全防护原则：整体性和分层性。这是经过长时间的检验并得到广泛认同的，可以视为保证计算机信息系统安全的一般性方法（原则）。

1. 整体性原则

整体性原则是指需要从整体上构思和设计信息系统的整体安全框架，合理选择和布局信息安全的技术组件，使它们之间相互关联、相互补充，达到信息系统整体安全的目标。

这里不能不提及著名的"木桶"理论，它以生动形象的比喻，揭示了一个带有普遍意义的道理。如图 1-15 所示，一只木桶的盛水量不是取决于构成木桶的最长的那块木板，而恰恰取决于构成木桶的最短的那块木板。

图 1-15　木桶理论原理图

其实，在实际应用中，一只木桶能够装多少水，不仅取决于每一块木板的长度，还取决于木板间的结合是否紧密，以及这个木桶是否有坚实的底板。底板不但决定这只木桶能不能容水，还能决定装多大体积和重量的水；而木板间如果存在缝隙，或者缝隙很大，同样无法装满水，甚至到最后连一滴水都没有，这就是"新木桶"理论。

计算机信息系统安全防护应当遵循这一富含哲理的"新木桶"理论。

首先，对一个庞大而复杂的信息系统来说，其面临的安全威胁是多方面的，而攻击信息系统的途径更是复杂和多变的，对其实施信息安全保护达到的安全级别，取决于各种保护措施中最弱的一种，该保护措施和能力决定了整个信息系统的安全保护水平。

其次，木桶的底要坚实，信息安全应该建立在牢固的安全理论、方法和技术的基础之上，才能确保安全。那么信息安全的底是什么？这就需要深入分析信息系统的构成，分析信息安全的本质和关键要素。通过后续章节的讨论可以了解到，信息安全的底是密码技术、访问控制技术、安全操作系统、安全芯片技术和网络安全协议等，它们构成了信息安全的基础。人们需要花大力气研究信息安全的这些基础、核心和关键技术，并在设计信息安全系统时，按照安全目标设计和选择这些底部的组件，使信息安全系统建立在可靠、牢固的安全基础之上。

还有，木桶能否有效地容水，除了需要坚实的底板外，还取决于木板之间的缝隙，大多数人并不重视它。对于一个安全防护体系而言，安全产品之间的协同不好，有如木板之间的缝隙，将会使木桶不能容水。不同产品之间的有效协作和联动有如木板之间的桶箍。桶箍的妙处就在于它能把一堆独立的木板联合起来，紧紧地排成一圈，消除了木板之间的缝隙，使木板之间形成协作关系，达到一个共同的目标。

不同的计算机信息系统有着不同的安全需求，必须从实际出发，根据信息系统的安全目标，对信息系统进行全面分析，统筹规划信息安全保护措施，科学地设计好各安全措施的保护等级，使它们具有满足要求的安全能力，具有相同的保护能力，避免出现有些保护措施能力高、有些保护措施能力低的现象，做到成本效益最大化。同时，还要综合平衡安全成本和风险，优化信息安全资源的配置，确保重点。要重点保护基础信息网络和关系信息安全等重要方面的信息系统，依据信息安全等级保护制度，把系统分成几个等级，不同等级采用不同的"木桶"来管理，然后对每一个"木桶"再进行安全评估和安全防护。

2. 分层性原则

分层性原则是指对信息系统设置多个防护层次，这样一旦某一层安全措施出现单点失效，也不会对系统的安全性产生严重影响。同时，分层性安全防护不仅包括增加安全层次的数量，也包括在单一安全层次上采用多种不同的安全技术协同进行安全防护。

信息系统安全不能依赖单一的保护机制。如同银行在保险箱内保存财物的情形：保险箱有自身的钥匙和锁具；保险箱置于保险库中，而保险库的位置处于难以达到的银行建筑的中心位置或地下；仅有通过授权的人才能进入保险库；通向保险库的道路有限且有监控系统进行监视；大厅有警卫巡视且有联网报警系统。不同层次和级别的安全措施共同保证了所保存的财物的安全。同样，经过良好分层的安全措施也能够保证组织信息的安全。

图 1-16 所示为信息系统的分层防护，一个入侵者如果企图获取组织在最内层的主机上存储的信息，必须首先想方设法绕过外部网络防火墙，然后使用不会被入侵检测系统识别和检测的方法来登录组织内部网络。此时，入侵者面对的是组织内部的网络访问控制和内部防火墙，只有在攻破内部防火墙或采用各种方法提升访问权限后才能进行下一步的入侵。在登录主机后，入侵者将面对基于主机的入侵检测系统，而其也必须想办法躲过检测。最后，如果主机经过良好配置，通常对存储的数据具有强制性的访问控制和权限控制，同时对用户的访问行为进行记录并生成日志文件供系统管理员进行审计，那么入侵者必须将这些控制措施——突破才能够顺利达到他预先设定的目标。即使入侵者突破了某一层，管理员或安全人员仍有可能在下一层安全措施上拦截入侵者。

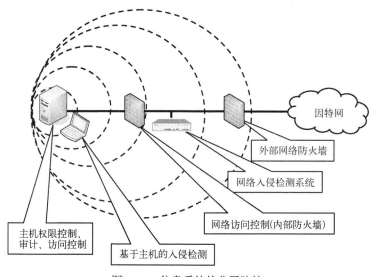

图 1-16　信息系统的分层防护

在使用分层安全时还要注重整体性的原则。不同的层级之间需要协调工作，这样，一层的工作不至于影响另外层次的正常功能，且每层之间的防护功能应可实现联动。为此，安全人员需要深刻地理解组织的安全目标，详细地划分每一个安全层次所提供的保护级别和所起到的作用，以及做好层次之间的协调和兼容。

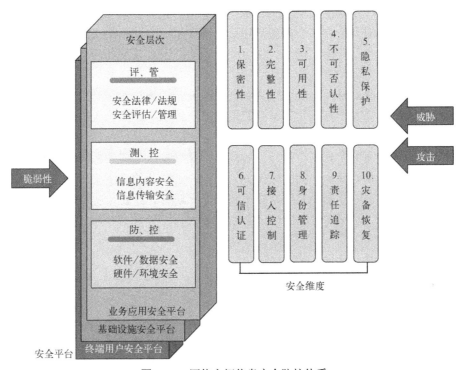 微课视频 1-11
信息安全防护体系

1.3.3 信息安全防护体系

在考虑网络空间信息安全防护体系时，既要注重分层性的原则，也要注重整体性的原则。

国际电信联盟电信标准化部门（ITU-T）在 X.805 标准中规定了信息网络端到端安全服务体系的架构模型。本节参考该标准，根据网络空间架构以及各层次的防护目标的不同，给出了一种网络空间安全防护体系架构，包括 3 个平台、3 个层次、10 个维度，如图 1-17 所示。

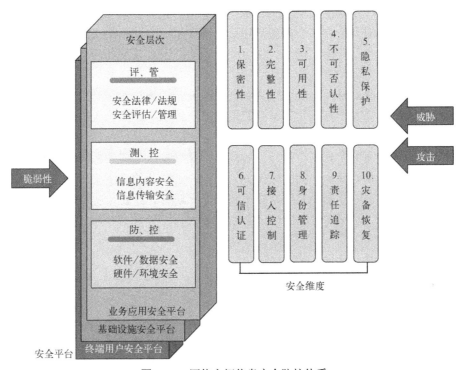

图 1-17　网络空间信息安全防护体系

在网络空间中，需要进行安全保护的对象是从底层的终端设备到应用服务乃至信息内容，因此安全需求分为：终端用户安全平台、基础设施安全平台和业务应用安全平台。其中，基础设施安全平台包括接入部分安全、固定部分安全、接入和固定部分之间的安全，以及移动安全。用户在移动时，提供可信认证、异种网络间的无缝融合是必不可少的。基础设施的安全实现，是安全的应用服务的保证。

每个平台中又都分为 3 个层次，分别是：安全防护与控制、安全检测与控制、安全评估与管理。

例如，在终端用户安全平台的"安全防护与控制"层次中，主要实现硬件/环境及其中的软件/数据的安全。包括终端等硬件设备漏洞的自动修复和安全引擎自动加载技术，实现安全防御技术的集成，如终端防火墙、防恶意代码、终端主机入侵检测等技术的有机集成，达到综合安全防御的目标，实现终端等设备的安全加固，体现"防、控"的思想。

例如，在基础设施安全平台的"安全检测与控制"层次中，主要实现接入安全控制，包括实现集成化的网络接入管理，通过对内容安全网关、安全引擎、安全管理、移动互联网安全中间件等有机集成，体现"测、控"的思想。其中，内容安全网关提供接入管理平台与网络管理平台之间安全通信的专用保密通道以及内容过滤、行为监控；安全管理组件实现终端软件漏洞、病毒库、审计与无线定位等管理，同时对遭受网络攻击而瘫痪节点的隔离与修复性管理。

例如，在业务应用安全平台的"安全评估与管理"层次中，主要通过安全等级评估系统、基础数据库以及网络性能监控管理等，实现网络安全管理的自动化，体现安全中以"评"促"管"的思想。

该体系结构中提供10种安全应用服务，分别是保密性、完整性、可用性、不可否认性、隐私保护、可信认证、接入控制、身份管理、责任追踪、灾备恢复。

模型中的各个层次或平台上的安全相互独立，可以防止一个层（或平台）的安全被攻破而波及其他层（或平台）的安全。这个模型从理论上建立了一个抽象的网络安全模型，可以作为建立一个特定网络安全体系架构的依据，指导安全策略、安全事件处理和网络安全体系架构的综合制定与安全评估。

信息安全在我国发展的时间不长，从早期的安全就是杀毒防毒，到后来的安全就是安装防火墙，到现在的购买系列安全产品，直至开始重视安全体系的建设，人们对安全的理解正在一步一步地加深。

以上讨论了网络空间的信息安全保障。实际上，信息安全保障问题的解决既不能只依靠纯粹的技术，也不能靠简单的安全产品的堆砌，它要依赖于复杂的系统工程——信息安全工程。信息安全工程是采用工程的概念、原理、技术和方法来研究、开发、实施与维护信息系统安全的过程，是将经过时间考验证明是正确的工程实施流程、管理技术和当前能够得到的最好的技术方法相结合的过程。

✍小结

当前网络空间信息存在的透明性、传播的裂变性、真伪的混杂性、网控的滞后性，使得网络空间信息安全面临前所未有的挑战。网络战场全球化、网络攻防常态化等突出特点，使得科学高效地管控网络空间，成为亟待解决的重大课题。为此，安全防护可以着重围绕以下几点展开。

- 基础设施安全。网络空间的安全不仅包括信息系统自身的安全，更要关注信息系统支撑的关键基础设施以及整个国家的基础设施的安全。从基础做起，自下而上地解决安全问题，构建整个系统范围内使侵袭最小化的端对端的安全。
- 从怀疑到信任。互联网的组建没有从基础上考虑安全问题，它的公开性与对用户善意的假定是今天危机的根源之一。同样，信息技术基础设施的软硬件的设计与测试，无论设计测试人员的安全知识或是设计与测试的方法都没有安全的保证，这样的基础设施再由对风险缺乏认识的人员操作，必然使网络空间处于危险之中。因此，系统与网络的每一个组成部分都要怀疑其他任何一个组件，访问数据与其他资源必须不断地重新授权。
- 改变边界防御的观念。历来的信息安全观念多基于边界防御。在这种观念指导之下，信息系统与网络的"内部"要加以保护，防止"外部"攻击者侵入并对信息与网络资源进行非法的访问与控制活动。实际的情况是，"内部"的威胁不仅与"外部"威胁并存，且远超过后者。而随着无线和嵌入式技术及网络连接的增长，以及由系统的系统（System of System）构成的网络复杂性不断增强，已使"内部"与"外部"难以区分。
- 全新的结构与技术。已有的基础设施是在较早的、人们还没有意识到面临大量网络空间安全问题的年代开发出来的，现在需要的是全新的结构与技术，以解决基础设施更大规模下的不安全性问题。例如，如何构建大规模、分布式的系统，使其在敌对或自然干扰条件下仍能够持续可靠地运转；如何构建能认证众多组织与地点的大量用户标识的系统；如何验证从第三方获得的软件正确地实现了其所声称的功能；如何保证个人身份、信息或合法交易，以及人们存储在分布式系统或网络上传输时的隐私等。

📖 **拓展阅读**

读者要想了解网络空间安全防护战略，可以阅读以下书籍资料。

[1] 惠志斌，覃庆玲. 中国网络空间安全发展报告：2019[M]. 北京：社会科学文献出版社，2019.

[2] 尹丽波. 世界网络安全发展报告：2016-2017[M]. 北京：社会科学文献出版社，2017.

[3] 左晓栋. 网络空间安全战略思考[M]. 北京：电子工业出版社，2017.

[4] 张捷. 网络霸权：冲破因特网霸权的中国战略[M]. 湖北：长江文艺出版社，2017.

1.3.4 本书的研究内容

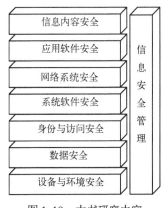

图 1-18 本书研究内容

通过前几节的分析和讨论可以总结出，信息安全是特定对象的安全，也是特定过程的安全。从信息安全要保护的对象来看，包括信息基础设施、计算环境、边界和连接、信息内容以及信息的应用；从过程来看，信息要保护的是信息生产、存储、传输、处理、使用直至销毁的全过程。本书着重讨论的就是包含上述内容的安全防护的理论、技术及应用。

为此，本书围绕构建信息安全体系结构的技术、管理和人 3 个关键要素展开。其中，信息安全技术围绕网络空间的 4 要素：载体、资源、主体和操作，介绍 7 大方面（见图 1-18）：设备与环境安全、数据安全、身份与访问安全、系统软件安全、网络系统安全、应用软件安全、信息内容安全，涵盖了从硬件到软件、从主机到网络、从数据到内容等不同层次的安全问题及解决手段。此外，信息安全管理介绍信息安全管理体系，涵盖法律法规和标准等管理制度、等级保护、风险评估等重要环节。对人的安全意识教育、知识介绍和技能培养贯穿全书。本书的目标是帮助读者构建系统化的知识和技术体系，以及正确应对面临的安全问题。

1）设备与环境安全。设备与环境的安全是信息赖以存在的前提，是信息安全的基础。设备遭受破坏或受到环境影响，将直接影响信息的可用性和完整性，物理设备的不安全将导致敏感信息的泄露、客体被重用等安全隐患。因此，这一部分将围绕计算机设备与环境面临的安全问题与防护对策展开。实例部分，以常用的移动存储设备为例，分析其面临的安全问题和对策。

2）数据安全。在当今这个由数据驱动的世界里，组织和个人是高度依赖于数据的。确保数据的保密性、完整性、不可否认性、可认证性以及存在性，是人们的重要需求。为了避免数据灾难，确保数据的可用性，还需要重视数据的备份和恢复。因此，数据安全将介绍通过加密保护信息的机密性，利用哈希函数保护信息的完整性，采用数字签名、消息认证保护信息的不可否认性和可认证性，对信息进行隐藏以保护存在性，以及容灾备份与恢复确保数据的可用性。实例部分，以 Windows 操作系统中的常用文档为例，分析其面临的安全问题并给出对策。

3）身份与访问安全。用户对计算机信息资源的访问活动中，用户首先必须拥有身份标识，通过该标识鉴别该用户的身份；进一步地，用户还应当具有执行所请求动作的必要权限，系统会验证并控制其能否执行对资源试图完成的操作；还有，用户在整个访问过程中的活动还应当被记录以确保可审查。因此，身份与访问安全将介绍身份认证和访问控制的概念，身份鉴别技术和常用的身份认证机制，访问控制模型和常用的访问控制方案。实例部分，以网络中基于口令的身份认证过程为例，分析其面临的安全问题并给出对策。

4）系统软件安全。操作系统是其他系统软件、应用软件运行的基础，操作系统的安全性对于保障其他系统软件和应用软件的安全至关重要。同时，在网络环境中，网络的安全性依赖于各主机系统的安全性，主机系统的安全性又依赖于其操作系统的安全性。而数据库管理系统作为信息系统的核心和运行支撑环境，其安全性也得到越来越广泛的重视。因此，系统软件安全将介绍操作系统常用安全机制的原理，如身份认证、访问控制、文件系统安全、安全审计等，并以 Windows 和 Linux 操作系统为例介绍安全配置及使用方法。这部分还介绍数据库系统的安全问题及安全控制机制。实例部分，以 Windows 10 操作系统为例，给出了安全加固的基本方法。

5）网络系统安全。计算机网络系统可以看成是一个扩大了的计算机系统，在网络操作系统和各层通信协议的支持下，位于不同主机内的操作系统进程可以像在一个单机系统中一样互相通信，只不过通信时延稍大一些而已。在讨论计算机网络安全时，可以参照操作系统安全的有关内容进行讨论。对网络而言，它的安全性与每一个计算机系统的安全问题一样都与数据的完整性、保密性以及服务的可用性有关。因此，网络系统安全将以 APT 攻击（高级可持续威胁攻击，也称定向威胁攻击）为例，介绍攻击的产生背景、技术特点和基本流程，着重从网络协议脆弱性的角度剖析攻击发生的原因，给出解决安全问题的分层防护技术，包括防火墙、入侵检测、网络隔离、入侵防御等网络安全设备，网络架构安全，还分别按照应用层、传输层和网络层分层介绍网络安全协议，以及 IPv6 新一代网络安全协议机制。实例部分，给出了防范 APT 攻击的思路。

6）应用软件安全。应用软件安全主要涉及 3 个方面，一是防止对应用软件漏洞的利用，即软件漏洞的消减；二是防止应用软件对支持其运行的计算机系统的安全产生破坏，如恶意代码的防范；三是防止对应用软件本身的非法访问，如对软件版权的保护等。因此，这一部分围绕应用软件 3 个方面的安全问题展开，探讨这 3 类安全问题的解决方法：安全软件工程、恶意代码防范和软件知识产权保护。实例部分，以勒索病毒为例，介绍自救和防护措施。

7）信息内容安全。信息内容安全是信息安全的一个重要部分，在很多书籍中较少涉及。网络中，尤其是社交媒体等新媒体中传递的内容影响着人们的思想，影响着事件的走势。此外，网络隐私侵害也极大影响着互联网的健康发展。为此，加强对社交媒体等传播新媒体的监管已经成为各国政府的共识。因此，信息内容安全将介绍信息内容安全问题，我国网络信息内容安全管理新的法律法规，以及当前得到应用的内容安全网关和舆情监控与预警等内容安全产品及技术。实例部分，以个人隐私保护为例，分析个人隐私面临的安全问题和对策。

8）信息安全管理体系。"三分技术、七分管理"——这是强调管理的重要性，在安全领域更是如此。仅通过技术手段实现的安全能力是有限的，只有有效的安全管理，才能确保技术发挥其应有的安全作用，真正实现设备、应用、数据和人这个整体的安全。因此，信息安全管理将介绍信息安全管理的相关概念，包括计算机信息系统安全管理的概念和模式，介绍信息安全管理制度、信息安全等级保护、信息安全风险评估这 3 个信息安全管理中的关键工作。实例部分，介绍人为因素安全管理的概念及实施途径。

1.4 案例拓展：匿名网络

爱德华·斯诺登揭秘核镜计划背后透露出的安全危机让我们深感不安。如何做到踏雪无痕，躲避"棱镜"监视呢？匿名网络及相关技术提供了途径。不过，匿名网络技术是把双刃剑，匿名网络中也存在着灰暗地带，需要进行监管。本案例拓展将介绍匿名网络的概念、相关技术及监管方法。

1. 表层网络、深网、暗网及匿名网络

图 1-19 展示了表层网络、深网及暗网之间的关系。

（1）表层网络（Surface Web）

人们通常会使用谷歌或百度等搜索引擎来寻找互联网上的信息，这类搜索引擎爬虫能爬取的网络被称为表层网络。

（2）深网（Deep Web，也称作 Invisible Web 或 Hidden Web）

能被搜索引擎搜到的信息并不是互联网的全部。互联网上的许多信息是无法被普通搜索引擎爬虫搜索到的，这类与表层网络相对应的网络被称为深网。

深网的概念最初由 Jill Ellsworth 于 1994 年提出，是指那些由普通搜索引擎难以发现其信息内容的 Web 页面。根据白皮书 *The Deep Web: Surfacing Hidden Value* 的统计，深网中包含的信息量是表层网络的 400～550 倍。

图 1-19　表层网络、深网及暗网之间的关系

（3）暗网（Darknet）

暗网是隐藏在深网中的，需要通过匿名访问技术手段才能访问的网站的集合。

因为暗网中的内容不能被普通搜索引擎发现，难以被政府和组织监管，因此许多的违法信息都隐藏在互联网的最深处。2015 年 5 月，全球最大也最知名的暗网——"丝绸之路"创始人罗斯·乌布利希因设立非法毒品交易市场、非法入侵计算机等七宗罪，被宣判无期徒刑。2015 年 11 月，法国巴黎发生了令人震惊的恐怖袭击事件，在这之后有证据显示 ISIS 的宣传机器被快速转移到了暗网中，而暗网也正在成为恐怖分子的避风港。在美剧《纸牌屋》第二季中就数次提及暗网，剧中声称"96%的互联网数据无法通过标准搜索引擎访问，其中的大部分属于无用信息，但那上面有一切东西，儿童贩卖、比特币洗钱、致幻剂、赏金黑客……"。这些事件无一例外地展现了暗网黑暗的一面。

（4）匿名网络（Anonymous Web）

匿名网络是指采用重路由、数据流混淆、加密等多种匿名技术手段隐藏通信双方的 IP、MAC 地址等信息，以保护通信者身份及隐私为目的的网络。

匿名网络中消息收发双方之间的通信是保密的，消息与发送者、接收者之间具有不可关联性，第三方无法推测出是谁和谁在通信。随着棱镜计划的披露，如何在互联网上确保自己的匿名性开始引起更多的关注，诸如 Tor、I2P、HORNET 等匿名网络的使用也就越来越广泛。

从定义可以看出，匿名网络与深网、暗网等概念并不是并列的不同分类，这一概念强调的是在访问深网或暗网中采用匿名技术。

2. 常见匿名网络技术分析

Tor、I2P 和 HORNET 是常见的 3 种匿名网络，下面对其工作原理做一简单介绍。

（1）Tor（The Onion Router，托尔）

Tor 最早是由美国海军实验室研发的，是为了提供给军方情报人员用于在交换情报时避免身份位置等信息的泄露。后来 Tor 由于其良好的匿名性得到广泛的推广，甚至被一些不法分子用于从事非法活动，美国政府也一度对其失去控制，直到近些年来理论研究的成熟和大量蜜罐服务器的布置才使得 Tor 逐步得到控制。

Tor 的工作原理如图 1-20 所示。

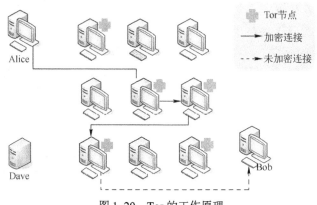

图 1-20　Tor 的工作原理

当 Alice（以下简称 A）要和 Bob（以下简称 B）建立通信时，首先，A 向目录服务器 Dave 发起请求，获得 Tor 节点列表，加入到全球的 Tor 网络中。因此，用户在使用 Tor 浏览器的时候会发现，每一次启动浏览器耗时都比较久，这是因为此时浏览器正在接入全球的 Tor 网络中。

接入后，A 处的 Tor 客户端从节点列表中随机挑选一条访问目标服务器 B 的路径，在这条路径中，A 接入 Tor 的链接以及各个 Tor 节点之间的链接是加密的，在任何一个单独节点都无法看到消息的全部内容。如果 B 是直接连接到 Tor 网络中的一个 Tor 隐藏服务，那么没有任何问题，如若不然，就需要一个出口节点和 B 建立连接。出口节点与 B 的连接是不加密的，这也是 Tor 网络中最薄弱的环节，安全研究人员和黑客在监测 Tor 中流量的时候最常用的手段也是控制出口节点。

除了 PC 端的 Tor 浏览器之外，现在通过移动端 App 也能接入 Tor 网络，例如使用安卓上的 Orbot、iOS 上的 Onion 浏览器。

（2）I2P（Invisible Internet Project）

I2P 项目成立于 2003 年，目的是要建立一套安全、匿名、免受审查的通信系统，致力于构建一个低延迟、全分布式、自主管理、可扩展、适应性强的匿名安全网络。它只暴露一个简单的层，提供给应用程序之间进行匿名和安全的通信。这个网络本身是通过 IP 的方式严格基于消息的，但也存在一个库可用于通过 TCP 来传输可靠的信息流。所有的通信都是加密的。

和 Tor 相比，I2P 有一些独特的优势。它是专为隐藏服务设计和优化的，在这方面比 Tor 快许多；是完全分布式和自组织的，这是 Tor 所不具备的，Tor 在一定程度上属于集中式，Tor 根据目录来选择节点，而 I2P 则是通过不断分析和比较性能来选择的，它的种子节点（相当于 Tor 的目录服务器）是持续变化而且不被信任的。

（3）HORNET（大黄蜂）

HORNET 是一个匿名的高速洋葱路由网络体系结构，可以说是 Tor 的升级版，Tor 在使用当中最令人诟病的就是它蜗牛般的连接速度。而研究人员表示，HORNET 的系统只对转发的数据使用对称加密，不需要在中间节点获取流状态，这种设计使得 HORNET 节点能以高达 93GB/s 的速度传输加密数据。

3. 匿名网络的监管

为了避免匿名网络成为不法分子的避风港，对匿名网络的监管和防范也就显得尤为重要。这里主要从技术手段和管理手段两个方面进行讨论。目前针对匿名网络的研究主要集中于 Tor，因此这里也主要从 Tor 的角度进行分析。

（1）技术手段

如果能追踪到匿名网络的用户，那么匿名网络的匿名性也将不复存在，也就无法成为不法分子的藏身之处。直接对 Tor 网络中的数据进行解密是困难的，但是可以采用网络数据采集、匿名行为分析和 Tor 流量识别等关键技术。网络数据的采集可以通过架设境外服务器并掌握大量的 Tor 节点来实现，对一些敏感信息进行跟踪和截获；匿名行为分析可以通过识别用户浏览器来进行；通过对流量进行分析来追踪到用户的位置。

（2）管理手段

仅通过技术手段对匿名网络进行监管和防范是远远不够的，还需要通过设立相关的法律法规和管理政策来对匿名网络进行监管。

2016 年 6 月，俄罗斯国家杜马通过了一项法规，要求所有互联网上的加密通信都要内置后门以便让情报部门访问。

我国于 2016 年 11 月 7 日颁布了《中华人民共和国网络安全法》，2017 年 6 月 1 日实施。该法第二十四条规定："网络运营者为用户办理网络接入、域名注册服务，办理固定电话、移动电话等入网手续，或者为用户提供信息发布、即时通信等服务，在与用户签订协议或者确认提供服务时，应当要求用户提供真实身份信息。用户不提供真实身份信息的，网络运营者不得为其提供相关服务。"尽管我国立法规定了入网实名制，但匿名网络还是能隐藏用户的身份，不法分子依然可以用暗网来隐藏自己，因此要管理暗网，还需要进一步地完善目前的法律法规。

✍小结

总体而言，匿名网络可以很好地保护用户隐私，防止用户上网信息被不法分子获取。例如大型社交网站（Facebook）就包含了大量的用户信息，很容易泄露上网者的隐私，而现在 Facebook 已经建立了专门的 Onion 站点，用户通过 Tor 浏览器来访问这个站点就能很好地保护自身隐私。并且以 Tor 为例，匿名网络还能很好地服务于军方，保护情报人员，这在如今的信息战时代也是尤为重要的。

但是科学技术往往是双刃剑，匿名网络也为许多犯罪分子提供了庇护，暗网中充斥着海量的毒品、军火、色情等不良信息，对于这些违法行为，执法人员的侦查难度极大。不过，随着技术理论的不断发展，在暗网的执法也逐渐变得可实现，例如最大的地下市场交易网站丝绸之路接连被 FBI 查封，创建者也被依法逮捕。

1.5 思考与实践

1. 什么是信息？什么是信息系统？请谈谈对这两个概念的理解。

2. 请谈谈你对"网络空间"这一概念的理解。

3. 我们在信息时代的活动中有哪些不安全的情况？试举例说明。

4. 试举例解释信息安全概念中涉及的"威胁""脆弱点"及"风险"这几个术语。

5. 网络空间这一概念强调"人"，请谈谈在安全事件中"人"的因素存在的威胁或脆弱性。

6. 信息系统的安全需求有哪些？在网络环境下有哪些特殊的安全需求？

7. 什么是系统可存活性？

8. 信息安全防护有 3 个主要发展阶段，试从保护对象、保护内容以及保护方法等方面分析各个阶段的代表性工作，并总结信息安全防护发展的思路。

9. 什么是"新木桶理论"？如何理解计算机信息系统研究中要运用的整体性方法？

10. 知识拓展：请访问以下攻击事件统计和攻击数据可视化站点，了解最新安全事件。

[1] 被黑站点统计系统，http://www.zone-h.org。

[2] Arbor networks 的数字攻击地图，http://www.digitalattackmap.com。

[3] FireEye 公司的网络威胁地图，https://www.fireeye.com/cyber-map/threat-map.html。

[4] 卡巴斯基（Kaspersky）的网络攻击实时地图，https://cybermap.kaspersky.com。

[5] 趋势科技的全球僵尸网络威胁活动地图，http://apac.trendmicro.com/apac/security-intelligence/current-threat-activity/global-botnet-map。

11. 知识拓展：请访问以下网站，了解最新的信息安全动态。

[1] 中共中央网络安全和信息化委员会办公室（中华人民共和国国家互联网信息办公室），http://www.cac.gov.cn。

[2] 信息安全国家重点实验室，http://www.sklois.cn。

[3] 国家互联网应急中心 CNCERT，http://www.cert.org.cn。

[4] 国家计算机病毒应急处理中心，http://www.cverc.org.cn。

[5] 国家计算机网络入侵防范中心，http://www.nipc.org.cn。

12. 读书报告：阅读情报与安全信息学（ISI）相关文献，了解研究的主要目的、关键问题、核心任务和内容，以及可能的重要应用。完成一篇读书报告。

13. 读书报告：查阅资料，进一步了解 PDR、P^2DR、PDR^2、P^2DR^2 以及 WPDRRC 各模型中每个部分的含义。这些模型的发展说明了什么？完成一篇读书报告。

14. 读书报告：阅读 J.H. Saltzer 和 M.D. Schroeder 于 1975 年发表的论文 *The Protection of Information in Computer System*，该文以保护机制的体系结构为中心，探讨了计算机系统的信息保护问题，提出了设计和实现信息系统保护机制的 8 条基本原则。请参考该文，进一步查阅相关文献，撰写一篇有关计算机系统安全保护基本原则的读书报告。

15. 读书报告：阅读以下报告，了解网络空间信息安全防御体系，并分析其带给我们的启示。完成一篇读书报告。

[1] 2008 年 1 月，美国发布的国家网络安全综合计划（Comprehensive National Cybersecurity Initiative，CNCI）。

[2] 2014 年 2 月，美国 NIST 发布的《提升关键基础设施网络安全的框架（1.0 版）》，以及

2018 年 4 月发布的 1.1 版。

16．读书报告：工业控制系统（Industrial Control System，ICS）常用在诸如石油、核电厂、化工、交通、电力等领域。ICS 已经成为国家关键基础设施的重要组成部分，它的安全关系到国家的战略安全。请阅读相关资料，了解工业控制系统面临的安全威胁及攻击。

17．操作实验：计算机系统安全实验环境搭建。信息安全课程中要进行相关的安全实验，实验的基本配置应该至少包含两台主机及其独立的操作系统，且主机间可以通过以太网进行通信。此外，还要考虑到安全实验对系统本身以及对网络中其他主机有潜在的破坏性，所以利用虚拟机软件 VMware 在一台主机中再虚拟出一台主机，该虚拟主机可以安装包含数百个安全工具的渗透测试操作系统 Kali（https://www.kali.org）。完成实验报告。

1.6 学习目标检验

请对照本章学习目标列表，自行检验达到情况。

	学习目标	达到情况
知识	了解一些重要的安全事件	
	了解信息、信息系统及网络空间的概念	
	了解本书讨论的信息安全、网络空间安全等概念以及这些概念之间的联系与区别	
	了解信息安全问题产生的根源，明晰安全事件、威胁以及脆弱点三者之间的关系	
	了解网络空间信息面临哪些安全问题	
	了解信息安全的几大需求或属性	
	了解信息安全防护的发展	
	了解信息安全防护的基本原则	
	了解信息安全防护的基本体系	
	了解本书研究的主要内容	
能力	能够对安全事件、黑客有正确的认识	
	能够理解信息安全中"安全"的内涵	
	能够对信息流动过程中面临的安全问题进行系统分析	
	对网络监控及应用匿名网络反监控技术有所了解，并能够正确认识匿名网络	

第2章 设备与环境安全

本章知识结构

本章围绕计算机设备与环境面临的安全问题与防护对策展开。本章知识结构如图 2-1 所示。

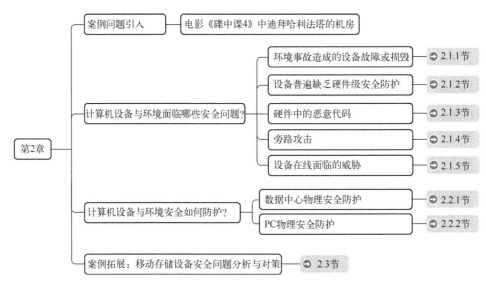

图 2-1 本章知识结构

案例与思考 2：电影《碟中谍 4》中迪拜哈利法塔的机房

微课视频 2-1
迪拜哈利法塔的机房

【案例 2-1】

2012 年上映的好莱坞动作大片《碟中谍 4：幽灵协议》（Mission: Impossible-Ghost Protocol）在全球获得了超过 5 亿美元的票房。影片出色的动作特技、华丽的取景、紧凑的剧情以及动漫式的叙事模式，尤其是各种高科技特工设备的展示让我们至今仍回味无穷。

该片的后半部可以说就是围绕机房展开的。影片最精彩的一段是，为了进入迪拜的哈利法塔的数据中心机房，侵入服务器获得控制权，汤姆·克鲁斯（阿汤哥）饰演的主角在该塔上徒手攀爬和荡秋千的那一系列让人揪心的高难度动作，如图 2-2 所示。

图 2-2 《碟中谍 4》中主角攀爬迪拜哈利法塔

【案例 2-1 思考】

● 主角为什么要攀爬哈利法塔，从窗户进入位于 130 层的该塔的数据中心？

- 为什么进入机房完成任务后还要从窗户回到他们所在的房间？
- 为什么说计算机设备和环境安全是信息安全的基础？
- 计算机设备和运行环境面临的安全问题有哪些？有哪些安全防护技术？

【案例 2-1 分析】

影片《碟中谍 4》中，哈利法塔数据中心的设置是位于第 130 层，网络防火墙采用了军用级别的口令和硬件网关，机房的门也是银行金库级别的。也许是考虑到机房是位于一百层以上，从窗户进来是不可能完成的任务，因而窗户成为阿汤哥饰演的特工唯一可能进出的通道。

影片中，虽然机房的窗户成为安全脆弱点，但是我们还是要佩服数据中心的安全设置，当然，除了窗户这个可以不算作脆弱点的脆弱点外，实际上影片中的机房还存在着不少安全问题。影片中的这一精彩桥段清楚地告诉我们，计算机设备及其运行环境是计算机信息系统运行的基础，它们的安全直接影响着信息的安全。

接下来，本章将围绕计算机设备与环境面临的安全问题与防护对策展开介绍。

2.1 计算机设备与环境的安全问题

本章讨论的计算机设备和环境安全也称为物理安全或实体安全。计算机信息系统都是以一定的方式运行在物理设备之上的，因此，保障物理设备及其所处环境的安全，就成为信息系统安全的第一道防线。

物理安全的威胁主要有：自然灾害等环境事故造成的设备故障或损毁，设备被盗、被毁，设备设计上的缺陷，硬件恶意代码攻击，旁路攻击等。

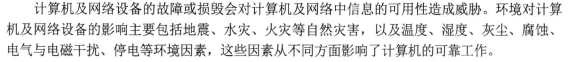

微课视频 2-2
设备面临的物理安全问题-1

2.1.1 环境事故造成的设备故障或损毁

计算机及网络设备的故障或损毁会对计算机及网络中信息的可用性造成威胁。环境对计算机及网络设备的影响主要包括地震、水灾、火灾等自然灾害，以及温度、湿度、灰尘、腐蚀、电气与电磁干扰、停电等环境因素，这些因素从不同方面影响了计算机的可靠工作。

1. 地震等自然灾害

地震、水灾、火灾等自然灾害造成的硬件故障或损毁常常会使正常的信息流中断，在实时控制系统中，这将造成历史信息的永久丢失。

【案例 2-2】

2006 年 12 月 26 日晚 8 时 26 分至 40 分间，我国台湾屏东外海发生地震，地震使亚欧海缆、中美海缆、亚太 1 号等至少 6 条海底通信光缆发生中断，造成我国、美国、欧洲的通信线路大量中断，互联网大面积瘫痪，我国、日本、韩国、新加坡网民均受到影响。

网站 https://submarine-cable-map-2019.telegeography.com 直观显示了全球海底光缆分布情况图，可以很方便地了解每条光缆的线路以及登陆点。

2. 温度

数据中心主机房的温度建议值为 18～27℃（根据 GB 50174—2017《数据中心设计规范》）。计算机的电子元器件、芯片通常都封装在机箱中，有的芯片工作时表面温度相当高。过高的温度会降低电子元器件的可靠性，无疑将影响计算机的正确运行。

例如，温度对磁介质的磁导率影响很大，温度过高或过低都会使磁导率降低，影响磁头读写的正确性。温度还会使磁带、磁盘表面热胀冷缩发生变化，造成数据的读写错误，影响信息的正确性。温度过高会使插头、插座、计算机主板、各种信号线加速老化。反之，温度过低也会使元器件材料变硬、变脆，使磁记录媒体性能变差，影响正常工作。

3．湿度

数据中心主机房的相对湿度保持在 40%～60%较为适宜（根据 GB 50174—2017《数据中心设计规范》）。

环境的相对湿度低于 40%时，属于相对干燥。这种情况下极易产生很高的静电，如果这时有人去触碰电子元器件，会造成这些元器件的击穿。过分干燥的空气也会破坏磁介质上的信息，会使纸张变脆、印制电路板变形。

当相对湿度高于 60%时，属于相对潮湿。这时在元器件的表面容易附着一层很薄的水膜，会造成元器件各引脚之间的漏电，甚至可能出现电弧现象。水膜中若含有杂质，它们会附着在元器件引脚、导线、接头表面，造成这些元器件表面发霉和触点腐蚀。在高湿度的情况下，磁性介质会吸收空气中的水分而变潮，使其磁导率发生变化，造成信息读写错误；打印纸会吸潮变厚，影响正常的打印操作。

当温度与湿度高低交替大幅度变化时，会加速对计算机中各种元器件与材料的腐蚀与破坏作用，严重影响计算机的正常运行与寿命。

4．灰尘

空气中的灰尘对计算机中的精密机械装置，如磁盘驱动器的影响很大。

在高速旋转过程中，各种灰尘会附着在盘片表面，当读头靠近盘片表面读信号的时候，就可能擦伤盘片表面或者磨损读头，造成数据读写错误或数据丢失。在无防尘措施的环境中，平滑的光盘表面经常会带有许多看不见的灰尘，即使用干净的布，只要稍微用力去擦抹，就会在盘面上形成一道道划痕。如果灰尘中还包括导电尘埃和腐蚀性尘埃的话，它们会附着在元器件与电子线路的表面，若此时机房空气湿度较大，就会造成短路或腐蚀裸露的金属表面。灰尘在元器件表面的堆积，还会降低元器件的散热能力。

5．电磁干扰

对计算机正常运行影响较大的电磁干扰是静电干扰和周边环境的强电磁场干扰。

计算机中的芯片大部分都是 MOS（Metal Oxide Semiconductor，金属氧化物半导体）器件，静电电压过高会破坏这些 MOS 器件。据统计，50%以上的计算机设备的损害直接或间接与静电有关。周边环境的强电磁场干扰主要指无线电发射装置、微波线路、高压线路、电气化铁路、大型电机、高频设备等产生的强电磁场干扰。这些干扰一般容易破坏信息的完整性，有时还会损坏计算机设备。

6．停电

电子设备是计算机信息系统的物理载体，停电会使得电子设备停止工作，从而破坏信息系统的可用性，因此供电事故已经成为当前网络空间安全的一大威胁。

【案例 2-3】

2015 年，雷击造成比利时电网停电，谷歌设在当地的数据中心也暂时断电，造成几 GB 到几十 GB 的数据丢失。

还有人为造成停电影响信息系统安全的事件。例如，2003 年 8 月 14 日美国东北部地区发生停电事故，这次停电事故源于俄亥俄州一个控制室的警报系统存在软件漏洞，未能警告操作者系统发生超载，由此产生了系统故障的连锁效应。在 2015 年底和 2016 年初，乌克兰境内的多处变电站遭受黑客恶意软件攻击，直接导致乌克兰国内西伊万诺至弗兰科夫斯克地区大范围停电，约 140 万个家庭无电可用。

目前大多数专门的工业硬件编程与控制软件都运行在安装有 Windows 或者 Linux 操作系统的 PC 设备之上，这意味着未来还将有更多由于停电事故造成工业系统不可用的事件发生。

文档资料 2-1
电网攻击事件的思考与启示

7. 意外损坏

环境事故中更常见的是设备跌落、落水等意外损坏。例如，不慎勾绊笔记本电脑的电源线造成笔记本电脑跌落损坏，打翻水杯造成笔记本电脑进水，湖边拍照手机不慎落水。苹果和微软等公司生产的笔记本电脑电源采用了磁吸插头，在外力作用下能够自行脱落，这样，在不小心绊到电源线的情况下，磁吸插头会自行从插口中移除，确保笔记本电脑的安全。

2.1.2　设备普遍缺乏硬件级安全防护

本节主要讨论个人计算机（Personal Computer，PC）包括移动终端等硬件设备所面临的安全威胁。台式机（或称台式计算机）、笔记本计算机（笔记本电脑）、上网本计算机、平板计算机以及超级本等都属于 PC 的范畴。

1. 硬件设备被盗被毁

自从 1946 年计算机问世以来，随着半导体集成技术的发展，微型化、移动化成为 PC 发展的重要方向。PC 的硬件尺寸越来越小，容易搬移，尤其是笔记本计算机和以 iPad 为代表的智能移动终端更是如此。计算机硬件体积的不断缩小给人们使用计算机带来了很大的便利，然而这既是优点也是弱点。这样小的机器并未设计固定装置，使机器能方便地放置在桌面上，于是盗窃者能够很容易地搬走整台机器，其中的各种数据信息也就谈不上安全了。

2. 开机密码保护被绕过

与大型计算机相比，一般 PC 上无硬件级的保护，他人很容易操作控制机器。即使有保护，机制也很简单，很容易被绕过。

例如，对于 CMOS（Complementary Metal Oxide Semiconductor，互补金属氧化物半导体）中的开机口令，可以通过将 CMOS 的供电电池短路，使 CMOS 电路失去记忆功能而绕过开机口令的控制。目前，PC 的机箱一般都设计成便于用户打开的，有的甚至连螺钉旋具也不需要，因此打开机箱进行 CMOS 放电很容易做到。另外，虽然用户可以在 PC 上设置系统开机密码，以避免攻击者绕过操作系统非法使用 PC，但是这种设置只对本机有效，如果攻击者把 PC 的硬盘挂接到其他机器上，就可以读取其中的内容了。攻击者还可以通过制作 WinPE 盘（U 盘启动盘）绕过系统开机密码的保护。

3. 磁盘信息被窃取

PC 的硬件是很容易安装和拆卸的，硬盘容易被盗，其中的信息自然也就不安全了。

存储在硬盘上的文件几乎没有任何保护措施，文件系统的结构与管理方法是公开的，对文件附加的安全属性，如隐藏、只读、存档等属性，很容易被修改，对磁盘文件目录区的修改既没有软件保护也没有硬件保护。掌握磁盘管理工具的人，很容易更改磁盘文件目录区。

在硬盘或软盘的磁介质表面的残留磁信息也是主要的信息泄露渠道，文件删除操作仅仅在文件目录中做了一个标记，并没有删除文件本身的数据存储区，用户可以使用 EasyRecovery 等数据恢复软件很容易地恢复被删除的文件。

4．内存信息被窃取

学过计算机基础知识的人都被告知，内存芯片 DRAM（Dynamic Random Access Memory，动态随机存取存储器）的内容在断电后就消失了。但是有研究证实，内存条如果被攻击者接触或获取，其中的信息也将失去防护，因为内存根本没有任何防护。

【案例 2-4】

普林斯顿大学 J. Alex Halderman 等人的实验证实，如果将 DRAM 芯片的温度用液氮降到-196℃，其中储存的内容在 1h 后仅损失 0.17%。大家都知道，一个加密后的磁盘除非在读取时输入密码，不然解开磁盘上的数据可能性很小。但是 J. Alex Halderman 等人的实验进一步证实，一般的磁盘加密系统（如微软 Windows 操作系统中的 BitLocker，苹果 Mac 操作系统中的 FileVault）密码都会在输入后暂存于 RAM（Random Access Memory，随机存取存储器）中。所以，如果攻击者在用户离开机器时盗取用户开着的计算机的话，攻击者就可以通过 RAM 而获得用户的密码。真正可怕的是，即使用户的计算机已经锁定了，攻击者还是可以先在开机状态下把用户的 RAM "冻" 起来，这样，就算没有通电，RAM 里的数据也可以保存至少 10min，这段时间足以让攻击者拔起 RAM 装到别的计算机上，然后搜索密钥。即使是台已经关机的计算机，只要动作够快，也有可能读出存在里面的密码。

> **■ 视频资料 2-1**
> 内存幽灵

> **◨ 微课视频 2-3**
> 设备面临的物理安全问题-2

2.1.3 硬件中的恶意代码

数字时代，不仅仅软件有恶意代码，无处不在的集成电路芯片中也会存在恶意代码。这是因为，一方面芯片越来越复杂，功能越来越强大，但是其中的漏洞也越来越多，电路复杂性也决定了根本不可能用穷举法来测试它，这些漏洞会被发现进而被黑客利用；另一方面，后门、木马等恶意代码可能直接被隐藏在硬件芯片中。

1．CPU 中的恶意代码

计算机的中央处理器（Central Processing Unit，CPU）中还包括许多未公布的指令代码，这些指令常常被厂家用于系统的内部诊断，但是也可能被作为探测系统内部信息的 "后门"，有的甚至可能被作为破坏整个系统运转的 "逻辑炸弹"。

芯片一旦遭遇攻击，后果将是灾难性的。芯片在现代控制系统、通信系统及全球电力供应等系统里处于核心地位。它们在汽车防抱死制动系统（Antilock Brake System，ABS）中负责调节制动力，在飞机上负责襟翼的定位，在银行保险库和自动柜员机（ATM）上负责安全授权，在股票市场负责交易运作。集成电路还是武装部队使用的几乎所有关键系统的核心。可以想象，一起精心策划的硬件攻击，不仅仅是让一辆汽车失控，更是能够让金融系统瘫痪，或者让军队或政府的关键部门陷入混乱。

【案例 2-5】

2018 年 1 月 2 日，Intel CPU 被曝光有三个处理器高危漏洞，有两个漏洞被称为 Spectre（幽灵），一个漏洞被称为 Meltdown（熔断），这些漏洞能让恶意程序获取核心内存里存储的敏感内容，比如能导致黑客访问到 PC 的内存数据，包括用户账号密码、应用程序文件、文件缓存等。

> **▤ 文档资料 2-2**
> **Intel CPU 漏洞剖析**

2. 存储设备中的恶意代码

不仅存在针对 CPU 设计漏洞的恶意代码攻击,硬盘、U 盘等存储设备中也都有恶意代码攻击的事件被曝光。

【案例 2-6】

2015 年,卡巴斯基研究人员曝光了美国国家安全局硬盘固件入侵技术。该技术通过重写硬盘固件获得对计算机系统的控制权,还可以在硬盘上开辟隐藏存储空间以备攻击者在一段时间后取回盗取的数据。当不知情的用户在联网的 PC 中使用被感染的存储设备时,信息就可能被窃取。由此,情报部门可以收集其他方式很难获取的数据。由于这样的恶意软件并不存在于普通的存储区域,用户很难发现并清除。

在 2014 年美国黑帽大会上,柏林 SRLabs 的安全研究人员 JakobLell 和独立安全研究人员 Karsten Nohl 展示了"BadUSB"攻击方法,即将恶意代码植入 USB 设备控制器固件,从而使 USB 设备在接入 PC 等设备时,可以欺骗 PC 操作系统,从而达到攻击目的。

✍小结

硬件攻击的物理本质使得它的潜在危害远胜于软件中的病毒及其他恶意代码。因为,现代集成电路非常复杂,发现并彻底清除硬件中的恶意代码非常困难。这些漏洞或是恶意代码往往会一直潜伏在其中,直至被激活才会被发现。

人们现在面临的问题不是硬件攻击是否会发生,而是攻击将采用何种方式,攻击步骤是什么。而最重要的问题或许是,如何检测并阻止这类攻击或者至少降低攻击带来的损失。

2.1.4 旁路攻击

俗语说"明枪易躲,暗箭难防",主要是讲人们考虑问题时常常会对某些可能发生的问题在某些方面估计不足,缺少防范心理。在考虑计算机信息安全问题的时候,往往也存在这种情况。由于计算机硬件设备的固有特性,信息会通过"旁路"(Side Channel,或称侧信道),如声、光、电磁信号等,也就是能规避加密等常规保护手段的途径泄露出去。

旁路攻击是指攻击者通过偷窥,分析敲击键盘的声音、针式打印机的噪声、不停闪烁的硬盘或是网络设备的 LED 灯以及显示器(包括液晶显示器)、CPU 和总线等部件在运行过程中向外部辐射的电磁波等来获取一定的信息。这些区域基本不设防,而且在这些设备区域,原本加密的数据已经转换为明文信息,旁路攻击也不会留下任何异常登录信息或损坏的文件,具有极强的隐蔽性。

【案例 2-7】

📽 **视频资料 2-2**
跨越物理隔离

2018 年 8 月,以色列本·古里安大学的 Mordechai Guri 教授在美国黑帽大会上做了题为《跨越物理隔离》的演讲。Guri 教授介绍了自己的团队在声音、电磁、磁场和电源 4 个方面的隐蔽信道研究成果。他的研究表明:一个有动机的攻击者总能千方百计突破物理隔离,从事后控制的计算机中获得泄露数据。

键盘、显示器屏幕是最易发生旁路攻击的硬件设备,电磁泄漏是最易被忽视的旁路攻击途径。

1. 针对键盘的旁路攻击

常见的针对键盘的旁路攻击是通过硬件型键盘记录器。攻击者还可以利用键盘输入视频、按键手姿、按键声音、按键振动甚至按键温度获得键盘输入内容。

【案例 2-8】

图 2-3 展示的硬件型键盘记录器用于在键盘和主机的 I/O 接口之间捕获键盘信息。这种记录器通常安装在键盘线的末端，有的也可以安装在计算机内部，例如 I/O 端口的内部，有的甚至安装在键盘自身内部，安装之后就可以把键盘输入的信息存储在内置的内存当中。这样的硬件装置不需要占用任何计算机资源，也不会被杀毒软件和扫描器检测出来。它也不需要用到计算机的硬盘去存储所捕获的键盘信息，因为它有自身的内存。

图 2-3　硬件型键盘记录器

还有一些这类产品支持蓝牙功能，或是通过接受每一个按键被按下时引起的电磁脉冲，根据每个按键产生电磁脉冲的频率来编码和译码，能够由不同的频率还原出键盘的击键过程。

图 2-4 展示了通过键盘输入时的录像进行视觉分析获得按键内容的一种旁路攻击。

图 2-4　键盘输入图像分析

图 2-5 展示了通过按键音还原手机号的按键声波图。

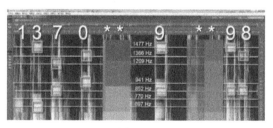

图 2-5　手机号的按键声波图

图 2-6 展示了美国加州大学圣地亚哥分校（UCSD）研究小组利用留在键盘上的余温恢复用户输入密码的研究。如果在用户输入密码后立即使用热成像摄像机读取由键盘输入的数字密码，成功率超过 80%；如果是在 1min 后使用，仍有大约 50%的成功率。

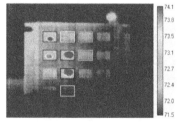

图 2-6　热成像摄像机获取键盘输入信息

2. 针对显示器的旁路攻击

如果计算机显示器直接面对窗外，它发出的光可以在直线距离很远的位置接收到。一些研究显示，即使没有直接的通路，接收显示器通过墙面反射的光线或是显示屏在眼球上的反光仍然能再现显示屏幕信息。

3. 针对打印机的旁路攻击

根据针式打印机的工作噪声，可以复原出正在被打印的单词。在针式打印机中，打印头来回推动，若干细小的打印针撞击色带，打印每个字母都会发出一种独特的声音。例如，打印字形较复杂的字母需要更多的打印针撞击色带，因而噪声会更大。研究人员通过仔细分析可以分辨出字母序列。研究人员还在尝试将这一招数应用到更加常见的喷墨打印机上。随着无人机的应用，攻击者还可以利用无人机飞行在防守严密的大楼外部，快速截取到大楼内部的无线打印机的信号。

4. 电磁泄漏

计算机是一种非常复杂的机电一体化设备，工作在高速脉冲状态的计算机就像是一台很好的小型无线电发射机和接收机，不但受电磁干扰影响系统正常工作，还会产生电磁辐射泄露保密信息。尤其是在微电子技术和通信技术飞速发展的今天，计算机电磁辐射泄密的危险越来越大。

TEMPEST（Transient Electromagnetic Pulse Emanation Surveillance Technology，瞬时电磁脉冲发射监测技术）就是指对电磁泄漏信号中所携带的敏感信息进行分析、测试、接收、还原以及防护的一系列技术。

电磁泄漏信息的途径通常有两个：

1）以电磁波的形式由空中辐射出去，称为辐射泄露。这种辐射是由计算机内部的各种传输线、信号处理电路、时钟电路、显示器、开关电路及接地系统、印制电路板线路等产生。

2）电磁能量通过各种线路传导出去，称为传导泄露。例如，计算机系统的电源线，机房内的电话线、地线等都可以作为传导媒介。这些金属导体有时也起到天线作用，将传导的信号辐射出去。

【案例 2-9】

2017 年，一群来自 Fox-IT 和 Riscure 的安全研究专家在研究论文 *TEMPEST attacks against AES* 中，公开了一种根据附近计算机发出的电磁辐射来推导出加密密钥的方法。一般来说，这种攻击技术通常需要使用非常昂贵的设备，但研究人员表示他们所制作的这台设备造价只要 230 美元。其中的加密密钥嗅探装置由一根电磁回路天线、一个外部放大器、带通滤波器和一个 USB 无线电接收器组成，如图 2-7 所示。这个装置非常小，甚至可以直接放在衣服口袋或其他不起眼的袋子里面。攻击者可以携带这个设备走到一台计算机或已知会进行加密操作的设备旁边，然后它便会自动嗅探目标设备所发出的电子辐射。

从设备内部来看，该设备可以嗅探并记录下附近计算机所发出的电磁波，而电磁波的能量峰值部分取决于目标设备所处理的数据，根据这些数据可以提取出其中所包含的加密密钥。

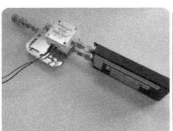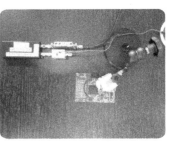

图 2-7　由电磁回路天线、外部放大器、带通滤波器和 USB 无线电接收器组成的密钥嗅探装置

2.1.5 设备在线面临的威胁

近几年，信息物理系统（Cyber Physical System，CPS）正引起人们的关注。信息物理系统是一种新型的多维复杂系统，它是计算系统、通信系统、控制系统深度融合的产物，具有智能化、网络化的特征，也是一个开放控制系统。信息物理系统的应用很广，工业控制、智能交通、智能电网、智能医疗和国防等都已涉猎。在广泛应用的同时，信息物理系统由于需要在线互联，安全问题日益凸显。美国国土安全局表示，许多的工业控制系统正处在危险之中，它们面临着来自互联网的直接威胁。

【案例 2-10】

2009 年，DEFCON 黑客大会上，一位名叫约翰·马瑟利（John Matherly）的黑客发布了一款名为 Shodan（https://www.shodan.io）的在线设备搜索引擎。每个月 Shodan 都会在大约 5 亿个服务器上日夜不停地搜集信息。Shodan 不像 Google 等传统的搜索引擎，利用 Web 爬虫去遍历整个网站，而是对各类在线设备端口产生的系统旗标信息（banners）进行审计而产生搜索结果，所以该搜索引擎能够寻找到和互联网连接的服务器、路由器、摄像头、打印机、车牌扫描仪、巨大的风力涡轮机以及其他许许多多的在线设备。因此 Shodan 被称为黑客的谷歌。

最让人担忧的是，通过 Shodan 还能够搜索到与互联网相连的工业控制系统。当然，Shodan 也可以被用在好的方面，例如，制造商可以通过 Shodan 定位那些没有打上最新版补丁的物联网设备，售后服务部门可以发现那些需要调试维护的打印机。

🕮 **拓展阅读**

读者要想了解更多在线设备搜索引擎及技术，可以访问以下网站。

[1] 美国密歇根大学研究人员开发，由谷歌提供支持的 Censys：https://www.censys.io。
[2] 国内知道创宇发布的 Zoomeye：http://www.zoomeye.org。除了提供联网设备的搜索，还可搜索网站组件用以对 Web 服务进行安全分析。

2.2 设备与环境安全防护

微课视频 2-4
如何确保设备的物理安全

设备安全技术主要包括保障构成信息网络的各种设备、网络线路、供电连接、各种媒体数据本身以及其存储介质等安全的技术。环境安全技术主要指依照国家标准对场地和机房的要求，保障信息网络所处环境的安全，包括场地安全、防火、防水、防静电、防雷击、电磁防护、线路安全等。本节主要介绍数据中心物理安全防护、PC 物理安全防护技术和措施。

2.2.1 数据中心物理安全防护

数据中心通常是指为集中放置的电子信息设备提供运行环境的建筑场所，可以是一栋或几栋建筑物，也可以是一栋建筑物的一部分，包括主机房、辅助区、支持区和行政管理区等。例如，政府数据中心、企业数据中心、金融数据中心、互联网数据中心、云计算数据中心、外包数据中心等从事信息和数据业务的数据中心。数据中心物理安全的关键是保护对电子信息进行采集、加工、运算、存储、传输、检索等处理的设备，包括服务器、交换机、存储设备等。

所有的物理设备都是运行在一定的物理环境之中的。环境安全是物理安全的最基本保障，是整个安全系统不可缺少和不能被忽视的组成部分。环境安全技术主要是指保障信息系统所处环境免于遭受自然灾害的技术，重点在于数据中心场地和机房的场地选择、防火、防水、防静电、防雷击、温湿度、电磁防护等。

设备安全技术主要是指保障构成信息系统的各种设备、网络线路、供电连接、各种媒体数据本身以及其存储介质等安全的技术，包括设备的防电磁泄漏、防电磁干扰、防盗、访问控制等。

数据中心的建设和运营，首先要依据相关标准确定建设等级和安全等级，然后根据各个等级所需要达到的设计要求进行建设，以及按运营要求进行管理。

1. 数据中心物理安全防护国家标准

数据中心在规划设计、施工及验收、运行与维护等各个阶段通常遵循的国家标准有：

● GB 50174—2017《数据中心设计规范》（替代原 GB 50174—2008《电子信息系统机房设计规范》，以下简称《规范》）。

● GB/T 22239—2019《信息安全技术 网络安全等级保护基本要求》（以下简称《等保》，2017 年出台了 GA/T 1390—2017《信息安全技术 网络安全等级保护基本要求》，第 2、3、5 部分已经正式颁布，第 1 部分发布了征求意见稿）。

● GB 50462—2015《数据中心基础设施施工及验收规范》。

● GB/T 2887—2011《计算机场地通用规范》。

● GB/T 9361—2011《计算机场地安全要求》。

● GB/T 21052—2007《信息安全技术 信息系统物理安全技术要求》。

2. 数据中心分级安全保护

1）根据各行业对信息系统数据中心的使用性质、数据丢失或网络中断在经济或社会上造成的损失或影响程度的不同，《规范》将数据中心划分为 A 级、B 级和 C 级。

● 若电子信息系统运行中断会造成重大的经济损失，以及会造成公共场所秩序严重混乱，这样的数据中心应定为 A 级。

● 若电子信息系统运行中断会造成较大的经济损失，以及会造成公共场所秩序混乱，这样的数据中心应定为 B 级。

● 其他情况定为 C 级。

《规范》对数据中心的分级与性能、选址及设备布置、环境、建筑与结构、空气调节、电气、电磁屏蔽、网络与布线系统、智能化系统、给水排水以及消防等做出了分级要求。

2）《等保》等相关管理文件将等级保护对象的安全保护等级分为 5 级，根据不同级别，《等保》对物理访问控制、防盗窃和防破坏、防雷击、防火、防水和防潮、温湿度控制以及电力供应做出了具体要求。有关信息系统等级保护的内容将在本书第 9 章中详细介绍。

《规范》和《等保》的这些要求对于 PC 物理安全防护同样具有指导意义。

☞ 请读者完成本章思考与实践第 8 题，了解更多数据中心物理安全的设计细节。

3. 电磁安全

TEMPEST 关注的是电磁泄漏，也就是无意识的电磁发射信号携带信息的问题。目前对于电磁泄漏的安全防护措施有：设备隔离和合理布局、使用低辐射设备、电磁屏蔽、使用干扰器、滤波技术和光纤传输。

（1）设备隔离和合理布局

隔离是将信息系统中需要重点防护的设备从系统中分离出来，加以特别防护，例如通过门禁系统防止非授权人员接触设备。合理布局是指以减少电磁泄漏为原则，合理地放置信息系统中的有关设备。合理布局也包括尽量拉大涉密设备与非安全区域（公共场所）的距离。

（2）使用低辐射设备

低辐射设备即 TEMPEST 设备，这些设备在设计和生产时就采取了防辐射措施，把设备的电磁泄漏抑制到最低限度。选用低辐射设备是防辐射泄露的根本措施，如在办公环境中选用低辐射的液晶显示器和打印机。

（3）使用干扰器

干扰器通过增加电磁噪声降低辐射泄露信息的总体信噪比，增大辐射信息被截获后破解还原的难度。这是一种成本相对低廉的防护手段，主要用于保护密级较低的信息，因为仍有可能还原出有用信息，只是还原的难度相对增大。此外，使用干扰器还会增加周围环境的电磁污染，对其他电磁兼容性较差的电子信息设备的正常工作构成一定的威胁。

（4）屏蔽

屏蔽是所有防辐射技术手段中最为可靠的一种。屏蔽不但能防止电磁波外泄，而且可以防止外部电磁波对系统内设备的干扰。一些屏蔽措施有：

- 对重要部门的办公室、实验场所，甚至整幢大楼可以用有色金属网或金属板进行屏蔽，构成所谓的"法拉第笼"，并注意连接的可靠性和接地良好，防止向外辐射电磁波，使外面的电磁干扰对系统内的设备也不起作用。
- 对电子设备的屏蔽，例如对显示器、键盘、传输电缆线、打印机等的屏蔽。
- 对电子线路中的局部器件，如有源器件、CPU、内存条、字库、传输线等强辐射部位采用屏蔽盒、合理布线等，以及局部强辐射电路的屏蔽。

（5）滤波

滤波技术是对屏蔽技术的一种补充。被屏蔽的设备和元器件并不能完全密封在屏蔽体内，仍有电源线、信号线和公共地线需要与外界连接。因此，电磁波还是可以通过传导或辐射从外部传到屏蔽体内，或从屏蔽体内传到外部。采用滤波技术，可以只允许某些频率的信号通过，而阻止其他频率范围的信号，从而起到滤波作用。

（6）光纤传输

光纤传输是一种新型的通信方式，光纤为非导体，可直接穿过屏蔽体，不附加滤波器也不会引起信息泄露。光纤内传输的是光信号，不仅能量损耗小，而且不存在电磁泄漏问题。

实践中除了采用上述安全防护措施外，还要注意以下两个问题。

1）把对设备 TEMPEST 安全防护的关注转向对整个系统的关注。现在存在于我们周围的信息设备更多以系统的形式存在，如网络系统、通信系统。更重要的是，随着 EMC（Electro Magnetic Compatibility，电磁兼容性，指设备或系统在其电磁环境中符合要求运行并不对其环境中的任何设备产生无法忍受的电磁干扰的能力）技术的提高，单个设备的 TEMPEST 发射变小；同时，由于复杂系统的出现，整个系统的 TEMPEST 电磁泄漏互相干扰、掩蔽、交叉调制，很难抛开系统去谈单独设备的 TEMPEST 问题。

2）除了关注 TEMPEST 这类无意识的电磁发射信号携带信息的问题，还要更多关注移动通信网络、无线网络这类有意识电磁发射所带来的信息安全问题。在无线技术突飞猛进的今天，涉密单位、涉密场所所处环境中充斥着各种有意和无意发射的电磁信号，因此需要将 TEMPEST 电磁泄漏发射安全的研究拓展到网络空间安全的研究。

2.2.2 PC 物理安全防护

PC 物理安全同样涉及环境安全和设备安全。环境安全主要介绍防盗措施，设备安全主要介绍设备访问控制。

1. PC防盗

对于 PC 用户来说，设备的防盗是最根本的安全要求。下面介绍几种常见的设备物理防盗措施。

（1）机箱锁扣

如图 2-8 所示，在机箱上固定有一个带孔的金属片，在机箱侧板上有一个孔，当侧板安装在机箱上时，金属片刚好穿过锁孔，此时用户在锁孔上加装一把锁就实现了防护功能。其特点是：实现简单，制造成本低。但由于这种方式的防护强度有限，安全系数也较低。

（2）防盗线缆

图 2-9 所示为一种由美国 Kensington 公司发明的线缆锁，这是一根带有锁头的钢缆（见图 2-9 的左上方）。使用时将钢缆的一端固定在桌子或其他固定装置上，另一端将锁头固定在机箱上的 Kensington 锁孔内，就实现了防护功能。一般的笔记本计算机上也都设有这样的锁孔。

图 2-8　机箱锁扣

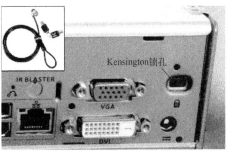

图 2-9　Kensington 锁孔

（3）机箱电磁锁

图 2-10 所示的机箱电磁锁是安装在机箱内部的，并且借助嵌入在 BIOS 中的子系统，通过密码实现电磁锁的开关管理，因此这种防护方式更加安全和美观，也显得更加人性化。机箱电磁锁主要出现在一些高端的商用 PC 产品上。

（4）智能网络传感设备

如图 2-11 所示，将智能网络传感设备安放在机箱边缘，当机箱盖被打开时，传感开关自动复位，此时传感开关通过控制芯片和相关程序，将此次开箱事件自动记录到 BIOS（Basic Input Output System，基本输入输出系统）中或通过网络及时传给网络设备管理中心，实现集中管理。不过这一设备需要网络和电源的支持。

图 2-10　机箱电磁锁

图 2-11　智能网络传感设备

上面 4 种只是品牌 PC 中一些有代表性的物理防护方式，实际上还有一些其他的防护方式，如可覆盖主机后端接口的机箱防护罩、安装防盗软件等，这些都能从一定程度上保障设备和信息的安全。

2．PC 访问控制

访问控制的对象主要是计算机系统的软件与数据资源，这两种资源一般都是以文件的形式存放在磁盘上，所谓"访问控制技术"，主要是指保护这些文件不被非法访问的技术。

由于硬件功能的限制，PC 的访问控制功能明显地弱于大型计算机系统。PC 操作系统缺乏有效的文件访问控制机制。在 DOS 和 Windows 操作系统中，文件的隐藏、只读、只执行等属性以及 Windows 中的文件共享与非共享等机制是一种较弱的文件访问控制机制。

PC 访问控制系统应当具备的主要功能如下。

- 防止用户不通过访问控制系统而进入计算机系统。
- 控制用户对存放敏感数据的存储区域（内存或硬盘）的访问。
- 控制用户进行的所有 I/O 操作。
- 防止用户绕过访问控制直接访问可移动介质上的文件，防止用户通过程序对文件的直接访问或通过计算机网络进行的访问。
- 防止用户对审计日志的恶意修改。

下面介绍常见的结合硬件实现的访问控制技术。

（1）软件狗

纯软件的保护技术安全性不高，比较容易破解。软件和硬件结合起来可以增强保护能力，目前常用的办法是使用软件狗（Software Dog，又叫加密狗或加密锁）。软件运行前，要把这个小设备插入到 PC 的一个端口上，在运行过程中软件会向端口发送询问信号，如果软件狗给出响应信号，则说明该软件是合法的。本书将在 7.4.2 节中介绍软件狗技术。

与软件狗类似的一种技术是，在计算机内部芯片（如 ROM）里存放该机器唯一的标志信息。软件和具体的机器是配套的，如果软件检测到不是在特定机器上，便拒绝运行。

软件狗的缺陷在于：

- 当一台计算机上运行多个需要保护的软件时，就需要多个软件狗，运行时需要更换不同的软件狗，这会给用户带来很大的不便。
- 软件狗面临软件狗克隆、动态调试跟踪、拦截通信等破解威胁。例如，攻击者可以通过跟踪程序的执行，找出和软件狗通信的模块，然后设法将其跳过，使程序的执行不需要和软件狗通信，或是修改软件狗的驱动程序，使之转而调用一个与软件狗行为一致的模拟器。

☞ 请读者完成本章思考与实践第 14 题，学习利用 U 盘制作系统的启动令牌。

（2）安全芯片

为了防止软件狗之类的保护技术被跟踪破解，还可以在计算机中安装一个专门的安全芯片，密钥也封装于芯片中，这样可以保证一个机器上的文件在另一台机器上不能运行。下面介绍这种安全芯片。

📂**拓展知识：可信计算（Trusted Computing）**

和抵抗传染病要控制病源一样，必须做到终端的可信，才能从源头解决人与程序之间、人与机器之间的信息安全传递。对于最常用的 PC，只有从芯片、主板等硬件和 BIOS、操作系统等底层软件综合采取措施，才能有效地提高其安全性。正是这一技术思想推动了可信计算的产生和发展。

可信计算的基本思想就是在计算机系统中首先建立一个信任根，再建立一条信任链，一级测量认证一级，一级信任一级，把信任关系扩大到整个计算机系统，从而确保计算机系统的可信。

1999 年底，微软、IBM、惠普（HP）、英特尔（Intel）等著名 IT 企业发起成立了可信计算平台联盟（Trusted Computing Platform Alliance，TCPA）。2003 年，TCPA 改组为可信计算组织（Trusted Computing Group，TCG）。TCPA 和 TCG 的出现形成了可信计算发展的新高潮。该组织提出可信计算平台的概念，并具体化到微机、PDA、服务器和手机设备，而且给出了体系结构和技术路线，不仅考虑信息的秘密性，更强调了信息的真实性和完整性，而且更加产业化和更具广泛性。

可信计算技术的核心是称为可信平台模块（Trusted Platform Module，TPM）的安全芯片，它是可信计算平台的信任根。TCG 定义了 TPM 是一种 SoC（System on Chip，小型片上系统）芯片，实际上是一个拥有丰富计算资源和密码资源，在嵌入式操作系统的管理下构成的以安全功能为主要特色的小型计算机系统。因此，TPM 具有密钥管理、加密和解密、数字签名、数据安全存储等功能，在此基础上完成其作为可信存储根和可信报告根的功能。

TPM 技术最核心的功能在于对 CPU 处理的数据流进行加密，同时监测系统底层的状态。在这个基础上，可以开发出唯一身份识别、系统登录加密、文件夹加密、网络通信加密等各个环节的安全应用，它能够生成加密的密钥，还有密钥的存储和身份的验证，可以高速进行数据加密和还原，作为保护 BIOS 和操作系统不被修改的辅助处理器，通过可信计算软件栈（Trusted Software Stack，TSS）与 TPM 的结合来构建跨平台与软硬件系统的可信计算体系结构。

国内一些厂商已经将 TPM 芯片应用到台式机领域。图 2-12 分别为贴有 TPM 标志的主机箱、兆日公司的 TPM 芯片及其在主板上的状态。

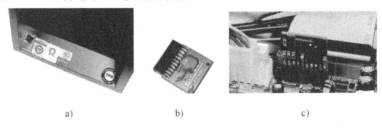

a)　　　　　　　　　　b)　　　　　　　　　　c)

图 2-12　主机箱上的 TPM 标志、TPM 芯片及主板上的 TPM 芯片

a) 主机箱上的 TPM 标志　b) TPM 芯片　c) 主板上的 TPM 芯片

Windows Vista 及以后的版本支持可信计算功能，能够运用 TPM 实现密码安全存储、身份认证和完整性验证，实现系统版本不被篡改、防病毒和黑客攻击等功能。这样，即使硬盘被盗，由于缺乏 TPM 的认证处理，也不会造成数据泄露。

要想查看计算机上是否有 TPM 芯片，可以打开控制面板中的"设备管理器"→"安全设备"，查看该节点下是否有"受信任的平台模块"这类设备，如图 2-13 所示。

图 2-13　通过设备管理器看到的 TPM 芯片

必须注意：TPM 是可信计算平台的信任根。中国的可信计算机必须采用中国的信任根芯片，中国的信任根芯片必须采用中国的密码。长城、中兴、联想、同方、兆日等多家厂商联合推出了按照我国密码算法自主研制的、具有完全自主知识产权的可信密码模块（Trusted Cryptography Module，TCM）芯片。

☞ 请读者完成本章思考与实践第 15 题，在带有 TPM 芯片的联想 Thinkpad 系列机型中启用 TPM 功能并加密磁盘。

2.3 案例拓展：移动存储设备安全问题分析与对策

1. 移动存储设备安全问题分析

移动存储介质主要是指通过 USB 端口与计算机相连的 U 盘、移动硬盘、存储卡等，也包括无线移动硬盘、手机等。它们具有体积小、容量大、价格低廉、方便携带、即插即用等特点，不仅在信息交换的过程中得到了广泛应用，也可以作为启动盘创建计算环境。因此，移动存储介质有着广泛的应用。

移动存储介质在给人们共享数据带来极大便利的同时，还存在以下一些典型的安全威胁：

- 设备质量低劣，设备损坏，造成数据丢失。
- 感染和传播病毒等恶意代码，造成数据丢失、系统瘫痪，甚至硬件毁坏。
- 设备丢失、被盗以及滥用，造成敏感数据泄露、操作痕迹泄露。

通过移动存储介质泄露敏感信息是当前一个非常突出的问题。内、外网物理隔离等安全技术从理论上来说构筑了一个相对封闭的网络环境，使攻击者企图通过网络攻击来获取重要信息的途径被阻断了。而移动存储介质在内、外网计算机间频繁地进行数据交换，使内、外网"隔而不离、藕断丝连"，很容易造成内网敏感信息的泄露。

【案例 2-11】

2010 年 4 月起，"维基解密"网站相继公开了近十万份关于伊拉克和阿富汗战争的军事文件，给美国和英国等政府造成了极大的政治影响。经美国军方调查，这些文件的泄露是由美军前驻伊情报分析员通过移动存储介质非法复制所致。

2016 年的影片《斯诺登》（Snowden）描绘了斯诺登通过存储卡携带敏感文件外出的过程。斯诺登还曾向人们演示过美国国家安全局（NSA）开发的 USB 数据提取器 "CottonMouth"，间谍可以使用这种改装过的 USB 设备来悄无声息地偷取目标计算机中的数据。不过，该软件需要事先对 USB 载体进行硬件改装。这也意味着必须有人将经过改装的 USB 设备带入目标计算机所在的区域。

以色列本·古里安大学的 Mordechai Guri 教授设计了一种恶意软件，命名为 "USBee（USB 蜜蜂）"，因为其功能就像是在不同的花朵之间往返采集蜂蜜的蜜蜂一样，在不同的计算机之间往返采集数据。这种恶意软件不需要改装 USB 设备就可以用于从任何未联网的计算机中偷取数据。这样就不再需要有人把改装后的 USB 设备带入目标建筑，只需将软件安装在其员工已有的 USB 上即可。USB 蜜蜂的工作原理是使 USB 适配器发出频率为 240~480MHz 的电磁信号，通过精心控制这些频率，电磁辐射可以被调制成信号传输器，并由附近的接收器读取并解调。

传统的数据窃取都是使用移动存储设备从计算机上窃取数据，但是 Bruce Schneier 于 2006 年 8 月 25 日在他的博客（Blog）中介绍了一种新的数据盗取技术——USBDumper，它寄生在计算机中，运行于后台，一旦有连接到计算机上的 USB 设备，即可悄悄窃取 USB 设备中的数据。这对于现如今普遍使用的移动办公设备来说，的确是个不小的挑战。USBDumper 这类工具的出现，提出了对 USB 设备的数据进行加密的要求，特别是需要在一个陌生的环境中使用移动设备的时候。

☞ 请读者完成本章思考与实践第 20 题，了解 USBDumper 等恶意软件原理并思考如何对其改造利用。

2. 移动存储设备安全防护

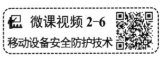
微课视频 2-6
移动设备安全防护技术

如何有效保护移动存储设备中的敏感信息，已经成为一项重要的
课题。下面介绍一些常用的防护方法，包括：针对设备质量低劣的威
胁，进行设备的检测；针对感染和传播恶意代码，可以安装病毒防护软件；针对信息泄露和痕迹泄
露，进行认证与加密、访问控制、强力擦除等防护。

（1）设备检测

通过一些软件对移动存储设备进行检测，检测内容通常包括：设备的主控芯片型号、品牌、设备
的生产商编码/产品识别码（VID/PID）、设备名称、序列号、设备版本、性能、是否扩容等。

- MyDiskTest。
- U 盘之家工具包。
- ChipGenius。

（2）安装病毒防护软件

杀毒软件对于移动存储设备的实时查杀可以起到很好的防护效果，例如：

- 360 安全卫士，http://www.360.cn。
- 火绒安全软件，https://www.huorong.cn。

（3）认证和加密

许多移动存储设备安全产品中都采用了基于移动存储设备唯一性标识的认证机制，即通过
识别移动存储设备的 VID、PID 以及硬件序列号（HSN）等能唯一标识移动存储设备身份的属
性，完成对移动存储设备的接入认证。

移动存储设备通过接入认证后，对其中敏感信息的保护目前主要采用对称加密的方法。加
密后的敏感信息只有通过接入认证的用户才能打开。

1）使用系统自带工具或第三方工具对移动存储设备加密。

- Veracrypt（开源工具），https://www.veracrypt.fr/en/Home.html。
- BitLocker（Windows 系统部分版本自带）。
- FileVault（Mac OS 系统自带）。

☞ 请读者完成本章思考与实践第 17 题，了解 BitLocker 加解密功能。

2）使用移动存储设备厂商提供的口令认证、加密功能。

- 闪迪（Sandisk）闪存提供的 SecureAccess 软件。
- 金士顿（Kingston）加密闪存盘提供的自动接入认证和加密功能。如图 2-14 所示，当该
  加密闪存盘插入 USB 口，系统会自动弹出登录对话框，用户输入正确的口令后，即可
  读写盘中的文件，同时对存入的文件进行加密。
- 汉王 U 盘提供的指纹认证和加密功能，如图 2-15 所示。

图 2-14　Kingston 加密闪存盘及提供的登录功能　　图 2-15　汉王 U 盘提供的指纹认证和加密功能

● 海盗船（Corsair）U 盘提供的 U 盘上的密码键及加密功能，如图 2-16 所示。

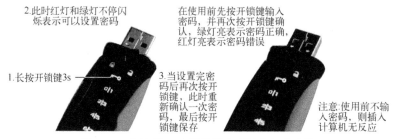

2.此时红灯和绿灯不停闪烁表示可以设置密码

在使用前先按开锁键输入密码，并再次按开锁键确认，绿灯亮表示密码正确，红灯亮表示密码错误

1.长按开锁键3s

3.当设置完密码后再次按开锁键，此时重新确认一次密码，最后按开锁键保存

注意:使用前不输入密码，则插入计算机无反应

图 2-16　海盗船 U 盘提供的密码键和加密功能

（4）设备 USB 口的访问控制

Windows 系统中可以通过组策略设置禁用 USB 端口。具体步骤是：同时按下键盘上的〈Win+R〉键，打开"运行"对话框，输入"gpedit.msc"，打开后进入"本地组策略编辑器"，接着在"计算机配置→管理模板→系统→可移动存储访问"中可以找到包括设置移动存储的读写权限的相关命令，如图 2-17 所示。

还可以在"计算机配置→管理模板→系统→设备安装→设备安装限制"中可以找到包括是否允许在本地计算机安装移动存储的相关命令，如图 2-18 所示。

图 2-17　可移动存储设备读写控制的设置

图 2-18　禁止使用可移动存储设备的设置

（5）强力擦除

可以使用强力擦除工具擦除存储介质上的信息。

● Privacy Eraser Pro，http://www.privacyeraser.com。

● Tracks Eraser Pro，http://www.acesoft.net。

国际上有一些文件删除标准，其中包括美国国防部 1995 年制定的清除和处理的安全标准 DoD 5220.22-M，需要进行 7 次随机擦写。还有一种 1996 年提出的 Peter Gutmann（古特曼）算法，需要完成 35 次随机覆盖。

还可以使用工具彻底销毁存储设备及其中的介质芯片。

图 2-19　西部数据公司的 NAS 设备

（6）备份和恢复

及时备份移动存储设备上的数据是很有必要的。可以使用西部数据公司的 NAS（网络附加存储）设备（见图 2-19），或是利用云存储将本地的文件自动同步到云端服务器保存。实际上将文档存放在电子邮箱中也是一种类似于云存储的方式。

● 百度网盘，http://yun.baidu.com。

云存储的安全性是另一个重要的话题，本书将在第 4 章中讨论。

（7）综合安全管理系统

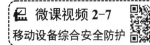

对于移动存储设备的安全使用，必须全面考虑其接入主机前、中、后不同阶段可能面临的安全问题，采取系统化的一整套安全管理措施，如图 2-20 所示。

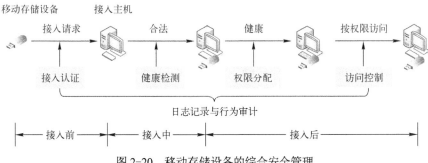

图 2-20　移动存储设备的综合安全管理

- 接入认证，即对移动存储设备的唯一性认证。由于移动存储设备即插即用、使用方便的特性，任何一个使用者不经认证即可随时将移动存储设备接入内网的任意一台计算机中。没有进行对移动存储设备的唯一性认证，导致事后出现问题时，也无从追查问题的起因及相关责任人。其关键是要实现"用户-移动存储设备"的绑定注册及身份授权。

- 健康检测，即对移动存储设备接入内网过程中系统的健康状态进行检测。在使用过程中，使用者往往忽视对移动设备的病毒查杀工作，由于移动存储设备使用范围较广，不可避免地会出现在外网使用时感染计算机病毒的情况。如果不能及时有效地查杀病毒，在内网计算机中打开感染病毒的文件时，很容易将病毒传播到内网中。例如，"摆渡"木马程序不需要连接网络就能轻易窃取内网计算机的重要数据。同时，当注册介质和注册用户身份变更或发生异常操作时，也会对内网数据信息造成破坏。

- 权限分配，即移动存储设备接入内网后，对其访问策略的分配及实施。不同身份的用户、不同健康状态的介质对内网计算机的使用权限是不一样的。然而，通常的计算机并没有对介质使用者的身份以及操作权限进行限制，导致一些未授权用户不经限制就能够轻松获取内网加密信息，或者低密级用户非法访问高密级数据。其关键是要根据用户身份等级、介质健康状态进行相应的权限分配。

- 访问控制，例如通过对介质中的数据进行加密进行访问控制。通过介质唯一性标识的密钥分发对介质中的数据进行加密，这样即使移动存储设备不慎丢失，也不会发生信息泄露问题；其次，信息数据在移动存储设备和内网间进行传输时，对传输通道采取加密保护，防止数据被不法分子所窃取。

- 日志记录与行为审计，即对移动存储设备进行细粒度的行为审计及日志记录。尽管移动存储设备需要经过多重认证才能顺利接入终端，但其顺利接入终端并不代表它具有完全的安全性。通过对其接入的时刻，对文件的读、写、修改及删除操作等进行严格的审计与记录，即使出现安全问题，也能第一时间找出问题起因及相关责任人。

一些安全厂商提供了类似功能的产品：

- 北信源的终端安全管理系统，http://www.vrv.com.cn。

- 深信服科技公司的企业移动管理，http://www.sangfor.com.cn。

- 火绒科技的火绒终端安全管理系统，https://www.huorong.cn。
- Endpointprotector，http://www.endpointprotector.com。
- GFI EndpointSecurity，http://www.gfi.com。

📖 **拓展阅读**

读者要了解更多硬件与环境安全威胁与防护技术，可以阅读以下书籍资料：

[1] 简云定，杨卿. 硬件安全攻防大揭秘 [M]. 北京：电子工业出版社，2017.

[2] 陈根. 智能设备防黑客与信息安全 [M]. 北京：化学工业出版社，2017.

[3] 汉加尼. 物联网设备安全 [M]. 林林，陈煜，龚娅君，译. 北京：机械工业出版社，2017.

[4] 陈根. 硬黑客：智能硬件生死之战 [M]. 北京：机械工业出版社，2015.

2.4 思考与实践

1．环境可能对计算机安全造成哪些威胁，如何防护？

2．什么是旁路攻击？书中列举了一些例子，能否再列举一些？

3．为了保证计算机安全稳定地运行，对计算机机房有哪些主要要求？机房的安全等级有哪些，是根据什么因素划分的？

4．TEMPEST 技术的主要研究内容是什么？

5．计算机设备防泄露的主要措施有哪些？它们各自的主要内容是什么？

6．有哪些基于硬件的访问控制技术？试分析它们的局限性。

7．QQ 登录界面中，单击密码输入栏右边的小键盘图标会弹出一个虚拟键盘，如图 2-21 所示，请解释这个虚拟键盘的功能。

8．头脑风暴：请观看影片《碟中谍 1》，其中有阿汤哥饰演的主角侵入数据中心的片段，通过与本章案例 2-1《碟中谍 4：幽灵协议》中片段的对比，思考哈利法塔的数据中心在环境和设备安全方面存在的问题。

图 2-21　QQ 的虚拟键盘

提示：环境方面，单单就机房设置在 130 层来看，似乎就有些问题——一般都知道企业机房会放置在一层或者地下一层，因为地板的单位面积承重有限，有的水冷型机柜空着也有 2t 的重量。另一方面，高层建筑往往都注重自身的重心问题，在那么高的地方，放着几十个机柜，从供电、散热、承重、搬运等角度来看都不合适。而且，当主角进入机房之后，居然没有触动任何警报。根据机房建设规范，机房应当安装监控摄像头，内部还应有温度和湿度探头，甚至进出都要安检。设备方面，机房服务器没有禁用外来 USB 设备，主角的 U 盘一插就轻松输入了病毒，接管了权限。

9．知识拓展：访问 http://citp.princeton.edu/memory，阅读内存冷冻实验的相关论文和实验视频，进一步了解"内存幽灵"，并思考如何应对这类攻击。

10．头脑风暴：观看视频资料 2-2《跨越物理隔离》，请思考：对于已经离线隔离的计算机，还需要做哪些防护才能有效地应对已知的旁路攻击？

11．读书报告：查阅以下资料，总结键盘面临的安全威胁，并提出防范对策。进一步思考，这些旁路攻击方式如何加以改造用于益处。提示：激光键盘和振动感应键盘。

12．读书报告：查阅资料，了解可信计算的技术新进展和新应用，写一篇读书报告。

13．操作实验：搜集 CPU、内存、硬盘、显卡检测工具以及硬件综合测试工具，安装使用这些软件，对计算机系统的关键部件进行状态、性能的监控与评测，并比较各类检测软件。完成实验报告。

14．操作实验：利用软件 Rohos Logon Key 将 U 盘改造成带密钥的 U 盘（加密狗），作为系统的启动令牌。完成实验报告。

15．操作实验：PC 中安装的 TPM 安全芯片可以对系统登录口令、磁盘进行加密，还能对诸如上网账号、QQ、网游以及网上银行等应用软件的登录信息和口令进行加密。试选用带有 TPM 安全芯片的机型，启用其中的 TPM 功能并进行加密实验。完成实验报告。

16．操作实验：搜集、阅读资料，分析 U 盘等移动存储设备面临的安全问题，下载相关软件，给出解决方案。完成实验报告。

17．操作实验：BitLocker 是 Windows 部分版本中自带的加密功能。试使用该功能，完成对移动存储设备或硬盘的加密。完成实验报告。

18．操作实验：搜集、阅读资料，针对笔记本计算机、手机等移动设备的防盗、防丢等安全问题，下载下列软件，给出解决方案。完成实验报告。

[1] Absolute Data Protect，http://www.absolute.com。

[2] 360 手机防盗，http://shouji.360.cn/fdx。

[3] iPhone 查找我的手机，App Store。

19．编程实验：实现获取 U 盘中的 PID、VID 以及 HSN 等信息的程序。完成实验报告。

20．编程实验：试分析 USBDumper 或 FlashDiskThief（U 盘小偷）等恶意软件的工作原理，并思考如何对其加以改造用于益处。

2.5　学习目标检验

请对照本章学习目标列表，自行检验达到情况。

	学习目标	达到情况
知识	了解信息系统的设备与环境安全（物理安全）问题	
	了解针对数据中心的物理安全防护措施	
	了解针对 PC 的物理安全防护措施	
	了解移动存储设备面临的安全问题及防护对策	
能力	能够进行数据中心的物理安全防护方案设计与分析	
	PC 物理安全防护措施应用	
	移动存储设备的安全防护措施应用	

第3章 数 据 安 全

本章知识结构

本章围绕数据 5 个方面的安全需求介绍相应的安全理论与技术。本章知识结构如图 3-1 所示。

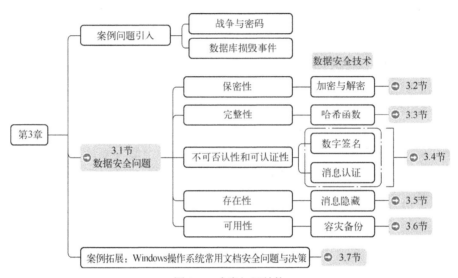

图 3-1 本章知识结构

案例与思考 3-1：战争与密码

微课视频 3-1
密码简史

【案例 3-1】

我国古代很早就有密码技术的研究与应用了。

相传我国周朝的军事著作《六韬》中的《龙韬·阴符》和《龙韬·阴书》讲述了国君在战争中与在外征战的将领进行保密通信的两种重要方法——"阴符"和"阴书"。

所谓阴符，就是事先制作一些长度不同的竹片，然后约定好每个长度的竹片代表的内容，比如，三寸表示溃败，四寸表示将领阵亡，五寸表示请求增援，六寸表示坚守……一尺表示全歼敌军等，如图 3-2 所示。这种"阴符"无文字、无图案，只有前方少数将领和后方指挥人员了解含义，即使传令兵被俘或叛变，敌人也搞不懂长短不一的竹片到底代表了什么。

阴符在当时具有较好的保密性，不过能传达的信息也有限，要是战场有超出事先预料的情况，阴符也就无法表达了。为了弥补这个缺点，又出现了"阴书"（见图 3-3），即把信息以明文写在竹简或木简上，然后将竹简或木简随机分为 3 份，由 3 名传令兵各执一份分别送达。收件人收齐后，再把 3 份"阴书"拼合起来，完整内容就出现了。这种"阴书"能传递更为复杂的信息，即使某一信使被敌方抓住，敌方也得不到完整的情报。但也有其缺陷，由于原文被分成了 3 份，所以一旦丢失一份，接收者也无法了解其原意。"阴书"兼顾了保密性和灵活性，但也同时为了灵活性而降低了保密性，因为如果其中一份落入敌手，虽然信息不全，但敌人也可能猜到一二，总归是有隐患。

图 3-2　阴符　　　　　　　　　　　　　图 3-3　阴书

到了宋代，为了避免这种情况，出现了升级版的阴符——字验。这种方法见于宋代军事著作《武经总要》，大致过程是这样的：先收集军事中常用的 40 个短语，然后给每个短语分别编码，比如：1.请弓；2.请箭；3.请刀；4.请甲……35.战大捷；36.将士投降；37.将士叛；38.士卒病；39.都将病；40.战小胜。将领带兵出发前，后方指挥机关同这位将领约定用一首 40 字的五言律诗作为密钥，并发给将领一本有 40 个短语编码顺序的密码本，编码顺序可变化，不同的编码顺序可形成若干不同的密码本。

北宋还出现了密写的先进技术。据《三朝北盟汇编》记载，公元 1126 年，开封被金军围困之时，宋钦宗"以矾书为诏"。因为"以矾书帛，入水方见"，只有把布帛浸入水中，隐藏其上的字迹才会显露出来，金人不知道此技术，也就无从知道情报的内容了。除此之外，还有将情报写于丝绸或纸张上，然后搓成圆球用蜡裹住藏在信使身上或将其吞入腹中传递，这种保密性传递方法一直沿用至清朝。

古代的欧洲文明中，也同样很早就有保密技术的应用了。

大约在公元前 700 年，古希腊的斯巴达人军队使用一种叫作 Scytale 的棍子（又叫斯巴达棒）来进行保密通信，如图 3-4 所示。发信人先绕棍子卷一张羊皮纸条，然后把要保密的信息写在上面，例如图中羊皮纸上书写的是"KILL KING TOMORROW MIDNIGHT"，接着解下纸条送给收信人，此时顺序读取纸条上的内容是"KTMIOI……"，如果不使用同样宽度的棍子，是很难看懂其中的内容的。在这个例子中，用 Scytale 棍子卷纸条可以理解成是一种加密算法，如果暴露了这根棍子，也就没有秘密可言了。

图 3-4　Scytale 棍子

古罗马时期发明了恺撒密码，这是一种简单的移位密码，就是把明文中的各个字母错开一定间隔置换成另一个字母，如将字母 A 换作字母 D，将字母 B 换作字母 E。

再介绍一个战争中近现代密码技术及应用的案例。

第二次世界大战期间，在太平洋战场上，日军总能破译美军的密电码，这令美军在战场上吃尽了苦头。为了改变这种局面，29 名印第安纳瓦霍族人被征召入伍，人称"风语者"（Wind Talkers）。

风语者的使命是创造一种日军无法破解的密码。他们从自然界中寻求灵感，设计了由 211 个密码组成的纳瓦霍密码本。例如，猫头鹰代表侦察机，鲨鱼代表驱逐舰，八字胡须则代表希特勒等。密码设计完成后，美海军情报机构的军官们花了 3 周的时间力图破译一条用这种密码编写的信息，终告失败。就这样，被美军称为"无敌密码"的纳瓦霍密码终于诞生。密码本完成后，这 29 名风语者被锁在房间内长达 13 周，每个人必须背会密码本上的所有密码，然后将密码本全部销毁，以免落入敌人手中。

在接下来的战斗中，美军使用"人体密码机"造就了无敌密码的神话：风语者编译和解译密码的速度比密码机要快；因为他们的语言没有外族人能够听懂，他们开发的密码一直未被日军破获。

风语者从事的这项工作，一直被认为是美军的最高机密之一。直到 1968 年，这群风语者的故事才被解密。华裔导演吴宇森于 2000 年拍摄的电影《风语者》以这段鲜为人知的往事为背景，让世人了解到了纳瓦霍密码和这群神奇的"人体密码机"，图 3-5 为电影《风语者》海报。

图 3-5 电影《风语者》海报

【案例 3-1 思考】

● 战场上对于信息的传递有哪些安全需求？
● 本案例中介绍的战争中应用的密码技术主要是采用什么基本方法保护信息的机密性的？
● 在当前计算机及网络通信技术广泛应用的信息时代，大量信息以数字形式存放在计算机系统里，并通过公共信道传输。数据在存储、传输和处理中面临哪些安全问题？
● 计算机系统和公共信道在不设防的情况下是很脆弱的，面临极大的安全问题，如何保护数据的保密性、完整性、不可否认性和可认证性？

案例与思考 3-2：数据库损毁事件

微课视频 3-2
数据库损毁事件

【案例 3-2】

2016 年 1 月 28 日早晨，全球最大开源平台 GitHub 服务出现宕机。Github 作为开源代码库以及版本控制系统，目前拥有 140 多万开发者用户，已经成为管理软件开发以及发现已有代码的首选方法。Github 出现问题已经不是第一次了，在 2012 年、2013 年和 2015 年均出现不同原因的服务故障。

2017 年 1 月 31 日，在线服务网站 GitLab.com 发生了由管理员误删除引起的主数据库数据丢失的严重事故。GitLab 是一个用于仓库管理系统的开源项目。这次事故导致了 GitLab 服务长时间中断，还永久损失了部分生产数据，无法恢复。更严重的是，还损失了数据库的相关记录数据，包括项目、注释、用户账户、问题和代码段。

2001 年 9 月 11 日，美国发生了震惊世界的 9·11 恐怖袭击事件，不仅造成两栋 400m 高的摩天大厦坍塌，2000 余名无辜者不幸罹难，还彻底毁灭了数百家公司的重要数据。

名列世界财富 500 强的金融界巨头摩根士丹利公司的全球营业部也设在世贸大厦，当大家认为摩根士丹利公司也会成为这一恐怖事件的殉葬品之一的时候，该公司竟然奇迹般地宣布，全球营业部第二天就可以照常工作。摩根士丹利公司之所以能够在 9 月 12 日恢复营业，主要原因是，它不仅像一般公司那样在公司内部进行数据备份，而且在新泽西州建立了灾难备份中心，并保留着数据备份。

9·11 恐怖袭击事件发生后，摩根士丹利公司立即启动新泽西州灾难备份中心，从而保障了公司全球业务的不间断运行，有效降低了灾难对于整个企业发展的影响。正是数据备份和远程容灾系统在关键时刻挽救了摩根士丹利公司，同时也在一定程度上挽救了美国的金融行业。

【案例 3-2 思考】
● 数据库崩溃给我们带来哪些危害？
● 为了确保数据的可用性，对于个人，如何进行日常的数据备份和恢复？
● 为了确保数据的可用性，对于组织，如何建立容灾备份与恢复体系？需要应用哪些容灾备份与恢复技术？

3.1 数据的安全问题

微课视频 3-3
数据面临的安全问题

出于保密通信的需求，传统密码学诞生了，其基本目的是使得两个在不安全信道中通信的实体，以一种使其敌手不能明白和理解通信内容的方式进行通信。

案例 3-1 中，对原始信息进行移位、变换是保护信息机密性的基本方法。影片《风语者》中的人体密码机——风语者，通过实施加密算法，将可读的信息变换成不可理解的乱码，从而起到保护信息的作用。保护人体密码机，也就是保护加解密算法，成为确保信息机密性的关键。风语者被俘将可能导致这种加解密算法泄露，因而在必要时刻杀死风语者成为残酷的但又不得已而为之的选择。

风语者采用的这种特殊加解密方法，在确保所传递信息保密性的同时，也能确保信息的完整性和可认证性（真实性），因为没有人能够读懂他们的密文，也就无法篡改，从而确保密文的完整性；没有人能够利用他们的加密方式伪造出密文，也就能确保密文的真实性。

随着计算机及网络通信技术的飞速发展，人们进入到了广泛互联的信息时代，电子政务、电子商务、网络通信等应用中，大量信息以数字形式存放在计算机系统里，并通过公共信道传输。数据面临着被非授权读取、截获、篡改、伪造等一系列安全问题。

为此，现代密码技术得到了飞速发展。如今，密码学的研究与应用已经渗透到人类几乎所有的社会活动领域。现代密码技术已不仅仅限于保密通信的应用了，而是已经涵盖数据处理过程的各个环节，如数据加密、密码分析、数字签名、身份认证、秘密分享等。人们通过以密码学为核心的理论与技术来保证数据的保密性、完整性、不可否认性和可认证性等多种安全属性。

当前，现代密码学研究正受到量子计算机的严重挑战，密码学研究与应用领域的对抗还在继续。

案例 3-2 中数据库系统的崩溃事件提醒我们，在当今这个由数据驱动的世界里，组织和个人是高度依赖于数据的。为了避免数据灾难，除了确保数据的保密性等安全需求，我们还要确保数据的可用性，即重视数据的备份和恢复。

接下来，针对数据的保密性、完整性、不可否认性与可认证性、存在性以及可用性 5 个方面的安全需求，分别介绍相应的安全理论与技术。

3.2 密码与数据保密性

数据在存储、传输和处理中面临的首要问题是非授权访问。确保数据的保密性是防止信息泄露的基本要求，实现保密性的重要方法是加密和访问控制。本节主要介绍加密相关的技术和方法。访问控制技术在第 4 章介绍。

微课视频 3-4
密码学的基本概念

3.2.1　密码学术语和基本概念

1．密码体制基本组成

密码体制（Cryptosystem）也称为密码系统，是指明文、密文、密钥以及实现加解密算法的一套软硬件机制。由于密码算法决定密码体制，本书对密码体制和密码算法不加区分。

一个基于密码技术的保密通信基本模型如图 3-6 所示。

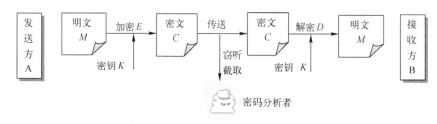

图 3-6　保密通信基本模型

该模型展示了一个密码体制的基本组成，涉及以下 5 个部分。

1）明文 *M*：指人们可以读懂内容的原始消息，即待加密的消息（Message），也称明文 *P*（Plain Text）。

2）密文 *C*：明文变换成一种在通常情况下无法读懂的、隐蔽后的信息称为密文（Cypher Text，Cypher 亦为 Cipher）。

3）加密 *E*：由明文到密文的变换过程称为加密（Encryption）。

4）解密 *D*：由密文到明文的变换过程称为解密（Decryption）。

5）密钥 *K*：密钥（Key）是指在密码算法中引进的控制参数，对一个算法采用不同的参数值，其加解密结果就会不同。加密算法的控制参数称为加密密钥，解密算法的控制参数称为解密密钥。

✉ 说明：

1）在保密通信过程中，发送方将明文通过加密，使得密文只有合法的接收方才能通过相应的解密得到明文，而攻击者即使窃听或截取到通信的密文信息，也无法还原出原始信息。

2）保密通信中，通信双方要商定信息变换的方法，即加密和解密算法，使得攻击者很难破解，同时要求算法高速、高效和低成本；攻击者对窃听或截取的密文会想方设法在有效时间内进行破解，以得到有用的明文信息。前者是研究把明文信息变换成不能破解或很难破解的密文的技术，称为密码编码学（Cryptography）；后者是研究分析破译密码，从密文推演出明文或相关内容的技术，称为密码分析学（Cryptanalysis）。它们彼此目的相反，相互对立，但在发展中又相互促进。

3）大家似乎很熟悉"密码"一词，日常生活中登录各种账户要输入"密码"，例如银行 ATM 取款要输入"密码"。其实，严格来讲这里所谓的密码应该仅被称作"口令"（Password），因为它不是本来意义上的"加密代码"，而是用于认证用户的身份。关于口令更多的相关知识将在第 4 章中介绍。

4）为什么要引入密钥？如果算法的保密性是基于保持算法的秘密，这种算法称为受限算法。大的或经常变换的组织不能使用它们，因为每有一个用户离开这个组织或其中有人无意暴露了算法的秘密，这一密码算法就得作废了。而且受限密码算法无法进行质量控制或标准化，因为每个组织必须有自己的唯一算法，这样的组织不可能采用流行的硬件或软件产品。案例 3-1

中的人体密码机——风语者就属于受限加密算法。通过引入密钥的加解密机制，加解密算法得以公开，确保密钥的安全性成为确保密码安全性的关键。

【例 3-1】 应用密钥加密数据的恺撒密码。

恺撒密码是一种简单置换密码，密文字母表是由正常顺序的明文字母表循环左移 3 个字母得到的，如图 3-7 所示。

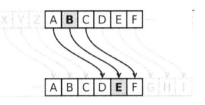

图 3-7　密钥为 3 的恺撒密码

加密过程可表示为：$C_i=E_K(M_i)=(M_i+3) \bmod 26$，这里的密钥为 3。如将字母 A 换作字母 D，将字母 B 换作字母 E。明文 "hello world" 由此得到的密文就是 "khoor zruog"。

解密时只要将密文中的每个字母反过来运用密钥 3 进行替换即可得到明文，即 $M_i=D_k(C_i)=(C_i-3) \bmod 26$。

2．密码体制的分类

如图 3-8 所示，根据加密密钥（通常记为 K_e）和解密密钥（通常记为 K_d）的关系，密码体制可以分为对称密码体制（Symmetric Cryptosystem）和非对称密码体制（Asymmetric Cryptosystem）。

- 对称密码体制，也称单钥或私钥密码体制，其加密密钥和解密密钥相同或实质上等同（$K_e=K_d$）。
- 非对称密码体制，也称公钥或双密钥密码体制，其加密密钥和解密密钥不同（这里不仅 $K_e \neq K_d$，在计算上 K_d 也不能由 K_e 推出），这样将 K_e 公开也不会损害 K_d 的安全。

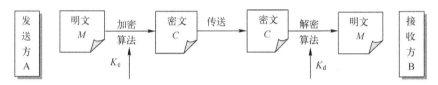

图 3-8　对称/非对称密码体制模型

✉ 说明：

在对称密码体制中，加密过程与解密过程使用相同或容易相互推导得出的密钥，即加密和解密两方的密钥是"对称"的。这如同使用一个带锁的箱子收藏物品，往箱子里放入物品后用钥匙锁上，取出物品时则需要用同一把钥匙开锁。

虽然生活中通常上锁和开锁是用同一把钥匙，但实际上加密和解密可以不是同一个密钥，也就是说上锁和开锁可以不是同一把钥匙，当然这种密钥有一些特殊要求，3.2.3 节将详细介绍这类非对称密码体制。

3．密码体制的安全性

（1）常见密码攻击方法

常见密码攻击方法可以直接针对密钥和密码算法，也可以针对密钥的产生、保管以及计算、应用环境等展开。

1）穷举攻击。穷举攻击又称作蛮力（Brute Force）攻击，是指密码分析者用试遍所有密钥的方法来破译密码。例如，对于恺撒密码，就可以通过穷举密钥 1～25 来尝试破解。

穷举攻击所花费的时间等于尝试次数乘以一次解密（加密）所需的时间。显然，可以通过增大密钥量或加大解密（加密）算法的复杂性来对抗穷举攻击。例如，将 26 个字母扩大到更大的字符空间，这样当密钥量增大时，尝试的次数必然增大。

或者，密文与明文的变换关系不再是顺序左移，而是先选定一个单词（密钥），如

security，然后用 26 个字母中剩余的不重复的字母依次对应构造一张变换表，见表 3-1。这样可以增加解密（加密）算法的复杂性，完成一次解密（加密）所需的时间增大，从而增加穷举攻击的难度。当然，这里只是为了举例说明一下基本思想，尽管表 3-1 中有 26!≈4×10^{26} 种变换，但是这样的变换对于当前计算能力下的穷举攻击依然不在话下。

表 3-1 字母变换表

a	b	c	d	e	f	g	h	i	j	k	l	m	n	o	p	q	r	s	t	u	v	w	x	y	z
s	e	c	u	r	i	t	y	a	b	d	f	g	h	j	k	l	m	n	o	p	q	v	w	x	z

2）统计分析攻击。统计分析攻击是指密码分析者通过分析密文的统计规律来破译密码。例如，对于恺撒密码就可以通过分析密文字母和字母组的频率而破译。实际上，恺撒密码这种字母间的变换并没有将明文字母出现的频率掩藏起来，很容易利用频率分析法进行破译。所谓频率分析，就是基于某种语言中各个字符出现的频率不一样，表现出一定的统计规律，这种统计规律可能在密文中得以保留，从而通过一些推测和验证过程来实现对密码的分析。例如，英文字母的频率分布如图 3-9 所示。

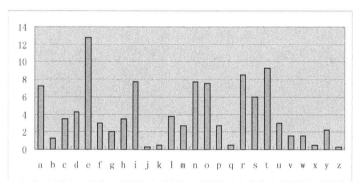

图 3-9 英文字母的频率分布图

从图 3-9 中可以看出，字母 e 出现的频率最高。可以通过对密文中出现的各个字母进行统计，找出它们各自的频率。然后根据密文中出现各个字母的频率，与英文字母标准频率进行对比分析，从高到低依次对应明文"e""t"…"j"，并由此依次尝试，最终推断出密钥，从而破解密文。

对抗统计分析攻击的方法是增加算法的混乱性和扩散性。

● 混乱性（Confusion）。当明文中的字符变化时，攻击者不能预知密文会有什么变化，这种特性称为混乱性。混乱性好的算法，其明文、密钥和密文之间有着复杂的函数关系。这样，攻击者就要花很长时间才能确定明文、密钥和密文之间的关系，从而要花很长的时间才能破译密码。

● 扩散性（Diffusion）。密码还应该把明文的信息扩展到整个密文中去，这样，明文的变化就可以影响到密文的很多部分，这种特性称为扩散性。扩散性好的算法，可以将明文中单一字母包含的信息散布到整个输出中去，这意味着攻击者需要获得很多密文，才能去推测加密算法。

3）数学分析攻击。数学分析攻击是指密码分析者针对加密算法的数学依据，通过数学求解的方法来破译密码。为了对抗这种攻击，应选用具有坚实数学基础和足够复杂的加密算法。

4）社会工程攻击。社会工程攻击是指通过威胁、勒索、行贿，或者折磨密钥拥有者，直到他给出密钥。本章 3.5 节介绍的信息隐藏技术是应对这种攻击的方法。

5）针对密码算法的侧信道攻击。这是指利用与密码实现有关的物理特性来获取运算中暴露的秘密参数，以减少理论分析所需计算工作的密码分析方法，也包括通过侵入系统获取密码系统的密钥的方法。测量密码算法的执行时间、差错、能量、辐射、噪声、电压等物理特性被用于侧信道分析技术中。

📁 拓展知识：根据密码分析者可利用数据的攻击分类

根据密码分析者可利用的数据来分类，可将密码体制的攻击方法分为以下 4 种。

1）唯密文（Ciphertext Only）攻击：密码分析者已知加密算法，仅根据截获的密文进行分析得出明文或密钥。

2）已知明文（Known Plaintext）攻击：密码分析者已知加密算法，根据得到的一些密文和对应的明文进行分析得出密钥。

3）选择明文（Chosen Plaintext）攻击：密码分析者已知加密算法，不仅可得到一些密文和对应的明文，还可设法让对手加密一段选定的明文，并获得加密后的密文，从而分析得到密钥。

4）选择密文（Chosen Ciphertext）攻击：密码分析者已知加密算法，可得到所需要的任何密文所对应的明文，从而分析得到密钥。

（2）如何评估密码体制的安全性

评估密码体制的安全性主要有以下 3 种方法。

1）无条件安全性。如果攻击者拥有无限的计算资源，但仍然无法破译一个密码体制，则称其为无条件安全。香农证明了一次一密密码具有无条件安全性，即从密文中得不到关于明文或者密钥的任何信息。

2）计算安全性。如果使用目前最好的方法攻破一个密码体制所需的计算资源远远超出攻击者拥有的计算资源，则可以认为该密码体制是安全的。

3）可证明安全性。如果密码体制的安全性可以归结为某个经过深入研究的困难问题（如大整数素因子分解、计算离散对数等），则称其为可证明安全。这种评估方法存在的问题是它只说明了这个密码方法的安全性与某个困难问题相关，没有完全证明问题本身的安全性，并给出它们的等价性证明。

对于实际使用的密码体制而言，由于至少存在一种破译方法，即暴力攻击法，因此都不能满足无条件安全性，只能达到计算安全性。

（3）确保密码体制安全的设计原则

一个实用的密码体制要达到实际安全应当遵循以下原则。

1）密码算法安全强度高。就是说，攻击者根据截获的密文或某些已知明文密文对，要确定密钥或者任意明文在计算上不可行。

2）密钥空间足够大。这就使得试图通过穷举密钥空间进行搜索的方式在计算上不可行。

3）密码体制的安全不依赖于对加密算法的保密，而依赖于可随时改变的密钥。即使攻击者知道所用的加密体制，也无助于用来推导出明文或密钥。这一原则已被后人广泛接受，称为柯克霍夫原则（Kerckhoffs' Principle），于 1883 年由柯克霍夫（Kerckhoffs）在其名著《军事密码学》中提出。

4）既易于实现又便于使用。这主要是指加密算法和解密算法都可以高效地计算。

✉ 说明:

通过上面的分析可知,影响密码安全性的基本因素包括:密码算法的复杂度、密钥长度、密钥应用和计算环境等。密码算法本身的复杂程度或保密强度取决于密码设计水平、破译技术等,它是密码系统安全性的保证。

密码算法分数学形态、软件形态和硬件形态,通常说密码算法是安全的是指密码算法在数学上是安全的,但密码算法的应用必须以软件或硬件的形态实现,而数学上的安全并不能保证算法的软硬件实现安全。当前,量子信息科学的研究和发展催生了量子计算机、量子通信的出现。量子计算机的超强计算能力使得基于计算复杂性的现有密码算法的安全性受到了极大挑战。

密码算法在应用中除了面临攻击的问题,还存在密码算法及产品受到各国政府的控制和管理,以及密码算法的后门问题。密码算法的后门是指秘密的、未被公开的入口,能够绕过监管,不易被发现。这也是我国必须使用自主设计的密码算法的主要原因。

鉴于密码关乎政府、军队、商业等重要领域的敏感信息,因此,出于维护国家安全的需要,各国政府都极其重视对密码的控制和管理。2019 年 10 月 26 日,《中华人民共和国密码法》颁布,自 2020 年 1 月 1 日起施行。《密码法》规定核心密码用于保护国家绝密级、机密级、秘密级信息,普通密码用于保护国家机密级、秘密级信息,商用密码用于保护不属于国家秘密的信息;还规定了核心密码、普通密码使用要求、安全管理制度以及国家加强核心密码、普通密码工作的一系列特殊保障制度和措施;规定了商用密码标准化制度、检测认证制度、市场准入管理制度、使用要求、进出口管理制度、电子政务电子认证服务管理制度以及商用密码事中事后监管制度。

请读者完成本章思考与实践第 27 题,了解更多知识。

3.2.2 对称密码体制与常用对称加密算法

▣ 微课视频 3-5
保护数据的保密性-1

1. 对称密码体制的分类

根据密码算法对明文信息的加密方式,对称密码体制通常包括分组密码、序列密码、消息认证码、哈希函数和认证加密算法。本节主要介绍分组密码和序列密码。

(1)分组密码

分组密码(Block Cipher,也叫块密码)是将明文数据分成多个等长的数据块(这样的数据块就是分组),对每个块以同样的密钥和同样的处理过程进行加密或解密。加解密过程一般采用混淆和扩散功能部件的多次迭代。

分组密码不用产生很长的密钥,适应能力强,多用于大数据量的加密场景。

(2)序列密码

理论上说,一次一密的方式是不可破解的,但是这种方式的密钥量巨大,不太可行,因此人们采用序列密码来模仿一次一密从而获得安全性较高的密码。

序列密码(Stream Cipher,也叫流密码)是将明文数据的每一个字符或位逐个与密钥的对应分量进行加密或解密计算。序列密码需要快速产生一个足够长的密钥,因为,有多长的明文,就要有多长的密钥。为此,序列密码的一个主要任务是快速产生一个足够长的"密钥流"。序列密码的强度依赖密钥序列的随机性和不可预测性。

序列密码适用于实时性要求高的场景,如电话、视频通信等。

2. 常见对称密码算法

（1）数据加密标准（Data Encryption Standard，DES）

1975 年，美国 NIST 采纳了 IBM 公司提交的一种加密算法，以"数据加密标准"的名称对外公布，以此作为美国非国家保密机关使用的数据加密标准，随后 DES 在国际上被广泛使用。

DES 属于分组密码，它以 64 位的分组长度对数据进行加密，输出 64 位长度的密文。密钥长度为 56 位，密钥与 64 位数据块的长度差用于填充 8 位奇偶校验位。DES 算法只使用了标准的算术和逻辑运算，所以适合在计算机上用软件来实现。DES 被认为是最早广泛用于商业系统的加密算法之一。

由于 DES 设计时间较早，且采用 56 位短密钥，因此已经出现了一系列用于破解 DES 加密的软件和硬件系统。DES 不应再被视为一种安全的加密措施。而且，由于美国国家安全局在设计算法时有行政介入的问题发生，很多人怀疑 DES 算法中存在后门。

3-DES（triple DES）是 DES 的升级，它不是全新设计的算法，而是通过使用 2 个或 3 个密钥执行 3 次 DES（加密—解密—加密）。3 个密钥的 3-DES 算法的密钥长度为 168 位，2 个密钥的 3-DES 算法的密钥长度为 112 位，这样通过增加密钥长度以提高密码的安全性。随着高级加密标准（AES）的推广，3-DES 也将逐步完成其历史使命。

（2）高级加密标准（Advanced Encryption Standard，AES）

2001 年，NIST 采纳了由密码学家 Rijmen 和 Daemen 设计的 Rijindael（结合两人名字）算法，称其为高级加密标准。Rijindael 算法之所以最后当选，是因为它集安全性、效率、可实现性及灵活性于一体。AES 已经成为对称加密算法中最流行的算法之一。

AES 算法是限定分组长度为 128 位、密钥长度可变（128/192/256 位）的多轮替换——置换迭代型算法，其中替换提供了混乱性，置换提供了扩散性。不同的密钥长度可以满足不同等级的安全需求。根据密钥的长度，算法分别被称为 AES-128、AES-192 和 AES-256。加密和解密的轮数由明文块和密钥块的长度决定。

到目前为止，对 AES 最大的威胁是旁路攻击，即不直接攻击加密系统，而是通过搜集和分析密码系统运行设备（通常是计算机）所发出的计时信息、电能消耗、电磁泄漏，甚至发出的声音，以发现破解密码的重要线索。

由于 AES 对内存的需求低，因而适合应用于计算资源或存储资源受限制的环境中。

（3）国际数据加密算法（International Data Encryption Algorithm，IDEA）

1990 年，中国学者来学嘉与著名密码学家 James Massey 共同提出国际数据加密算法。

IDEA 属于分组密码，使用 64 位分组和 128 位的密钥。IDEA 是国际公认的继 DES 之后又一个成功的分组对称密码算法。

IDEA 自问世以来，已经经历了大量的详细审查，对密码分析具有很强的抵抗能力。该算法也在多种商业产品中得到应用，著名的加密软件 PGP（Pretty Good Privacy）就选用 IDEA 作为其分组对称密码算法。IDEA 算法的应用和研究正在不断走向成熟。

IDEA 运用硬件与软件实现都很容易，而且在实现上比 DES 快得多。

（4）RC 系列算法

RC（Rivest Cipher）系列算法是由著名密码学家 Ron Rivest 设计的几种算法的统称，已发布的算法包括 RC2、RC4、RC5 和 RC6。它是密钥大小可变的序列密码，使用面向字节的操作。

为网络浏览器和服务器之间安全通信定义的安全套接字层/传输层安全（Secure Sockets Layer/Transport Layer Security，SSL/TLS）协议标准中使用了 RC4。它也被用于属于 IEEE

802.11 无线局域网标准的有线等效保密（Wire Equivalent Privacy，WEP）协议及更新的 Wi-Fi 保护访问（Wi-Fi Protected Access，WPA）协议中。

目前，已有针对 WEP 协议中 RC4 算法的攻击。

3．对称密码体制的功能与缺陷分析

（1）对称密钥密码体制功能分析

一个安全的对称密钥密码体制可以实现下列功能。

1）保护信息的机密性。明文经加密后，除非拥有密钥，否则外人无从了解其内容。

2）认证发送方的身份。接收方任意选择一随机数 r，请发送方加密成密文 C，送回给接收方。接收方再将 C 解密，若能还原成原来的 r，则可确知发送方的身份无误，否则就是第三者冒充。由于只有发送方及接收方知道加密密钥，因此只有发送方能将此随机数 r 所对应的 C 求出，其他人则因不知道加密密钥，而无法求出正确的 C。

3）确保信息的完整性。在许多不需要隐藏信息内容，但需要确保信息内容不被更改的场合，发送方可将明文加密后的密文附加于明文之后送给接收方，接收方可将附加的密文解密，或将明文加密成密文，然后对照是否相符。若相符则表示明文正确，否则有被更改的嫌疑。通常可利用一些技术，将附加密文的长度缩减，以减少传送时间及内存容量。有关这些方法，本书将在 3.3 节哈希函数中介绍。

（2）对称密码体制缺陷分析

对称密码体制具有一些天然的缺陷，包括：

1）密钥管理的困难性。对称密码体制中，密钥为发送方和接收方所共享，分别用于消息的加密和解密。密钥需要受到特别的保护和安全传递，才能保证对称密码体制功能的安全实现。此外，任何两个用户间要进行保密通信就需要一个密钥，不同用户间进行保密通信时必须使用不同的密钥。若网络中有 n 人，则每人必须拥有 $n-1$ 把密钥，网络中共需有 $n(n-1)/2$ 把不同的密钥，例如当 $n=1000$ 时，每人必须拥有 999 把密钥，网络中共需有 499500 把不同的密钥。这么多的密钥会给密钥的安全管理与传递带来很大的困难。

2）不支持陌生人之间的保密通信。电子商务等网络应用提出了互不相识的网络用户间进行秘密通信的问题，而对称密码体制的密钥分发方法要求密钥共享的各方互相信任，因此由于它不能解决陌生人之间的密钥传递问题，也就不能支持陌生人之间的保密通信。

3）无法达到不可否认服务。对称密钥密码体制无法达到如手写签名具有事后不可否认的特性，这是由于发送方与接收方都使用同一密钥，因此发送方可在事后否认先前送过的任何信息。接收方也可以任意地伪造或篡改，而第三方并无法分辨是发送方抵赖发送的信息或是接收方自己捏造的信息。

3.2.3　公钥密码体制与常用公钥密码算法

微课视频 3-6
保护数据的保密性-2

1．公钥密码体制的产生

1976 年，美国斯坦福大学电气工程系的 Diffie 和 Hellman 发表了划时代的论文 *New Direction in Cryptography*（《密码学新方向》）。文中提出了一种密钥交换协议，即 Diffie-Hellman 密钥交换协议，通信双方可以在不安全的环境中通过交换信息安全地传送密钥。在此基础上，他们又提出了公钥密码体制的思想。不过，他们并没有提出一个完整的公钥密码实现方案。2016 年 3 月，Diffie 和 Hellman 由于"使得公钥密码技术在实际中可用的创造性贡献"被美国计算机协会授予图灵奖（计算机科学领域最有声望的奖项）。

Diffie 和 Hellman 提出的公钥密码体制的思想是：产生一对可以互逆变换的密钥 K_d 与 K_e，但是即使知道 K_d，还是无法得知 K_e，这样就可将 K_d 公开，但只有接收方知道 K_e。在此情况下，任何人均可利用 K_d 加密，而只有知道 K_e 的接收方才能解密；或是只有接收方一人才能加密（加密与解密其实都是一种动作），任何人均能解密。

2. 公钥密码体制的内容

（1）公钥密码体制的加解密原理

图 3-10 是公钥密码体制加解密的原理图，加解密过程主要有以下几步。

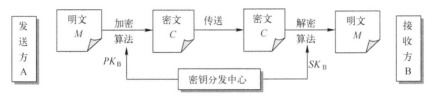

图 3-10　公钥密码体制加解密原理图

1）接收方 B 产生一对公钥（PK_B）和私钥（SK_B）。

2）B 将公钥 PK_B 放在一个公开的寄存器或文件中，通常放入管理密钥的密钥分发中心。私钥 SK_B 则被用户保存。

3）A 如果要向 B 发送消息 M，则首先必须得到并使用 B 的公钥加密 M，表示为 $C=E_{PK_B}(M)$，其中 C 是密文，E 是加密算法。

4）B 收到 A 的密文后，用自己的私钥解密得到明文信息，表示为 $M=D_{SK_B}(C)$，其中 D 是解密算法。

（2）公钥密码体制的特点

● 产生的密钥对（公钥 PK_B 和私钥 SK_B）是很容易计算得到的。

● 发送方 A 用接收方的公钥对消息加密，即 $C=E_{PK_B}(M)$，在计算上是容易的。

● 接收方 B 用自己的私钥对密文解密，即 $M=D_{SK_B}(C)$，在计算上是容易的。

● 密码分析者或攻击者由公钥求对应的私钥在计算上是不可行的。

● 密码分析者或攻击者由密文和对应的公钥恢复明文在计算上是不可行的。

● 加密和解密操作的次序可以互换，也就是 $E_{PK_B}(D_{SK_B}(M))=D_{SK_B}(E_{PK_B}(M))$。

（3）公钥密码体制的功能

1）保护信息的机密性。发送方用接收方的公钥将明文加密成密文，此后只有拥有私钥的接收方才能解密。

2）简化密钥分配及管理。保密通信系统中的每人只需要一对公钥和私钥。

3）密钥交换。发送方和接收方可以利用公钥密码体制传送会话密钥。

4）实现不可否认。若发送方用自己的私钥将明文加密成密文（签名），则任何人均能用公开密钥将密文解密（验证签名）进行鉴别。这里的密文（签名）就如同发送方亲手签名一样，日后有争执时，第三方可以很容易做出正确的判断。公钥密码算法的这种应用称为数字签名，本章 3.4 节中将详细介绍。这种基于数字签名的方法也可提供认证功能。

3. 常见公钥密码算法

（1）RSA 算法

1）RSA 算法的诞生。1978 年，美国麻省理工学院计算机科学实验室的三位研究员 Rivest、Shamir 和 Adleman 联名发表了论文 *A Method for Obtaining Digital Signatures and Public-*

Key Cryptosystems（《获得数字签名的方法和公钥密码系统》），首次提出了一种能够完全实现 Diffie-Hellman 公钥分配的实用方法，其后被称为 RSA 算法。RSA 就取自三位作者姓氏的首字母。2002 年，Rivest、Shamir 和 Adleman 由于"巧妙地实现了公钥密码系统"被美国计算机协会授予图灵奖。

> 📚 **文档资料 3-1**
> Rivest、Shamir 和 Adleman 介绍

RSA 公钥密码算法是目前应用最广泛的公钥密码算法之一。RSA 算法是第一个能同时用于加密和数字签名的算法，易于理解和操作。同时，RSA 是人们研究得最深入的公钥算法，从提出到现在已有 30 多年，经历了各种攻击的考验，被普遍认为是当前最优秀的公钥方案之一。

> 📚 **文档资料 3-2**
> RSA 算法介绍

☞ 请读者完成本章思考与实践第 14 题，实践利用 RSA 算法产生公钥和私钥的过程。

2）RSA 算法的安全性。RSA 算法是基于群 Z^n 中大整数因子分解的困难性建立的，即计算两个大素数的乘积容易，而对乘积进行因子分解计算困难。

国际数学界和密码学界已经证明，企图利用公钥和密文推断出明文，或者企图利用公钥推断出私钥的难度等同于分解两个大素数的乘积，这是一个困难的问题。

还有，RSA 算法保证产生的密文是统计独立而且分布均匀的。也就是说，不论给出多少明文和对应的密文，也无法通过已知的明文和密文的对应关系来破解下一份密文。

研究结果表明，破解 RSA 算法的最好方法还是对大数 n 进行分解，即通过 n 来找因子 p 和 q。为了应对飞速增长的计算机处理速度，p 和 q 都需要非常大，不过，量子计算机的研制和应用将成为 RSA 算法的安全威胁。

3）RSA 算法的实现与应用。RSA 算法有硬件和软件两种实现方法，不论采用何种实现方法，RSA 算法的速度总是比 DES 慢。因为 RSA 算法的计算量远大于 DES，在加密和解密时需要做大量的模数乘法运算。RSA 算法在加密或解密一个 200 位十进制数时大约需要做 1000 次模数乘法运算，提高模数乘法运算的速度是解决 RSA 效率问题的关键所在。

硬件实现采用专用芯片，以提高 RSA 算法加密和解密的速度。使用同样硬件实现，DES 比 RSA 算法快大约 1000 倍。在一些智能卡应用中也采用了 RSA 算法，速度都比较慢。软件实现方法的速度要更慢一些，这与计算机的处理能力和速度有关。同样使用软件实现，DES 比 RSA 算法快大约 100 倍。

因此，在实际应用中，RSA 算法很少用于加密大块的数据，通常在混合密码系统中用于加密会话密钥，或者用于数字签名和身份认证。

（2）椭圆曲线密码（Elliptic Curve Cryptography，ECC）算法

1）ECC 算法的诞生。为了安全使用 RSA 算法，RSA 算法中密钥的长度需要不断增加，这加大了 RSA 算法应用处理的负担。1985 年，N. Koblitz 和 V. Miller 分别独立提出了椭圆曲线密码算法。国际标准化组织颁布了多种 ECC 算法标准，如 IEEE P1363 定义了椭圆曲线公钥算法。

2）ECC 算法的安全性。ECC 算法是 RSA 算法强有力的竞争者。ECC 算法的安全性基于椭圆曲线离散对数问题的难解性，即计算大素数的幂乘容易，而对数计算困难。从理论上讲，离散对数问题和大整数分解问题这两个计算问题是相互对应的，即它们或者同时有解，或者同时无解。就这一点来说，ECC 算法和 RSA 算法是同一安全等级的。

3）RSA 算法的实现与应用。与 RSA 算法相比，ECC 算法能用更短的密钥获得更高的安全性，而且处理速度快，存储空间占用少，带宽要求低。它在许多计算资源受限的环境，如移动

通信、无线设备等，得到了广泛应用。在实际使用中，为了实现与 RSA 算法同样的加密强度，ECC 算法所需的密钥长度短得多。例如，可以证明，对于 256 位密钥长度的 ECC 算法来说，其安全强度相当于 3072 位密钥长度的 RSA 算法。

ECC 算法的安全性和优势得到了业界的广泛认可，被用于多种应用，例如它已被用于安全电子交易（Secure Electronic Transactions，SET）协议、安全套接层/传输层安全（SSL/TLS）协议、安全壳（Secure Shell，SSH）协议中；苹果公司用它为 iMessage 服务提供签名；大多数比特币程序使用 OpenSSL 开源密码算法库进行椭圆曲线计算，以创建密钥对来控制比特币的获取。越来越多的网站也开始广泛使用 ECC 算法来保证一切从客户的 HTTPS 连接到他们的数据中心之间的数据传递的安全。现在密码学界普遍认为 ECC 算法将替代 RSA 算法成为通用的公钥密码算法。

（3）ElGamal 算法

ElGamal 算法是 1984 年斯坦福大学的 Tather ElGamal，基于 Diffie-Hellman 密钥交换协议，提出的一种基于离散对数计算困难问题的公钥密码体制。

1985 年，ElGamal 利用 ElGamal 算法设计出 ElGamal 数字签名方案，该数字签名方案是经典数字签名方案之一，具有高度的安全性与实用性。其修正形式已被 NIST 作为数字签名标准（Digital Signature Standard，DSS）。有关数字签名的内容将在 3.4 节介绍。

3.2.4 密钥管理

密钥是密码体制中的一个要素，对于密码的安全性有着至关重要的作用。本节介绍密钥管理的概念，并着重分析公钥的安全性问题。

1. 密钥管理的概念

由于密码技术都依赖于密钥，因此密钥的安全管理是密码技术应用中非常重要的环节。只有密钥安全，不容易被攻击者得到或破译，才能保障实际通信或加密数据的安全。

密钥管理方法因所使用的密码体制而异，但对密钥的管理通常包括：如何在不安全的环境中，为用户分发密钥信息，使得密钥能够安全、正确并有效地使用；在安全策略的指导下处理密钥自产生到最终销毁的整个生命周期，包括密钥的产生、分配、使用、存储、备份/恢复、更新、撤销和销毁等。

（1）密钥的产生

对于密钥的产生，首先必须考虑其安全性。一般要求在安全的环境下产生，可以通过某种密码协议或算法生成。其次，必须考虑具体密码算法的限制，根据不同算法进行检测，以避免得到弱密钥。此外，在确定要产生的密钥的长度时，应结合应用的实际安全需求，如要考虑加密数据的重要性、保密期限长短、破译者可能的计算能力等。

（2）密钥分配

密钥分配也称密钥分发，是指将密钥安全地分发给需要的用户，一般地，在通信双方建立加密会话前，需要进行会话密钥的分配。

公钥密码算法的计算量比常规加密算法的计算量大很多，故不适合于用来加密长明文，所以公钥密码通常用来加密短明文，特别是用来加密常规加密算法的密钥。

这里介绍主密钥和会话密钥两个级别的密钥使用。

通信双方在特定的时间范围内通常产生一个密钥，用于将其他密钥加密以便安全传送，这个密钥称为主密钥。

发送方还会产生一个密钥，用来加密双方之间实际的通信数据，称为会话密钥（或阶段密钥）。

会话密钥的有效期通常只是一个对话时段，比如从建立 TCP 连接开始到终止连接这段时间。主密钥的有效期长一些，但也不能太长，这由具体的应用程序决定。

（3）密钥的使用

应当根据不同需要使用不同的密钥，如身份认证使用公钥和私钥对、临时的会话使用会话密钥。在保密通信中，每次建立会话都需要双方协商或分配会话密钥，而不应当使用之前会话所使用的会话密钥，更不能永远使用同一个会话密钥。甚至在有些保密通信系统中，同一次会话经过一定时间或一定数据量之后，会强制要求通信各方重新生成会话密钥。

【例 3-2】 主密钥和会话密钥使用举例。

假设用户甲在家中使用远程登录加密软件登录到单位的主机，此软件先产生主密钥，然后用单位主机的公钥将主密钥加密后通过网络传给主机，主机用自己的私钥将收到的密文解密得到主密钥。用户甲加密软件然后产生会话密钥，并用常规加密算法和主密钥加密后通过网络传给主机。这个会话密钥将用于加密这段远程登录中用户甲和主机之间的所有信息，包括用户甲的登录名、登录密码、甲发出的指令及双方之间交流的数据，如果甲退出登录但没有退出加密软件，则会话密钥作废，但主密钥仍有效，用于用户甲下次登录。如果用户甲退出加密软件，则主密钥作废。

（4）密钥的存储、分发和传输

除安全存储外，密钥在分发或传输过程中，也需要加强安全保护。如密钥传输时，可以拆分成两部分，并委托给两个不同的人或机构来分别传输，还可通过使用其他密钥加密来保护。

（5）密钥的撤销和销毁

在特定的环境中密钥必须能被撤销。密钥撤销的原因包括与密钥有关的系统被迁移，怀疑一个特定密钥已泄露并受到非法使用的威胁，或密钥的使用目的被改变等。一个密钥停用后可能还要保持一段时间，如用密钥加密的内容仍需保密一段时间，所以密钥的机密性要保持到所保护的信息不再需要保密为止。

密钥销毁必须清除一个密钥的所有踪迹。密钥使用活动终结后，安全销毁所有敏感密钥的副本十分重要，应该使得攻击者无法通过分析旧数据文件或抛弃的设备来确定旧密钥。

📁**拓展知识：混合密码系统**

混合密码系统，即首先用公钥密码体制加密传送对称密码体制中使用的会话密钥，在后期相互传输消息的过程中使用该会话密钥加密消息。

混合密码系统能够充分利用非对称密码体制在密钥分发和管理方面的优势，以及对称密码体制在处理速度上的优势。

2. 公钥的管理

公钥密码技术很好地解决了密钥传送问题，不过在公钥密码体制实际应用中还必须解决一系列的问题，比如：

- 怎样分发和获取用户的公钥？
- 如何建立和维护用户与其公钥的对应关系，获得公钥后如何鉴别该公钥的真实性？
- 通信双方如果发生争议如何仲裁？

【例 3-3】 签名和加密的顺序问题。

假定用户 A 想给用户 B 发送一个消息 M，出于机密性和不可否认性的考虑，A 需要在发送前对消息进行签名和加密，那么 A 是先签名后加密好，还是先加密后签名好呢？

考虑下面的重放攻击情况，假设 A 决定发送消息

M="I love you"

先签名再加密，她发送 $E_{PK_B}(E_{SK_A}(M))$ 给 B。出于恶意，B 收到后解密获得签名的消息 $E_{SK_A}(M)$，并将其加密为 $E_{PK_C}(E_{SK_A}(M))$，将该消息发送给 C，于是 C 以为 A 爱上了他。

再考虑下面的中间人攻击情况，A 将一份重要的研究成果发送给 B。这次她的消息是先加密再签名，即发送 $E_{SK_A}(E_{PK_B}(M))$ 给 B。

然而 C 截获了 A 和 B 之间的所有通信内容并进行中间人攻击。C 使用 A 的公钥来计算出 $E_{PK_B}(M)$，并且用自己的私钥签名后发给 B，从而使得 B 认为该成果是 C 的。

从上面的两种情况，我们能够意识到公钥密码体制的局限性。对于公钥密码，任何人都可以进行公钥操作，即任何人都可以加密消息，任何人都可以验证签名。

为了解决上述的问题，就必须有一个权威的第三方机构对用户的公私钥进行集中管理，确保能够安全高效地生成、分发、保存、更新用户的密钥，提供有效的密钥鉴别手段，防止被攻击者篡改和替换。

公钥基础设施（Public Key Infrastructure，PKI）是目前建立这种公钥管理权威机构中最成熟的技术。PKI 是在公钥密码理论技术基础上发展起来的一种综合安全平台，能够为所有网络应用透明地提供加密和数字签名等密码服务所必需的密钥和证书管理，从而达到在不安全的网络中保证通信信息的安全、真实、完整和不可否认等目的。本书将在第 4 章中对此详细介绍。

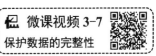

微课视频 3-7
保护数据的完整性

3.3 哈希函数

数据在存储、传输和处理中可能遭受未授权、未预期或无意的修改，这就破坏了数据的完整性。确保数据的完整性除了事前的访问控制，还可以通过事后的完整性检测。本节将介绍哈希函数，利用哈希函数进行消息的完整性检测和哈希函数在数字签名中的应用。

3.3.1 哈希函数基本概念

1. 哈希函数的概念

哈希（Hash）函数又称为散列函数、消息摘要（Message Digest）函数、杂凑函数。哈希函数可以把满足要求的任意长度的输入转换成固定长度的输出。它是一种单向密码体制，即从明文到密文的不可逆映射，只有加密过程，没有解密过程。与对称密码算法和公钥密码算法不同，哈希函数没有密钥。

哈希函数可以表示为

$$h=H(M)$$

其中，H 是哈希函数；M 是任意长度的明文消息；h 是固定长度的输出，称为原消息的哈希值（Hash Value），或是散列值、消息摘要、数字指纹。

2. 哈希函数的特性

哈希函数具有如下特性：

1）易压缩。对任意大小的信息产生很小长度的哈希值。例如产生 160 位的哈希值，即 20 个字节。而且对同一个源数据反复执行哈希函数，得到的哈希值保持一致。

2）不可预见。产生的哈希值的长度和内容与原始信息的大小和内容没有任何联系，但是源数据的一个微小变化都会影响哈希值的内容。

3）不可逆。哈希函数是单向的，从源数据很容易计算其哈希值，但是无法通过生成的哈希值恢复源数据。

4）抗碰撞。寻找两个不同输入得到相同的哈希值在计算上是不可行的。对于消息 M，如果找到另一个消息 M'并满足 $H(M')=H(M)$，则称 M 和 M'是哈希函数 H 的一个碰撞（Collision）。

5）高灵敏。输入数据某几位的变化会引起所生成的哈希值几乎所有位的变化。

3. 哈希函数的应用

由于哈希函数的单向特性以及输出的哈希值长度固定的特点，使得它可以生成消息或数据的哈希值，因此它在数据完整性验证、数字签名、消息认证、保护用户口令，尤其是区块链等领域有着广泛的应用。

（1）校验数据完整性

哈希函数具有抗碰撞的能力，两个不同的数据的哈希值不可能一致。发送方将数据和数据的哈希值一并传输，接收方可以通过将接收的数据重新计算哈希值，并与接收的哈希值进行比对，以检验传输过程中数据是否被篡改或损坏。

数据文件发生任何一点变化，通过哈希函数计算出的哈希值就会不同。如图 3-11 所示，两幅肉眼无法看出区别的图片计算出的哈希值（采用 SHA-1 算法计算，该算法将在下一小节介绍）完全不一样，虽然其中一张图中只被做了一点修改。

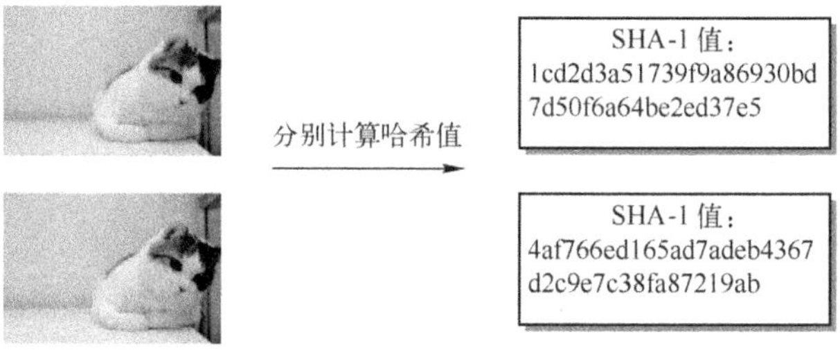

SHA-1 值：
1cd2d3a51739f9a86930bd7d50f6a64be2ed37e5

分别计算哈希值 →

SHA-1 值：
4af766ed165ad7adeb4367d2c9e7c38fa87219ab

图 3-11　通过计算哈希值鉴别图片是否有变化

对于相当多的数据服务，例如网盘服务，同样可以用哈希函数来检测重复数据，避免重复上传。

（2）数字签名

因为非对称加密算法的运算速度较慢，所以在数字签名应用中，哈希函数起着重要的作用。对消息摘要进行数字签名，在统计上可以认为与对消息文件本身进行数字签名是等效的。更多技术细节将在 3.4 节中介绍。

（3）消息认证

在一个开放通信网络环境中，传输的消息还面临伪造、篡改等威胁，消息认证就是让接收方确保收到的消息与发送方的一致，并且消息的来源是真实可信的。哈希函数可以用于消息认证，更多技术细节将在 3.4.3 节中详细介绍。

（4）保护用户口令

将用户口令的哈希值存储在数据库中，进行口令验证时只要比对哈希值即可。不过，如果攻击者获取了口令的哈希值，虽然由于哈希函数的不可逆，不能直接还原出口令，但还是可以通过字典攻击得到原始口令。更多的细节将在第 4 章中讨论。

（5）区块链

在区块链中很多地方都用到了哈希函数，例如，区块链中节点的地址、公钥、私钥的计算，比特币中的挖矿等。

3.3.2 常用哈希函数

常用的哈希函数有两类：MD（Message Digest，消息摘要）系列算法和 SHA（Secure Hash Algorithm，安全哈希算法）。

1. MD 系列算法

MD 系列算法都是由 Ron Rivest 设计的，包括 MD2、MD3、MD4 和 MD5。MD5 对于任意长度的输入消息产生 128 位长度的哈希值。

MD5 曾有着广泛的应用，一度被认为是非常安全的。然而，在 2004 年 8 月召开的国际密码学会议上，我国的王小云教授公布了一种寻找 MD5 碰撞的新方法。目前利用该方法用普通 PC，在数分钟内就可以找到 MD5 的碰撞。可以说 MD5 已被攻破。

> 📚 **文档资料 3-3**
> 王小云与王氏攻击

2. SHA

SHA 由美国 NIST 设计，并于 1993 年作为联邦信息处理标准 FIPS 180 发布。随后该版本的 SHA（后被称为 SHA-0）被发现存在缺陷，修订版于 1995 年发布（FIPS 180-1），称之为 SHA-1。SHA-1 算法输入消息的最大长度为 $2^{64}-1$ 位，输入的消息按 512 位的分组进行处理，输出是一个 160 位的哈希值。

2002 年开始，NIST 陆续发布了 SHA-2 系列的哈希算法，其输出长度可取 224 位、256 位、384 位和 512 位，分别称为 SHA-224、SHA-256、SHA-384、SHA-512。2005 年，NIST 宣布了逐步废除 SHA-1 的意图，逐步转向 SHA-2 版本。SHA-2 系列算法比之前的哈希算法具有更强的安全强度和更灵活的输出长度。

2012 年，NIST 还选择了 Keccak（读作"ket-chak"）算法作为新的哈希标准，该算法被称为 SHA-3。SHA-3 并不是要取代 SHA-2，因为 SHA-2 目前并没有出现明显的弱点。但是由于对 MD5 以及 SHA-1 出现了成功的破解，NIST 感觉需要一个与之前算法不同的，可替换的哈希算法，也就是现在的 SHA-3。设计者宣称这个算法比其他哈希算法具有更强的安全性和软硬件实现性能。

📂 **拓展知识：哈希函数的安全性**

对于 SHA-1，因为产生的输出是 160 位，攻击者要想找到一组碰撞的话，最显然的方法是选取 2^{160} 组不同的数据，依次计算它们的哈希结果，根据抽屉原理，必然会出现一组数据，使得其哈希结果相同。不过，2^{160} 的计算代价太大，可以通过概率方法寻找。这就是著名的生日攻击（Birthday Attack）。根据抽屉原理，一个屋子里必须有 366 个人（一年有 365 天，不考虑闰年）才能保证一定有 2 个人生日相同。然而，如果一个屋子里有 23 个人，则 50% 的概率有 2 个人生日相同。根据概率论，第 2 个人和第 1 个人生日不相同的概率为 $1-\dfrac{1}{365}$，第 3 个人和第 1 个人生日不相同的概率为 $1-\dfrac{1}{365}$，和第 2 个人生日也不相同的概率为 $1-\dfrac{1}{364}$（因为此时已经假定前 2 个人生日不同），因此和前 2 个人生日都不相同的概率为 $\left(1-\dfrac{1}{365}\right)\left(1-\dfrac{1}{364}\right)$，…，第 23 个人和前 22 个人生日都不相同的概率为 $\prod\limits_{i=1}^{23}\left(1-\dfrac{1}{365-i+1}\right)$。上述事件同时发生时，23 个人生日才会各不相同。因此，23 个人中存在 2 个人生日相同的概率为 $1-\dfrac{365!}{(365-23)!\cdot365^{23}}\approx50\%$。

寻找哈希碰撞时也可以采用这个方法。对于 SHA-1 来说，选择大约 2^{80} 组不同的数据并计算哈希结果，则有 50%的概率有 2 个数据的哈希结果相同。密码学上认为，如果能找到一种方法，能在小于 2^{80} 运算量的情况下，有超过生日攻击的概率找到一组碰撞，则认为这个哈希函数就不安全了。

我国密码学家王小云研究团队在 2004 年证明：常用的哈希函数 MD4、MD5、HAVAL-128 和 RIPEMD 这 4 个哈希算法不具有抗碰撞性。2005 年 2 月，王小云团队又证明，哈希函数 SHA-1 的抗碰撞性不如人们想象的那样强，并给出了一个在 2^{69} 量级的运算内找到碰撞字符串的方法。这一开创性工作让进一步破解 SHA-1 成为可能。

2005 年 8 月，王小云、姚期智（2000 年图灵奖获得者）和储枫又进一步将 2^{69} 量级的运算缩短至 2^{63} 量级的运算。

2013 年，阿姆斯特丹数学与计算机研究中心（CWI）的 Stevens 提出的攻击方法进一步将计算量级缩短至 2^{61}。

2017 年 2 月 23 日，谷歌在博客上宣布实现了 SHA-1 的碰撞。由 Stevens 等人参与完成的论文 *The First Collision for Full SHA-1* 展示了从应用角度破解 SHA-1 的方法。他们成功构造了两个 PDF 文件（有意义、可以真正打开的文件），使得 SHA-1 结果相同。

3.4 数字签名与数据不可否认性和可认证性

微课视频 3-8
保护数据的不可否认性和可认证性

数据在存储、传输和处理中可能遭遇否认或伪造，这就破坏了数据的不可否认性和可认证性。确保信息的不可否认性，就是要确保信息的发送者无法否认已发出的信息或信息的部分内容，信息的接收者无法否认已经接收的信息或信息的部分内容。确保信息的可认证性，除了要确保信息的发送者和接收者的真实身份，防止冒充和重放，还要确保信息内容的真实性。实现不可否认性和可认证性的措施主要有数字签名、消息认证、可信第三方认证技术等。本节将介绍数字签名与消息认证的相关技术和方法，可信第三方认证技术将在第 4 章介绍。

3.4.1 数字签名

1. 数字签名的概念

在传统的以书面文件为基础的日常事务处理中，通常采用书面签名的形式，如手写签名、印章、手印等，确保当事人的身份真实和不可否认。这样的书面签名具有一定的法律意义。在以计算机为基础的数字信息处理过程中，就应当采用电子形式的签名，即数字签名（Digital Signatures）。

数字签名是一种以电子形式存在于数据信息之中的或作为附件或逻辑上与之有关联的数据，可用于接收者验证数据的完整性和数据发送者的身份，也可用于第三方验证签名和所签名数据的真实性。

2. 数字签名的特性

数字签名主要有以下特性。

● 不可否认。签署人不能否认自己的签名。

- 不可伪造。任何人不能伪造数字签名。
- 可认证。签名接收者可以验证签名的真伪，也可以通过第三方仲裁来解决争议和纠纷。签名接收者还可通过验证签名，确保信息未被篡改。

3．数字签名的实现

（1）基于公钥密码体制的数字签名

图 3-12 所示为公钥密码体制用于数字签名的过程，步骤如下。

1）A 用自己的私钥 SK_A 对明文 M 进行加密，形成数字签名，表示为 $S=E_{SK_A}(M)$。

2）A 将签名 S 发给 B。

3）B 用 A 的公钥 PK_A 对 S 进行解密，即验证签名，表示为 $M=D_{PK_A}(S)$。

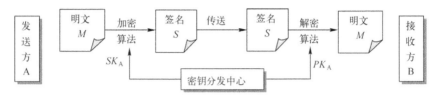

图 3-12　基于公钥密码体制的数字签名

因为从 M 得到 S 是经过 A 的私钥 SK_A 加密，只有 A 才能做到，因此 S 可当作 A 对 M 的数字签名。任何人只要得不到 A 的私钥 SK_A 就不能篡改 M，因此以上过程获得了对消息来源的认证功能，发送方也不能否认发送的信息。

上述这种方案存在着一定的问题，特别是信息处理和通信的成本过高，因为加密和解密是对整个信息内容进行的。实际应用中若是再传送明文消息，那么发送的数据量至少是原始信息的两倍。可以运用哈希函数来对此方案进行改进。

（2）基于公钥密码体制和哈希函数的数字签名

基于公钥密码和哈希函数的数字签名如图 3-13 所示，步骤如下。

1）A 用哈希函数对发送的明文计算哈希值（即消息摘要），记作 $H(M)$，再用自己的私钥 SK_A 对哈希值加密，形成数字签名，表示为 $S=E_{SK_A}(H(M))$。

2）A 将明文 M 和签名 S 发给 B。

3）B 用 A 的公钥 PK_A 对 S 解密，验证签名，获得原始摘要，表示为 $h=D_{PK_A}(S)$，同时对明文计算哈希值，记作 $h'=H(M)$，如果 $h=h'$，则验证签名成功，否则失败。

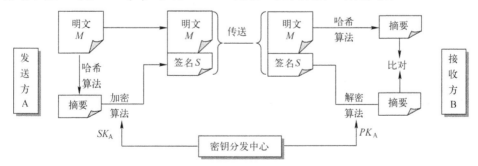

图 3-13　基于 RSA 和哈希函数的数字签名

假设第三方冒充发送方发出了一个明文，因为接收方在对数字签名进行验证时使用的是发送方的公开密钥，只要第三方不知道发送方的私钥，解密出来的数字签名和经过计算的数字签名必然是不相同的，这样就能确保发送方身份的真实性。

请读者注意图 3-12、图 3-13 与图 3-10 中加解密时运用公钥和私钥的不同。在数据加密过程中，发送者使用接收者的公钥加密所发送的数据，接收者使用自己的私钥来解密数据，目的是保证数据的机密性；在数字签名过程中，签名者使用自己的私钥签名关键性信息（如信息摘要）发送给接收者，接收者使用签名者的公钥来验证签名信息的真实性。

（3）基于公钥密码和哈希函数进行数字签名和加密

在上述的数字签名方案中，对发送的信息的不可否认性和可认证性是有保障的，但尚不能保证机密性，即使是图 3-12 所示的对整个明文进行加密（签名）的情况，因为任何截取到信息的第三方都可以用发送方的公钥解密。图 3-14 所示是同时进行数字签名和加密的方案。

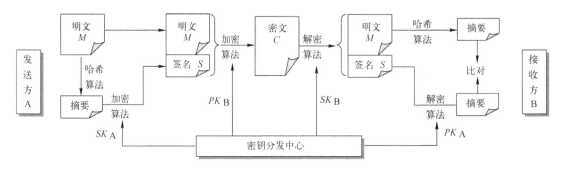

图 3-14　基于公钥密码和哈希函数的数字签名和加密

上述介绍的数字签名过程都涉及了密钥分发中心（KDC），这是通信双方信任的实体，必要时可为双方提供仲裁。

4. 数字签名的应用

按照对消息的处理方式，数字签名的实际应用可以分为两类。

● 直接对消息签名，它是消息经过密码变换后被签名的消息整体。

● 对压缩消息的签名，它是附加在被签名消息之后或某一特定位置上的一段签名信息。

若按明文和密文的对应关系划分，以上每一种又可以分为两个子类。

● 确定性（Deterministic）数字签名。明文与密文一一对应，对一个特定消息的签名，签名保持不变，如基于 RSA 算法的签名。

● 随机化（Randomized）或概率式数字签名。它对同一消息的签名是随机变化的，取决于签名算法中的随机参数的取值。一个明文可能有多个合法的数字签名，如 ElGamal 签名。

比特币区块链中，每个交易都需要用户使用私钥签名，只有采用该用户公钥验证通过的交易，比特币网络才会承认。

☞由于数字签名的应用涉及法律问题，我国已于 2005 年正式实施《中华人民共和国电子签名法》，并于 2019 年修正。读者可以完成课后思考与实践第 28 题，进一步了解《电子签名法》。

3.4.2　常用数字签名算法

目前主要采用基于公钥密码体制的数字签名，包括普通数字签名和特殊数字签名。

1. 普通数字签名

1991 年，NIST 公布了数字签名标准（Digital Signature Standard，DSS），该标准于 1994 年底正式成为美国联邦信息处理标准 FIPS 186。

DSS 最初只包括数字签名算法（Digital Signature Algorithm，DSA），后来经过一系列修改，目前的标准为 2013 年公布的扩充版 FIPS 186-4，其中还包含了基于 RSA 的数字签名算法和基于 ECC 的椭圆曲线数字签名算法（Elliptic Curve Digital Signature Algorithm，ECDSA）。

2. 特殊数字签名

特殊数字签名有盲签名、代理签名、群签名等。

1）盲签名（Blind Signature）是指，消息拥有者的目的是让签名人对该消息进行签名，但又不想让签名人知道该消息的具体内容；而签名人并不关心消息中说些什么，只是保证自己可以在某一时刻以公证人的资格证实这个消息的存在。盲签名在保证参与者密码协议的匿名性方面，具有其他技术无法替代的作用。

2）代理签名（Proxy Signature）是指，原始签名人授权他的签名权给代理签名人，然后让代理签名人代表原始签名人生成有效的签名。

3）群签名（Group Signature）是指，在一个群签名方案中，一个群体中的任意一个成员可以以匿名的方式代表整个群体对消息进行签名。

3.4.3 消息认证

1. 消息认证的概念

在信息安全领域中，常见的信息保护手段大致可以分为保密和认证两大类。目前的认证技术分为对用户的认证和对消息的认证两种方式。用户认证用于鉴别用户的身份是否合法，本书将在第 4 章中介绍。消息认证主要是指接收方能验证消息的完整性及消息发送方的真实性（可认证性），也可以验证消息的顺序和及时性。消息认证可以应对网络通信中存在的针对消息内容的攻击，如伪造消息、篡改消息内容、改变消息顺序、消息重放或者延迟。

当收发者之间没有利害冲突时，消息认证确保完整性对于防止第三者的破坏来说是足够了。但当收者和发者之间有利害冲突时，消息认证就不仅要确保完整性，也要确保可认证性了，此时需借助满足前述要求的数字签名技术。

2. 消息认证码

消息认证过程中，产生消息认证码（Message Authentication Code，MAC）是消息认证的关键。为了实现消息认证的完整性和可认证性功能，消息认证码通常可以通过常规加密和哈希函数产生。

图 3-8 中，用对称密钥加密消息得到的密文 C 可以作为消息认证码。因为，消息的发送方和接收方共享一个密钥，对于接收方而言，只有消息的发送者才能够成功将消息加密。当然，这种方式下的消息认证码无法将消息与任何一方关联，也就是发送方可以否认消息的发送，因为密钥由双方共享。

图 3-12 中，发送方用自己的私钥对消息加密得到的签名 S 也可作为消息认证码。但是前面分析过，对整个消息内容进行加密，在实际应用中代价过高、不可行。

图 3-13 和图 3-14 中，通过哈希函数对明文消息计算得到的消息摘要可以作为消息认证码。目前，基于哈希函数的消息认证码（HMAC）是常用的生成方式，HMAC 已被用于安全套接字层/传输层安全（SSL/TLS）和安全电子交易（SET）等协议标准中。

✍小结

消息认证码通常有以下几种方法。

1）用对称密钥对消息及附加在其后的哈希值进行加密。

2）用对称密钥仅对哈希值进行加密。对于不要求保密性的应用，这种方法能够减少处理代价。

3）用公钥密码中发送方的私钥仅对哈希值进行加密（签名）。这种方式不仅可以提供认证，还可以提供数字签名。

4）先用公钥密码中发送方的私钥对哈希值加密（签名），再用接收方的公钥对明文消息和签名进行加密。图 3-14 已经展示了该方案。这种方式比较常用，既能保证保密性，又具有可认证性和不可否认性。

📖 **拓展阅读**

读者要想了解密码的历史以及密码学原理与技术，可以阅读以下书籍资料。

[1] 鲍尔. 密码历史与传奇 [M]. 徐秋亮，蒋瀚，译. 北京：人民邮电出版社，2019.

[2] 文仲慧. 密码学浅谈 [M]. 北京：电子工业出版社，2019.

[3] 彭长根. 现代密码学趣味之旅 [M]. 北京：金城出版社，2015.

[4] 王善平. 古今密码学趣谈 [M]. 北京：电子工业出版社，2012.

[5] 结城浩. 图解密码技术 [M]. 3 版. 周自恒，译. 北京：人民邮电出版社，2016.

3.5 信息隐藏与数据存在性

📲 微课视频 3-9
保护数据的存在性

确保信息的保密性，除了通过前面介绍的密码系统对信息进行加密以外，还可以通过信息隐藏技术掩盖信息的存在性，有时隐藏信息的存在比加密信息本身更重要。

信息隐藏（Information Hiding）是指将机密信息秘密隐藏于另一公开的信息（通常称为载体）中，然后将其通过公开通道来传递。信息隐藏不同于传统的密码学技术。利用密码技术可以将机密信息变换成不可识别的密文，信息经过加密后容易引起攻击者的好奇和注意，诱使其怀着强烈的好奇心和成就感去破解密码。但对信息隐藏而言，攻击者难以从公开信息中判断其中是否存在机密信息，从而保证了机密信息的安全。简单地说，加密保护的是信息内容本身，而信息隐藏则掩盖它们的存在。

信息隐藏技术的基本思想源于古代的隐写术。大家熟知的隐写方法首数化学隐写了，如用米粥水在纸上写字，待干后纸上看不出写上的字，然而滴上碘酒后这些字会显现出来。

近年来，信息论、密码学等相关学科为信息隐藏提供了丰富的理论基础，多媒体数据压缩编码与扩频通信技术的发展为其提供了必要的技术基础。信息之所以能够被隐藏，可以归结为以下两点。

● 人的生理学弱点。人眼的色彩感觉和亮度适应性缺陷、人耳的相位感知缺陷都为信息隐藏在图片、音频或视频等文件中提供了可能。

● 载体中存在冗余。例如，多媒体信息本身存在很大的冗余性，网络数据包中存在冗余位。

因此，可以将机密信息进行加密后隐藏在一幅普通的图片（音频、视频、文档或数据包）中发送，这样攻击者不易对普通图片产生兴趣，而且由于经过加密，即使被截获，也很难破解其中的内容。

信息隐藏通常可分为隐写术（Steganography）和数字水印（Digital Watermark）。本节主要介绍隐写术。数字水印技术可以用于保护信息内容的安全，如防伪、版权保护等，将在第 8 章中介绍。

3.5.1 信息隐藏模型

1. 信息隐藏的基本模型

信息隐藏的基本模型如图 3-15 所示，其中：

- 秘密信息（Secret Message）。秘密信息指待隐藏的信息，它可以是秘密数据或版权信息，为了增加安全性，可先对待隐藏的信息进行加密，再将密文隐藏到载体中。
- 载体（Covert）。载体包括图片、视频、音频等文件或网络数据包等。
- 嵌入算法（Embedding Algorithm）和提取算法（Extracting Algorithm）。嵌入算法利用密钥来实现秘密信息的隐藏；提取算法则利用密钥从载体中恢复（检测）出秘密信息。
- 密钥（Key）。信息的嵌入和提取过程一般由密钥来控制。密钥可以采用对称密钥，也可以采用非对称密钥。

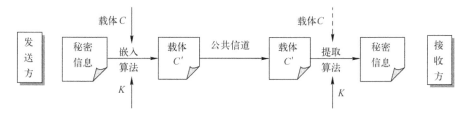

图 3-15　信息隐藏的基本模型

在提取信息时可以不需要原始载体 C（图 3-15 中用虚线表示），这种方式称为盲隐藏。使用原始的载体信息更便于检测和提取信息。但是，载体的传输一方面会面临传输对称密钥一样的风险，另一方面也会需要传输代价，因此目前大多数应用还是采用盲隐藏技术。

2. 信息隐藏技术的基本要求

- 鲁棒性（Robustness）。鲁棒性指即使载体受到某种扰动，也应能恢复隐藏信息。这里所谓"扰动"包括传输过程中的噪声干扰、滤波、有损编码压缩及人为破坏等。
- 不可感知性（Imperceptibility）。不可感知性指嵌入信息的载体不具有可感知的失真，即与原始载体具有一致的特性，如具有一致的统计噪声分布等，以便使攻击者无法判断是否有隐蔽信息。
- 安全性（Security）。安全性指隐藏算法有较强的抗攻击能力，能够承受一定程度的人为攻击，而使隐藏信息不会被破坏。此外，信息隐藏过程中密钥的安全管理也很重要。
- 信息量（Capacity）。信息量要求指载体中要隐藏尽可能多的信息。事实上，在保证不可感知的条件下，隐藏的信息越多，越会影响鲁棒性。因此，必须注意到，每一个具体的信息隐藏系统都涉及不可感知性、鲁棒性及信息量之间的折中。

3.5.2 信息隐藏方法

根据嵌入域可以将信息隐藏分为空间域和变换域两大类方法。

- 空间域方法主要是指，用待隐藏的信息替换载体信息中的冗余部分。
- 变换域方法是指，将待隐藏的信息嵌入到载体的一个变换域空间中。这种方法类似于密码算法中通过"混乱"和"扩散"来消除移位变换加密方法的缺陷。

考虑到变换域方法涉及较复杂的数学基础，本节仅介绍空间域方法。

1．图像文件中的信息隐藏

一种典型的空间域信息隐藏算法是将信息嵌入到图像点中最不重要的像素位（Least Significant Bits，LSB）上，简称 LSB 算法。该算法利用人的视觉上的不可见性缺陷，将信息嵌入到图像最不重要的像素位上，如最低几位。

如图 3-16 所示，对于一个 8×8 共 64 个像素点的图像，每一个像素点的灰度值量化时可以取值为 0～255，如果转化为二进制，则可以用 8 位的"0""1"二进制串表示。这样，一个分辨率为 8×8 的数字图像文件就可以用 8×8×8 的三维矩阵存储。图中，从高到低可以分为 8 个位平面，分别对应着 8 个灰度值位所在的平面。

对于数字图像，这 8 个位平面在图像中所代表的重要程度是不同的。图 3-17 所示是通过计算处理得到一幅图像最高位平面和最低位平面的图像，图 3-17a 是原图，图 3-17b 是提取的最高位平面图，图 3-17c 是提取的最低位平面图，图中基本是噪声，几乎不含有任何有用信息。

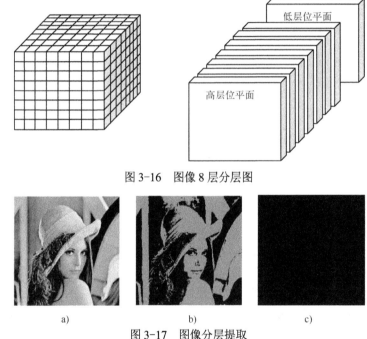

图 3-16　图像 8 层分层图

a)　　　　　　　　　　b)　　　　　　　　　　c)

图 3-17　图像分层提取

a) 原图　b) 提取的最高位平面图　c) 提取的最低位平面图

由此可以得出如下结论。

● 图像的能量集中在高几层位平面，图像对高几层的修改比较敏感。

● 图像的最低位平面甚至是最低的几层位平面几乎不含有信息量，对修改不敏感。

● 可以用待隐藏信息去替换原始载体的最低位平面或最低的几层位平面，从而实现信息隐藏，又不会使载体发生视觉上的可察觉性改变。

这就是 LSB 算法的实现原理。

2．其他信息隐藏载体及隐藏方法

信息隐藏的载体除了上述的图像文件，还可以是音频、视频、文本、数据库、文件系统、硬盘、可执行代码以及网络数据包。

【例 3-4】 基于文本的信息隐藏。

可以通过改变文本模式或改变文本的某些文本特征来实现信息隐藏，例如利用行间距的大小，1 倍行距代表 0，1.5 倍行距代表 1。

【例 3-5】 利用网络协议中的冗余位。

当前广泛使用的 TCP/IP 是 IPv4 版本，该版本协议在设计时存在冗余，这为隐藏秘密信息提供了可能。与图像、音频等经典信息隐藏技术不同，网络协议信息隐藏技术以各种网络协议为载体进行信息隐藏，主要用于保密通信。TCP/IP 中，传输层的 TCP 和 UDP、应用层的 HTTP、SMTP 等协议均可以隐藏信息。

微课视频 3-10
保护数据的可用性

3.6 灾备恢复与数据可用性

本章案例 3-2 给我们带来的深刻教训是，容灾备份与恢复（以下简称灾备恢复）是重要信息系统安全的基础设施，重要信息系统必须构建容灾备份系统，以防范和抵御灾难所带来的毁灭性打击。

3.6.1 灾备恢复的概念

1．灾备恢复的概念

灾难包括地震、火灾、水灾、战争、恐怖袭击、设备系统故障、人为破坏等无法预料的突发事件。

容灾备份是指利用技术、管理手段以及相关资源确保既定的关键数据、关键数据处理信息系统和关键业务在灾难发生后可以恢复和重续运营的过程。

灾难恢复是指为了将信息系统从灾难造成的故障或瘫痪状态恢复到正常运行状态，并将其支持的业务功能从灾难造成的不正常状态恢复到可接受状态，进而设计的活动和流程。

灾难恢复是一个分阶段实施的过程，从安全事故发生、业务受到影响，到部分恢复业务运行，直到完全恢复原始状态，都是灾难恢复的工作。

为了应对可能发生的灾难，提前做好备份是基础。如果没有备份，灾难应急和灾难恢复都是空谈。

2．容灾备份系统的种类

建设容灾备份系统的目的可以归纳为：

● 保障组织数据安全。

● 保障组织业务处理能恢复。

● 减少组织灾难损失。

● 提高组织灾难抵御能力。

根据容灾备份系统对灾难的抵抗程度，容灾备份系统可分为：

● 数据容灾备份系统。数据容灾备份系统指建立一个异地的数据系统，该系统是对本地系统关键应用数据的实时复制。当出现灾难时，可由异地系统迅速接替本地系统以保证业务的连续性。

● 应用容灾备份系统。应用容灾备份系统比数据容灾备份系统层次更高，即在异地建立一套完整的、与本地数据系统相当的备份应用系统（可以同本地应用系统互为备份，也可与本地应用系统共同工作）。在灾难出现后，远程应用系统迅速接管或承担本地应用系统的业务运行。

3．容灾备份系统的组成

一个完整的容灾备份系统通常主要由数据备份系统、备份数据处理系统、备份通信网络系统和完善的灾难恢复预案（计划）所组成。

1）数据备份系统。数据备份系统通过一定的数据备份技术，在容灾备份中心保留一份完整的可供灾难恢复的数据。容灾备份中心是专门为容灾备份功能设计建造的高等级数据中心，提供机房、办公和生活空间、数据处理设备、网络资源和日常的运行管理。一旦灾难发生，容灾备份中心将接替生产中心运行，利用各种资源恢复信息系统运行和业务运作。容灾备份中心是备份系统的基础，也是衡量容灾备份系统等级的主要标准。备份系统的关键技术将在后面介绍。

2）备份数据处理系统。备份数据处理系统是指在容灾备份中心配置的主机系统、存储系统、网络系统、应用软件，以供灾难恢复使用。备份处理系统所需要达到的处理能力和范围应基于恢复目标及成本效益等因素，选择合适的产品来实现。在建立备份数据处理系统时可采用跨平台、系统集成及虚拟主机等技术来实现资源共享，从而达到低成本、高效益。

3）备份通信网络系统。需要根据灾难恢复目标的要求，选择合适的通信网络技术与产品建立备份通信网络系统，提供安全快速的网络切换方案，实现灾难恢复时各业务的对外服务。

4）灾难恢复预案（计划）。灾难恢复预案是为了规范灾难恢复流程，使组织机构在灾难发生后能够快速地恢复业务处理系统运行和业务运作，同时可以根据灾难恢复计划对其容灾备份中心的灾难恢复能力进行测试，并将灾难恢复计划作为相关人员培训资料之一。灾难恢复预案应包含灾难恢复目标、灾难恢复队伍及联络清单、灾难恢复所需各类文档和手册等内容。为保持容灾备份系统的及时和有效性，需要定期对其进行演练测试，演练的另一目的是让灾难恢复队伍和相关人员熟悉灾难恢复计划。

✉ 说明：

● 容灾备份系统规划设计是一项复杂的工作，在一般情况下，容灾备份方案的设计不仅需要考虑技术手段和容灾备份目标，还需考虑投资成本及管理方式等多方面的因素。一般而言，关键业务系统容灾备份的等级可以比较高，其他非核心业务系统则可选用较低级别。因此，一个容灾备份方案可能因为业务的容灾备份需求不同而包含多个容灾备份级别。

● 对于关键业务，如果不允许业务系统停止运作或交易中断，就必须采用"热备份中心"。若业务可以允许系统停顿一定时间，则通常考虑采用"冷备份中心"。

● 对于业务数据，数据中心针对不同的应用场合，可以选择即时备份、差量备份、完全备份、增量备份等不同备份方式。此外，还需要通过多数据中心等技术，将数据备份到处于不同区域的其他数据中心，以将本地端数据保护直接延伸到异地灾备，最大限度地保障备份数据的安全。相关技术在后面介绍。

4．容灾备份的标准

（1）国内外标准

美国 NIST 在 2016 年发布了 *Guide for Cybersecurity Event Recovery*（《网络安全事件恢复指南》），旨在帮助各职能机构制定并实施恢复计划，从而应对各类可能出现的网络攻击活动。

我国目前已经发布了如下一些标准文件。

● GB/T 30285—2013《信息安全技术 灾难恢复中心建设与运维管理规范》。

● GB/T 20988—2007《信息安全技术 信息系统灾难恢复规范》。

● GB/T 36957—2018《信息安全技术 灾难恢复服务要求》。

● GB/T 37046—2018《信息安全技术 灾难恢复服务能力评估准则》。

这些标准中给出了衡量容灾抗毁能力的一系列指标。

（2）衡量容灾备份的技术指标

信息系统容灾的目标是在灾难发生后减少数据丢失量和系统的宕机时间，保证业务系统的连续运行。不同的业务对数据丢失的容忍和要求业务恢复的时间长短各不相同，如一种业务对数据丢失量要求为"零丢失"，但是可以容忍较长的恢复时间；另一种业务可以容忍较多的数据丢失，但是要求系统"实时"恢复运转。

信息系统容灾的目标应根据不同的业务制定。一般容灾的目标主要包括以下 3 个。

1）恢复点目标（Recovery Point Objective，RPO）：指业务系统所能容忍的数据丢失量。

2）恢复时间目标（Recovery Time Objective，RTO）：指所能容忍的业务停止服务的最长时间，也就是从灾难发生到业务系统恢复服务功能所需要的最短时间周期。

3）降级运行目标（Degrade Operation Objective，DOO）：指在恢复完成后到防止第二次灾难的所有保护恢复以前的时间。

在只有一个生产中心和一个容灾中心的情况下，当灾难发生时，业务操作切换到容灾中心后，应尽快恢复或重建生产中心，减少降级运行时间。因为，如果在降级运行期间发生第二次灾难，再从第二次灾难中恢复几乎是不可能的，从而导致更长时间的停机。

（3）容灾恢复能力等级

信息系统灾难恢复能力等级与恢复时间目标（RTO）和恢复点目标（RPO）具有一定的对应关系，各行业可根据行业特点和信息技术的应用情况来制定相应的灾难恢复能力等级要求和指标体系。

灾难恢复能力等级划分为 6 级。

● 第 1 级：基本支持。

● 第 2 级：备用场地支持。

● 第 3 级：电子传输和部分设备支持。

● 第 4 级：电子传输及完整设备支持。

● 第 5 级：实时数据传输及完整设备支持。

● 第 6 级：数据零丢失和远程集群支持。

如要达到某个灾难恢复能力等级，应同时满足该等级中 7 个要素的相应要求：数据备份系统、备用数据处理系统、备用网络系统、备用基础设施、专业技术支持能力、运行维护管理能力、灾难恢复预案。

3.6.2 灾备恢复的关键技术

容灾备份与恢复技术涉及很多方面，本节紧紧围绕数据和服务的容灾备份与恢复，介绍冗余磁盘阵列（Redundant Array of Inexpensive Disks，RAID）技术、数据存储技术、双机热备技术以及多数据中心技术。

1. RAID 技术

RAID 是将把多块独立的物理磁盘按一定的方式组合形成一个磁盘阵列（逻辑磁盘），采用冗余信息的方式进行数据存储，当磁盘发生数据损坏时可利用冗余信息恢复数据，从而提供比单个磁盘更大的存储容量、更好的可靠性和更快的存取速度。

2. 数据存储技术

下面介绍 DAS、NAS、SAN 这 3 种数据存储技术。

1）DAS（Direct Attached Storage，直接附加存储）。这是一种传统的存储模式。DAS 是以服务器为中心的存储结构，存储设备通过电缆（通常是小型计算机系统接口，SCSI）直接连接到服务器，因此 DAS 也被称为 SAS（Server-Attached Storage，服务器附加存储），如图 3-18 所示。伴随着网络时代越来越庞大的数据量，DAS 存在难于扩展、数据存取存在瓶颈、维护和安全性存在缺陷等问题。

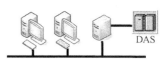

图 3-18　DAS 的一般结构

2）NAS（Network Attached Storage，网络附加存储）。NAS 不像 DAS 需要一个专门的文件服务器，而是在其内部拥有一个优化的文件系统和一个"瘦"操作系统——面向用户设计的、专门用于数据存储的简化操作系统。NAS 相当于有效地将存储的数据从服务器后端移出，直接将数据放在传输网络上，如图 3-19 所示。简单地说，NAS 是与网络直接连接的磁盘阵列，它具备了磁盘阵列的所有主要特征：高容量、高效能、高可靠。

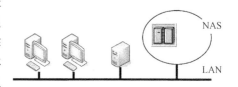

图 3-19　NAS 的一般结构

3）SAN（Storage Area Network，存储区域网络）。SAN 是一种通过光纤集线器、光纤路由器、光纤交换机等连接设备，将诸如大型磁盘阵列或备份磁带库等存储设备与相关服务器连接的，实现高速、可靠访问的专用网络，如图 3-20 所示。在 SAN 中，每个存储设备并不隶属于任何一台单独的服务器。相反，所有的存储设备都可以在全部的网络服务器之间作为对等资源共享。就像局域网可以用来连接客户机和服务器一样，SAN 绕过了传统网络的瓶颈，在服务器与存储设备间、服务器之间以及存储设备之间建立连接，实现高速传输。

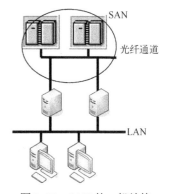

图 3-20　SAN 的一般结构

3. 双机热备技术

通常来讲，双机热备就是对于重要的服务，使用两台服务器互相备份，共同执行同一服务。当一台服务器出现故障时，可以由另一台服务器承担服务任务，从而在不需要人工干预的情况下自动保证系统能持续提供服务。双机热备由备用的服务器解决了在主服务器故障时服务会中断的问题。

从狭义上讲，双机热备特指基于激活/待机（Active/Standby）方式的服务器热备。服务器数据包括数据库数据同时往两台或多台服务器写，或者使用一个共享的存储设备。在同一时间内只有一台服务器运行。当其中运行着的一台服务器出现故障无法启动时，另一台备份服务器会通过软件诊测（一般是通过心跳诊断）将待机机器激活，保证应用在短时间内完全恢复正常使用。

应该说，RAID 和数据备份都是很重要的。对于 RAID 而言，可以以很低的成本大大提高系统的可靠性，而且其复杂程度远远低于双机，毕竟硬盘是系统中操作最频繁、易损率最高的部件。如果采用 RAID，就可以使出现故障的系统很容易被修复，也减少了服务器停机进行切换的次数。

数据备份更是必不可少的措施。因为不论 RAID 还是双机，都是一种实时的备份。任何软件错误、病毒影响、误操作等，都会同步地在多份数据中发生影响，因此，一定要进行数据的备份。不论采取什么介质，都建议用户至少要有一份脱机的备份，以便能在数据损坏、丢失时进行恢复。

但是，RAID 技术只能解决硬盘的问题，备份只能解决系统出现问题后的恢复。而一旦服务器本身出现问题，不论是设备的硬件问题还是软件系统的问题，都会造成服务的中断。因此，RAID 及数据备份技术不能解决避免服务中断的问题。对于需要持续可靠地提供应用服务的系统，双机热备是非常重要的。

4．多数据中心技术

1）主备模式数据中心机制。主备模式即建设两个或多个数据中心（Data Center，DC），主数据中心承担用户的核心业务，其他的数据中心主要承担一些非关键业务并同时备份主中心的数据、配置、业务等。正常情况下，主数据中心和备份数据中心各司其职，发生灾难时，主数据中心宕机、备份数据中心可以快速恢复数据和应用，从而减轻因灾难给用户带来的损失。

2）分布式多活数据中心机制。该机制将业务分布到多个数据中心，彼此之间并行为客户提供服务。分布式多活包括两大关键特征——分布式和多活，体现出企业级用户在建设与使用数据中心时对资源调度利用和业务部署灵活性的新思路。

✉ 说明：

分布式多活数据中心与云计算建设的思路既有相同之处也有差别。云的形成可以基于数据中心的分布式技术，建设模型更接近互联网数据中心，分布式多活数据中心的实现和实践的门槛要低，用户在建设运维时更多地关注于自身业务联系性的要求与业务的快速响应及 IT 建设的持续优化，对于复杂的企业级应用可以提供更好的支撑，使得 IT 建设更多地基于自身现有资源和能力，不盲目追求先进，体现了企业对于自身 IT 建设的把握与未来方向的掌控，是大型企业数据中心持续稳健前行的必经之路。

📖 **拓展阅读**

读者要想了解更多应急响应与灾备恢复的原理与技术，可以阅读以下书籍资料。

[1] 贾如春，周晓花，陈新华，等. 数据安全与灾备管理[M]. 北京：清华大学出版社，2016.

[2] 邹恒明. 有备无患：信息系统之灾难应对[M]. 北京：机械工业出版社，2009.

[3] 鲁先志，武春岭. 数据存储与容灾 [M]. 2 版. 北京：高等教育出版社，2018.

[4] 郑云文. 数据安全架构设计与实战 [M]. 北京：机械工业出版社，2019.

3.7 案例拓展：Windows 操作系统常用文档安全问题与对策

1．Windows 操作系统常用文档安全问题分析

Windows 操作系统是我们常用的系统，大家用它来编辑各种文档、上网、娱乐等，在 Windows 操作系统中日常处理的文档类型和格式通常包括：

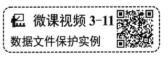

● Office 文档，类型包括 doc（docx）、xls（xlsx）、ppt（pptx）等。

● PDF 文档，类型为 pdf。

● 压缩包文档，类型包括 rar、zip 等。

● 图片文档，类型包括 bmp、jpeg、gif、raw、png 等。

● 视频文档，类型包括 avi、wma、mp4、flv 等。

● 音频文档，类型包括 mp3、mid 等。

● 电子邮件。

计算机中处理、存储以及传输这些文档时面临的安全问题主要包括:

● 非授权访问，即未经文档的所有人同意，查看、修改、复制文档。

● 篡改，指文档的内容被非授权修改。

● 伪造或否认，伪造或否认文档的内容。

● 意外损坏。

● 误删除。

2．Windows 操作系统常用文档安全防护

针对上述 Windows 操作系统中常用文档面临的安全问题，可以有针对性地采取安全措施。

● 为了保护文档不被非授权访问，可以进行口令认证、加密等访问控制，还要注意在删除
文件时确保对其彻底粉碎。还可以通过信息隐藏技术，将文档隐藏。

● 为了保护文档的完整性，可以验证文档的哈希值，也可以限制修改权限。

● 为了保护文档不被伪造和不可否认，可以为文档增加数字签名。

● 为了防止文档意外损坏，要注意备份文档。

● 对于误删除的文档可以尝试进行恢复。

（1）设置口令认证、修改权限保护

Microsoft Office、WinRAR、Acrobat 软件中都提供了使用打开密码、修改权限密码（实际
为口令，此处仍采用软件中"密码"的叫法）保护文档的功能。

图 3-21 所示为依次选择 Word 2019 的"文件"→"信息"→"保护文档"→"用密码进行
加密"菜单选项，在弹出的"加密文档"对话框中设置打开密码和修改权限密码。

图 3-21　在 Word 中设置保护密码

图 3-22 所示为给 RAR 压缩包设置打开密码，方法是双击打开 RAR 压缩包，在"文件"
菜单上选择"设定默认密码"，即可进行加密设置。新添加的 RAR 压缩包，可以在"添加"按
钮的"高级"选项卡中进行加密设置。

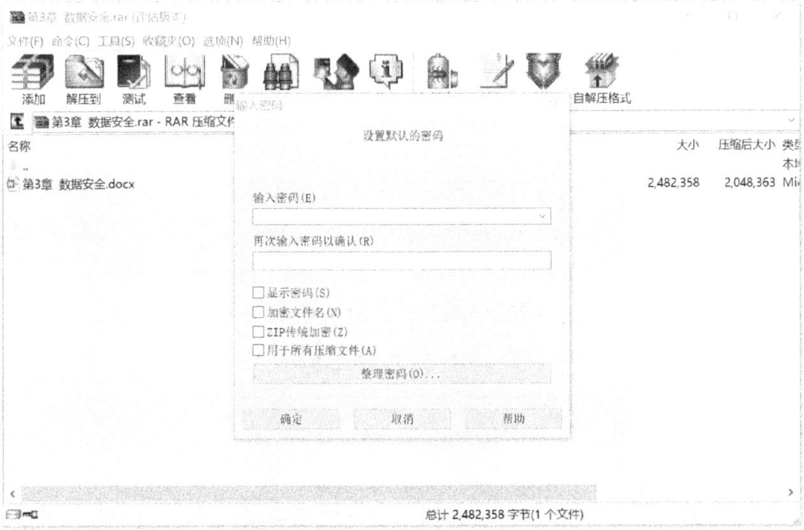

图 3-22　WinRAR 中的密码设置

使用 Adobe Acrobat 软件对 PDF 文档设置保护口令（包括文档打开口令和文档许可口令）的方法是：依次选择"工具"→"保护"→"加密"→"使用口令加密"，进入如图 3-23 所示的界面。勾选"要求打开文档的口令"，输入文档打开口令。

图 3-23　Adobe Acrobat 中的口令设置

还可以通过在"许可"里选择输入许可口令来限制文件的打印和编辑。注意：许可口令不能和文档打开口令一样，否则系统会报错。

不过，上述密码（口令）的设置对于文档的保护能力很弱，因为现在网上能够很容易找到破解这些密码（口令）的软件。这些软件本是为用户忘记了密码（口令）而用于帮助他们恢复的，然而既可以恢复自己文档的密码，当然也可以恢复别人的密码，不过这就不能算是恢复了，这些软件实际上成为破解工具。

恢复 Office 文档密码的工具有 Advanced Office Password Recovery，简称 AOPR，官方网站为 http://www.elcomsoft.com，国内购买服务提供商网站：http://www.passwordrecovery.cn。

类似的软件还有很多，如 Office Password Remover。此外还有专门破解 Word 文档保护密码的工具：Accent Word Password Recovery、Word Password Recovery Master。不过使用该类软件需要连接到因特网，因为要给软件服务器发送少量的密钥数据并解密原始口令。

恢复 RAR 文档密码的工具有：Advanced RAR Password Recovery，简称 ARPR。目前在 elcomsoft 官方网站 http://www.elcomsoft.com 上可以下载该版本的升级版 Advanced Archive Password Recovery，破解几乎所有的压缩文件的密码。类似的软件还有 Atomic RAR Password Recovery。

恢复 PDF 文档口令的工具有 PDF Password Cracker Pro 3.1，可从 http://www.crackpdf.com 下载试用版。PDF 文档打开口令以及许可口令可以很容易地被破解。此外，Adult PDF Password Recovery Remover 以及 Advanced PDF Password Recovery（http://www.elcomsoft.com）等工具可以破解许可口令，清除对该 PDF 文档的打印、编辑等限制，注意这些软件不能破解打开口令。

还有一款著名的密码恢复软件 Passware Kit Enterprise，可从官方网站 http://www.lostpassword.com 下载试用版，该软件包含 Acrobat、Office、RAR、IE 等数十种文档的口令恢复功能。

☞ 请读者完成本章思考与实践第 32 题，完成对 Microsoft Office、WinRAR 以及 PDF 等常用文档的安全保护实验。

（2）文档加密、隐藏保护

上述给文档增加打开口令和修改权限口令的方法面临被破解的风险，相比较而言，将文档全文加密是比之更安全的方法。

文档加密方法包括：

1）使用 Windows 系统（企业版等版本有，家庭版没有）自带的 BitLocker 加密功能，主要用于解决由计算机设备的物理丢失导致的数据失窃或恶意泄露。该加密功能能够通过加密逻辑驱动器来保护重要数据，还提供了系统启动完整性检查功能。

2）使用 VeraCrypt（https://www.veracrypt.fr/en/Home.html）开源加密工具对文件、文件夹或磁盘进行加密。

3）使用 S.S.E. File Encryptor（https://paranoiaworks.mobi/ssefepc）。

☞ 请读者完成本章思考与实践第 33、34 题，使用上述软件进行文档加密等实验。

文档隐藏方法包括：

1）修改文档的属性为"隐藏"，当然这需要在"文件夹选项"→"查看"页框中设置"隐藏所选项目"。

2）直接修改文件的扩展名，如将 doc 扩展名改成 bmp，双击后将在绘图中打开该文件，然而无法正常显示该 Word 文件内容，准确地说，这是起到伪装的作用。

3）使用信息隐藏工具，如可以将信息隐藏在 MP3 中的软件 mp3stego（http://www.petitcolas.net/fabien/steganography/mp3stego），支持 4 种类型载体文件（bitmaps、text、HTML 和 PDF）的信息隐藏软件 wbStego（http://wbstego.wbailer.com）。

☞ 请读者完成本章思考与实践第 35 题，进行信息隐藏等实验。

（3）文档的备份/恢复与强力擦除

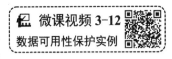

找回被误删除的文件，专业的做法是在第一时间关掉计算机，直接拔掉电源，而不是从"开始"菜单关闭。然后将被误删除文件所在硬盘拆下来，连接到其他计算机上，而且这台计算机最好暂时禁止任何可能需要对硬盘进行写操作的程序，例如后台的杀毒软件、磁盘碎片整理工具、索引工具等，然后使用恢复软件进行恢复。这样做的目的在于尽量避免有新的数据被写入硬盘，而无意中覆盖了被误删除文件所在的扇区，造成该文件无法恢复。当然，一般用户在使用恢复软件时也不用这样烦琐。可以在平时就安装好恢复软件，而不是等到要恢复软件时才安装，以免在安装恢复软件时覆盖要恢复的文件。这样，需要恢复误删除文件时可立即进行恢复。

一款免费的恢复软件是 Recuva（http://www.piriform.com/recuva），一款 Ontrack 的商业软件是 EasyRecovery（http://easyrecoverychina.com）。Ontrack 数据恢复中心的一个杰作是，花费了 5 年的时间，也就是在 2008 年，成功从 2003 年爆炸的哥伦比亚号航天飞机上找回的一块损毁严重的硬盘上，恢复出了 99% 的数据。

这些恢复软件也提醒用户，如果希望彻底删除某个文件，让文件无法通过恢复软件恢复，必须使用专用软件对存储设备上该文件相应的存储扇区填充垃圾数据。除了 2.3 节中介绍的两个强力擦除工具以外，微软的一个免费小工具 sdelete.exe 也很实用（http://technet.microsoft.com/en-us/sysinternals/bb897443.aspx），完全遵从美国国防部 DoD 5220.22-M 标准。当然，上述的恢复软件中也提供了擦除功能。

☞ 请读者完成本章思考与实践第 36 题，进行文档恢复等实验。

（4）文档完整性检测和数字签名

可以下载完整性检测工具，为文档计算哈希值，在传送文档时同时提供该文档的哈希值，以进行完整性检测。如图 3-24 所示，著名安全工具 Kali 的下载页面上，提供了安装包的 SHA-1 哈希值，用户下载了文件后，可以通过重新计算哈希值来判断文件是否发生了变化。

Download Kali Linux Images

We generate fresh Kali Linux image files every few months, which we make available for download. This page provides the links to download Kali Linux in it's latest release. For a release history, check our Kali Linux Releases page. Please note: remaining torrent files for the 2016.2 release will be posted in the next few hours.

Image Name	Direct	Torrent	Size	Version	SHA1Sum
Kali Linux 64 bit	ISO	Torrent	2.9G	2016.2	25cc6d53a8bd8886fcb468eb4fbb4cdfac895c65
Kali Linux 32 bit	ISO	Torrent	2.9G	2016.2	9b4e167b0677bb0ca14099c379e0413262eefc8c
Kali Linux 64 bit Light	ISO	Torrent	1.1G	2016.2	f7bdc3a50f177226b3badc3d3eafcf1d59b9a5e6
Kali Linux 32 bit Light	ISO	Torrent	1.1G	2016.2	3b637e4543a9de7ddc709f9c1404a287c2ac62b0
Kali Linux 64 bit e17	ISO	Torrent	2.7G	2016.2	4e55173207aef7af58466181058a47096920a2a

图 3-24　Kali 网站上提供 Kali 安装包的 SHA-1 哈希值

一些软件还提供了数字签名功能，例如 Adobe Acrobat 制作 PDF 文档的软件中，提供了为文档进行签名的功能。

（5）PGP 综合安全防护

PGP（Pretty Good Privacy，相当好的私密性）是一款由 Phil Zimmermann 提出的著名安全软件。使用的算法包括公钥密码体制的 RSA、DSS 及 Diffie-Hellman 算法，对称密码体制的 IDEA、3DES 及 CAST-128 算法，以及 SHA-1 哈希函数。软件支持邮件加解密、文件加解密以及文件粉碎等功能。

☞ 请读者完成本章思考与实践第37题，使用OpenPGP相关软件进行文档综合防护实验。

3.8 思考与实践

1. 什么是密码学？什么是密码编码学和密码分析学？
2. 密码学就是用于保密通信或是加密数据吗？
3. 一个密码体制涉及哪些基本组成？
4. 什么是密钥？在密码系统中密钥起什么作用？
5. 根据密钥的不同，密码体制可以分为哪几类？
6. 密码分析主要有哪些形式？各有何特点？
7. 密码学中的柯克霍夫原则是什么？
8. 密码体制的安全设计方法和设计原则有哪些？
9. 对称密码算法的特点是什么？对称密码算法有哪些？其基本原理和安全性是怎样的？
10. Diffie和Hellman提出的公钥密码体制的思想是什么？
11. 有哪些常用的公钥密码算法？算法的基本原理是什么？其安全性是如何保证的？
12. 对称密码体制和非对称密码体制各有何优缺点？什么是混合密码系统？为什么要用混合密码系统？
13. 简述用公钥密码算法实现机密性、完整性和抗否认性的原理。
14. 已知有明文"public key encryptions"，先将明文以2个字母为组分成10块，如果利用英文字母表的顺序，即$a=00$，$b=01$，…，将明文数据化。现在令$p=53$，$q=58$，请计算得出RSA的加密密文。
15. 试总结密钥传送的几种方法。
16. 在实际应用中，密钥有哪些分类？如果保证密钥的安全？
17. 公钥管理中存在哪些问题？
18. 什么是哈希函数？哈希函数有哪些应用？
19. 什么是数字签名？数字签名有哪些应用？
20. 什么是消息认证？消息认证与数字签名有什么区别？
21. 什么是信息隐藏？信息隐藏和加密的区别与联系是什么？
22. 谈谈灾备恢复在PDRR安全模型中的重要地位和作用。
23. 谈谈一个完备的容灾备份系统的组成。
24. 试解释容灾备份与恢复系统中涉及的技术术语：RAID、DAS、NAS、SAN。
25. 目前有哪些容灾备份技术？比较它们的优缺点。
26. 知识拓展：阅读以下相关资料，了解数字签名在更多领域中的应用。
[1] 访问书生电子印章中心网站 http://www.sursen.com，了解电子印章的最新应用。
[2] 数字签名的多种应用，http://www.cnblogs.com/1-2-3/category/106003.html。
27. 知识拓展：访问国家密码管理局网站（http://www.oscca.gov.cn）、密码行业标准化技术委员会网站（http://www.gmbz.org.cn），查阅《中华人民共和国密码法》，了解我国商用密码算法、商用密码管理规定及商用密码产品等信息。
28. 读书报告：阅读《中华人民共和国电子签名法》，谈谈该法的积极意义，以及该法还有哪些需要完善的地方，并思考在当今社会应该怎么维护网络交易的安全。完成读书报告。

29．读书报告：查阅相关资料，用密码学的相关知识解释火车票报销凭证上的二维码是如何实现防伪的。如图 3-25 所示，火车票报销凭证上右下角为二维码。完成读书报告。

30．读书报告：访问美国 NIST 官网，下载并阅读 *Guide for Cybersecurity Event Recovery*（《网络安全事件恢复指南》，https://csrc.nist.gov/publications/detail/sp/800-184/final）。完成读书报告。

图 3-25　火车票报销凭证上设有二维码

31．操作实验：访问看雪学院的密码学工具主页 https://tools.pediy.com，下载密码学相关工具，完成以下实验：

1）RSA Tool：实践利用 RSA 算法产生公/私钥以及加/解密的过程。

2）ECC Tool：实践利用 ECC 算法产生公/私钥以及加/解密的过程。

3）DSA Tool：实践利用 DSA 工具进行数字签名的过程。

32．操作实验：采用 3.7 节介绍的工具，完成对 Microsoft Office、WinRAR 以及 PDF 等常用文档的安全保护实验：打开和修改密码的设置和破解；文档加密；文档数字签名及验证等。可以重点围绕 Office 文档完成隐藏文档记录；文档自动保存功能设置；Excel 工作簿隐藏；Excel 工作表隐藏；单元格输入有效性设置等实验。完成实验报告。

33．操作实验：下载 VeraCrypt（https://veracrypt.codeplex.com 或https://www.iplaysoft.com/veracrypt.html），并使用该软件完成加密硬盘、加密文件、隐藏卷标等实验，完成实验报告。

34．操作实验：下载 S.S.E. File Encryptor（https://paranoiaworks.mobi/ssefepc），完成文件加解密实验，完成实验报告。

35．操作实验：查阅以下参考文献，了解信息隐藏技术细节，下载相关软件，完成以图像、音频、视频、文本、数据库、文件系统、硬盘、可执行代码以及网络数据包作为载体隐藏信息的实验，完成实验报告。

[1] RAGGO, HOSMER. 数据隐藏技术揭秘 [M]. 袁洪艳，译. 北京：机械工业出版社，2014.

[2] 钮心忻，杨榆. 信息隐藏与数字水印 [M]. 北京：国防工业出版社，2010.

[3] 王丽娜. 信息隐藏技术实验教程 [M]. 武汉：武汉大学出版社，2012.

[4] 杨义先. 信息隐藏与数字水印 [M]. 北京：北京邮电大学出版社，2017.

36．操作实验：下载数据恢复软件 Easy Recovery（https://www.easyrecoverychina.com），进行数据恢复实验。完成实验报告。

37．操作实验：OpenPGP（RFC 4880）是世界上最广泛使用的电子邮件数字签名/加密标准，它源于 PGP，定义了对信息的加密解密、签名、公钥私钥和数字证书等格式，通过对信息的加密、签名，以及编码变换等操作对信息提供安全保密服务。商业软件 PGP 和开源软件 GnuPG（Gnu Privacy Guard，也简称 GPG）根据 OpenPGP 协议标准加密和解密数据，网站 http://www.openpgp.org 提供了 PGP（低版本）软件和 GPG 软件。GoAnywhere OpenPGP Studio（http://www.goanywheremft.com/products/openpgp-studio）、Enigmail（http://www. enigmail.net）也是类似工具，请选用一种软件，完成邮件加解密、文件加解密以及文件粉碎等实验。完成实验报告。

38．编程实验：常见的加解密、完整性验证以及数字签名算法都已经在.NET Framework 中得到了实现，为编码提供了极大的便利性，实现这些算法的命名空间是 system.security.cryptography。

请基于.NET Framework 提供的诸多加密服务提供类，实现本章中的 DES、AES、RSA、SHA、DSA、MD5、SHA-1 等算法。完成实验报告。

39．编程实验：查阅我国居民身份证校验码的计算方法，编写校验程序，对输入的身份证号的正确性进行校验，完成实验报告。

40．编程实验：在 Visual C++6.0 环境下实现基于 LSB 算法的、在 BMP 图片中进行信息隐藏的程序。完成实验报告。

41．材料分析：2015 年 5 月 28 日上午 11 点左右，携程旅行网官方网站和 App 突然陷入全面瘫痪，内部功能均无法正常使用。打开主页后点击时均显示"Service Unavailable"，而百度搜索上的携程官方页面也显示 404 错误。官方表示是因服务器遭受不明攻击所致，技术人员正在紧急修复中。

根据《法制晚报》微博给出的消息称，携程的服务器数据在此次故障中全部遭受物理删除，且备份数据也无法使用。可以说，这对携程来说几乎是一次致命的打击。

国内数一数二的大型互联网公司出现数据灾难，不得不让网民担心。

请根据上述材料谈谈一个容灾备份系统的设计要点。

42．综合实验：Cypher 是 Matthew Brown 制作发行的一款关于加密解密的益智解谜游戏。在密码博物馆的探索中学习了解密码学的历史，从简单的替代密码到恩尼格玛密码机甚至更高深的密码。请下载该游戏，在超过 40 个具有挑战性的谜题中测试你的解密能力。

3.9 学习目标检验

请对照本章学习目标列表，自行检验达到情况。

	学习目标	达到情况
知识	了解现代密码学的基本内容和应用领域	
	了解密码体制的基本组成	
	了解密码体制中引入密钥的重要性	
	了解根据密钥的不同，密码体制的分类	
	了解密码算法面临的安全问题	
	了解密码体制的安全设计方法和设计原则	
	了解常见的对称密码算法，包括算法特点、基本原理、安全性、功能和缺陷	
	了解常见的公钥密码（非对称密码）算法，包括算法特点、基本原理和安全性	
	了解密钥的安全管理，尤其是公钥的安全管理问题	
	了解常见的哈希函数，包括函数特点、基本原理和安全性	
	了解常见的数字签名算法，包括算法特点、基本原理和安全性	
	了解消息认证的作用和方法	
	了解信息隐藏的概念及主要技术	
	了解容灾备份与恢复的相关概念	
	了解容灾备份系统的基本组成	
	了解灾备恢复的技术指标等标准	
	了解容灾备份与恢复涉及的关键技术	
能力	能够运用软件对常用文档进行安全防护	
	能够进行加密、验证、隐藏等基本编程与应用	
	能够进行容灾备份系统方案设计	

第4章　身份与访问安全

本章知识结构

本章围绕数据资源访问过程中的身份认证和访问控制两个关键安全环节展开。本章知识结构如图 4-1 所示。

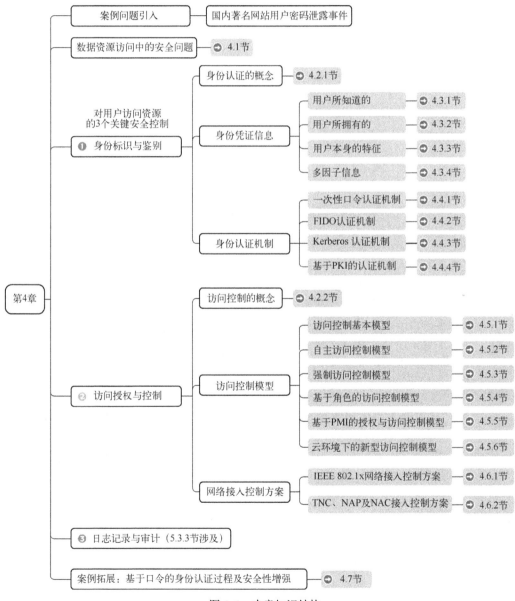

图 4-1　本章知识结构

案例与思考 4：国内著名网站用户密码泄露事件

微课视频 4-1
网站用户密码泄露事件

【案例 4-1】

2011 年 12 月 21 日上午，中国最大的开发者技术社区 CSDN（Chinese Software Developer Network，中国软件开发联盟）网站遭到黑客攻击，600 余万条包含用户账户和密码、注册邮箱等信息的用户资料遭泄露。

2014 年 12 月 25 日，中国铁路 12306 网站被曝光网站大量用户信息遭到泄露。被泄露的数据总共有 131653 条，文件大小为 14MB。泄露的用户数据包括用户账号、明文密码、身份证号码、邮箱等。图 4-2 所示是 12306 网站针对这一曝光事件的公告。

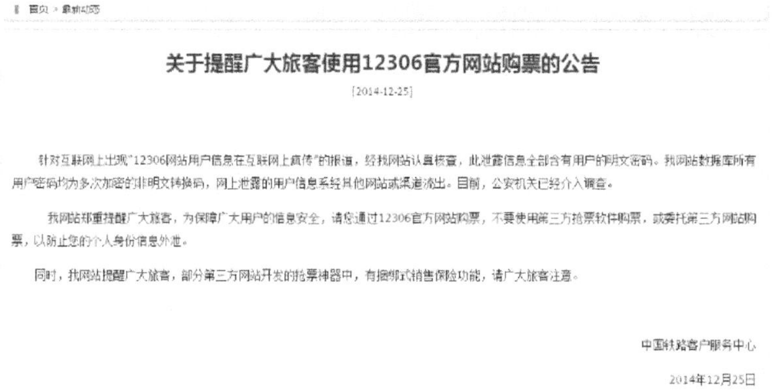
首页 > 最新动态

关于提醒广大旅客使用12306官方网站购票的公告

[2014-12-25]

针对互联网上出现"12306网站用户信息在互联网上疯传"的报道，经我网站认真核查，此泄露信息全部含有用户的明文密码。我网站数据库所有用户密码均为多次加密的非明文转换码，网上泄露的用户信息系经其他网站或渠道流出。目前，公安机关已经介入调查。

我网站郑重提醒广大旅客，为保障广大用户的信息安全，请您通过12306官方网站购票，不要使用第三方抢票软件购票，或委托第三方网站购票，以防止您的个人身份信息外泄。

同时，我网站提醒广大旅客，部分第三方网站开发的抢票神器中，有捆绑式销售保险功能，请广大旅客注意。

中国铁路客户服务中心

2014年12月25日

图 4-2　12306 网站用户信息泄露后的说明

用户密码，严格来说应称为用户口令，实际上在人们的信息资源活动中起到标识用户身份，并依此进行身份认证的作用，防止非授权访问。

在用户越来越依赖于电子政务、电子邮件等网上工作，热衷于电子商务、社交网络、网络游戏等网上购物、娱乐、休闲活动的情况下，针对用户身份信息的窃取已经成为当前安全攻击的热点。在这些事件中，攻击者通过多种手段获取了本应重点保护的存储有用户账户及口令的数据文件，获得了其中的用户账号及口令信息，进而控制这些账号的使用，损害用户的经济利益、造成用户的隐私泄露，甚至给组织、社会乃至国家造成不可估量的损失。

【案例 4-1 思考】

- 在用户对信息资源的访问过程中，口令起到认证用户的作用。应当如何确保口令的安全？
- 在用户对信息资源的访问过程中，口令也仅能起到认证用户的作用，仅确保了访问资源授权方的身份。如何防止访问者对资源进行修改、传播等操作呢？
- 除了使用口令，还可以采用哪些方法标识身份，进行身份鉴别？
- 在局域网和开放网络环境中，如何进行身份的标识与鉴别以及访问控制？

4.1　数据资源访问中的安全问题

第 3 章介绍了为了确保敏感信息资源的保密性、完整性等安全属性，可以采取加密、哈希函数、数字签名等安全措施。本章案例 4-1 涉及的是，用户在信息系统资源访问活动中的保密性、完整性及可用性等安全控制技术。

如图 4-3 所示，一位用户对计算机信息资源的访问活动中，用户首先必须拥有身份标识，通过该标识鉴别该用户的身份，进一步地，用户还应当具有执行所请求动作的必要权限，系统会验证并控制其能否执行对资源试图完成的操作，还有，用户在整个访问过程中的活动还应当被记录以确保可审查。

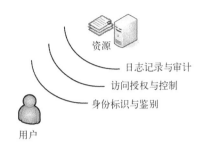

图 4-3　用户访问资源所需的 3 个关键安全环节

接下来，本章围绕数据资源访问过程中的身份认证和访问控制两个关键安全环节展开介绍。

4.2　身份认证和访问控制的概念

本节介绍在信息资源的访问过程中，身份认证和访问控制两个关键安全环节涉及的基本概念。

微课视频 4-2
什么是身份认证？

4.2.1　身份认证的概念

身份认证（Authentication）是证实实体（Entity）对象的数字身份与物理身份是否一致的过程。这里的实体可以是用户，也可以是主机系统。

在计算机系统中，身份（Identity）是实体的一种计算机表达，计算机中的每一项事务是由一个或多个唯一确定的实体参与完成的，而身份可以用来唯一确定一个实体。根据实体的不同，身份认证通常可分为用户与主机之间的认证和主机与主机之间的认证，不过，主机与主机之间的认证实质上仍然是用户与主机的认证。

身份认证分为两个过程：标识与鉴别。

- 标识（Identification）就是系统要标识实体的身份，并为每个实体取一个系统可以识别的内部名称——标识符 ID。用户名或账户就可以作为身份标识。为了对主体身份的正确性进行验证，主体往往还需要提供进一步的凭证，例如密码（口令）、令牌或是生物特征等。
- 识别主体真实身份的过程称为鉴别（Authentication），也称作认证或验证。系统会将主体提供的账号和凭证这两类身份信息与先前已存储的该主体的身份信息进行比较，以此判定主体身份的真实性。如果相匹配，那么主体就通过了身份鉴别。

身份认证过程中涉及凭证信息以及认证机制，4.3 节和 4.4 节将围绕这两个方面展开介绍。

身份认证机制能够保证只有合法实体才能存取系统中的资源，防止信息资源被非授权使用，保障信息资源的安全。

✉ 说明：

考虑到身份鉴别是身份认证的重要组成部分，鉴别与标识也紧密联系，所以本书后面不再对认证和鉴别这两个名词做区分。

4.2.2　访问控制的概念

身份认证解决的是"你是谁？你是否真的是你所声称的身份？"，而访问控制技术解决的是"你能做什么？你有什么样的权限？"。访问控制的基本目标是防止非法用户进入系统和合法用户对系统资源的非法使用。为了达到这个目标，访问控制常以用户身份认证为前提，在此基础上实施各种访问控制策略来控制和规范合法用户在系统中的行为。例如，本章案例 4-1 中，对于存有用户口令的文件的访问不仅应当进行身份认证，还应当进行访问控制，而且所有的访问行为都应当被记录。

1. 访问控制的三要素

根据安全性要求，需要在系统中的各种实体之间建立必要的访问与控制关系。这里的实体也指一个合法用户或计算机资源，计算机资源具体包括内存等存储设备、输入输出设备、数据文件、进程或程序等。为了抽象地描述系统中的访问控制关系，通常根据访问与被访问的关系把系统中的实体划分为两大类：主体和客体，而将它们之间的关系称为规则。

1）主体（Subject）。主体是访问操作的主动发起者，它请求对客体进行访问。主体可以是用户，也可以是其他任何代理用户行为的实体，如设备、进程、作业和程序。

2）客体（Object）。客体通常是指包含被访问信息或所需功能的实体。客体可以是计算机、数据库、文件、程序、目录等，也可以是位、字节、字、字段、变量、处理器、通信信道、时钟、网络节点等。主体有时也会成为访问或受控的对象，如一个主体可以向另一个主体授权，一个进程可能控制几个子进程等情况，这时受控的主体或子进程也是一种客体。本书中有时也把客体称为目标或对象。

3）安全访问规则。安全访问规则用以确定一个主体是否对某个客体拥有某种访问权利。

2. 引用监视器和安全内核

访问控制机制的理论基础是引用监视器（Reference Monitor），由 J. P. Anderson 于 1972 年首次提出。如图 4-4 所示，引用监视器是一个抽象的概念，它表现的是一种思想。引用监视器借助访问数据库控制主体对客体的每一次访问，并将重要的安全事件记入审计文件中。访问控制数据库包含有关安全访问规则的信息。数据库是动态的，它会随着主体和客体的产生或删除及其权限的改变而改变。

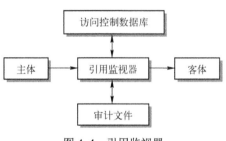

图 4-4　引用监视器

在引用监视器思想的基础上，J. P. Anderson 定义了安全内核的概念。安全内核是实现引用监视器概念的一种技术。安全内核可以由硬件和介于硬件与操作系统之间的一层软件组成。安全内核的软件和硬件是可信的，处于安全边界内，而操作系统和应用软件均处于安全边界之外。这里讲的边界，是指与系统安全有关和无关对象之间的一个想象出的边界。

3. 访问控制模型和访问控制方案

访问控制模型是规定主体如何访问客体的一种架构，它使用访问控制技术和安全机制来实现模型的规则和目标。访问控制模型主要包括自主访问控制、强制访问控制和基于角色的访问控制。每种模型都使用不同的方法来控制主体对客体的访问方式，并且具有各自的优缺点。本章 4.5 节将介绍这 3 种访问控制模型。

访问控制模型内置在不同操作系统的内核中，也内置于一些应用系统中。每个操作系统都有一个实施引用监视器的安全内核，其实施方式取决于嵌入系统的访问控制模型的类型。对于每个访问尝试来说，在主体与客体进行通信之前，安全内核会通过检查访问控制模型的规则来确定是否允许访问请求。

访问控制模型的应用范围很广，它涵盖了对计算机系统、网络和信息资源的访问控制。除了使用的操作系统、组织应用的软件以及安全管理实践，也可以根据组织的业务需求和安全目标，确定使用哪种类型的安全模型，或是组合使用多种模型。本章 4.6 节介绍了几种主流的网络接入控制方案，采用这些方案可以确保访问网络资源的所有设备得到有效的安全控制，以抵御各种安全威胁对网络资源的影响。

微课视频 4-3
如何提高身份认证的
安全性？

4.3　身份凭证信息

对用户的身份认证过程中常用的 3 种凭证信息如下。

1）用户所知道的（What you know），如要求输入用户的口令、密钥或记忆的某些动作等。

2）用户所拥有的（What you have），如 USB Key、智能卡等物理识别设备。

3）用户本身的特征（What you are），如用户的人脸、指纹、声音、视网膜等生理特征以及击键等行为特征。

还可以通过多个凭证（也称多因子）来共同鉴别用户身份的真伪。我们在银行 ATM 上取款需要插入银行卡，同时需要输入银行卡密码，就是采用了双因子认证。认证的因子越多，鉴别真伪的可靠性就越强。当然，在设计认证机制时需要考虑认证的方便性和性能等综合因素。

对主机的身份认证通常可以根据硬件配置、环境位置、时间等进行，如通过主机的 IP 地址和/或硬件地址（如 MAC 地址）来对主机进行认证。

创建的身份信息必须具有 3 个特性：

1）唯一性。用户身份信息必须是唯一的且不能被伪造，防止一个实体冒充另一个实体。不同的计算机系统、不同的应用中，可以使用不同的方式来标识实体的身份：可以是一个唯一的字符串，可以是一张数字证书（类似于现实生活中的居民身份证），也可以是主机 IP 地址或 MAC（Media Access Control，媒介访问控制）地址。例如：

- Windows 系统的登录用户名和口令标识了一个用户的身份。
- 打开 Office 文档的口令标识了用户的身份。
- 校园网用户登录学校图书馆资源时，根据用户的 IP 地址确认用户主机的合法身份等。

2）非描述性。任何身份的标识都不能表明账户的目的，例如 Administrator 这样的身份标识对于攻击者太具有诱惑力了。

3）权威签发。身份凭证，如虎符、腰牌等应当由权威机构颁发，以便对标识进行验真，或在出现争执时提供仲裁。

4.3.1　用户所知道的

用户可以通过设置口令或是手势来进行身份认证。

1. 口令

口令是一种最古老、容易实现，也是比较有效的身份凭证。例如故事《阿里巴巴与四十大盗》中的"芝麻开门"就是一个口令。

在计算机操作系统或是应用系统中，用户首先必须作为系统管理员或是通过系统管理员，在系统中建立一个用户账号及设置一个口令。用户每次使用系统必须输入用户名和口令，只有与存放在系统中的账户/口令文件中的相关信息一致才能进入系统。各个系统的登录进程可以有很大的不同，有的系统只要一个口令就可以访问整个系统，有的安全性很高的系统要求几个等级的口令。例如，一个用于登录系统，一个用于个人账户，还有一个用于指定的敏感文件。

系统中使用的口令，要求只有用户自己知道。对于系统管理员分配的初始口令，用户应当及时更换。没有一个有效的口令，攻击者要闯入计算机系统是很困难的。但是口令在选取、存储、输入以及传输等实际应用的每一个环节都面临很多安全风险，本章在后续的内容中将着重讨论。

2. 手势

随着手机、平板电脑等移动终端设备的广泛应用，手势这种凭证信息得到了用户的青睐，用户只需在屏幕上划出一定的动作即可完成身份认证。图 4-5 所示为 QQ 软件中的手势密码创建界面。

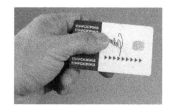

图 4-5　QQ 软件中的手势密码创建界面

4.3.2　用户所拥有的

用户也可以通过持有的合法物理介质进行身份认证，例如 U 盾、智能卡、手机等物理识别设备。

这类硬件介质一方面增加了口令破解的成本，另一方面也能较好地避免用户生成弱口令、记忆口令以及口令传输过程中被泄露带来的安全风险。当然，这类物品一旦丢失，仍然会给用户的信息安全造成威胁。因而，实际应用这类物理介质进行身份认证的过程中仍会结合用户口令（密码）使用。

1. U 盾

U 盾是银行推出的存放客户证书的安全工具，服务于网上银行的数字认证和电子签名。

U 盾是一种包含 USB 接口的硬件设备，外形类似于 U 盘，它内置单片机或智能卡芯片，可以存储用户的密钥或数字证书，利用内置的密码算法实现对用户身份的认证。通常 U 盾有一个小的显示屏，根据专门的算法定时自动更新显示动态数字，以实现一次性口令。使用时还会显示支付等信息，以便用户确认，如图 4-6 所示。

2. 智能卡

智能卡（Smart Card）是一种更为复杂的凭证。它是一种将具有加密、存储、处理能力的集成电路芯片嵌装于塑料基片上而制成的卡片。

智能卡一般由微处理器、存储器等部件构成。为防止智能卡遗失或被窃，许多系统需要智能卡和个人身份信息（识别码 PIN）同时使用，如图 4-7 所示。

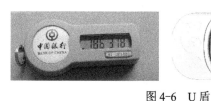

图 4-6　U 盾

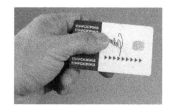

图 4-7　智能卡

3. 手机

手机也是一种很好的凭证工具。我们在使用手机支付时，看似没有输入任何账户信息，包括密码，实际上手机金融账户已经与用户手机上的这个硬件捆绑了。例如，更换手机重新安装某些 App 时，就要求先在之前那台手机上的 App 中解除与那台手机的绑定。

我国古人拥有非凡的智慧。在我国古代，皇帝调兵遣将用的兵符，用青铜或者黄金做成伏虎形状的令牌，劈为两半，其中一半交给将帅，另一半由皇帝保存，称为虎符（见图 4-8）。只有两个虎符同时合并使用，持符者才可获得调兵遣将权。

图 4-8　虎符

我国古代的身份凭证式样很丰富，除了虎符，还有鱼符、龟符、龙符、麟符、牙牌、腰牌等，如图 4-9 所示。

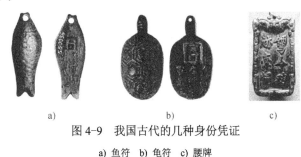

a)　　　　　　　　　　b)　　　　　　　　c)

图 4-9　我国古代的几种身份凭证

a) 鱼符　b) 龟符　c) 腰牌

4.3.3　用户本身的特征

虽然网上银行广泛使用的 U 盾认证方式相比于"用户名+口令"的方式安全性要高，但它仍然有许多缺点，例如需要随时携带 U 盾，U 盾也容易丢失或被窃。与这两种认证方式相比，利用用户本身的特征进行认证，也就是生物特征认证技术（Biometrics），具有无法比拟的优点。用户不必再记忆和设置密码，使用更加方便。生物特征认证技术已经成为目前公认的最安全和最有效的身份认证技术，将成为 IT 产业重要的技术革命。

生物特征认证可以分为生理特征认证和生物行为认证，就是利用人体固有的生理特征或行为动作来进行身份认证。这里的生物特征通常具有唯一性（与其他任何人不同）和稳定性（终身不变）、易于测量、可自动识别等特点。研究和经验表明，人的生理特征，如指纹、掌纹、面孔、发音、虹膜、视网膜、骨架等都具有唯一性和稳定性。人的行为特征，如语音语调、书写习惯、肢体运动、表情行为等也都具有一定的稳定性和难以复制性。

生物识别的核心在于如何获取这些生物特征，并将之转换为数字信息存储于计算机中，利用可靠的匹配算法来完成个人身份的认证。

1. 生理特征认证

目前比较成熟的、得到广泛应用的生物特征认证技术有指纹识别、虹膜识别、脸部识别、掌型识别、声音等，还有研究中的血管纹理识别、人体气味识别等。

（1）指纹识别

指纹识别以人的指纹作为身份认证的凭证，通过指纹采集设备获取用户的指纹图像，利用计算机视觉和图像处理技术提取指纹的特征，再根据相应的匹配和识别算法，识别出指纹对应的用户身份。

2013年苹果公司推出的手机iPhone 5s中采用了指纹识别技术来保证手机的安全。如图4-10所示，指纹识别Touch ID传感器采用电容触控技术，不仅精确度很高，而且确保只有"活手指"才能解锁，这保证了Touch ID不会面临指纹伪造和假冒等安全风险，安全性得到了保障。

图4-10 iPhone指纹识别

指纹识别也有缺点，例如指纹被盗取或是重用，每次鉴别产生的样本也可能稍有不同，如在获取用户的指纹时，手指可能变脏，可能割破，或手指放在阅读器上的位置不同等。

（2）虹膜识别

虹膜识别以人的虹膜的复杂纹理作为身份认证的凭证，它利用虹膜采集设备获取用户的虹膜图像（见图4-11），综合运用图像处理、人工智能等技术完成虹膜定位、特征提取、匹配等功能。

虹膜识别系统已经被广泛应用于军事、行政等安全要求高的场合中。已有的系统甚至可以在几米外远程扫描人眼虹膜组织，每分钟内可以扫描数十人。

图4-11 虹膜识别设备

（3）人脸识别

脸部识别是以人的脸部图像作为身份认证的凭证。通过专门的设备采集人脸图像，提取人脸的轮廓特征和局部细节特征，并通过相应的匹配和识别技术来认证用户的身份。

2017年苹果公司推出的iPhone X手机中拥有了Face ID面部识别功能，使用摄像头采集含有人脸的3D照片或视频，对其中的人脸进行检测和跟踪，进而达到识别、辨认人脸的目的。

人脸识别系统非常适用于人流量较大的区域，可以在人的活动中捕捉人脸图像进行识别，如图4-12所示。

图4-12 人脸识别

2. 生物行为认证

人的行为是因人而异的，一些习惯性的行为可以成为每个人独特的身份标识。基于行为特征的身份认证是在人的习惯性行为的特征基础上提出的，包括基于击键特征、基于鼠标行为特征、基于步态以及基于情境感知的认证方式。

（1）基于击键特征

基于击键特征的身份认证是利用一个人敲击键盘的行为特征进行身份认证。击键行为特征包括击键间隔、击键持续时间、击键位置，甚至击键压力等。

一款名为"键盘芭蕾"的静态口令认证和击键特征认证相结合的双因素身份认证产品，不仅会检测用户输入的账号和密码是否正确，而且还收集用户的击键间隔、击键持续时间等击键特征。只有用户的静态口令输入正确且击键特征与系统用户相符，用户才能通过身份认证。

（2）基于操作鼠标行为特征

与击键类似，用户在操作鼠标的过程中，因使用习惯及生理习性的差异，其操作鼠标的行为特征也互不相同，如鼠标单双击的时间、鼠标左右键的使用习惯、鼠标移动的速度等。这些操作鼠标的行为特征可以用于对用户的身份进行认证。

（3）基于步态

基于步态的身份认证利用用户走路时不同的步态特征来识别用户的身份。人体的步态由躯干、手臂、腿等多个部位组成，如老人和年轻人的躯干弯曲程度、老人和年轻人的行走速度都不相同。而且一个人的步态在相当长的时间内不会发生很大变化，具有较强的稳定性。

（4）基于情境感知的身份认证

基于情境感知的身份认证通过收集用户所处的情境，如时间、地点、用户行为等信息，获取用户在特定时间、特定地点的情境数据，分析并总结用户的情境模式及特征，并以此为依据进行用户身份的认证。生活中，不同用户都有各自的习惯、兴趣以及时间安排，如固定的餐馆、上网浏览的内容以及每周周末去超市购物等。收集并利用这些用户一一对应的情境特征，可实现对用户身份的认证。

✍小结

人的生理特征和行为特征能很好地满足身份认证中用户身份信息唯一性的要求，而且还具有以下一些特点和优势。

● 稳定性：指纹、虹膜等生理特征不会随时间等条件的变化而变化，行为特征的变化一般也不大。
● 难复制：生物特征是人体固有的特征，与人体是唯一绑定的。
● 广泛性：每个人都可以搜集到生物特征。
● 方便性：生物识别技术不需用户记忆密码与携带使用特殊工具，不会遗失。

基于生物特征的身份认证也有缺点：

● 每次认证时的样本可能发生变化。这是因为用户的身体特征可能因为某些原因而改变，例如人手指的损坏影响指纹的识别。
● 基于生物特征的身份认证需要特定的识别设备，认证方案的成本较高。
● 随着技术的进步，伪造生物特征的方法也与日俱增，使得基于生物特征的身份认证的安全性降低。例如，指纹套可以伪造或复制他人指纹，降低指纹识别的可信度。
● 生物特征有可能会被复制和滥用。除了存储了生物特征的数据库存在被拖库的危险，随着手机和相机的拍照和成像质量越来越高，通过拍到的清晰手指图片获取指纹等生物特征信息已成为可能。而且，人的生物特征是不可改变的，这就意味着一旦泄露就没有新的生物特征可更新，因此，怎样存储生物特征模板以确保其安全性是一个至关重要的问题。

4.3.4 多因子信息

基于生物特征的认证技术显示出一种发展趋势：将不同特点的生物特征组合起来，根据应用场景、用户条件、安全等级自动切换，即生物识别的多模态技术。多模态技术把识别精度、采集距离、设备成本、防盗防伪、简单易用等多种特点融为一体，将比任何单一生物特征更具竞争优势。

在高安全等级需求的应用中，最好将基于生物特征的身份认证机制和其他用户认证机制结合起来使用，形成多因子认证机制，即包括用户所知道的，如口令、密码等；用户所拥有的，如U盾、手机等；用户所特有的，如声音、指纹、视网膜、人脸等。同时，还要防止攻击者对服务器、网络传输和重放的攻击。

【案例4-2】

"碟中谍"系列影片中总是有各种各样的高科技武器展现。在《碟中谍5》中就出现了生物特征认证的3件新武器：步态分析、视网膜扫描和语音识别，如图4-13所示。请有兴趣的读者到影片中仔细找一找相关片段。

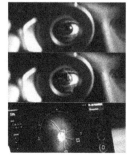

图 4-13 影片《碟中谍 5》中 3 种生物特征认证新技术

4.4 身份认证机制

实际应用中，身份认证机制定义了参与认证的通信方在身份认证过程中需要交换的消息的格式、消息发生的次序以及消息的语义。本节介绍两类身份认证机制。

1）双方之间的交互式证明对方身份的认证机制。它通过双方共享的信息来实现，如基于一次性口令（One-Time Password，OTP）的身份认证机制。

2）采用可信第三方的认证机制。通过可信第三方负责识别通信双方身份。Kerberos 和基于 PKI 的认证机制都属于这类。

4.4.1 一次性口令认证机制

口令在传输的过程中面临被截获的威胁，也就是可能遭受嗅探攻击；口令的存储面临非授权访问的威胁，也就是可能遭受字典攻击或重放攻击。

针对嗅探攻击，可以对口令计算哈希值以起到保密的作用。之所以不采用对称或非对称加密技术，主要是避免密钥管理带来的处理问题及代价。这时的认证过程是，用户在客户端输入用户名和口令后，客户端程序计算口令的哈希值，并将用户名和口令哈希值传输给认证端，认证端检查账户数据库以确定用户名和口令哈希值是否匹配，如果匹配，则向用户端返回认证成功的信息，否则返回认证失败的信息。

对于上述方案，攻击者可以监听用户端与认证端之间涉及登录请求/响应的通信，并截获用户名和口令哈希值。攻击者可以构造一个口令字典，其中包括尽可能多的猜测的口令，计算它们的哈希值并与截获的哈希值比对。利用这样的口令字典，攻击者能以很高的概率找到用户的口令，这种攻击方式称为字典攻击或猜测攻击。

此外，利用截获的哈希值，攻击者可以在新的登录请求中将其提交到同一服务器，服务器不能区分这个登录请求是来自合法用户还是攻击者，这种攻击方式称为重放攻击。

一次性口令认证机制可以很好地解决以上问题。

1. 一次性口令原理

美国科学家 Leslie Lamport 于 1981 年提出了一次性口令（OTP）的思想，主要目的是确保在每次认证中所使用的加密口令不同，以抵御嗅探攻击、字典攻击和重放攻击。

一次性口令的基本原理是：在登录过程中加入不确定因子，使用户在每次登录时产生的口令信息都不相同。认证系统得到口令信息后通过相应的算法验证用户的身份。

一次性口令认证机制的一种简单实现是时间同步方案。该方案要求用户和认证服务器的时钟必须严格一致，用户持有时间令牌（动态密码生成器），令牌内置同步时钟、秘密密钥和加密算法。时间令牌根据同步时钟和密钥每隔一个单位时间（如 1min）产生一个动态口令，用户登录时将令牌的当前口令发送到认证服务器，认证服务器根据当前时间和密钥副本计算出口令，最后将认证服务器计算出的口令和用户发送的口令相比较，得出是否授权给用户的结论。该方案的难点在于需要解决好网络延迟等不确定因素带来的干扰，使口令在生命周期内顺利到达认证系统。

一次性口令认证机制的一种常见实现是挑战/响应（Challenge/Response）方案，其基本工作过程如图 4-14 所示。

图 4-14　挑战/响应方案的基本工作过程

1）认证请求。用户端首先向认证端发出认证请求，认证端提示用户输入用户 ID 等信息。

2）挑战（或称质询）。认证端选择一个随机数 X 发送给客户端。同时，认证端根据用户 ID 取出对应的密钥 K 后，利用发送给客户机的随机串 X，在认证端用加密引擎进行运算，得到运算结果 E_S。

3）响应。客户端程序根据得到的随机数 X 与产生的密钥 K 得到一个加密运算结果 E_U，并将其作为认证依据发送给认证端。

4）认证结果。认证端比较两次运算结果 E_S 与 E_U 是否相同，若相同，则认证为合法用户。

由于密钥存在于客户端中，并未直接在网上发送，且整个运算过程也是在客户端相应程序中完成的，因而极大地提高了安全性。并且每当客户端有一次认证申请时，认证端便产生一个随机挑战给客户，即使在网上传输的认证数据被截获，攻击者想要重放攻击也很难成功。

2. OTP 应用实例

【例 4-1】 使用"验证码"实现一次性口令认证。

目前，验证码得到了广泛应用。如图 4-15a 所示，某客户端用户登录界面上设置了"验证码"输入框，此验证码是随机值，通过验证码的随机性来抵御口令猜测攻击和重放攻击。

不过，验证码的更多作用是防止攻击者用特定程序在短时间内进行重复大量的操作，例如防止刷票、恶意注册、论坛灌水等，如图 4-15b 所示。这一功能被称为 CAPTCHA（Completely Automated Public Turing test to tell Computers and Humans Apart，全自动区分计算机和人类的图灵测试），用于区分用户是计算机中的自动程序还是人。

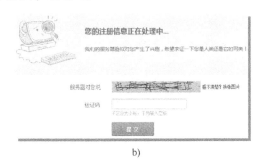

图 4-15　用户登录界面上设置的验证码

a) 随机数字验证码　b) 随机图形验证码

实际应用中还有更加复杂的图形验证码、视频验证码、声音验证码等形式，"真实用户"可以识别出其中的信息，而"机器用户"难以自动识别。图形验证码以图形的形式展现验证的内容，如字母、数字、汉字、拼音等。如图 4-16 所示，用户需要对照所给的汉字或拼音，从九宫格的选项中选出相同或拼音相同的汉字。视频验证码将字母、数字和中文的组合嵌入 MP4、FLV 等格式的视频中，其中内容的形状、大小、显示的效果和轨迹都可以动态变化，增大了破解难度。声音验证码将验证内容通过语音的形式展现给用户，用户通过收听声音片段，将听到的内容或听到问题的答案作为验证信息提交给系统，如图 4-17 所示。

图 4-16　图形验证码

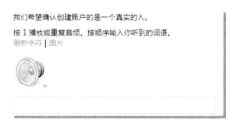
图 4-17　声音验证码

【例 4-2】 绑定手机的动态口令实现一次性口令认证。

动态口令也可以与手机号码绑定使用，通过向手机号码发送验证码来认证用户的身份。一些手机 App 中，用户申请了短信校验服务后，修改账户信息、找回密码、一定额度的账户资金变动都需要手机校验码确认，如图 4-18 所示。合法用户可以通过接收手机短信，输入动态口令，完成认证。当然，如果用户手机丢失，其账户资金将面临很大的安全风险。

图 4-18　绑定手机的动态口令应用

3. OTP 的安全性分析

与传统的静态口令认证方法相比，OTP 认证机制的安全性有很大的提高。

1）通过哈希计算可以抵御嗅探攻击。

2）通过加入不确定因子可以抵御字典攻击和重放攻击。

但是，OTP 认证方案仍存在一些安全问题：

1）没有实现双向认证。OTP 认证方案是单向的认证机制，仅仅是认证服务器端对客户端的认证。这样就使得攻击者可以冒充认证服务器端。如果攻击者窃取到认证服务器端的数据库和用户相关信息，就可以作为服务器端和客户端通信，并骗取客户端的用户信息。

2）难以防范小数攻击。小数攻击的过程是：客户端向认证服务器端发送认证请求后，认证服务器端向客户端发送挑战信息（种子以及迭代值）。如果攻击者截获了该挑战信息，并将其中的迭代值改为较小值，然后将其修改的挑战信息发给客户端。客户端通过计算，生成响应信息并发送给认证服务器端。攻击者再次截获该信息，并利用已知的哈希函数依次计算较大的迭代值的一次性口令，则可以得到该客户端后续的一系列口令。这样，攻击者可以成功冒充合法客户端。

3）难以抵御中间人攻击。中间人攻击是指攻击者截获认证服务器端和客户端的信息，并冒充认证服务器端或客户端与对方通信的攻击。攻击者使用中间人攻击，一方面通过截获一次性口令，假冒客户端与认证服务器端通信，另一方面假冒认证服务器端与客户端通信，获取用户个人信息或者令用户无法登录。

4.4.2 FIDO 认证机制

1. FIDO 的产生

传统的身份认证方式，无论是使用口令还是指纹等生物特征，都要通过用户和服务器两端的身份凭证信息匹配来完成。事实已经反复证明，把身份认证的安全依托于互联网和用户信任的企业是不够的，因为，即使诸如雅虎、脸书这样规模的互联网企业也难以做到杜绝数据泄露，本章案例 4-1 也证明了这一点。邮箱等重要的业务系统出现异常登录，我们还可以通过更换口令补救，但生物特征则无法如此随意。

摆在人们面前的选择有两种，一种是停止使用方便且天然具备唯一性的指纹、虹膜等生物特征，另一种是将个人的生物特征在本地安全存储且任何应用无法获取这些数据。显然，前者并不可取，至少不适应目前技术发展的大趋势。

由此，致力于不依赖"共享秘密"解决传统身份认证弊端的 FIDO（Fast Identity Online，线上快速身份验证）联盟（https://fidoalliance.org）于 2012 年 7 月成立。联盟成员包括谷歌、英特尔、联想和阿里巴巴等企业。

2. FIDO 机制

（1）FIDO 1.0

FIDO 联盟在 2014 年 12 月发布了包含 UAF（Universal Authentication Framework，通用认证框架）和 U2F（Universal Second Factor，通用双因子）两个协议的 FIDO 1.0 版。

1）UAF 协议。协议支持指纹、语音、虹膜、脸部识别等生物身份识别方式，致力于"零口令"，即无须用户口令介入进行认证。

2）U2F 协议。支持 TPM（可信平台模块）、NFC 芯片等硬件设备，使用双因子（口令和硬件设备）保护用户账户和隐私。

这两个协议最基本的技术特征就是将本地身份识别与在线身份认证相结合，即支持设备对人，服务端对设备的"两步认证"。这两个协议可以很好地提高身份认证安全性、保护隐私及改善用户体验。

如图 4-19 所示，应用中 FIDO 协议涉及的两个主要步骤介绍如下。

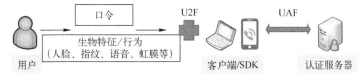

图 4-19 FIDO 协议示意图

1）注册阶段。用户在注册阶段，首先，根据服务器支持的本地验证方式，选择一种验证方式，如指纹识别、人脸识别、语音识别等。服务器也可保留口令验证方式，将口令和生物识别相结合，增强用户账户安全性。其次，将账户和设备绑定。然后，客户端产生一对公私钥对，并与用户本地的身份信息（如生物特征、专用硬件设备等）关联。私钥在客户端本地设备中保留，他人无法读取，公钥传给服务器，服务器将此公钥和用户对应的应用账户相关联。

2）登录认证阶段。根据客户端的登录请求，服务器端发出挑战数据并提示用户在设备上进行操作，客户端设备中的私钥对服务器的挑战数据做签名，服务器使用对应的公钥做验证。客户端设备中的私钥，必须经过本地用户身份识别（如按键、按下指纹等），才能被用来做签名操作。服务器如果验证成功，用户则可登录成功。由于有了第二因子（加密硬件设备）的保护，用户可以选择不设置密码或者使用一串简单易记的短密码。

（2）FIDO 2.0

FIDO 2.0 包括 WebAuthn（Web Authentication，Web 认证）和 CTAP（Client-to-Authenticator Protocol，客户端到认证器协议）两部分。

1）WebAuthn。2019 年 3 月，WebAuthn 被确定为官方网络标准。平台认证器（内置在 PC 上）或漫游认证器（如手机、平板计算机、智能手表等），通过标准 Web API——WebAuthn 调用 FIDO 服务，完成 Web 应用的强身份认证。该 API 可以内置到浏览器和相关的 Web 平台基础设施中。目前在 Windows 10 和 Android 平台、Google Chrome、Mozilla Firefox、Microsoft Edge 和 Apple Safari（预览）Web 浏览器中都受到支持。

2）CTAP（客户端到认证器）协议。CTAP 本质上是 U2F 的延伸。它使外部设备（如手机或 FIDO 安全密钥）能够与支持 WebAuthn 的浏览器协同工作，还可以充当桌面应用程序和 Web 服务的身份验证程序。即使没有指纹模组的 MacBook 这类苹果设备，可以通过同一 Apple ID 使用 iPhone 完成 MacOS 上 App Store 中 App 的购买和支付确认操作。同样，对于使用 Windows 10 系统的登录企业内部 OA 的身份认证操作，可以通过蓝牙连接的手机或其他合法的 USB 漫游身份认证器实现认证。也就是说，只要随身携带手机或一个可作为漫游身份认证器的 USB 设备，我们就可以在世界上任何一台联网的设备上，使用指纹或其他生物特征，安全、便捷地完成组织内部办公系统登录时的身份认证操作。

☞ 请读者完成本章思考与实践第 23 题，进一步了解 FIDO 协议的内容及应用。

4.4.3　Kerberos 认证机制

1. Kerberos 的产生

在一个局域网中通常设有多种应用服务器，如 Web 服务器、邮件服务器、文件服务器、数据库服务器等。若采用传统的基于用户名/口令的认证管理，存在的问题是：一方面用户使用不方便，因为用户必须在每个系统中都有一组用户名和口令，用户的身份信息无法在各服务系统间相互传递，因而用户在进入不同系统时都必须输入登录密码进行认证。另一方面是，每台服务器还需要存储和维护用户登录密码，增加系统管理的负担。为此，人们希望设计一种在网络应用过程中更为高效、安全并且简便的认证机制，单点登录（Single Sign On，SSO）技术由此产生。

📂**拓展知识：单点登录**

单点登录是指用户只需在网络中进行一次身份认证，便可以访问其授权的所有网络应用，而不再需要其他的身份认证过程。其实质是，安全凭证在多个应用系统之间传递或共享。这里所指的网络应用可以是各种共享的硬件设备，也可以是各种应用程序和数据等。

单点登录系统把原来分散的用户认证信息集中起来管理，减轻了安全管理员的维护工作，降低了出现错误的可能性。用户不再需要每访问一次资源就进行一次身份认证，提高了系统使用效率，而且单点登录多采用更为可靠的认证方式，增强了系统整体的安全性。

Kerberos 是希腊神话中守卫地狱大门的一只三头狗的名称。对于提供身份认证功能以及用于保护组织资产的安全技术来说，这是一个名副其实的名称。Kerberos 协议是美国麻省理工学院 Athena 计划的一部分，它是一种基于对称密码算法的网络认证协议，它能在复杂的网络环境中，为用户提供安全的单点登录服务。用户将自己的登录名和口令交给本地可信任的代理者，由它帮助局域网用户有效地向服务器证明用户的身份从而获取服务。Kerberos 利用集中式认证取代分散认证，通过可信第三方的认证服务，减轻应用服务器的负担。Kerberos 是开放源代码的软件，它的源代码和相关文档可从 http://web.mit.edu/kerberos/下载。Kerberos 已在 Windows、Linux、Mac OS X、Solaris 等多种操作系统中应用，支持 Kerberos 的商业产品也越来越常见。

2．Kerberos 的主要组件

如图 4-20 所示，Kerberos 的运行环境由密钥分发中心（Key Distributed Center，KDC）、应用服务器和用户客户端 3 个部分组成。KDC 包括认证服务器（Authentication Server，AS）和通行证授予服务器（Ticket Granting Server，TGS，也译作票据授权服务器）两部分。KDC 是整个系统的核心部分，它保存所有用户和服务器的密钥，并提供身份验证服务以及密钥分发功能。用户和服务器都信任 KDC，这种信任是 Kerberos 安全的基础。

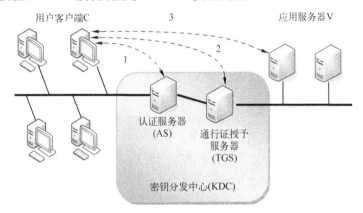

图 4-20　Kerberos 协议的工作过程

Kerberos 协议中使用通行证（Ticket，也译作票据）来实现用户和应用或服务之间的认证。用户和服务双方虽不能互相信任，但是他们都完全信任 KDC，双方通信时，用户如果拥有由 KDC 出具的通行证，就能通过该通行证获得服务端的信任。

例如，用户 C（Client）需要使用应用服务器 V，C 需要向 KDC 中的 AS 进行身份认证，AS 验证用户的登录名和登录口令后给用户签发一个 TGS 通行证，记为 $Ticket_{TGS}$，用户持此通行证可随时向 TGS 证明自己的身份，以便领取访问应用服务器 V 的通行证，记为 $Ticket_V$。最后，C 将 $Ticket_V$ 提交给应用服务器，经过应用服务器的认证和校验后，C 就可以使用服务了。

使用 $Ticket_{TGS}$ 是为了让用户不必在每次申请服务时都输入认证信息，用户可以在有效期内多次重用该通行证，向不同的应用服务器证明自己的身份，而不需要输入登录口令。$Ticket_V$ 用于在认证服务器（AS）和应用服务器 V 之间安全地传递使用者的身份，同时也将 AS 对通行证使用者的信任转移给应用服务器。一旦发放，可以被 $Ticket_V$ 中指定的客户端向指定的服务器请求服务时多次使用，直到通行证过期为止。

3．Kerberos 认证机制的安全性分析

Kerberos 协议在通信的过程中，用户在通行证的有效期内，只需要第一次登录，可以访问多个资源和服务。同时，通信过程中的信息都加入了时间戳，通行证也包含有效期，可以通过比对时间戳以及检验有效期，阻止攻击者的重放攻击。

尽管 Kerberos 协议有其优点，但应用在网络环境中还有以下不足：

1）协议认证的基础是通信双方均无条件信任 KDC，一旦其安全受到影响，将会威胁整个认证系统的安全。同时，随着用户数量的增加，这种第三方集中认证的方式容易变成系统性能的瓶颈。KDC 中存储了大量用户和资源服务器的通信密钥。如何存储和管理这些通信密钥，防止其被攻击者窃取，需要付出极高的资源和代价。

2）协议中的认证依赖于时间戳来实现抗重放攻击，这要求所有客户端和服务器时间同步。严格的时间同步需要有时间服务器，因此，时间服务器的安全至关重要。

3）Kerberos 协议防止口令猜测攻击的能力较弱。攻击者可以通过收集大量的通行证，通过计算和密钥分析进行口令猜测。如果用户的口令不是很复杂，就有可能被攻击者使用口令猜测攻击窃取用户的口令。

4.4.4 基于 PKI 的认证机制

1. PKI 的产生

在第 3 章中已经介绍过，公钥密码系统能够有效地实现通信的保密性、完整性、不可否认性和身份认证。但是，在使用公钥密码系统的实践中会遇到一个重要的问题，就是如何共享和分发公钥。

一般来说，用户 A（客户端）向用户 B（服务器）发送加密消息时，用户 B 应该首先产生公私钥对，并将公钥传送给用户 A。A 获取 B 的公钥以后就可以用来加密信息了。为了简化公钥的传送，B 一般会将公钥置于一个对所有人开放的目录服务器上。如果 B 需要与多个人传递加密消息时，只需要告诉这些人 B 的公钥存放的地址即可，这样可以节省建立多个点对点连接的资源。并且，目录服务器上任何合法的用户都可以获取 B 的公钥。但是，对于一个公共的服务器来说，可能遭受攻击，服务器上存储的某人的公钥可能被攻击者冒用或替换。如果通信的双方采用了攻击者假冒的公钥进行通信的加密，所传送的消息可以被攻击者截取。PKI 的产生就是为了验证公钥所有者的身份是否真实有效。

公钥基础设施（PKI）的本质是实现大规模网络中的公钥分发问题，建立大规模网络中的信任基础。PKI 在实际应用中是一套软硬件系统和安全策略的集合，它提供了一整套安全机制，使用户在不知道对方身份或分布地点的情况下，以数字证书为基础，通过一系列的信任关系进行网络通信和网络交易。

在 PKI 环境中，通信的各方需要申请一个数字证书。在此申请过程中，PKI 将会采用其他手段验证其身份。如果验证无误，那么 PKI 将创建一个数字证书，并由认证中心对其进行数字签名。当通信的一方接收到对方的数字证书，根据数字签名判断出证书来自于他信任的认证机构，则他将确信收到的公钥确实来自需要进行通信的另一方。这种情况相当于第三方认证机构为通信的双方提供身份认证的担保，因此也称为"第三方信任模型"。

2. PKI 的组成

微课视频 4-4
什么是数字证书？

如图 4-21 所示，PKI 的重要组成部分包括注册授权中心（Registration Authority，RA）、认证授权中心（Certificate Authority，CA，也称为证书颁发机构）和数字证书库，PKI 的认证围绕数字证书（Digital Certificate）进行。

1）数字证书（也称作公钥证书）。是由权威的第三方认证授权中心（CA）颁发的，用于标识用户身份的文件。数字证书一般包括证书的版本信息、用户的公钥信息以及证书所用的数字签名算法等信息。数字证书类似于人们生活中的身份证，主要用于证明某个实体（如用户、客户端、服务器等）的身份以及公钥的合法性。在网络通信中，通信双方出示各自的数字证书，可以实现通信的双向认证，保证通信的安全。

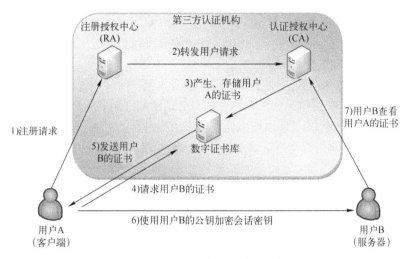

图 4-21 PKI 的基本工作流程图

数字证书的形式有很多种，由于 PKI 必须适用于异构环境，所以证书的格式在所使用的范围内必须统一。其中最为广泛的是遵循 ITU-T X.509 标准的数字证书 V3 版本。许多与 PKI 相关的协议标准（如 PKIX、S/MIME、SSL、TLS、IPSec）等都是在 X.509 基础上发展起来的。

作为 PKI 的核心组成，数字证书在整个应用过程中需要经历从创建到销毁总共 5 个阶段的生命周期：证书申请、证书生成、证书存储、证书发布（证书入库）和证书废止。

2）注册授权中心（RA）是负责证书注册任务的可信机构（或服务器）。对于第一次使用 PKI 进行认证的用户，RA 负责建立和确认用户的身份。RA 不负责证书的事务，它作为用户和 CA 的中间人。需要生成证书的时候，用户向 RA 发送请求，RA 将请求转发给认证授权中心（CA）。

3）认证授权中心（CA）是 PKI 中存储、管理、发布数字证书的可信机构（或服务器）。当用户请求生成证书的时候，RA 验证用户的身份并将用户的请求发送给 CA。CA 创建证书，签名并在证书的有效期内保管证书。

4）数字证书库是存储数字证书的部分。数字证书库中除了包括所有的数字证书，还包括已注销的数字证书。PKI 定期对数字证书库进行更新，确保认证的相关数据的完整性和正确性，防范篡改和伪造的行为。

微课视频 4-5
数字证书应用实例

3．基于 PKI 的身份认证机制

基于 PKI 的身份认证基本过程包括以下主要步骤，如图 4-21 所示。

1）用户 A 为了使用 PKI 认证，首先需要获取一个数字证书。因此，向 RA 发出注册请求。用户 A 向 RA 出示身份标识信息，如用户 A 的公钥 K_A、电话号码等。

2）RA 收到用户 A 的身份信息，对其进行验证，将验证通过的请求转发给 CA。

3）CA 根据用户 A 的身份信息以及公钥创建数字证书，并通过安全信道发送给用户 A，同时将证书存入数字证书库。如果用户 A 的公钥/私钥对由 CA 产生（这取决于系统的配置），那么就要通过安全的通道将私钥发送给用户 A。

用户 B 的数字证书也可采用上述类似过程申请获得。接下来，若用户 A 想与用户 B 通信，继续完成以下步骤。

4）用户 A 向第三方认证机构请求用户 B 的证书。

5）第三方认证机构验证请求，并查看数字证书库，将用户 B 的数字证书发给用户 A。

6）用户 A 验证数字证书并提取出用户 B 的公钥 K_B。使用该公钥 K_B 加密一个会话密钥 Key。会话密钥 Key 是用于加密用户 A 和用户 B 的通信内容的密钥。用户 A 将加密的会话密钥 $EK_B(Key)$ 和包含自己公钥的证书一起发送给用户 B。

7）用户 B 收到用户 A 的证书，查看证书中的 CA 签名是否来自可信 CA。如果是可信的 CA，则认证成功。用户 B 用自己的私钥解密获得会话密钥，然后用户 A 就可以使用该会话密钥 Key 与用户 B 进行通信。用户 B 也可以通过完成上述过程，对 A 进行认证。

在上面介绍的基于 PKI 的基本认证过程中，所有的用户都信赖一个 CA，这是一种简单的信任模型。现实世界中，每个 CA 只可能覆盖一定的作用范围，不同行业往往有各自不同的 CA。它们颁发的证书都只在行业范围内有效，终端用户只信任本行业的 CA。因此，CA 与用户之间和 CA 与 CA 之间（各个独立 PKI 体系间）必须建立一套完整的体系以保证"信任"能够传递和扩散。信任模型产生的目的就是对不同的 CA 和不同的环境之间的相互关系进行描述。目前主要有以下 4 种信任模型。

1）层次（Hierarchical）模型。如图 4-22 所示，层次模型是一个以主从 CA 关系建立的分级 PKI 结构。它可以描绘为一棵倒置的树。根 CA 是整个信任域中的信任锚（Trust Anchor），所有实体都信任它。两个不同的终端用户进行交互时，双方都提供自己的证书和数字签名，通过根 CA 来对证书进行有效性和真实性的认证。对于一个结构比较简单、规模较小的企业来说，采用层次模型一般就足够了。

2）交叉（Bridge）模型。如图 4-23 所示，交叉模型中两个不同的根 CA 相互验证对方的公钥，并建立一个双向信任通道。例如，两个具有合作关系的企业可以将其根 CA 设定为与对方建立交叉信任。同一企业如果存在两个跨国或跨地区的分公司，分公司之间也可利用交叉信任模型建立信任关系。

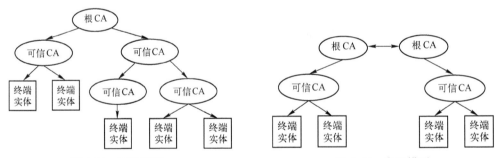

图 4-22　层次模型　　　　　　　　　　　　图 4-23　交叉模型

3）网状（Mesh）模型。如图 4-24 所示，网状模型是在交叉模型的基础上发展而来。在网状模型中，信任锚的选取不是唯一的，终端实体通常选取给自己发证的 CA 为信任锚。CA 间通过交叉认证形成网状结构。网状模型把信任分散到两个或更多个 CA 上。如果有多个组织或企业需要协同工作，或者一个大型企业需要协调跨地区的多个部门，那么可以采用网状模型。

4）混合（Bybrid）模型。如图 4-25 所示，混合模型有多个根 CA 存在，所有的非根 CA（子 CA）都采用从上到下的层次模型被认证，根 CA 之间采用网状模型进行交叉认证。不同信任域的非根 CA 之间也可以进行交叉认证，这样可以缩短证书链的长度。

4. 基于 PKI 的认证机制安全性分析

PKI 以公钥密码体制为基础，通过数字证书将用户的公钥信息和用户个人身份进行紧密绑定，同时结合对称加密和数字签名技术，不仅可以解决通信双方身份真实性问题，还能确保数据在传输过程中不被窃取或篡改，并且使发送方对于自己的发送行为无法抵赖。

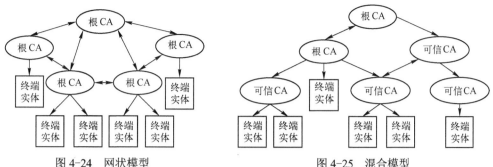

图 4-24　网状模型　　　　　　　　图 4-25　混合模型

PKI 提供的安全服务具体包括：

1）可认证性。PKI 利用数字证书、可信 CA 确认发送者和接收者的真实身份。

2）不可抵赖性。PKI 基于公钥密码体制及 CA，确保发送方不能否认其发送消息。

3）保密性。PKI 将用户的公钥和数字证书绑定，数字证书上都有可信 CA 的数字签名，保证了公钥不可伪造，从而确保数据不能被非授权的第三方访问，保证了保密性。

4）数据完整性。PKI 用公钥对会话密钥进行加密，确保数据在传输过程中不能被修改，保证了数据完整性。

PKI 除了在安全性上有优势，PKI 的机制也非常成熟，符合网络服务和用户的需求。

1）PKI 中的数字证书可以由用户自主验证，这种管理方式突破了过去安全验证服务必须在线的限制，这也使得 PKI 的服务范围不断扩张，使得 PKI 成为服务广大网络用户的基础设施。

2）PKI 提供了证书的撤销机制，有了这种意外情况下的补救措施，用户不用担心被窃后其身份或角色被永远作废或被他人恶意盗用。

3）PKI 具有极强的互联能力。PKI 在认证过程中依靠可信任的第三方认证机构，这使得建设一个复杂的网络信任体系成为可能。所以，PKI 能够很好地服务于符合人类习惯的大型网络信息系统。

PKI 虽然有很多优点，但也有一些不足：

1）资源代价高。PKI 的机制非常成熟，但作为基础设施，它需要可信任的第三方认证机构参与，并且认证的过程和数字证书的管理都比较复杂，消耗的资源代价高。

2）私钥的安全性。PKI 中，用户需要保存好自己的私钥，它是证明用户身份的重要信息。如果用户对私钥的保存不够安全，则可能被木马盗窃，PKI 中并没有对用户的私钥存储提出明确、安全的措施。

5. PKI 应用实例

微课视频 4-6
网站真假如何鉴别？

PKI 是目前网络应用中，使用范围最广、技术成熟的身份认证方式。以 PKI 为基础的安全应用非常多。PKI 技术可以保证 Web 交易多方面的安全需求，使 Web 上的交易和面对面的交易一样安全。

【例 4-3】　为什么需要可信第三方 CA？

为了确保真实性，让用户能够认证网站的真伪，还需要借助可信第三方 CA 颁发的数字证书。假设不存在认证机构，任何人都可以制作数字证书，网络中这样两个实体进行信息交互就会存在中间人攻击的安全风险。如图 4-26 所示，本地用户在访问服务器的过程中遭受中间人攻击的具体过程如下。

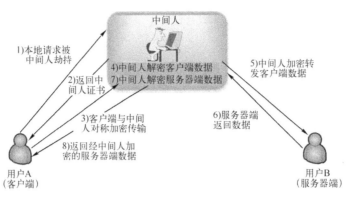

图 4-26　中间人攻击

1）本地请求被劫持（如 DNS 劫持等），所有请求均发送到中间人的计算机。

2）中间人返回中间人自己的数字证书。

3）～5）客户端创建随机数，通过中间人证书的公钥对随机数加密后被传送给中间人，然后凭随机数构造对称加密对传输内容进行加密传输；中间人因为拥有客户端的随机数，可以通过对称加密算法进行内容解密；中间人以客户端的请求内容再向真正的网站发起请求。

6）～8）因为中间人与服务器的通信过程是合法的，真正的网站通过建立的安全通道返回加密后的数据；中间人凭借与真实网站建立的对称加密算法对内容进行解密；中间人通过与客户端建立的对称加密算法对正规网站返回的数据进行加密，并传输给客户端；客户端可以对返回的结果数据进行解密。

由于缺少对数字证书的验证，所以客户端虽然发起的是加密连接，但客户端完全不知道自己的网络已被拦截，传输内容被中间人全部窃取。

请注意将图 4-21 和图 4-26 对比。在 PKI 机制中，认证授权中心（CA）是一些受到广泛信赖的权威机构，同时还有一整套机制，例如，对证书申请者进行审核，根据审核的要求不同，证书也分为不同价格甚至免费的；CA 会用其私钥对其颁发的证书签名进行信用背书；客户端能够利用 CA 的公钥对数字证书进行验证。

在 PKI 机制中，即使中间人获取了服务器端的数字证书，但服务器端的私钥是无法获取的，中间人也就无法伪装成合法服务器端，因为无法对客户端传入的用服务器端公钥加密的数据进行解密。

【例 4-4】 谁能成为认证授权中心（CA）？

发布数字证书的权威机构 CA 应具备一定的条件：

- 依法成立的合法组织。
- 具有与认证服务相适应的专业技术人员和管理人员。
- 具有与提供认证服务相适应的资金和经营场所，具备为用户提供认证服务和承担风险、责任的能力。
- 具有符合国家安全标准的技术、设备。
- 国家法律法规规定的其他条件。

国际知名的 CA 不少，如 DigCert（https://www.digicert.com）和 VeriSign（https://www.verisign.com）。EV SSL 数字证书（Extended Validation SSL）是遵循全球统一的严格身份验证标准颁发的数字证书，是目前业界最高安全级别的证书（http://www.wosign.com/EVSSL/index.htm）。

国内有中国电信 CA 安全认证体系（CTCA）、中国金融认证中心（CFCA）等，各个省份也都建有 CA 中心。当然我们也可以建立自己的证书颁发机构，面向 Internet 或 Intranet 来提供证书服务。

【例 4-5】 如何查看网站的数字证书？

如图 4-27 所示，火狐（Firefox）浏览器用户可以通过单击浏览器地址栏的锁头标志来查看网站的数字证书。例如，支付宝网站的数字证书如图 4-28 所示。

图 4-27　支付宝网站地址栏的锁头标志　　　　　图 4-28　支付宝网站的数字证书

【例 4-6】 用户客户端如何验证证书？

用户客户端对服务器端数字证书的验证由客户端浏览器和操作系统完成。多数浏览器软件中采用的信任模型是这样的，许多根 CA 被预装在浏览器运行所在的操作系统上，每个根 CA 都是一个信任锚，每个根 CA 是平行的，不需要进行交叉认证，浏览器信任这多个根 CA，并把这多个根 CA 作为自己的信任锚集合。这种信任模型更类似于认证机构的层次结构模型，因为浏览器厂商起到了根 CA 的作用。

图 4-28 所示支付宝网站的数字证书显示的 "DigiCert Global Root CA" 是权威 CA 的根证书。网络实体的系统中通常会安装此根证书。在 Windows 系统中运行 "certmgr.msc" 可以打开证书控制台，看到此根证书，如图 4-29 所示。CA 可用根证书为其下级以及网络实体签发数字证书。系统对用根证书签发的数字证书都表示信任，从技术上说就是建立起一个证书信任链。图 4-28 显示就是由根证书签发的下一级 CA 的证书 "Secure Site CA G2" 为支付宝签发了数字证书，"Alipay.com Co.Ltd" 是证书持有人。

图 4-29　Windows 系统中安装的受信任的根证书

由于用户客户端操作系统和浏览器已经内置了世界上权威 CA 的根证书，验证证书的工作由它们替代用户完成。验证各网络实体数字证书的有效性时，实际上只要验证为其颁发数字证书 CA 的根证书。由于用户客户端操作系统和浏览器信任可信第三方颁发的根证书，也就信任了网络实体获得的数字证书。

实际验证中，浏览器会验证证书的真实性、完整性和是否被吊销。浏览器应用程序会从证书中取出证书颁发者 DigiCert 的公钥，然后对网站证书里面的哈希值和哈希算法用这个公钥进行解密，再使用这个哈希算法计算网站证书的哈希值，将计算出的哈希值与证书中的哈希值对比，如果一致，说明证书肯定没有被修改过，并且证书是 DigiCert 颁发的，证书中的公钥肯定是支付宝的公钥，然后浏览器就可以用这个公钥和支付宝网站来通信。因为只有支付宝网站有私钥，所以和支付宝网站之间传输的数据是安全的。

如果浏览器检测到加密网站所用的证书是正常的，那么地址栏通常会显示为绿色或者白色，这种情况下可以放心地浏览该网站，并提交自己的数据；如果浏览器检测到网站的证书有问题，那么地址栏通常会显示为红色，提醒用户注意，而且网站内容不会显示，取而代之的是浏览器的警告信息；如果浏览器检测到某个网站没有数字证书，也会在浏览器地址栏的小锁上加条红色斜杠，显示为 。

☞ 请读者完成本章思考与实践第 13 题，进一步了解 PKI 的应用。

✉ 说明：

以上介绍的是 PKI 在 Web 安全交易中的应用，本书还将在第 6 章 6.4.2 节介绍基于数字证书的 https 服务，在第 7 章 7.4.2 节介绍数字证书在安全软件中的应用。软件开发者借助数字证书，在软件代码中附加一些相关信息，使得用户在下载这些软件时，可以验证软件的真实来源（用户可以相信该软件确实出自其签发者）和软件的完整性（用户可以确信该软件在签发之后未被篡改或破坏）。

📖 拓展阅读

读者要进一步了解身份认证相关的原理与技术，可以阅读以下书籍资料：

[1] 肯佩斯. 生物特征的安全与隐私 [M]. 陈驰，翁大伟，等译. 北京：科学出版社，2017.
[2] 汪德嘉. 身份危机 [M]. 北京：电子工业出版社，2017.
[3] 邱建华，冯敬，郭伟. 生物特征识别：身份认证的革命 [M]. 北京：清华大学出版社，2016.
[4] 胡传平，邹翔. 全球网络身份管理的现状与发展 [M]. 北京：人民邮电出版社，2014.

4.5　访问控制模型

4.5.1　访问控制基本模型

1969 年，B. W. Lampson 通过形式化表示方法，运用主体、客体和访问矩阵的思想，第一次对访问控制问题进行了抽象。

1. 访问控制矩阵（Access Control Matrix，ACM）

访问控制矩阵模型的基本思想就是将所有的访问控制信息存储在一个矩阵中集中管理。当前的访问控制模型都是在它的基础上建立起来的。

表 4-1 是访问控制矩阵的示例，其中，行代表主体，列代表客体，每个矩阵元素说明每个用户的访问权限。

表 4-1　访问控制矩阵

客体 主体	File1	File2	Process1	Process2
User1	ORW		OX	
User2	R			R
Program1	RW	ORW		RW
Program2			X	O

注：O：所有者，R：读，W：写，X：执行。

访问控制矩阵的实现存在 3 个主要的问题：

1）在特定系统中，主体和客体的数目可能非常大，使得矩阵的实现要消耗大量的存储空间。

2）由于每个主体访问的客体有限，这种矩阵一般是稀疏的，空间浪费较大。

3）主体和客体的创建、删除需要对矩阵存储进行细致的管理，这增加了代码的复杂程度。

因此，人们在访问控制矩阵的基础上研究建立了其他模型，主要包括访问控制表（Access Control List，ACL）和能力表（Capability List）。

2．访问控制表

访问控制表机制实际上是按访问控制矩阵的列实施对系统中客体的访问控制。每个客体都有一张 ACL，用于说明可以访问该客体的主体及其访问权限。对某个共享客体，系统只要维护一张 ACL 即可。

ACL 对于大多数用户都可以拥有的某种访问权限，可以采用默认方式表示，ACL 中只存放各用户的特殊访问要求。这样对于那些被大多数用户共享的程序或文件等客体，就用不着在每个用户的目录中都要保留一项。

3．能力表

能力表保护机制实际上是按访问控制矩阵的行实施对系统中客体的访问控制。每个主体都有一张能力表，用于说明可以访问的客体及其访问权限。

主体具有的能力（也被译作"权限"）类似一张"入场券"，是由系统赋予的一种权限标记，它不可伪造，主体凭借该标记对客体进行许可的访问。能力的最基本形式是对一个客体的访问权力的索引，它的基本内容是每一个"客体-权限"对，一个主体如果能够拥有这个"客体-权限"对，就说这个主体拥有访问该客体某项权利的能力。

在实际中还存在这样的需求：主体不仅应该能够创立新的客体，而且还应该能指定对这些客体的操作权限。例如，应该允许用户创建文件、数据段或子例程等客体，也应该让用户为这些客体指定操作类型，如读、写、执行等操作。

"能力"可以实现这种复杂的访问控制机制。假设主体对客体的能力包括"转授"（或"传播"）的访问权限，具有这种能力的主体可以把自己的能力复制传递给其他主体。这种能力可以用表格描述，"转授"权限是其中的一个表项。一个具有"转授"能力的主体可以把这个权限传递给其他主体，其他主体也可以再传递给第三者。具有转授能力的主体可以把"转授"权限从能力表中删除，进而限制这种能力的进一步传播。由此可见，能力表机制应当是动态实现的。

下面对访问控制表和能力表做一比较分析。

两个问题构成了访问控制的基础：

1）对于给定主体，它能访问哪些客体以及如何访问？

2）对于给定客体，哪些主体能访问它以及如何访问？

对于第 1 个问题，使用能力表回答最为简单，只需要列出与主体相关联的能力表中的元素即可。对于第 2 个问题，使用访问控制表（ACL）回答最为简单，只需列出与客体相关联的 ACL 表中的元素即可。

人们可能更关注第 2 个问题，因此，现今大多数主流的操作系统都把 ACL 作为主要的访问控制机制。这种机制也可以扩展到分布式系统，ACL 由文件服务器维护。

如何对系统中各种客体的访问权进行管理与控制是系统必须加以解决的问题。不同的管理方式形成不同的访问控制方式。下面介绍几种主流的访问控制技术，包括自主访问控制、强制访问控制和基于角色的访问控制。

4.5.2 自主访问控制模型

1. 自主访问控制的概念

由客体的所有者对自己的客体进行管理，由所有者自己决定是否将自己客体的访问权或部分访问权授予其他主体，这种控制方式是自主的，称之为自主访问控制（Discretionary Access Control，DAC）。在自主访问控制下，一个用户可以自主选择哪些用户可以共享他的文件。

对于通用型商业操作系统，DAC 是一种普遍采用的访问控制手段。几乎所有系统的 DAC 机制中都包括对文件、目录、通信信道以及设备的访问控制。如果通用操作系统希望为用户提供较完备的和友好的 DAC 接口，那么在系统中还应该包括对邮箱、消息、I/O 设备等客体提供自主访问控制保护。ACL 方式是实现 DAC 策略的最好方法。

2. 自主访问控制模型的安全性分析

DAC 机制虽然使得系统中对客体的访问受到了必要的控制，提高了系统的安全性，但它的主要目的还是方便用户对自己客体的管理。由于这种机制允许用户自主地将自己客体的访问操作权转授给别的主体，这又成为系统不安全的隐患。权利多次转授后，一旦转授给不可信主体，那么该客体的信息就会泄露。

DAC 机制的第二个主要缺点是无法抵御特洛伊木马的攻击。在 DAC 机制下，某一合法的用户可以任意运行一段程序来修改自己文件的访问控制信息，系统无法区分这是用户合法的修改还是木马程序的非法修改。

DAC 机制的第三个主要缺点是，还没有一般的方法能够防止木马程序利用共享客体或隐通道把信息从一个进程传送给另一个进程。另外，因用户无意（如程序错误、某些误操作等）或不负责任的操作而造成敏感信息的泄露问题，在 DAC 机制下也无法解决。

4.5.3 强制访问控制模型

对于安全性要求更高的系统来说，仅采用 DAC 机制是很难满足要求的，这就要求更强的访问控制技术——强制访问控制（Mandatory Access Control，MAC）。

1. 强制访问控制的概念

强制访问控制最早出现在 20 世纪 70 年代，是美国政府和军方源于对信息保密性的要求以及防止特洛伊木马之类的攻击而研发的。

MAC 是一种基于安全级标签的访问控制方法，通过分级的安全标签实现信息从下向上的单向流动，从而防止高密级信息的泄露。

在 MAC 中，对于主体和客体，系统为每个实体指派一个安全级，安全级由两部分组成：

1）保密级别（Classification，或叫作敏感级别或级别）。保密级别是按机密程度高低排列的线性有序的序列，如绝密(Topsecret)>机密(Confidential)>秘密(Secret)>公开(Unclassified)。

2）范畴集（Categories）。该安全级涉及的领域，包括人事处、财务处等。两个范畴集之间的关系是包含、被包含或无关。

安全级中包括一个保密级别，范畴集包含任意多个范畴。安全级通常写作保密级别后随范畴集的形式。例如：{机密：人事处，财务处，科技处}。

安全级的集合形成一个满足偏序关系的格（Lattice），此偏序关系称为支配（Dominate），通常用符号">"表示，它类似于"大于或等于"的含义。

在一个系统中实现 MAC 机制，最主要的是做到两条：

1）对系统中的每一个主体与客体，都要根据总体安全策略与需求分配一个特殊的安全级别。该安全级能够反映该主体或客体的敏感等级和访问权限，并把它以标签的形式和这个主体或客体紧密相连而无法分开。这些安全级是不能轻易改变的，它由管理部门（如安全管理员）或由操作系统自动按照严格的规则来设置，不像 DAC 那样可以由用户或他们的程序直接或间接修改。

2）当一个主体访问一个客体时，调用强制访问控制机制，比较主体和客体的安全级别，从而确定是否允许主体访问客体。在 MAC 机制下，即使是客体的拥有者也没有对自己客体的控制权，也没有权利向别的主体转授对自己客体的访问权。即使是系统安全管理员修改、授予或撤销主体对某客体的访问权的管理工作也要受到严格的审核与监控。有了 MAC 控制后，可以极大地减少因用户的无意性（如程序错误或某些误操作）泄露敏感信息的可能性。

在高安全级（B 级及以上）的计算机系统中常常同时运用 MAC 与 DAC 机制。一个主体必须同时通过 DAC 和 MAC 的控制检查，才能访问某个客体。客体受到了双重保护，DAC 可以防范未经允许的用户对客体的攻击，而 MAC 不允许随意修改主体、客体的安全级，因而又可以防范任意用户随意滥用 DAC 机制转授访问权。对于通用型操作系统，从对用户友好性出发，一般还是以 DAC 机制为主，适当增加 MAC 控制。目前流行的操作系统（如 UNIX、Linux、Windows）都属于这种情况。

2. 加强保密性的强制访问控制模型

在现实中，对于一个安全管理人员来说，很难在安全目标的保密性、可用性和完整性之间做出完美的平衡。例如，一个会计如果接受一项统计公司资产的任务，可能必须对他赋予较高权限使其能够访问库存信息，但是较高的权限可能导致库存信息被非法地修改（恶意的或无恶意的）。换言之，在保证了可用性的条件下很难同时保证安全目标的保密性。因此，MAC 模型分为以加强数据保密性为目的和以加强数据完整性为目的两类。

Bell-LaPudula 模型（BLP 模型）是第一个典型的加强保密性的强制控制模型，由 David Bell 和 Leonard LaPadula 于 1973 年创立，已实际应用于许多安全操作系统的开发中。

BLP 模型有两条基本的规则，如图 4-30 所示。

规则 1：不能向上读（No-Read-Up），也称为简单安全特性。如果一个主体的安全级大于客体的安全级，则主体可读客体，即主体只能向下读，不能向上读。

规则 2：不能向下写（No-Write-Down），也称为*特性。如果一个客体的安全级大于主体的安全级，则主

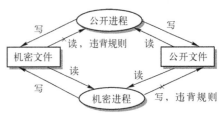

图 4-30 多级安全规则

体可写客体，即主体只能向上写，不能向下写。

对于规则 1，举一个例子，一个文件的安全级是{机密：NATO，NUCLEAR}，如果用户的安全级为{绝密：NATO，NUCLEAR，CRYPTO}，则他可以阅读这个文件，因为用户的级别高，涵盖了文件的范畴。相反如果用户具有安全级为{绝密：NATO，CRYTPO}，则不能读这个文件，因为用户缺少了 NUCLEAR 范畴。

运用规则 2，可有效防范特洛伊木马。

木马窃取敏感文件的方法通常有两种，一是通过修改敏感文件的安全属性（如敏感级别、访问权限等）来获取敏感信息。这在 DAC 机制下是完全可以做到的，因为在这种机制下，合法的用户可以利用一段程序修改自己客体的访问控制信息，木马程序同样也能做到。但在 MAC 机制下，严格地杜绝了修改客体安全属性的可能性，因此木马利用这种方法获取敏感文件信息是不可能的。

木马窃取敏感文件的另一种方法是，木马程序利用合法用户身份读敏感文件的机会，把所访问文件的内容复制到入侵者的临时目录下，这在 DAC 机制下也是完全可以做到的，然而在*特性下，就能够阻止正在机密安全级上运行进程中的木马，把机密信息写入一个低安全级别的文件中，因为用机密进程写入的每一信息的安全级必须至少是机密级的。

当然，虽然强制访问控制对系统主体的限制很严，还是无法防范用户自己用非计算机手段将自己有权阅读的文件泄露出去，例如，用户将计算机显示的文件内容记住，然后再用手写方式泄露出去。

BLP 模型阻止了信息由高级别的主/客体流向低或不可比级别的主/客体，因此保证了信息的保密性。该模型在保密性要求较高的军事或政府领域应用较广泛，但它并不能保证信息的完整性。而在商业领域，由于保密性要求较低，以加强数据完整性为目的的强制控制模型也有广泛的应用。

3. 加强完整性的强制访问控制模型

（1）Biba 模型

Biba 模型的设计目的主要是保证信息的完整性。Biba 模型设计类似于 BLP 模型，不过使用完整性级别而非信息安全级别来进行划分。Biba 模型规定，信息只能从高完整性的安全等级向低完整性的安全等级流动，就是要防止低完整性的信息"污染"高完整性的信息。

Biba 模型只能够实现信息完整性中防止数据被未授权用户修改这一要求。而对于保护数据不被授权用户越权修改、维护数据的内部和外部一致性这两项，数据完整性要求却无法做到。

（2）Clark-Wilson 模型

Clark-Wilson 模型相对于 BLP 模型和 Biba 模型差异较大。Clark-Wilson 模型的特点有以下几个方面：

- 采用主体（Subject）/事务（Program）/客体（Object）三元素的组成方式，主体要访问客体只能通过事务进行。
- 权限分离原则。将关键功能分为由两个或多个主体完成，防止已授权用户进行未授权的修改。
- 要求具有审计能力（Auditing）。

因为 Clark-Wilson 模型使用了事务这一元素进行主体对客体的访问控制手段，因此 Clark-Wilson 模型也常称为 Restricted Interface 模型。事务的概念通常表现为以事务处理作为规则的基础。对于关键的数据，用户不能直接访问和修改数据（客体），而必须经由特定的事务（Program）进行修改。这样就可以保证数据完整性的所有要求。同时，在事务处理中规定多用户参与（至少两名工作人员签字确认）等方式，实现了权限分离，防止个人权利过大导致安全事故发生。而通过事务日志可以实现良好的可审计性。鉴于 Clark-Wilson 模型对于数据完整性的保护，银行和金融机构通常采用此模型。

4．其他强制访问控制模型

（1）Dion 模型

Dion 模型结合 BLP 模型中保护数据保密性的策略和 Biba 模型中保护数据完整性的策略，模型中的每个客体和主体被赋予一个安全级别和完整性级别，安全级别定义同 BLP 模型，完整性级别定义同 Biba 模型，因此，可以有效地保护数据的保密性和完整性。

（2）China Wall 模型

China Wall 模型和上述的安全模型不同，它主要用于可能存在利益冲突的多边应用体系中。比如在某个领域有两个竞争对手同时选择了一家投资银行作为他们的服务机构，而这家银行出于对这两个客户的商业机密的保护，就只能为其中一个客户提供服务。

China Wall 模型的特点是：

● 用户必须选择一个他可以自由访问的领域。

● 用户必须拒绝来自其他与其已选区域的内容冲突的其他内容的访问。

4.5.4 基于角色的访问控制模型

1．RBAC 的产生

传统的 DAC 模型对于客体使用 ACL 制定访问控制规则。在配置 ACL 时，管理员必须将组织机构的安全策略转换为访问控制规则。随着系统内客体和用户数量的增多，用户管理和权限管理的复杂性增加了。同时，对于流动性高的组织，随着人员的流动，管理员必须频繁地更改某个客体的 ACL。这些问题对于 MAC 同样存在，这两种访问控制模型不能适应大型系统中数量庞大的用户的访问控制。

因此，20 世纪 90 年代以来，随着对在线的多用户、多系统的研究不断深入，角色的概念逐渐形成，并逐步产生了基于角色的访问控制（Role-Based Access Control，RBAC）模型，这一访问控制模型已被广为应用。

2．RBAC 的概念

在 RBAC 模型中，系统定义各种角色，每种角色可以完成一定的职能，不同的用户根据其职能和责任被赋予相应的角色，一旦某个用户成为某角色的成员，则此用户可以完成该角色所具有的职能。RBAC 根据用户的工作角色来管理权限，其核心思想是将权限同角色关联起来，而用户的授权则通过赋予相应的角色来完成，用户所能访问的权限由该用户所拥有的所有角色的权限集合的并集决定。这里的角色充当着主体（用户）和客体之间的关系的桥梁，角色不仅仅是用户的集合，也是一系列权限的集合。RBAC 模型的一个简单示意如图 4-31 所示。

基于角色的访问控制机制的优点是：便于授权管理、可根据工作需要分级、方便赋予最小权限、可任务分担、便于文件分级管理以及大规模实现。在 RBAC 模型中，当用户或权限发生变动时，可以很灵活地将该用户从一个角色移到另一个角色来实现权限的转换，降低了管理的复杂度。另外在组织机构发生职能改变时，

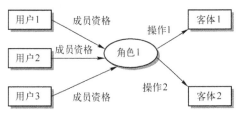

图 4-31　RBAC 模型示意图

应用系统只需要对角色进行重新授权或取消某些权限，就可以使系统重新适应需要。与用户相比，角色是相对稳定的。

RBAC 与 DAC 的根本区别在于：用户不能自主地将访问权限授予别的用户。RBAC 与 MAC 的区别在于：MAC 是基于多级安全需求的，而 RBAC 不是。

【例 4-7】 一种 RBAC 模型的应用。

一个医院有医生、护士、药剂师若干名，不妨设 D_1，D_2，…，D_m 是医生，N_1，N_2，…，N_n 是护士，P_1，P_2，…，P_r 是药剂师，医生的职责包括 DD= {诊断病情、开处方、给出治疗方案、填写医生值班记录}；护士的职责包括 DN={换药、填写护士值班记录}；药剂师的职责包括 DP={配药、发药}。医生 D_j（j=1，…，m）可以尽医生的职责，执行 DD 中的操作而不能执行 DN 和 DP 中的操作；同样 N_k（k=1，…，n）也只能尽护士的职责，执行 DN 中的操作而不能执行 DD 和 DP 中的操作。用户在一定的部门中具有一定的角色（如医生、护士、药剂师等），其所执行的操作与其所扮演的角色的职能相匹配，这正是 RBAC 的根本特征。

角色由系统管理员定义，角色成员的增减也只能由系统管理员来执行，即只有系统管理员有权定义和分配角色。用户与客体无直接联系，他只有通过角色才享有该角色所对应的权限，从而访问相应的客体。例如增加一名医生 D_u，系统管理员只需将 D_u 添加到医生这一角色的成员中即可，删除一名护士 N_u，只需简单地从护士角色中删除成员 N_u。同一个用户可以是多个角色的成员，即同一个用户可以扮演多种角色，同样，一个角色可以拥有多个用户成员，这与现实是一致的，因为一个人可以在同一部门中担任多种职务，而且担任相同职务的可能不止一人。因此 RBAC 提供了一种描述用户和权限之间的多对多关系，图 4-31 表示了用户、角色、操作和客体之间的这种关系。

3. RBAC 核心模型

在 RBAC 核心模型中包含了 5 个基本静态集合：用户集（Users）、角色集（Roles）、对象集（Objects）、操作集（Operators）和权限集（Perms），以及一个运行过程中动态维护的集合——会话集（Sessions），如图 4-32 所示。

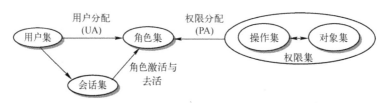

图 4-32　RBAC 核心模型

其中，用户集是系统中可以执行操作的用户；对象集是系统中需要保护的被动的实体；操作集是定义在对象上的一组操作，也就是权限；特定的一组操作就构成了一个针对不同角色的权限；而角色则是 RBAC 模型的核心，通过用户分配（UA）和权限分配（PA）等操作建立起主体和权限的关联。

4. RBAC 的特点

基于角色的访问控制机制有几个优点：便于授权管理、便于根据工作需要分级、便于赋予最小权限、便于任务分担、便于文件分级管理、便于大规模实现。

RBAC 中引进了角色表示访问主体具有的职权和责任，可以灵活地表达和实现组织的安全策略，从而简化了权限设置的管理，从这个角度看，RBAC 很好地解决了组织管理信息系统中用户数量多、变动频繁的问题。RBAC 目前在大型数据库系统的权限管理中得到了普遍应用。但是，在大型开放、分布式网络环境下，通常无法确知网络实体的身份真实性和授权信息，而 RBAC 无法实现对未知用户的访问控制和委托授权机制，从而限制了 RBAC 在分布式网络环境下的应用。

4.5.5　基于 PMI 的授权与访问控制模型

1．PMI 的产生

PKI 通过方便灵活的密钥和证书管理方式，提供了在线身份认证——"他是谁"的有效手段，并为访问控制、抗抵赖、保密性等安全机制在系统中的实施奠定了基础。然而，随着网络应用的扩展和深入，仅仅能确定"他是谁"已经不能满足需要，安全系统要求提供一种手段能够进一步确定"他能做什么"。即需要验证对方的属性（授权）信息，这个用户有什么权限、有什么属性、能进行哪方面的操作、不能进行哪方面的操作。

解决上述问题的一种思路是，利用 X.509 公钥证书中的扩展项来保存用户的属性信息，由 CA 完成权限的集中管理。应用系统通过查询用户的公钥证书（即数字证书，本节为了突出 PKI 与 PMI 的区别，改用公钥证书的名称）即可得到用户的权限信息。该方案的优点在于，可以直接利用已经建立的 PKI 平台进行统一授权管理，实施成本低，接口简单，服务方式一致。但是，将用户的身份信息和授权信息捆绑在一起管理存在以下几个方面的问题。

首先，身份和属性的有效时间有很大差异。身份往往相对稳定，变化较少，而属性如职务、职位、部门等则变化较快。因此，属性证书的生命周期往往远低于用于标识身份的公钥证书。

其次，公钥证书和属性证书的管理颁发部门有可能不同。公钥证书由身份管理系统进行控制，而属性证书的管理则与应用紧密相关，用户享有的权利随应用的不同而不同。一个系统中，每个用户只有一张合法的公钥证书，而属性证书则灵活得多。多个应用可使用同一属性证书，但也可为同一应用的不同操作颁发不同的属性证书。

由此可见，身份和授权管理之间的差异决定了对认证和授权服务应该区别对待。认证和授权的分离不仅有利于系统的开发和重用，同时也有利于对安全方面实施更有效的管理。只有那些身份和属性生命周期相同，而且 CA 同时兼任属性管理功能的情况下，可以使用公钥证书来承载属性。大部分情况下应使用"公钥证书+属性证书"的方式实现属性的管理。在这种背景下，国际电信联盟（International Telecommunication Union，ITU）和互联网工程任务组（Internet Engineering Task Force，IETF）进行了 PKI 的扩展，提出了权限管理基础设施（Privilege Management Infrastructure，PMI）。

2．PMI 的概念

PMI 指能够支持全面授权服务、进行权限管理的基础设施，它建立在 PKI 提供的可信身份认证服务的基础上，以属性证书（Attribute Certificates，AC）的形式实现授权的管理。PMI 授权技术的核心思想是，将对资源的访问控制权统一交由授权机构进行管理，即由资源的所有者来进行访问控制管理。

与 PKI 信任技术相比，两者的区别主要在于 PKI 证明用户是谁；而 PMI 证明这个用户有什么权限、什么属性，并将用户的属性信息保存在属性证书中。相比之下，后者更适合于那些基于角色的访问控制领域。

就像现实生活中一样，网络世界中的每个用户也有各种属性，属性决定了用户的权利。PMI 的最终目标就是提供一种有效的体系结构来管理用户的属性。这包括两个方面的含义：首先，PMI 保证用户获取他们有权获取的信息、做他们有权限进行的操作；其次，PMI 应能提供跨应用、跨系统、跨企业、跨安全域的用户属性的管理和交互手段。

PMI 的核心内容是实现属性证书的有效管理，包括属性证书的产生、使用、作废、失效等。属性证书就是由 PMI 的属性认证机构（Attribute Authority，AA）签发的将实体与其享有的权利属性捆绑在一起的数据结构，权威机构的数字签名保证了绑定的有效性和合法性。属性证书在语法结构上与公钥证书比较相似，主要区别在于它不包含公钥，只包含证书所有人 ID、发行证书 ID、签名算法、有效期、属性等信息。公钥证书可以看成是一本护照，用来标识用户身份，而属性证书则可以看作是一个签证。使用签证（即属性证书）的同时需要出示护照（即公钥证书）来验证身份，签证上通常会声明护照持有者在指定的一段时间内被允许进入某一国家，以及其在该国拥有的权利和限制。

3. 基于 PMI 的授权与访问控制模型

PMI 主要围绕权限的分配使用和验证来进行。X.509-2000 年版（V4）定义了 4 个模型来描述敏感资源上的权限是如何分配、流转、管理和验证的。通过这 4 个模型，可以明确 PMI 中的主要相关实体、主要操作进程，以及交互的内容。本书仅介绍 PMI 基本模型。

PMI 基本模型如图 4-33 所示。模型中包含 3 类实体：授权机构（属性管理中心（SOA）或属性认证机构（AA））、权限持有者和权限验证者。基本模型描述了在授权服务体系中主要三方之间的逻辑联系，以及两个主要过程：权限分配和验证，这是 PMI 框架的核心。授权机构向权限持有者授权，权限持有者向资源提出访问请求并声称

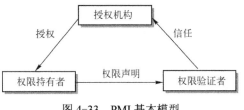

图 4-33　PMI 基本模型

具有权限，由权限验证者进行验证。权限验证者总是信任授权机构，从而建立信任关系。

PMI 基本模型的体系结构类似于单级 CA 的体系结构，SOA 的作用可以看作是 CA。对权限的分配是由 SOA 直接进行的。由于 SOA 同时要完成很多宏观控制功能，如制定访问策略、维护撤销列表、进行日志和审计工作等，特别是当用户数目增大时，就会在 SOA 处形成性能瓶颈。SOA 也会显得庞大而臃肿。这时就需要对基本模型进行改进，以实现真正可行的 PMI 体系。一个明确的思路就是对授权管理功能进行分流，减少 SOA 的直接权限管理任务，使得 SOA 可以实现自身的宏观管理功能。

4.5.6　云环境下的新型访问控制模型

随着面向互联网的存储应用的发展，更多的存储系统处于开放的网络环境中，为成千上万的用户提供并发的存储服务。这些用户可能来自不同的组织，可能具有不同的标识。大规模存储系统必须能够有效地标识用户的身份，为用户提供简单高效的认证方式。

1. 基于属性的访问控制方案的产生

在大型开放、分布式网络环境下，通常无法确知网络实体的身份真实性和授权信息，DAC 和 MAC 两种基于资源请求者身份做出授权决定的访问控制模型无法在这种环境中应用。

RBAC 属于策略中立型的存取控制模型，既可以实现自主存取控制策略，又可以实现强制存取控制策略。由于 RBAC 引入角色的概念，能够有效地缓解传统安全管理权限的问题，适用于大型组织的访问控制机制。但是 RBAC 也无法实现对未知用户的访问控制和委托授权机制，从而限制了 RBAC 在分布式网络环境下的应用。

基于 PKI、PMI 的集中式访问控制方式中，用户若要访问资源服务器上的文件等资源，要

先通过认证服务器（CA）获取相应的数字证书，同时认证服务器必须将授权信息传送给资源服务器。这里存在两个严重问题：

1）资源提供方必须获取不同用户的真实公钥证书，才能获得公钥，然后再将密文分别发送给相应的用户，否则无法加密。对于分布在上百甚至上千个设备上的资源而言，需要认证服务器生成上百甚至上千个证书，这使得泛在环境中大量用户的并发和突发访问，容易造成单点瓶颈，严重影响存储系统的访问效率。

2）资源提供方需要在加密前获取用户列表，而在分布式环境中难以一次获取接收群体的规模与成员身份，而且分布式应用列举用户身份会侵犯用户的隐私。

为了解决上述已有访问控制存在的问题，需要一种新型的更适应云环境下的访问控制方案。2007 年学者提出的基于密文策略属性加密方法（Ciphertext Policy Attribute-Based Encryption，CP-ABE）为解决云存储中的访问控制问题提供了新的思路。

2. 基于属性的访问控制方案思想

CP-ABE 算法颠覆了传统公私钥加密算法中，明文由公钥加密后只能由唯一的私钥才能解密的思想。算法中，由数据创建者利用访问控制策略对数据进行加密，而每个数据访问者均有一个与自身特质相对应的解密密钥，只要该数据访问者的特质与访问控制策略相符，那他所拥有的密钥就能进行解密操作。

如图 4-34 所示，资源创建者在将资源上传到云存储中心之前，利用访问控制策略 T 对资源 F 进行加密，即 $CF=\mathrm{Encrypt}(PK,F,T)$，然后将加密后的资源 CF 上传至云存储中心；资源访问者从云存储中心下载资源 CF 后，首先根据自身的特质 S 生成解密密钥 $SK=\mathrm{KeyGen}(MK,S)$，然后对密文资源 CF 进行解密，即 $\mathrm{Decrypt}(PK,CF,SK)$，此时只有访问者自身特质 S 满足访问控制策略 T 时，解密才能成功，从而实现了对资源的访问控制。在上述加解密过程中用到的 PK 以及 MK 为系统的安全参数，在系统初始化时生成。

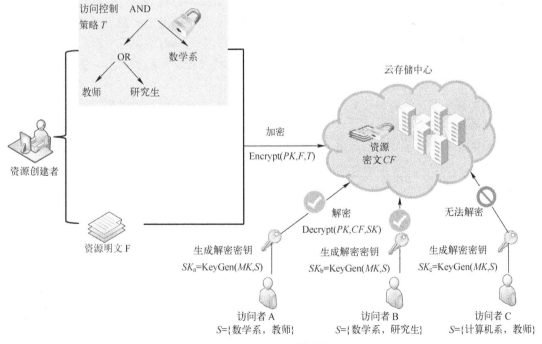

图 4-34　CP-ABE 算法应用

在图 4-34 中可以看出，资源创建者采用树形结构来定义访问控制策略，他要求只有属于数学系的教师或研究生才能解密文件。访问者 A 是数学系教师，访问者 B 是数学系研究生，因此可以解密文件正常访问，而访问者 C 是计算机系的研究生，因此不符合访问控制策略，从而无法正常解密访问文件。从上述描述可以看出 CP-ABE 算法最突出的优点是明文加密后，可有多个符合解密访问策略的解密密钥进行解密，因此这样的算法很适用于云环境下，数据外包时解密方不固定的情况。

3. 基于属性的访问控制方案分析

基于 CP-ABE 的访问控制方案解决了传统访问控制模型在云环境下无法有效使用的问题，同时避免了基于公钥基础设施（PKI）的集中式访问控制方式的诸多问题，能够确保资源在传输和存储过程中的保密性、完整性和可用性，保护个人隐私、数据安全和知识产权，同时该方案可以免去密文访问控制中频繁出现的密钥分发代价，保证了系统的效率。

在基于 CP-ABE 的访问控制方案中，通常选取访问者固有的属性来表达访问者的特质，如访问者单位、身份等，这样的做法使得当访问者属性发生变化时，如何撤销他的访问权限成了一个较难处理的问题。比如图 4-34 中，如果访问者 B 毕业后去了计算机系做教师，此时他的属性变成了计算机系教师，应该不能访问文件，但由于他在数学系做研究生时，知道该文件的访问策略是什么，因此他就可以伪造身份进行访问。因此，在泛在环境中，访问控制仅仅考虑访问者所固有的属性是远远不够的，还必须将访问者的多种属性，如访问者（Who）、访问时间（When）、访问地点（Where）、访问设备（Which）加以综合考虑，才能真正做到对泛在环境中的资源进行访问控制。

📁 **拓展知识：同态加密**

云计算促进了全球数据的共享，同时也对数据安全和隐私保护提出了挑战。为了确保数据的安全和隐私不被泄露，数据一般以密文形式存储在云中，这是最基本、最重要，也是让用户最放心的一项安全措施。然而，一般加密方案关注的是数据存储安全，却给数据的应用带来了障碍。如果仅是将数据加密后存储在云端，那么云计算也就退化成了仅提供存储数据的云存储服务，而其他云服务，如软件即服务（SaaS）、平台即服务（PaaS）等均会由于密文的限制而难以实现。因此，如何能在密文不被解密的情况下对数据进行操作就显得尤为重要。这样，用户就可以委托第三方对数据进行处理而又不泄露信息。

同态加密提供了一种对加密数据进行处理的功能。它与一般加密方案的不同之处在于，它注重的是数据处理时的安全。

同态加密是基于数学难题的计算复杂性理论的密码学技术。同态加密方案对明文进行运算后再加密，与加密后再对密文进行相应的运算，二者的结果是等价的。

4.6 网络接入控制方案

随着组织与外部交流的日益频繁，进入组织内部网络的外来用户数量越来越多，组织内部网络的管理人员也越来越难以控制接入到组织网络的终端设备。本章案例 4-1 中几大网站用户密码泄露事件，实际上也暴露了这些网站缺乏安全有效的网络接入控制机制，造成了敏感数据的泄密。这里的接入控制一方面要控制外来计算机安全接入内网，另一方面要监控组织内部合法用户的终端在内网中的行为。网络接入控制技术正是在这种需求下应运而生，网络接入控制技术要确保访问网络资源的所有设备得到有效的安全控制，以抵御各种安全威胁对网络资源的影响。

传统的身份认证和接入控制技术通过验证用户口令、接入终端 MAC 地址等固定信息的验证方式存在易伪造、易假冒等威胁，而且这种静态的验证方式缺乏对接入终端系统的安全以及接入后行为的监控和审计。本节介绍基于 IEEE 802.1x 的网络接入控制方案，以及 TNC、NAP 及 NAC 等新型接入控制方案。

4.6.1 IEEE 802.1x 网络接入控制方案

IEEE 802.1x 是为了能够接入 LAN 交换机和无线 LAN 接入点而对用户进行认证的技术，并且它只允许被认可的设备才能访问网络。虽然它是一个提供数据链路层控制的规范，但是与 TCP/IP 关系紧密。

802.1x 体系结构包括下列 3 部分。

- 接入设备。接入设备即要访问网络的设备，通常为用户终端。
- 接入设备和认证服务器的中间设备。对于无线网络，通常为无线访问点（Access Point，AP），对于有线网络通常为交换机，用于在接入端和认证服务器之间传递信息。
- 认证服务器。对接入设备进行实际身份验证的设备，通常是远程认证拨号用户服务（Remote Authentication Dial-In User Service，RADIUS）服务器。

IEEE 802.1x 中当有一个尚未经过认证的终端连接（AP，见图 4-35a 中的步骤 1）时，起初会无条件地让其连接到 LAN，获取临时的 IP 地址。然后此时终端只能连接认证服务器（见图 4-35a 中的步骤 2）。

连到认证服务器后，用户被要求输入用户名和口令（见图 4-35b 中的步骤 3）。认证服务器收到该信息以后，将该用户所能访问的网络信息通知给 AP 和终端（见图 4-35b 中的步骤 4）。

随后 AP 会进行 VLAN 号码（该终端连接网络必要的信息）的切换（见图 4-35c 中的步骤 5）。终端则由于 VLAN 的切换进行 IP 地址重置（见图 4-35c 中的步骤 6），最后才得以连接网络（见图 4-35c 中的步骤 7）。

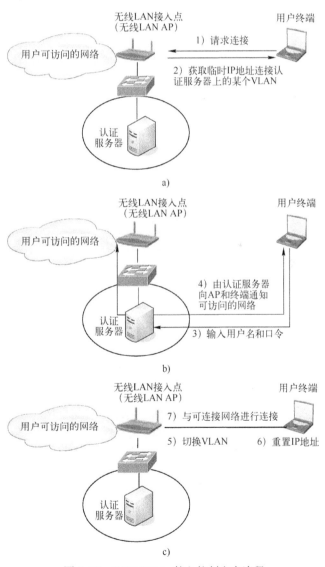

图 4-35　IEEE 802.1x 接入控制方案流程

公共无线局域网中，一般也会进行用户名和密码的加密与认证。不过也可以通过 IC 卡或证书、MAC 地址确认等第三方信息进行更为严格的认证。

在认证过程中，认证服务器起到了关键作用。它将网络接入端口分成两个逻辑端口：受控端口和非受控端口，非受控端口始终对用户开放，只允许用于传送认证信息，认证通过之后，受控端口才会打开，用户才能正常访问网络服务。

4.6.2　TNC、NAP 及 NAC 接入控制方案

目前新型的网络接入控制技术从终端着手，当终端接入本地网络时，基于相关组织制定的安全策略，对准备接入的终端进行相关安全属性的检查验证，并将结果同已制定的策略进行匹配，然后根据匹配的结果进行相应的网络访问控制，自动拒绝不安全的计算机接入内部网络，直到这些计算机符合网络内的安全策略为止。

当前的 3 种主流接入访问控制方案为：

- 可信计算组织（TCG）的可信网络连接技术（Trusted Network Connection，TNC）。
- 微软的网络接入保护技术（Network Access Protection，NAP）。
- 思科的网络准入控制技术（Network Admission Control，NAC）。

1. TNC

TNC 是建立在基于主机的可信计算技术之上的，其主要目的在于通过使用可信主机提供的终端技术，实现网络访问控制的协同工作。TNC 的权限控制策略采用终端的完整性校验来检查终端的"健康度"。TNC 结合已存在的网络访问控制策略（例如 802.1x、IKE、Radius 协议）实现访问控制功能。

TNC 的架构分为 3 类实体：访问请求者（Access Requestor，AR）、策略执行者（Policy Enforcement Point，PEP）、策略定义者（Policy Decision Point，PDP），这些都是逻辑实体，可以分布在任意位置。TNC 将传统的接入方式"先连接，后安全评估"变为"先安全评估，后连接"，可以大大增强网络接入的安全性。TNC 包括以下 3 层：

1）网络访问层。这一层从属于传统的网络互联和安全层，支持现有的如 VPN 和 802.1x 等技术。该层包括 AR、PEP 和 NAA（Network Access Authority，网络访问授权）3 个组件。

2）完整性评估层。这一层依据一定的安全策略评估 AR 的完整性状况。

3）完整性测量层。这一层负责搜集和验证 AR 的完整性信息。在完整测量层中，客户端建立网络接入之前，TNC 客户端需要准备好所需要的完整性信息，交给完整性度量收集端（Integrity Measurement Collector，IMC）。在一个拥有 TPM 的终端里面，这也就是将网络策略所需信息经散列后存入 TPM 平台配置寄存器，TPM 服务器端需要预先制定完整性的要求，并交给完整性验证者（IMV）。

2. NAP

NAP 是微软 Windows Server 操作系统的组件，它提供了一套完整性校验的方法来判断接入网络的客户端的健康状态，对不符合健康策略需求的客户端限制其网络访问权限。

NAP 主要有以下部分组成：

1）适用于动态主机配置协议和 VPN、IPSec 的 NAP 客户端计算机。

2）Windows Server（NAP Server）：对于不符合当前系统运行状况要求的计算机进行强制受限网络访问，同时运行互联网身份验证服务（IAS），支持系统策略配置和 NAP 客户端的运行状况验证协调。

3）策略服务器：为 IAS 服务器提供当前系统运行情况，并包含可供 NAP 客户端访问以纠正其非正常运行状态所需的修补程序、配置和应用程序。策略服务器还包括防病毒隔离和软件更新服务器。

4）证书服务器：向基于 IPSec 的 NAP 客户端颁发运行状况证书。

3. NAC

NAC 技术可以提供保证端点设备在接入网络前完全遵循本地网络内需要的安全策略，并可保证不符合安全策略的设备无法接入该网络，并设置可补救的隔离区供端点修正网络策略，或者限制其可访问的资源。

NAC 主要由以下部分组成。

1）客户端软件（AV 防毒软件，Cisco Security Agent）与思科可信代理（Cisco Trust Agent，CTA）：CTA 可以从多个安全软件组成的客户端防御体系收集安全状态信息，例如防毒软件、操作系统更新版本、信任关系等，然后将这些信息传送到相连的网络中，在这里实施准入控制策略。

2）网络接入设备：包括路由器、交换机、防火墙以及无线 AP 等。这些设备接收终端计算机请求信息，然后将信息传送到策略服务器，由策略服务器决定是否采取、采取什么样的授权。网络将按照客户制定的策略实施相应的准入控制决策：允许、拒绝、隔离或限制。

3）策略服务器：负责评估来自网络设备的端点安全信息，比如利用 Cisco Secure ACS 服务器（认证+授权+审计）配合防病毒服务器使用，提供更强的委托审核功能。

4）管理服务器：负责监控和生成管理报告。

✍小结

比较一下 TNC、NAP 和 NAC 这 3 种技术的目标和实现，它们具有很大相似性：

1）其目标都是保证主机的安全接入，即当 PC 或笔记本计算机接入本地网络时，通过特殊的协议对其进行校验，除了验证用户名口令、用户证书等用户身份信息外，还验证终端是否符合管理员制定好的安全策略，如操作系统补丁、病毒库版本等信息。并分别制定了各自的隔离策略，通过接入设备（防火墙、交换机、路由器等），将不符合要求的终端设备强制隔离在一个指定区域，只允许其访问补丁服务器、病毒库服务器等。在验证终端主机没有安全问题后，再允许其接入被保护的网络。

2）这几种技术的实现思路也比较相似，都分为客户端、策略服务以及接入控制 3 个主要层次。

但另一方面，由于这 3 种技术的发布者自身的背景，它们又存在不同的侧重。

1）TNC 技术侧重点放在与 TPM 绑定的主机身份认证与主机完整性验证，或者说 TNC 的目的是给 TCG 发布的 TPM 提供一种应用支持。

2）NAP 侧重在终端 Agent 以及接入服务（VPN、DHCP、802.1x、IPSec 组件），这与微软自身的技术背景也有很大的关联。

3）NAC 由思科发布，因而 NAC 本身就是围绕思科自己的设备而设计开发，在此架构中思科设备占了非常大的比例。

 微课视频 4-7 身份认证安全吗？

4.7 案例拓展：基于口令的身份认证过程及安全性增强

1. 基于口令的身份认证过程及安全性分析

图 4-36 给出了一个基于口令的用户身份认证基本过程。

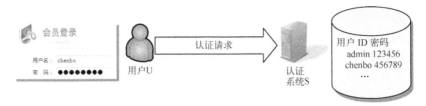

图 4-36　一种基于口令的用户身份认证过程

用户 U 在系统登录界面中选择相应的用户 ID，输入对应口令，认证系统 S 检查用户账户数据库，确定该用户 ID 和口令组合是否存在，如果存在，S 向 U 返回认证成功信息，否则返回认证失败信息。

图 4-36 所示的认证机制的优点是简单易用，在安全性要求不高的情况下易于实现。但是该机制存在着严重的安全问题，主要包括：

- 用户信息安全意识不强，口令质量不高。例如采用一些有意义的字母、数字来作为密码，攻击者可以利用掌握的一些信息运用密码字典生成工具，生成密码字典然后逐一尝试破解。
- 遭受网络钓鱼。攻击者运用社会工程学，冒充合法用户骗取口令。
- 在输入密码时被偷窥，或是被键盘记录器等木马程序盗号。
- 口令在传输过程中被攻击者嗅探。一些信息系统对传输的口令没有加密，攻击者可以轻易得到口令的明文。但是即使口令经过加密也难于抵抗重放攻击，因为攻击者可以直接使用这些加密信息向认证服务器发送认证请求，而这些加密信息是合法有效的。
- 口令数据库文件面临风险。如果攻击者窃取了存放明文口令的数据库，则可以轻而易举地得到整个用户名和口令列表，即俗称的"拖库"。即使数据库中的口令等信息进行了加密控制，仍面临被破解的风险。攻击者还可以使用获得的大量账号密码去其他网站尝试登录，此即俗称的"撞库"。

2. 提高口令认证安全性的方法

针对上述的安全问题，下面介绍对于图 4-36 所示的简单认证机制的改进措施。

（1）提高口令质量

破解口令是黑客们攻击系统的常用手段，那些仅由数字、字母组成，或仅由两三个字符、名字缩写、常用单词、生日、日期、电话号码、用户喜欢的宠物名、节目名等易猜的字符串作为口令是很容易被破解的。这些类型的口令都不是安全有效的，常被称为弱口令。因此，口令质量是一个非常关键的因素，它涉及以下几点。

1）增大口令空间。下面的公式给出了计算口令空间的方法：$S = A^M$。

- S 表示口令空间。
- A 表示口令的字符空间，不要仅限于 26 个大写字母，要扩大到包括 26 个小写字母、10 个数字以及其他系统可接受字符。
- M 表示口令长度。假定字符空间是 26 个字母，口令长度不超过 3，则可能的口令仅有 $26+26×26+26×26×26=18278$ 种，这对于破解程序不费吹灰之力。很显然，增加字符空间的字符数和口令的长度可以显著增加口令的组合数，从而增加破解的时间。

2）选用无规律的口令。因为这种类型的口令对于字典破解法来说不是一件困难的事情。

3）多个口令。这里指两层含义，一是不同的系统设置不同的口令，以免因泄露了一个口令而影响全局；另一层含义是，在一个系统内部，除了设置系统口令以限定合法用户访问系统外，对系统内敏感程序或文件的访问也要求设置口令。

4）在用户使用口令登录时还可以采取更加严格的控制措施：

● 登录时间限制。例如，用户只能在某段时间内（如上班时间）才能登录到系统中。

● 限制登录次数。例如，如果有人连续几次（如 3 次）登录失败，终端与系统的连接就自动断开。这样可以防止有人不断地尝试不同的口令和登录名。

● 尽量减少会话透露的信息。例如，登录失败时，系统不提示是用户名错误还是口令错误，使外漏的信息最少。

● 增加认证的信息量。例如，认证程序还可以在认证过程中向用户随机提问一些与该用户有关的问题，这些问题通常只有这个用户才能回答（如个人隐私信息）。当然，这需要在认证系统中预设每个用户的多条秘密信息以供系统提问用。

（2）保护输入口令

需要对输入的口令加以保护。Windows 操作系统中具有可信路径功能，以防止特洛伊木马程序在用户登录时截获用户的用户名和口令，通过〈Ctrl+Alt+Del〉组合键来实现可信路径功能（第 5 章中将介绍可信路径的概念）。在网络环境中，各银行的网银及网络交易平台等大多都会使用安全控件对客户的账号口令等信息加以保护。例如网银登录界面上通常会提示用户安装"安全控件"，如图 4-37 所示。

图 4-37　网银登录界面上提示用户安装"安全控件"

安全控件实质是一种小程序，由各网站依据需要自行编写。当该网站的注册会员登录该网站时，安全控件发挥作用，通过对关键数据进行加密，防止账号密码被木马程序或病毒窃取，这样可以有效防止木马截取键盘记录。安全控件工作时，从用户的登录一直到注销，实时做到对网站及客户终端数据流的监控。就目前而言，由于安全控件的保护，用户的账号及密码还是相对安全的。

不过，一些不法分子会将一些木马等程序伪装成安全控件，导致用户安装后造成一些不必要的损失。因此，在选择控件方面必须注意以下问题：

● 确定所用的网站或平台是否必须使用此控件。

● 安全控件从官方网站下载。

● 安装控件时检查控件的发行商。

● 安装控件时最好让一些杀毒软件或是一些保护计算机安全的软件处于开启状态，一旦发现异常马上处理。

（3）加密存储口令

必须对存储的口令实行访问控制，保证口令数据库不被未授权用户读取或者修改。而且，无论采取何种访问控制机制，都应对存储的口令进行加密，因为访问控制有时可能被绕过。

（4）口令传输安全

网络环境中，口令从用户终端到认证端的传输过程中，应施加保护以应对口令被截获。例如，采用4.4.1节中介绍的相关保护技术。

（5）口令安全管理

为了确保口令的安全，还应当注重口令的安全管理。

1）系统管理员的职责包括：

- 初始化系统口令。系统中有一些标准用户是事先在系统中注册了的。在允许普通用户访问系统之前，系统管理员应能为所有标准用户更改口令。
- 初始口令分配。系统管理员应负责为每个用户产生和分配初始口令，但要防止口令暴露给系统管理员。

为了帮助用户选择安全有效的口令，管理员可以通过警告、消息和广播告诉用户什么样的口令是最有效的口令。另外，依靠系统中的安全机制，系统管理员能对用户的口令有效条件进行强制性的修改，如设置口令的最短长度与组成成分、限制口令的使用时间，甚至防止用户使用易猜的口令等措施。

2）用户的职责。用户应明白自己有责任将其口令对他人保密，报告口令更改情况，并关注安全性是否被破坏。为此，用户应担负的职责包括：

- 口令要自己记忆。
- 口令应进行周期性的改动。用户可以自己主动更换口令，系统也会要求用户定期更换它们的口令。有的系统还会把用户使用过的口令记录下来，防止用户使用重复的口令。

为避免不必要地将用户口令暴露给系统管理员，用户应能够独自更改其口令。为确保这一点，口令更改程序应要求用户输入其原始口令。更改口令发生在用户要求或口令过期的情况下。用户必须输入新口令两次，这样就表明用户能连续正确地输入新口令。

3）系统审计。应对口令的使用和更改进行审计。审计事件包括成功登录、失败尝试、口令更改程序的使用、口令过期后上锁的用户账号等。

- 实时通知系统管理员。同一访问端口或使用同一用户账号连续5次（或其他阈值）以上的登录失败应立即通知系统管理员。
- 通知用户。在成功登录时，系统应通知用户以下信息：用户上一次成功登录的日期和时间、用户登录地点，从上一次成功登录以后的所有失败登录。

✍小结

为了有效地解决基于口令的身份认证所面临的安全问题，以上列出了一些重要的环节和实施方法。但要始终牢记，安全是个系统工程，在实践中，还需要用户方、资源管理方以及政府的多方协作。

- 用户要设置强口令、妥善管理口令、注意保护口令。
- 资源管理方要提供安全的认证通道，确保服务器端的安全，尤其要保护好存有用户口令的数据文件。
- 政府应当加强相关立法，打击和惩治这类泄露、盗取、传播用户口令等隐私信息的犯罪行为。

4.8 思考与实践

1. 谈谈身份认证与消息认证的区别与联系。
2. 谈谈身份认证和访问控制的区别与联系。

3．身份认证中常用的身份凭证信息有哪些？为什么常要采用多因子信息认证？

4．请谈谈人脸识别认证相比于基于口令的认证的优点，并请思考人脸识别认证存在哪些潜在的安全问题。

5．试解释"字典攻击""重放攻击""中间人攻击"的含义。

6．什么是一次性口令认证机制？为什么要采用一次性口令认证机制？

7．图 4-38 是一个常见的登录界面，进行用户身份的验证。

请回答：

（1）图中的"验证码"在身份验证中有何作用？

（2）请简述现今常采用的身份认证机制。

8．分析在 Kerberos 协议中将 KDC 分成 AS 和 TGS 两个不同实体的好处，以及通行证的作用和好处。

9．什么是 PKI？PKI 的基本结构是什么？PKI 提供哪些安全服务？

图 4-38　常见的登录界面

10．什么是数字证书？数字证书中存放了哪些信息，它们有什么作用？根证书又有什么重要作用？

11．什么是第三方信任模型？什么是 CA？CA 在第三方信任模型中起什么作用？

12．我国的增值税电子发票采用了数字证书等一系列手段确保完整性和可认证性。请说明数字证书在电子发票防伪上的作用。另外，经常打开一些电子发票，单击发票专用章进行验真时会显示"签名有效性未知"，如图 4-39 所示，系统还常提示安装根证书，请问这是怎么回事？

图 4-39　常见的登录界面

13．如果使用浏览器访问某个网站出现"该网站的安全证书不受信任！"之类的提示，我们该如何处理？有一种解决方案是强行安装该网站的根证书，这样的操作有什么安全问题？

14．什么是自主访问控制？什么是强制访问控制？如何利用强制访问控制抵御特洛伊木马的攻击？

15．什么是基于角色的访问控制技术？它与传统的访问控制技术有何不同？

16．什么是属性证书？两种证书有什么区别和联系？

17．什么是 PMI？与 PKI 相比有什么区别和联系？PMI 系统可以脱离 PKI 系统单独运行吗？

18. 一些手机 App，如浦发银行手机 App 在用户输入口令时弹出的键盘是动态键盘，每次显示的键盘数字排序是随机的，如图 4-40 所示，请问为什么要用动态键盘？

图 4-40　常见的 App 登录界面

19. 设置强口令的基本原则是什么？有哪些途径来帮助我们检测口令的强度？

20. 知识拓展：访问北京微通新成网络科技有限公司网站 http://www.microdone.cn，了解击键特征生物行为认证技术的应用；访问安盟电子信息安全公司的主页 http://www.anmeng.com.cn，进一步了解身份认证产品的原理及其应用。

21. 知识拓展：了解 PKI/PMI 的产品及应用。访问吉大正元信息技术有限公司网站 http://www.jit.com.cn，了解权限管理系统相关产品与技术。PERMIS PMI（Privilege and Role Management Infrastructure Standards Validation）是在欧盟资助下的项目，目的是验证 PMI 的适应性和可用性。了解 PERMIS PMI 的相关进展和内容。

22. 读书报告：了解以下 3 种认证机制，分别是 PKI（Public Key Infrastructure，公钥基础设施）、IBE（Identity Based Encryption，基于身份的加密）和 CPK（Combined Public Key，组合公钥）。查找相关资料，对这 3 种认证技术进行比较分析。完成读书报告。

23. 读书报告：分析移动支付面临的安全问题，了解移动支付中的身份认证技术与应用。阅读 FIDO 联盟发布的 FIDO 2.0 技术规范方案（https://fidoalliance.org/fido2）。总结解决移动支付身份认证安全问题的思路和发展方向。完成读书报告。

24. 读书报告：阅读以下文献，了解云环境下的新型访问控制技术，并对多种访问控制机制进行比较。完成读书报告。

[1] 周可，李春花，牛中盈. 大规模数据中心的存储安全访问控制 [J]. 中国计算机学会通讯，2012，8（1）：32-38.

[2] YU L, CHEN B. Context-aware access control for resources in the ubiquitous learning [C]. Proceedings of PASIC 2013, Daejeon, Korea: 101.

[3] 朱光，张军亮. 泛在环境下数字信息资源的访问控制策略研究 [J]. 情报杂志，2014，33（2）：161-165.

[4] 王于丁，杨家海，徐聪，等. 云计算访问控制技术研究综述 [J]. 软件学报，2015（5）：157-178.

[5] 冯朝胜，秦志光，袁丁，等. 云计算环境下访问控制关键技术 [J]. 电子学报，2015（2）：312-319.

25. 读书报告：以往登录一个新的网站服务，需要注册账号，填写邮箱、密码（如果是不太熟悉的网站还得想一个新密码），发邮件、收邮件确认等非常麻烦。最近几年，类似"用微博账号登录"这样的登录方式非常普遍，这样的第三方登录服务一般是基于 OpenID 和 OAuth 两种开放标准建立的。OpenID 是关于证实身份的，OAuth 是关于授权、许可的，请阅读相关资料，了解这两种开放标准的内容及工作原理。完成读书报告。

26. 操作实验：口令作为最常用的身份认证方式面临着多种破解方法，包括猜测攻击、系统攻击、网络攻击和后门攻击。请分别下载 The Hacker's Coice 小组开发的 THC-HYDRA（https://www.thc.org）开源软件、系统口令破解工具 Passware Kit（http://www.lostpassword.

com）、网络嗅探工具 Wireshark（http://www.wireshark.org）以及键盘记录器工具 Golden Keylogger（或是 Spy Keylogger）等分别进行上述攻击实验，并总结口令在生成、输入、传输和存储等过程中需要注意的事项。完成实验报告。

27．操作实验：通常建议不同的登录地点使用不同的口令，以避免一个账户的口令泄露波及其他账户。个人面对日益众多的口令如何安全存储和管理是个重要问题。试下载跨平台密码管理工具 1password（https://1password.com）、KeePass（http://keepass.info）、LastPass（https://lastpass.com）、Password Safe（http://sourceforge.net/projects/passwordsafe/files）、Dashlane（https://dashlane.en.softonic.com）等进行实验，完成实验报告。

28．操作实验：使用 Windows 的读者可参照本章例 4-5 查看系统中的公钥证书和证书吊销名单，并思考为什么会有证书被吊销。完成实验报告。

29．操作实验：在 Adobe Acrobat 中建立和使用公钥证书。实验内容：打开一个 PDF 文件，完成数字身份证书的添加，并分析产生的公钥证书的内容。接着，完成对该 PDF 文档的签名。完成实验报告。

30．操作实验：Windows Server 2008 中的 NAP 组件可以保护所有通过 VPN、DHCP 以及 IPSec 进行连接的通信。试对 DHCP 进行连接的终端进行接入控制。完成实验报告。

4.9　学习目标检验

请对照本章学习目标列表，自行检验达到情况。

	学习目标	达到情况
知识	了解对计算机信息资源访问活动中关键的安全环节	
	了解身份认证和访问控制的概念及其两者的区别	
	了解身份认证的基本过程	
	了解身份凭证信息的类别及多因子认证	
	了解一次性口令认证机制以及生活中的应用	
	了解 Kerberos 认证机制	
	了解 PKI 认证机制及应用	
	了解访问控制的概念及主要访问控制模型	
	了解经典的网络接入控制方案	
能力	能够系统分析当前身份认证中凭证信息使用的特点及面临的风险	
	能够系统分析口令认证机制的安全风险并给出解决方案	
	能够运用工具对口令进行安全管理	
	能够分析和解决数字证书在网络应用中的多种问题	
	能够实施经典网络接入控制方案	

第5章 系统软件安全

本章知识结构

本章围绕操作系统和数据库系统两大系统软件面临的安全问题和安全机制设计展开。本章知识结构如图5-1所示。

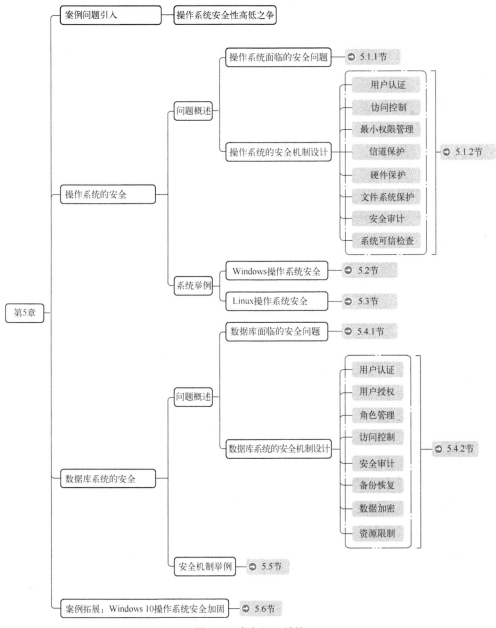

图 5-1 本章知识结构

案例与思考 5：操作系统安全性高低之争

微课视频 5-1
Windows 安全性低吗？

【案例 5-1】

Windows、Linux 和 Mac 是如今人们常用的 3 种操作系统。关于它们安全性的争论一直没有停止。人们通常根据软件是开源还是闭源、操作系统漏洞数量、曝光的安全事件数量等因素，与其他两种操作系统相比，认为 Windows 操作系统不够安全。其实，这个观点在很大程度上是站不住脚的。

首先，Windows 是全世界使用率最高的操作系统。2014 年 6 月 6 日，苹果公司 CEO 蒂姆·库克（Tim Cook）在其推特（Twitter）上发布的一张图片显示，在苹果美国制造工厂的 Mac Pro 计算机生产线上，工人面前的 iMac 计算机上正运行着 Windows 操作系统，如图 5-2 所示。

虽然从图片上看不清运行的是 Windows 哪款系统以及哪款应用程序，但是至少说明 Windows 比其他操作系统支持更广的工业软

图 5-2　苹果的 iMac 产品上运行着 Windows 操作系统

件。总之，人们在 Windows 操作系统下进行了太多有价值的工作和应用。因比，很多人都在研究和破解 Windows 操作系统以达到各自的目的，从而让 Windows 显得不够安全。

其次，Windows 是由人编写的一套非常庞大的操作系统，据称，Windows 10 代码超过亿行。微软采用了安全软件开发周期（Security Development Lifecycle，SDL）进行操作系统的开发，将安全特性渗透到产品生命周期的每一个阶段。微软期望通过 SDL 严格的开发流程使得 Windows 具有较高的安全水准。但是，只要是人，产生的数量庞大的代码难免会犯错误，再加上任何开发人员都无法预知未来攻击的所有模式，因此，即使采用了 SDL 开发模式，Windows 操作系统不断被曝出安全漏洞也并不奇怪。被曝光漏洞的多少，没有被曝光的漏洞的多少，漏洞的严重高低程度、漏洞的利用难易程度都影响着安全性。其实其他任何软件产品也是如此，只不过有些软件的用户数量较少，问题不那么突出罢了。

最后，Windows 操作系统是为了保证一定的易用性而牺牲了安全性。在 Windows 操作系统中，很多默认设置都是为了方便用户而不够安全。例如，Windows Vista 操作系统开始设置的用户账户控制（User Account Control，UAC）功能，总是会弹出恼人的 UAC 对话框，用户对此的接纳程度很低。从 Windows 7 开始，操作系统针对 UAC 给出了 4 种配置，默认情况下并不完全开启 UAC 功能。这是典型的牺牲安全性保证易用性的例子。更重要的是，操作系统的安全性在很大一部分情况下都取决于使用这套系统的人，不管多安全的操作系统，如果让缺乏安全意识的人使用，都有可能因为改变了设置或者错误的使用习惯而导致原本安全的操作系统变得不再安全。

综上所述，评估一个操作系统的安全性不能简单地根据软件是开源还是闭源、操作系统漏洞数量、曝光的安全事件数量等因素给出结论，而是应当从操作系统的安全性设计出发，再综合上述因素系统地加以评估。

【案例 5-1 思考】

● 人们为什么对操作系统的安全性给予很大的关注？

- 操作系统面临哪些安全威胁？安全的操作系统应当具有哪些安全机制？
- Windows 操作系统包含哪些安全机制？可供选择替代的 Linux 操作系统包含哪些安全机制？
- 究竟应当如何评估操作系统安全程度？

【案例 5-1 分析】

操作系统是管理系统资源、控制程序执行、提供良好人机界面和各种服务的一种系统软件，是连接计算机硬件与上层软件和用户之间的桥梁。因此，操作系统是其他系统软件、应用软件运行的基础，操作系统的安全性对于保障其他系统软件和应用软件的安全至关重要。同时，在网络环境中，网络的安全性依赖于各主机系统的安全性，主机系统的安全性又依赖于其操作系统的安全性。

通过第 3 章的学习我们知道，数据加密是保密通信中必不可少的手段，也是保护存储文件的有效方法，但数据加密、解密所涉及的密钥分配、转储等过程必须用计算机实现。若无安全的计算机操作系统做保护，数据加密相当于在纸环上套了个铁锁。数据加密并不能提高操作系统的可信度，要解决计算机内部信息的安全性，必须解决操作系统的安全性。

系统软件除了操作系统，数据库系统也是很重要的一类。数据库系统作为信息系统的核心和运行支撑环境，数据库中存储的信息的价值也越来越高，因而数据库的安全也显得越发重要。

为此，本章围绕操作系统和数据库系统两大系统软件面临的安全问题和安全机制设计展开，也涉及了操作系统安全等级评估等内容，更多安全性评估的介绍将在第 9 章中展开。

5.1 操作系统的安全问题与安全机制设计

本节首先介绍操作系统安全面临的安全问题，然后介绍操作系统安全机制设计，最后介绍什么是安全操作系统。

> 微课视频 5-2
> 操作系统面临哪些威胁？

5.1.1 操作系统的安全问题

威胁操作系统安全的因素除了第 2 章中介绍的计算机硬件设备与环境因素以外，还有以下几种。

1）网络攻击破坏系统的保密性、完整性和可用性。例如，恶意代码（如 Rootkit）造成数据泄露、文件破坏、权限丢失，甚至是系统瘫痪。

2）隐蔽信道（Covert Channel，也称作隐蔽通道或隐通道）破坏系统的保密性和完整性。如今，攻击者攻击系统的目的更多地转向获取非授权的信息访问权。这些信息可以是系统运行时内存中的信息，也可以是存储在磁盘上的信息（文件）。窃取信息的方法有多种，如使用 Cain&Abel 等口令破解工具破解系统口令，再如使用 Golden keylogger 等木马工具记录键盘信息，还可以利用隐蔽信道非法访问资源，如第 2 章介绍的旁路攻击。

3）用户的误操作破坏系统的可用性和完整性。例如，用户无意中删除了系统的某个文件，无意中停止了系统的正常处理任务，这样的误操作或不合理地使用了系统提供的命令，会影响系统的稳定运行。此外，在多用户操作系统中，各用户程序执行过程中相互间会产生不良影响，用户之间会相互干扰。

4）不断被发现的系统漏洞为安全事件的发生提供了可能。操作系统在设计时不可避免地要在安全性和易用性之间寻找一个最佳平衡点，这就使得操作系统在安全性方面必然存在着缺陷。2007 年微软推出的 Vista 操作系统，是微软第一款根据安全开发生命周期机制开发的操作系统。它首次实现了从用户易用优先向操作系统安全优先的转变，系统中所有选项的默认设置都是以安全为第一要素考虑的。但是，Vista 操作系统很快就曝出了漏洞。现在包括 Windows 在内的应用广泛的操作系统被不断地发现漏洞。可以说，这些操作系统不是有没有漏洞的问题，而是何时被发现的问题。

一个有效可靠的操作系统必须具有相应的保护措施，消除或限制如恶意代码、网络攻击、隐蔽通道、误操作等对系统构成的安全隐患。

📂**拓展知识：隐蔽信道**

隐蔽信道是指系统中不受安全策略控制的、违反安全策略的信息泄露途径。隐蔽信道是信息隐藏技术的扩展，它不像加密方法一样将密文暴露给攻击者，而是通过隐藏通信通道的方法来隐蔽地传送信息。

在考试中常常有人通过咳嗽、叹气、摸耳朵、摸鼻子等小动作来传递试卷答案，这种通过公开通道传递秘密信息的方式就是生活中的隐蔽信道。

本书第 2 章介绍的以色列本·古里安大学的 Mordechai Guri 教授的视频《跨越物理隔离》，就展示了如何通过声音、电磁、磁场和电源等隐蔽信道，突破物理隔离从受控制的计算机中泄露数据。浙江大学的徐文渊教授团队研究了"海豚音攻击"绕过智能设备的声纹识别系统来启动智能语音系统，还可以使用人耳听不到的超声波信号，注入控制指令，让被攻击的设备执行相应操作，从而实现一系列攻击。

5.1.2　操作系统的安全机制设计

1. 操作系统的安全等级

（1）为什么要划分安全等级

操作系统安全涉及两个重要概念：安全功能（安全机制）和安全保证。不同的操作系统所能提供的安全功能可能不同，实现同样安全功能的途径可能也不同。为此，人们制定了安全评测等级及评测标准。在这些评测标准中，安全功能主要说明各安全等级所需实现的安全策略和安全机制的要求，而安全保证则是描述通过何种方法保证操作系统所提供的安全功能达到了确定的功能要求。

（2）国外计算机安全等级标准

美国和许多国家使用的计算机安全等级标准是《信息技术安全评估通用标准》（Common Criteria of Information Technical Security Evaluation，CCITSE），简称 CC。这里还必须提及计算机安全等级标准《可信计算机系统评估标准》（Trusted Computer System Evaluation Criteria，TCSEC）。虽然 TCSEC 已经被 CC 所取代，但是现在它仍然被认为是任何一个安全操作系统的核心要求。TCSEC 把计算机系统的安全分为 A、B、C、D 四大等级，七个安全级别。按照安全程度由弱到强的排列顺序是 D、C1、C2、B1、B2、B3、A1。CC 由低到高共分 EAL1～EAL7 七个级别。其他相关国内外安全等级测评标准将在本书的 9.2 节介绍。

（3）我国计算机安全等级标准

我国参考 TCSEC、CC 等标准，制定了 GB 17859—1999《计算机信息系统　安全保护等级划分准则》（以下简称《准则》）。同 TCSEC 一样，《准则》将安全功能与安全保证合在一起，共同对安全产品进行要求和评价，将计算机信息系统安全保护能力划分为 5 个等级，保护能力随着安全保护等级的增高逐渐增强。

第 1 级：用户自主保护级。它的安全保护机制使用户具备自主安全保护的能力，保护用户的信息免受非法的读写破坏。

第 2 级：系统审计保护级。除具备第一级所有的安全保护功能外，要求创建和维护访问的审计跟踪记录，使所有的用户对自己行为的合法性负责。

第 3 级：安全标记保护级。除继承前一个级别的安全功能外，还要求以访问对象标记的安全级别限制访问者的访问权限，实现对访问对象的强制访问。

第 4 级：结构化保护级。在继承前面安全级别安全功能的基础上，将安全保护机制划分为关键部分和非关键部分，对关键部分，直接控制访问者对访问对象的存取，从而加强系统的抗渗透能力。

第 5 级：访问验证保护级。这一级别特别增设了访问验证功能，负责仲裁访问者对访问对象的所有访问活动。

GB/T 18336—2015《信息技术 安全技术 信息技术安全评估准则》系列标准则等同采用了CC 标准，将安全功能与安全保证独立开来，分别要求。GB/T 20272—2019《信息安全技术 操作系统安全技术要求》则规定了 5 个安全等级操作系统的安全技术要求。

2. 操作系统的安全目标

（1）操作系统安全与安全操作系统

操作系统安全与安全操作系统的含义不尽相同。操作系统安全是指操作系统在基本功能的基础上增加了安全机制与措施，而一般而言，安全操作系统应该实现标识与鉴别、自主访问控制、强制访问控制、最小特权管理、可信通路、隐蔽通道分析处理及安全审计等多种安全机制。

操作系统安全在 GB/T 20272—2019《信息安全技术 操作系统安全技术要求》中定义为：操作系统自身以及其所存储、传输和处理的信息的保密性、完整性和可用性。

安全操作系统是一种从开始设计时就充分考虑到系统的安全性，并且满足较高级别安全需求的操作系统。例如，根据 TCSEC，通常称 B1 级以上的操作系统为安全操作系统。安全操作系统也常称为"可信操作系统"（Trusted OS）。

（2）安全目标

不论是为了操作系统的安全还是打造安全操作系统，其主要目标包括以下几个要点。

● 标识系统中的用户并进行身份鉴别。

● 依据系统安全策略对用户的操作进行访问控制，防止用户对计算机资源的非法存取。

● 监督系统运行的安全。

● 保证系统自身的安全性和完整性。

微课视频 5-3
操作系统有哪些安全机制？

3. 操作系统的安全机制

为了实现以上安全目标，需要建立一整套安全机制，包括用户认证、访问控制、最小权限管理、信道保护、硬件保护、文件系统保护、安全审计以及系统可信检查等。

（1）用户认证

用户对系统的不当使用是威胁操作系统安全的最主要因素之一，这里既包括合法用户因为误操作而对系统资源造成的破坏，也包含恶意攻击者冒用合法用户身份对系统的攻击破坏。因此，操作系统安全的首要问题是对系统用户进行管理，只有确保登录行为主体身份的合法性，才能以此为基础构建整个操作系统安全体系，后续对主体的访问控制以及安全审计等安全机制才有意义。

本书第 4 章中已经介绍过身份认证的标识与鉴别这两个重要过程。身份标识要求凡是进入操作系统的用户，系统都能够产生一个内部标识来标识该用户的身份；而身份鉴别则是指在用户登录系统时，系统能够对用户身份的真实性进行认定。一旦用户通过了认定，该用户的进程都将与该用户绑定，可以通过进程的行为追溯到进程的所有者用户。

不同的认证手段带来的安全强度也有所不同：口令认证是最简单也是使用最为广泛的认证方式，但存在易泄露、易于猜测等弱点；智能卡认证则将数字签名认证与芯片硬件加解密相结合，一次一密地验证身份真实性，并且智能卡的双因子认证模式不但要求用户要知道什么（智能卡的 PIN 值），而且要拥有什么（智能卡），有效提高了安全性；此外，还可以利用指纹、虹膜、人脸或语音等用户的生理或行为特征来进行生物特征认证，通过唯一性的生物特征来防止认证信息的仿冒。

📁 拓展知识：用户组

当前主流的通用操作系统都是多用户、多任务的操作系统，系统上可以建立多个用户，而多个用户可以在同一时间内登录同一个系统，并且在执行各自不同的任务时互不影响。不同用户具有不同的权限，每个用户在权限允许的范围内完成不同的任务。

在多用户的操作系统尤其是应用规模较大的操作系统中，过多的系统用户将给安全管理带来难度。因此，当系统用户较多时，通常将具有相同身份和属性的用户划分到一个逻辑集合（即一个用户组）中，然后通过一次性赋予该集合访问资源的权限而不再单独给用户赋予权限来简化管理程序，提高管理效率。除了用户可以创建本地组，操作系统一般还会根据系统访问与管理权限的不同实现内置分组。

（2）访问控制

操作系统的访问控制是在身份认证的基础上，根据用户的身份对资源访问请求进行控制。访问控制的目的是限制主体对客体的访问权限，使计算机系统在合法范围内使用，它决定用户能进行什么操作，也决定代表用户身份的进程或服务能进行什么样的操作。在安全操作系统领域中，访问控制一般涉及自主访问控制和强制访问控制两种形式，本书第 4 章中已经介绍过这部分内容。

（3）最小权限管理

在安全操作系统中，为了维护系统的正常运行及其安全策略库，管理员往往需要一定的权限直接执行一些受限的操作或进行超越安全策略控制的访问。传统的超级用户权限管理模式，即超级用户/进程拥有所有权限，这样虽便于系统的维护和配置，却不利于系统的安全。一旦超级用户的口令丢失或超级用户被冒充，将会对系统造成极大的损失。另外，超级用户的误操作也是系统潜在的安全隐患。因此，TCSEC 标准对 B2 级以上安全操作系统均要求提供最小权限管理安全保证。

所谓最小权限指的是，在完成某种操作时，一方面给予主体"必不可少"的权限，保证主体能在所赋予的权限之下完成需要的任务或操作；另一方面，只给予主体"必不可少"的权限，这就限制了每个主体所能进行的操作。如将超级用户的权限划分为一组细粒度的权限，分别授予不同的系统操作员/管理员，使各种系统操作员/管理员只具有完成其任务所需的权限，从而减少由于权限用户口令丢失、被冒充或误操作所引起的损失。

（4）信道保护

信道保护涉及显式信道的保护以及隐蔽信道的发现和消除两个方面。

1）正常信道的保护。在计算机系统中，用户是通过不可信的应用软件与操作系统进行通信交互的。用户登录、定义用户的安全属性、改变文件的安全级别等操作，用户必须确认是与操作系统的核心通信，而不是与一个伪装成应用软件的木马程序打交道。例如，系统必须防止木马程序伪装成登录界面窃取用户的口令。可信路径（Trusted Path）就是确保终端用户能够直接与可信系统内核进行通信的机制。该机制只能由终端用户或可信系统内核启动，不能被不可信软件伪装。可信路径机制主要在用户注册、登录或提升权限时应用。

2）隐蔽信道的发现和处理。TCSEC 要求 B2 级别以上的计算机系统评估必须包括隐蔽信道的分析，并且随着评估级别的升高，对隐蔽信道的分析要求也越来越严格。一般来讲，计算机系统的访问控制机制很难对这些存储位置和定时设备进行控制，也就很难对利用这些通道进行通信的行为进行控制，因而对这些隐蔽信道的发现和处理也是非常困难的。有兴趣的读者可以参考相关资料，本书不再展开。

（5）硬件保护

一个安全的操作系统对于硬件的保护也是十分重要的，存储保护就是最基本的要求，这里包括内存保护、运行保护、I/O 保护等。

1）内存保护。内存储器是操作系统中的共享资源，即使对于单用户的个人计算机，内存也是被用户程序与系统程序所共享的，在多道环境下更是被多个进程所共享。为了防止共享失去控制和产生不安全问题，对内存进行保护是必要的。

内存保护的主要目的是：

● 防止对内存的未授权访问。
● 防止对内存的错误读写，如向只读单元写。
● 防止用户的不当操作破坏内存数据区、程序区或系统区。
● 多道程序环境下，防止不同用户的内存区域互相影响。
● 将用户与内存隔离，不让用户知道数据或程序在内存中的具体位置。

常用的内存保护技术有单用户内存保护、多道程序的保护、内存标记保护、分段与分页保护。这些技术的实现方法在操作系统原理的相关书籍中都有介绍。

2）运行保护。安全操作系统很重要的一点是进行分层设计，而运行域正是这样一种基于保护环的等级式结构。运行域是进程运行的区域，在最内层具有最小环号的环具有最高权限，而在最外层具有最大环号的环具有最低权限。

📂**拓展知识：操作系统的保护环**

设置两环系统是很容易理解的，它只是为了隔离操作系统程序与用户程序。这就像生活中的道路被划分为机动车道和非机动车道一样，车辆和行人各行其道，互不影响，保证了各自的安全。对于多环结构，它的最内层是操作系统，它控制整个计算机系统的运行；靠近操作系统环之外的是受限使用的系统应用环，如数据库管理系统或事务处理系统；最外层则是各种不同用户的应用环。

在这里，最重要的安全概念是等级域机制，即保护某一环不被其外层环侵入，并且允许在某一环内的进程能够有效地控制和利用该环以及该环以外的环。进程隔离机制与等级域机制是不同的。当一个进程在某个环内运行时，进程隔离机制将保护该进程免遭在同一环内同时运行的其他进程破坏，也就是说，系统将隔离在同一环内同时运行的各个进程。

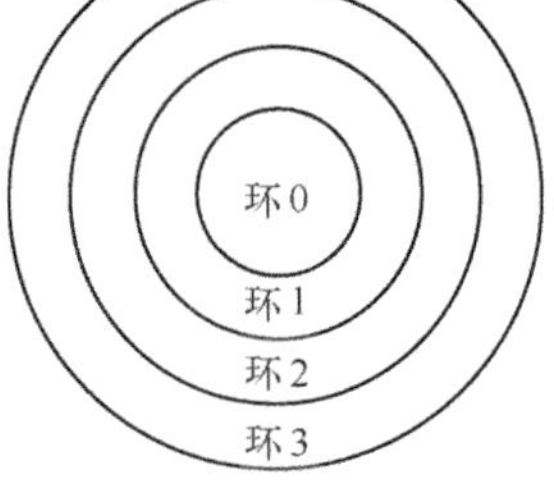

Intel x86 微芯片系列就是使用环概念来实施运行保护的，如图 5-3 所示。环有 4 个级别：环 0 是最高权限的，环 3 是最低权

图 5-3　Intel x86 支持的保护环

限的。当然，微芯片上并没有实际的物理环。Windows 操作系统中的所有内核代码都在环 0 级上运行。用户模式程序（例如 Office 软件程序）在环 3 级上运行。包括 Windows 和 Linux 在内的许多操作系统在 Intel x86 微芯片上只使用环 0 和环 3，而不使用环 1 和环 2。

CPU 负责跟踪为软件代码和内存分配环的情况，并在各环之间实施访问限制。通常，每个软件程序都会获得一个环编号，它不能访问任何具有更小编号的环。例如，环 3 的程序不能访问环 0 的程序。若环 3 的程序试图访问环 0 的内存，则 CPU 将发出一个中断。在多数情况下，操作系统将不会允许这种访问。该访问尝试甚至会导致程序的终止。

3）I/O 保护。I/O 介质输出访问控制最简单的方式是，将设备看作是一个客体，仿佛它们都处于安全边界外。由于所有的 I/O 不是向设备写数据就是从设备接收数据，所以一个进行 I/O 操作的进程必须受到对设备的读写两种访问控制。这就意味着设备到介质间的路径可以不受任何约束，而处理器到设备间的路径则需要施以一定的读写访问控制。

（6）文件系统保护

文件系统是文件命名、存储和组织的总体结构，是计算机系统和网络的重要资源。文件系统的安全措施主要有以下几个方面。

1）分区。分区是指将存储设备从逻辑上分为多个部分。一个硬盘可以被分为若干个不同的分区，每个分区可用作独立的用途，可以进行独立保护，例如，加密、设置不同的文件系统结构和安全访问权限等。

2）文件系统的安全加载。通过对文件系统的加载和卸载，可以在适当的时候隔离敏感的文件，起到保护作用。

3）文件共享安全。操作系统在进行文件管理时，为了方便用户，提供了共享功能，但同时也带来了隐私如何保护等安全问题。多人共用一台计算机，很容易就可以打开并修改属于别人的私有文件。可以采用对文件加密的方法，保证加密文件只能被加密者打开，即使具有最高权限的计算机管理员也打不开他人加密的文件。有时将共享文件夹加上口令也不能保证安全，可以采用其他方法来保证共享文件夹的安全。例如，可以隐藏要共享的文件夹。

4）文件系统的数据备份。系统运行中，经常会因为各种突发事件导致文件系统的损坏或数据丢失。为了将损失减到最小，需要系统管理员及时对文件系统中的数据进行备份。备份就是指把硬盘上的文件复制一份到外部存储载体上，常用的载体有磁盘、硬盘、光盘、U 盘等。根据备份技术的不同，可以备份单个文件，也可以备份某个文件夹或者分区。

5）文件系统加密。一旦硬盘这类存储介质被恶意用户获取，身份认证、访问控制等操作系统安全机制就无能为力了，恶意用户只需把硬盘作为外接存储设备连接到另外的计算机上，就能轻而易举地读取出信息。为此，需要对硬盘上的敏感文件加密，甚至是整盘加密。

（7）安全审计

审计作为一种事后追查的手段来保证系统的安全。一个系统的安全审计就是对系统中有关安全的活动进行记录、检查及审核，通常包括 3 大功能：审计事件收集及过滤、审计事件记录及查询、审计事件分析及响应报警。审计的基础是对涉及系统安全操作的完整记录，为审计提供详细、可靠的依据和支持。审计的目的就是检测和阻止非法用户对计算机系统的入侵，并显示合法用户的误操作。每当有违反系统安全的事件发生或者有涉及系统安全的重要操作进行时，就及时向安全操作员终端发送相应的报警信息。

审计是操作系统安全一个不可忽略的方面，安全操作系统也都要求用审计方法监视安全相关的活动。TCSEC 就明确要求"可信计算机必须向授权人员提供一种能力，以便对访问、生成或泄露秘密/敏感信息的任何活动进行审计。根据一个特定机制或特定应用的审计要求，可以有选择地获取审计数据。但审计数据中必须有足够细的粒度，以支持对一个特定个体已发生的动作或代表该个体发生的动作进行追踪"。

审计过程一般是一个独立的过程，它应与系统其他功能相隔离。同时要求操作系统必须能够生成、维护及保护审计过程，使其免遭修改、非法访问及毁坏，特别要保护审计数据，要严格限制未经授权的用户访问它。

（8）系统可信检查

以上的安全机制主要侧重于安全性中的保密性要素，对完整性考虑较少。可通过建立安全操作系统构建可信计算基（TCB），建立动态、完整的安全体系。建立面向系统引导的基本检查机制、基于专用 CPU 的检查机制、基于 TPM/TCM 硬件芯片的检查机制和基于文件系统的检查机制等可信检查机制，实现系统的完整性保护，能够很大限度上提升系统的安全性，这种机制的构建基于可信计算技术。

我国从 2000 年后开始对可信计算进行研究，以期解决操作系统在完整性上出现的安全问题。

5.2 Windows 操作系统安全

当前，Windows 操作系统作为企业、政府部门以及个人计算机的系统平台被广泛应用。Windows 操作系统在其设计的初期就把安全性作为核心功能之一。尽管 Windows 安全机制比较全面，但是其安全漏洞不断地被发现。只有了解 Windows 操作系统的安全机制，并制定精细的安全策略，用 Windows 构建一个高度安全的系统才能成为可能。

1995 年 7 月，Windows NT 3.5（工作站和服务器）Service Pack3 成为第一个获得 C2 等级的 Windows NT 版本。2011 年 3 月，Windows 7 和 Windows Server 2008 R2 被评测为达到了网络环境下美国政府通用操作系统保护框架（General-Purpose Operating System Protection Profile，GPOSPP）的要求，这相当于 TCSEC 中的 C2 等级。以下是 TCSEC 中 C2 安全等级的关键要求。

1）安全的登录设施。C2 安全等级要求用户被唯一识别，而且只有当他们通过某种方式被认证身份以后，才能被授予对该计算机的访问权。

2）自主访问控制。资源的所有者可以为单个用户或一组用户授予各种访问权限。

3）安全审计。系统要具有检测和记录与安全相关事件的能力，例如，记录创建、访问或删除系统资源的操作行为。

4）对象重用保护。在将一个对象，如文件和内存，分配给一个用户之前，系统应对它进行初始化，以防止用户看到其他用户已经删除的数据，或者访问到其他用户原先使用、后来又释放的内存。

Windows 也满足 TCSEC 中 B 等级安全性的两个要求：

1）可信路径功能。防止特洛伊木马程序在用户登录时截获用户的用户名和口令。例如，在 Windows 中，通过〈Ctrl+Alt+Del〉组合键序列来实现可信路径功能。〈Ctrl+Alt+Del〉是系统默认的系统登录/注销组合键，系统级别很高，理论上木马程序想要屏蔽掉该键序列的响应或得到这个事件响应是不可能的。

2）可信设施管理。系统中要求针对各种管理功能有单独的账户角色，例如，针对管理员、负责计算机备份的用户和标准用户，分别提供单独的账户。

Windows 通过它的安全子系统和相关的组件来满足以上这些要求。

5.2.1 标识与鉴别

1. 安全主体类型

Windows 中的安全主体类型主要包括用户账户、组账户、计算机和服务。

（1）用户账户

在 Windows 中一般有两种用户：本地用户和域用户。前者是在安全账户管理器（Security Accounts Manager，SAM）数据库中创建的，每台基于 Windows 的计算机都有一个本地 SAM，包含该计算机上的所有用户。后者是在域控制器（Domain Controller，DC）上创建的，并且只能在域中的计算机上使用，域账户有着更为丰富的内容，包含在活动目录（Active Directory，AD）数据库中。

DC 中也包含本地 SAM，但其账户只能在目录服务恢复模式下使用。一般来说，本地安全账户管理器中存储两种用户账户：管理员账户和来宾账户，其中后者默认是禁用的。

在 Windows Server 2008 操作系统中，管理员账户默认是启用的，而且第一次登录计算机时必须使用该账户。在 Windows 7 以上操作系统版本中，管理员账户默认是禁用的，仅在特殊的情况下可以启用。

（2）组账户

除用户账户外，Windows 还提供组账户。在 Windows 操作系统中，具有相似工作或有相似资源要求的用户可以组成一个工作组（也称为用户组）。对资源的存取权限许可分配给一个工作组，也就是同时分配给了该组中的所有成员，从而可以简化管理维护工作。

（3）计算机

计算机实际上是另外一种类型的用户。在活动目录的结构中，计算机层是由用户层派生出来的，它具备用户的大多数特性。因此，计算机也被看作是主体。

（4）服务

近年来，微软试图分解服务的特权，但在同一用户下的不同服务还是存在权限滥用的问题。为此，在 Windows Vista 以后的操作系统和 Windows Server 2008 操作系统中，服务成为主体，每个服务都有一个应用权限。

2. 安全标识符

Windows 并不是根据每个账户的名称来区分账户的，而是使用安全标识符（Security Identifier，SID）。在 Windows 环境下，几乎所有对象都具有对应的 SID，例如本地账户、域账户、本地计算机等对象都有唯一的 SID。可以将用户名理解为每个人的名字，将 SID 理解为每个人的身份证号码，人名可以重复，但身份证号码绝对不会重复。这样做主要是为了便于管理。因为 Windows 是通过 SID 区分对象的，完全可以在需要的时候更改一个账户的用户名，而不用再对新名称的同一个账户重新设置所需的权限。然而，如果有一个账户，已经给该账户分配了相应的权限，一旦删除了该账户，然后重建一个使用同样用户名和密码的账户，原账户具有的权限和权利并不会自动应用给新账户，因为尽管账户的名称和密码都相同，但账户的 SID 已经发生了变化。

标识某个特定账号或组的 SID 是在创建该账号或组时由系统的本地安全授权机构（Local Security Authority，LSA）生成，并与其他账号信息一起存储在注册的一个安全域里。域账号或组的 SID 由域 LSA 生成并作为活动目录里的用户或组对象的一个属性存储。SID 在它们所标识的账号或组的范围内是唯一的。每个本地账号或组的 SID 在创建它的计算机上是唯一的，机器上的不同账号或组不能共享同一个 SID。SID 在整个生存期内也是唯一的。LSA 绝不会重复发放同一个 SID，也不重用已删除账号的 SID。

SID 是一个 48 位的字符串，在 Windows 10 操作系统中，要想查看当前登录账户的 SID，可以使用管理员身份启动命令提示行窗口，然后运行"whoami /user"命令。例如，运行该命令后，我们可以看到类似图 5-4 所示的结果。

图 5-4 "whoami /user"命令执行结果

3. 身份认证

要使用户和系统之间建立联系，本地用户必须请求本地登录认证，远程用户必须请求网络登录认证。下面介绍 Windows 操作系统提供的两种基本登录认证类型：本地认证和基于活动目录的域登录。

（1）本地登录认证

本地登录指用户登录的是本地计算机，对网络资源不具备访问权力。本地登录所使用的用户名与口令被存储在本地计算机的 SAM 中，由计算机完成本地登录验证，提交登录凭证包括用户 ID 与口令。本地计算机的安全子系统将用户 ID 与口令送到本地计算机上的 SAM 数据库中做凭证验证。这里需要注意的是，Windows 的口令不是以纯文本格式存储在 SAM 数据库中的，而是将每个口令计算哈希值后再进行存储。

针对 SAM 进行破解的工具有很多，其中"恶名昭著"的有 L0phtCrack、Mimikatz、Cain&Abel 等。如果操作系统的 SAM 数据库出现问题，将面临无法完成身份认证、无法登录操作系统、用户密码丢失的情况。所以，保护 SAM 数据的安全就显得尤为重要。使用 BitLocker 是一个很好的选择。

本地用户登录没有集中统一的安全认证机制。如果有 n 台计算机要相互访问资源，就需要在 n 台计算机上维护 n 个 SAM 库。这样，用户登录的验证机制就被分布到了多个地方，这违反了信息安全的可控性原则。因为在实际的环境中，如果需要在多个点上维护安全，还不如使用某一种机制在一个点上维护安全，以此达到统一验证、统一管理的目的。

（2）基于活动目录的域登录认证

基于活动目录的域登录与本地登录的方式不同。首先，所有的用户登录凭证（用户 ID 与口令）被集中地存放到一台服务器上，不再是分散式的验证。该过程必须使用网络身份认证协议，包括 Kerberos、LAN 管理器（LM）、NTLAN 管理器（NTLM）等，而且这些过程对于用户而言是透明的。从某种意义上讲，这真正做到了统一验证、一次登录、多次访问。

如图 5-5 所示，此时网络上所有用户的登录凭证（包括用户 ID 和口令）都被集中地存储到活动目录安全数据库中。图中这台集中存储域用户 ID 与口令并提供用户身份的服务器，就是我们常说的域控制器（DC）。用户在计算机上登录域时，需要通过网络身份认证协议，将登录凭证提交到 DC 进行认证。注意，在基于活动目录的域登录环境中必须部署活动目录服务器。

如果计算机 B 与计算机 C 要相互访问活动目录上的资源，那么，这两台主机在网络初始化时就必须成功地被域控制器所验证。只要登录"域"成功，服务器之间或主机之间的相互访问就不再是进行分散的验证，而是通过活动目录去维护一个安全堡垒。那么此时计算机 B 与计算机 C 的相互访问，就不再需要输入用户 ID 和口令了。这样就达到了"一次登录、多次访问"的效果，不仅提高了登录认证的安全性，也提高了访问效率。

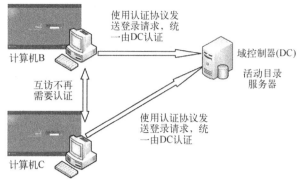

图 5-5　基于活动目录的域登录

5.2.2　访问控制

1. 安全对象

在 Windows 操作系统中，安全管理的对象包括文件、目录、注册表项、动态目录对象、内核对象、服务、线程、进程、防火墙端口、Windows 工作站和桌面等，其中最常见的安全对象就是文件。

2. 访问控制

Windows 2000 以后的版本中，访问控制是一种双重机制，它对用户的授权基于用户权限和对象许可。用户权限是指对用户设置允许或拒绝该用户访问某个客体对象；对象许可是指分配给客体对象的权限，定义了用户可以对该对象进行操作的类型。如果设定某个用户有修改某个文件的权限，这就是用户权限；若对该文件设置了只读属性，这就是对象许可。

Windows 的访问控制策略是基于自主访问控制的，如图 5-6 所示，根据策略对用户进行授权，决定用户可以访问哪些资源以及对这些资源的访问能力，以保证资源的合法使用。

图 5-6　Windows 访问控制示意图

3. 安全组件

Windows 利用安全子系统来控制用户对计算机上资源的访问。安全子系统包括的关键组件有：安全性标识符（SID）、访问令牌（Access Token）、安全描述符（Security Descriptor）、访问控制列表（Access Control List，ACL）、访问控制项（Access Control Entry）、安全引用监视器（Security Reference Monitor，SRM）。其中的 SID 已在前一小节中介绍，下面介绍几种其他组件。

（1）访问令牌

安全引用监视器（SRM）使用访问令牌来标识一个进程或线程的安全环境。访问令牌可以看作是一张电子通行证，里面记录了用于访问对象以及执行程序，甚至修改系统设置所需的安全验证信息。

令牌的大小是不固定的，因为不同的用户账户有不同的权限集合，它们关联的组账户集合也不同。Windows 中的安全机制用到了令牌中的两部分信息来决定哪些对象可以被访问，以及哪些安全操作可以被执行。第一部分由令牌的用户账户 SID 和组 SID 域构成。SRM 使用这些 SID 来决定一个进程或线程是否可以获得指定的、对于一个被保护对象（比如一个 NTFS 文件）的访问许可。第二部分信息是权限集，一个令牌的权限集是一组与该令牌关联的权限的列表。

在进程管理器（Process Explorer，可从http:// technet.microsoft.com/en-us/sysinternals下载）中，通过进程属性对话框的安全属性页面，可以间接地查看令牌的内容，如图 5-7 所示，该对话框显示了当前进程的令牌中包括的组和权限。

（2）安全描述符

令牌标识了一个用户的凭证，而安全描述符与一个对象关联在一起，规定了谁可以在这个对象上执行哪些操作。

安全描述符的主要组件是访问控制表，访问控制表为该对象确定了各个用户和用户组的访问权限。当一个进程试图访问该对象时，该进程的 SID 与该对象的访问控制表相匹配，用来确定本次访问是否被允许。

（3）访问控制表（ACL）

图 5-7　显示了当前某进程的令牌中包括的组和权限

Windows 使用 ACL 来描述访问权限信息。ACL 可由管理员或对象所有者管理。Windows 为每一个安全对象保持一份 ACL。ACL 是对象安全描述符的基本组成部分，它包括有权访问对象的用户和组的 SID。

每个 ACL 由许多访问控制项组成。访问控制项主要包含用户或组的 SID 以及该 SID 被授予的权限。

Windows 中访问控制列表有两种：系统访问控制列表（System Access Control List，SACL）和自主访问控制列表（Discretionary Access Control List，DACL），分别对应用户权限和对象许可。Windows 下右击 C 盘图标，在"属性"对话框中选择"安全"选项卡可查看 C 盘的 DACL。

当进程试图访问一个对象时，系统中该对象的管理程序从访问令牌中读取 SID 和组 SID，然后扫描该对象的 DACL，进行以下 3 种情况的判断。

● 如果目录对象没有访问控制列表（DACL），则系统允许所有进程访问该对象。
● 如果目录对象有访问控制列表（DACL），但访问控制条目（ACE）为空，则系统对所有进程都拒绝访问该对象。
● 如果目录对象有访问控制列表（DACL），且访问控制条目（ACE）不为空，如果找到了一个访问控制项，它的 SID 与访问令牌中的一个 SID 匹配，那么该进程具有该访问控制项的访问掩码所确定的访问权限。

5.2.3　其他安全机制

1．用户账户控制

对于一个 Windows 操作系统管理员用户，登录后就具有管理员权限的访问令牌，而该用户运行的程序也将具有管理员权限，对系统具有完全控制的权利。假设该用户从电子邮件中收到了一个带有病毒的附件，这个病毒可能会恶意修改系统设置。如果运行了该附件，那么这个附件也将具有管理员的权限，从而达到修改系统设置的目的。但如果该用户是标准/受限账户，没有修改系统设置的权限，那么该用户运行感染病毒的附件后，病毒虽然可以运行起来，但因为缺少权限，无法修改系统设置，这也就防止了病毒的破坏。

自 Windows Vista 操作系统开始，Windows 操作系统提供了将管理员权限区分对待的机制，叫作用户账户控制（User Account Control，UAC）。当用户使用管理员账户登录时，Windows 会为该账户创建两个访问令牌，一个是标准令牌，一个是管理员令牌。大部分时候，当用户试图访问文件或运行程序的时候，系统都会自动使用标准令牌进行，只有在权限不足，也就是说，程序宣称需要管理员权限的时候，系统才会使用管理员令牌。UAC 实际上就是最小授权原则的运用。

☞ 请读者完成本章思考与实践第 12 题，体验 UAC 功能。

图 5-8 系统弹出拒绝在系统目录中保存文件的对话框

【例 5-1】 Windows 10 操作系统中最小权限原则的应用。

将一个 txt 文档保存到 C:\Windows 目录中时，系统会弹出如图 5-8 所示的对话框，拒绝在受系统保护的目录中保存非系统文件。

如果一些程序必须是管理员权限才能运行的时候，系统也可以提供管理员令牌，例如，右键单击快捷菜单中的"以管理员身份运行"选项就可以将程序提升权限运行，如图 5-9 所示。

图 5-9 右键单击快捷菜单中"以管理员身份运行"选项

2. 可信路径

为用户建立可信路径的一种方法是使用通用终端发信号给系统核心，这个信号是不可信软件不能拦截、覆盖或伪造的。下面的案例介绍 Windows 系统中两个典型的可信路径机制应用：安全注意键（Secure Attention Key，SAK）和安全桌面。

【例 5-2】 安全注意键。

每当系统识别到用户在一个终端上键入的 SAK，便终止对应到该终端的所有用户进程（包括恶意程序），启动可信的会话过程。

如图 5-10 所示，在 Windows 服务器系统登录时，通常需要用〈Ctrl+Alt+Del〉组合键激活登录界面，才能输入用户名和口令，以保证用户是在系统给出的登录界面中输入用户名和口令，避免被恶意程序仿冒的界面窃走登录信息。

图 5-10 Windows 服务器系统登录时提示要求使用<Ctrl+Alt+Del>组合键

如图 5-11 所示，普通版 Windows 中也可以设置成登录时必须采用〈Ctrl+Alt+Del〉组合键激活登录界面。操作方法是：使用〈Win+R〉键调出运行对话框，键入 "gpedit.msc" 打开 "本地组策略编辑器" 对话框，在左侧树形目录中依次选择 "本地计算机 策略" → "计算机配置" → "Windows 设置" → "安全设置" → "本地策略" → "安全选项"，双击右侧窗口 "交互式登录：无须按 Ctrl+Alt+Del" → "已禁用" → "确定" 即可。对话框 "交互式登录：无须按 Ctrl+Alt+Del 属性" 的 "说明" 选项卡中解释了该操作的作用及含义。

图 5-11　"交互式登录：无须按 Ctrl+Alt+Del" 设置

Windows 操作系统使用中，同时按下〈Ctrl+Alt+Del〉组合键后，Windows 操作系统会终止所有用户进程，调出 "安全选项" 界面。图 5-12 所示为 Windows 10 调出的 "安全选项" 界面。

图 5-12　"安全选项" 界面

【例 5-3】 安全桌面。

Windows Vista 及以后的版本中，当开启了 UAC 功能，在显示提升权限等提示的时候会切换到安全桌面，此时桌面背景会变暗，如图 5-13 所示。

图 5-13　安全桌面

这样做的主要原因并不是为了突出显示"用户账户控制"对话框，而是为了安全。安全桌面可以将该程序和进程限制在桌面环境上，除了受信任的系统进程之外，任何用户级别的进程都无法在安全桌面上运行，这样就可以阻止恶意程序的仿冒攻击。

3. 文件系统保护

（1）NTFS（New Technology File System，NT 文件系统）

Windows 操作系统使用 NTFS 提供文件保护。Windows 2000 以上的操作系统都建议使用 NTFS，它具有更好的安全性与稳定性。

NTFS 权限控制通过给用户赋予 NTFS 权限可以有效地控制用户对文件和文件夹的访问。NTFS 分区上的每一个文件和文件夹都有一个 ACL，该列表记录了每一个用户和用户组对该资源的访问权限。NTFS 可以针对所有的文件、文件夹、注册表键值、打印机和动态目录对象进行权限设置。

（2）EFS（Encrypting File System，加密文件系统）

为了防止文件数据所在的物理硬盘被非法窃取，弥补访问控制机制对数据保护能力的不足，EFS 支持对 Windows 2000 及以上版本中 NTFS 格式磁盘的文件加密。

EFS 允许用户以加密格式存储磁盘上的数据，将数据转换成不能被其他用户读取的格式。用户加密了文件之后，只要文件存储在磁盘上，它就会自动保持加密的状态。

4. 审计与日志

日志文件是 Windows 操作系统中一个比较特殊的文件，它记录 Windows 操作系统的运行状况，如各种系统服务的启动、运行和关闭等信息，可以利用日志文件了解系统故障，查找系统被入侵的痕迹等。

5. 防火墙与防病毒

针对来自网络上的威胁，Windows XP SP2 以后的版本自带了防火墙，对进出计算机的网络数据包进行过滤，监控和限制用户计算机的网络通信。有关防火墙的原理与技术，本书将在 6.2 节中介绍。

2005 年发布的 Windows 版本中增加了 Windows Defender 防病毒功能。Windows Defender 可以对系统进行实时监控。在最新发布的 Windows 10 中，Windows Defender 已加入了右键扫描和离线杀毒，根据最新的每日样本测试，查杀率已经有了大的提升，达到国际一流水准。

5.3 Linux 操作系统安全

Linux 操作系统是由芬兰人 Linux Torvalds 为首的一批志愿者以 UNIX 操作系统为基础设计实现的、完全免费的、具有很高性价比的网络操作系统。它从架构到保护机制上的很多地方和 UNIX 操作系统一致或相似。Linux 可以配置桌面终端、文件服务器、打印服务器、Web 服务器等。用户还可以将 Linux 操作系统配置成一台网络上的路由器或防火墙。本节主要从用户身份认证、访问控制、文件系统、特权管理、安全审计等方面介绍 Linux 安全机制。

5.3.1 标识与鉴别

和其他操作系统一样，Linux 也有一些基本的程序和机制来标识和鉴别用户，只允许合法的用户登录到计算机并访问资源。

1. 用户账户和用户组

Linux 使用用户 ID（User ID，UID）来标识和区别不同的用户。UID 是一个数值，是 UNIX/Linux 操作系统中唯一的用户标识，在系统内部管理进程和保护文件时使用 UID 字段。系统中，超级用户的 UID 为 0。在 UNIX/Linux 操作系统中，用户名和 UID 都可以用于标识用户，只不过对于系统来说，UID 更为重要；而对于用户来说，用户名使用起来更方便。在某些特定情况下，系统中可以存在多个拥有不同用户名但 UID 相同的用户，事实上，这些使用不同用户名的用户实际上是同一个用户。

用户组使用组 ID（Group ID，GID）来标识，具有相似属性的多个用户可以分配到同一个组内，每个组都有自己的组名，以自己的 GID 来区分。在 Linux 操作系统中，每个组可以包括多个用户，每个用户可以同时属于多个组。除了在 passwd 文件中指定每个用户归属的基本组之外，还在/etc/group 文件中指明一个组所包含的用户。

2. 用户账户文件

系统中的/etc/passwd 文件存有系统中每个用户的信息，包括用户名、经过加密的口令、用户 ID、用户组 ID、用户主目录和用户使用的 Shell 程序。该文件用于用户登录时校验用户的信息。

/etc/passwd 文件中的口令虽然加密存储，但任何用户均可读取该文件，而且所采用的加密算法是公开的，恶意用户取得了该文件，可对其进行字典攻击。因此，系统通常用 shadow 文件（/etc/shadow）来存储加密口令，限定只有 root 超级用户可以读该文件，而且 shadow 文件的密文域仅显示为一个 x，这样最大限度地减少了密文泄露的可能性。

3. 身份认证

Linux 常用的认证方式有以下几种。

1）基于口令的认证，这是最常用的一种技术。用户只要提供正确的用户名和口令就可以进入系统。

2）客户终端认证，这是 Linux 操作系统提供的一种限制超级用户从远程登录终端的认证模式。

3）主机信任机制，这是 Linux 操作系统提供的一种不同主机之间相互信任的机制，不同主机用户之间无须系统认证就可以登录。

4）第三方认证，第三方认证是指由第三方提供的认证，而非 Linux 操作系统自身带有的认证机制。Linux 操作系统支持第三方认证，例如，一次一密口令认证 S/Key、Kerberos 认证系统、可插拔认证模块（Pluggable Authentication Modules，PAM）。PAM 是 Linux 中一种常用的认证机制。PAM 采用模块化设计和插件功能，可以很容易地插入新的认证模块或替换原先的组件，而不必对应用程序做任何的修改，使软件的定制、维持和升级更加轻松。由于认证机制与应用程序之间相对独立，应用程序可以通过 PAM API 方便地使用 PAM 提供的各种认证功能，而不必了解太多的底层细节。

5.3.2 访问控制

Linux 文件系统控制文件和目录的信息存储在磁盘及其他辅助存储介质上，它控制每个用户可以访问何种信息及如何访问，具体表现为通过一组访问控制规则来确定一个主体是否可以访问一个指定客体。

Linux 操作系统中的用户可以分为三类：文件属主（或称为所有者）、文件所属组的用户以及其他用户。Linux 系统中的每一个文件都有一个文件所有者，表示该文件是由谁创建的。同时，该文件还有一个文件所属组，一般为文件所有者所属的组。

普通的 Linux 操作系统采用文件访问控制列表（ACL）来实现系统资源的访问控制，也就是常说的"9bit"来实现。即在文件的属性上分别对这三类用户设置读、写和执行文件的权限。所谓"9bit"就是，文件的访问权限属性通过 9 个字符来表示，前 3 个字符分别表示文件所有者对文件的读、写和执行权限，中间 3 个字符表示文件所属组用户对该文件的读、写和执行权限，最后 3 个字符表示其他用户对文件的读、写和执行权限。

例如，用命令 ls 列出某个文件的列表显示的不同用户的存取权限信息如下：

    −rwxr−xr−− 1 test test   May 25 10:15 sample.txt

文件属性字段总共由 10 个字母组成。图 5-14 给出了文件存取权限的图形表示。

代表文件类型的字符："−"表示普通文件；"d"表示文件夹（dirtectory）；"l"表示软链接（类似于 Windows 下的快捷方式）。

3 种权限为："r"表示允许读；"w"表示允许写；"x"表示允许执行。

由这些信息看出，用户 test 对文件 sample.txt

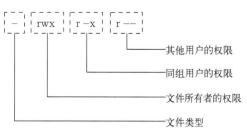

图 5-14　文件存取权限示意图

的访问权限有"读、写、执行"，而 test 这个组的其他用户只有"读、执行"权限，其他用户只有"读"权限。

为操作方便，Linux 同时使用数字表示法对文件权限进行描述，这种方法将每类用户的权限看作一个 3 位的二进制数值，具有权限的位置使用 1 表示，没有权限的位置使用 0 表示。按照这种表示方法，上面的 rwxr-xr --（111 101 100）使用数字 754 表示。

5.3.3 其他安全机制

1. 最小特权管理

Linux 将敏感操作（如超级用户的权利）分成 26 个特权，由一些特权用户分别掌握这些特权，每个特权用户都无法独立完成所有的敏感操作。系统的特权管理机制维护一个管理员数据库，提供执行特权命令的方法。所有用户进程一开始都不具有特权，通过特权管理机制，非特权的父进程可以创建具有特权的子进程，非特权用户可以执行特权命令。系统定义了许多职责，一个用户与一个职责相关联。职责中又定义了与之相关的特权命令，即完成这个职责需要执行哪些特权命令。

2. 可信路径

Linux 也提供了安全注意键 SAK。SAK 是一个键或一组键，在 x86 平台上，SAK 是〈Alt+SysRq+K〉组合键，按下它们后，系统将保证用户看到的是真正的登录提示，而非伪装的登录器。SAK 可以用下面命令激活：

```
echo "1" > /proc/sys/kernel/sysrq
```

严格地说，Linux 中的 SAK 并未构成一个可信路径，因为尽管它会"杀"死正在监听终端设备的伪装登录器，但它不能阻止伪装登录器在按下 SAK 后立即开始监听终端设备。当然，由于 Linux 限制用户使用原始设备的特权，普通用户无法执行这种伪装登录器，而只能以 root 身份运行，这就降低了风险。

3. 文件系统

文件系统是 Linux 操作系统安全的核心。Linux 核心的两个主要组成部分是文件子系统与进程子系统。文件子系统控制用户文件数据的存取与检索。

（1）文件系统的类型

随着 Linux 的不断发展，其所能支持的文件系统格式也在迅速扩充。特别是 Linux 2.6 内核正式推出后，出现了大量新的文件系统，其中包括 Ext4、Ext3、Ext2、ReiserFS、XFS、JFS 和其他文件系统。目前，Ext3 是 Linux 操作系统中较为常用的文件系统。

Ext2、Ext3 都是能自动修复的文件系统。Ext2 和 Ext3 文件系统在默认的情况下，每间隔 21 次挂载文件系统或每 180 天就要自动运行一次文件系统完整性检测任务。Ext3 文件系统是直接从 Ext2 文件系统发展而来的，相比于 Ext2 系统，Ext3 文件系统具有日志功能，也非常稳定可靠，同时又兼容 Ext2 文件系统。Linux 从 2.6.28 版开始正式支持 Ext4。Ext4 一方面兼容 Ext3，同时又在大型文件支持、无限子目录支持、延迟取得空间、快速文件系统检查和可靠性方面有了较大改进。

（2）文件和目录的安全

在 Linux 操作系统中，文件和目录的安全主要通过对每个文件和目录访问权限的设置来实现。关于这方面的内容，在 5.3.2 节中已做了介绍。

（3）文件系统加密

eCryptfs 是一个兼容 POSIX 的商用级堆栈加密 Linux 文件系统，能提供一些高级密钥管理规则。eCryptfs 把加密元写在每个加密文件的头中，所以加密文件即使被复制到别的主机中也可以使用密钥解密。eCryptfs 已经是 Linux 2.6.19 以后内核的一部分。

（4）NFS 安全

NFS（Network File System，网络文件系统）使得每个计算机节点都能够像使用本地资源一样方便地通过网络使用网上资源。正是由于这种独有的方便性，NFS 暴露出了一些安全问题，黑客可侵入服务器，篡改其中的共享资源，达到侵入、破坏他人机器的目的。所以，NFS 的安全问题在 Linux 操作系统中受到重视。

NFS 是通过 RPC（Remote Procedure Call，远程过程调用）来实现的，远程计算机节点执行文件操作命令就像执行本地的操作命令一样，它可以完成创建文件、创建目录、删除文件、删除目录等文件操作命令。

由于 RPC 存在安全缺陷，黑客可以利用 IP 地址欺骗等手段攻击 NFS 服务器。所以，Linux 第一个安全措施就是启用防火墙，使得内部和外部的 RPC 无法正常通信，这在一定程度上减少了安全漏洞。当然这样做的结果，也会使得两台机器不能正常进行 NFS 文件共享。

Linux 第二个安全措施是服务器的导出选项。这些选项很多，适合 NFS 服务器对 NFS 客户机进行安全限制的相关导出选项包括服务器读/写访问、UID 与 GID 挤压、端口安全、锁监控程序、部分挂接与子挂接等。

4. 安全审计

当前的 UNIX/Linux 系统大多达到了 TCSEC 所规定的 C2 级审计标准。审计有助于系统管理员及时发现系统入侵行为或潜在的系统安全隐患。在 Linux 操作系统中，日志普遍存在于系统、应用和协议层。大部分 Linux 系统把输出的日志信息放入标准和共享的日志文件里。大部分日志存在于/var/log。

Linux 有许多日志工具，如 lastlog 跟踪用户登录，last 报告用户的最后登录等。系统和内核消息可由 syslogd 和 klogd 处理。

5.3.4 安全增强 Linux

安全增强 Linux（Security-Enhanced Linux，SELinux）是实现了强制访问控制（MAC）的一个安全操作系统。SELinux 主要由美国国家安全局开发，并于 2000 年 12 月以 GNU GPL 的形式开源发布。

对于目前可用的 Linux 安全模块来说，SELinux 功能最全面，而且测试最充分。SELinux 的主要功能如下。

1）使用强制访问控制。强制访问控制对整个系统实施管理，只有安全管理员能对安全策略文件进行设定和变更。

2）对进程授予最小权限。在 SELinux 中，各进程分配相应的领域，各资源（文件、设备、网络和接口等系统资源）分配相应的类型（打上标记），逐一定义哪个领域怎样访问哪个类型。完全根据标记进行访问控制，而不是根据路径名实施访问，从而对进程所访问的资源授予必要的最小权限。这样，就算在攻击者夺取某进程的情况下，也可以把损害控制在最低限度。

3）控制和降低子进程的权限。当在某一领域内启动子进程时，该子进程以另外的领域进行动作，即新的进程不具有像父进程那样大的权限，这样，可以防止子进程提权。

4）对用户授予最低的权限。在普通的 Linux 中，具有 root 权限的用户可对系统进行任意操作。在 SELinux 中，对包括 root 权限在内的全部用户按"角色"来指定任务。

5）日志审计。所有未经过授权、被拒绝的访问记录会保留在日志文件里，安全管理员可根据这些记录来判断是某些程序、进程等的安全策略没有配置好，还是发生了非法访问。

☞ 请读者完成本章思考与实践第 17 题，体验 SELinux 安全功能。

📖 **拓展阅读**

读者要想了解更多操作系统安全相关的原理与技术，可以阅读以下书籍资料。

[1] YOSIFOVICH P，RUSSINOVICH M E，SOLOMON D A，et al. Windows Internals：Part 1 System architecture，processes，threads，memory management，and more [M]. 7th ed. Redmond：Microsoft Press，2017.

5.4 数据库系统的安全问题与安全机制设计

以数据库为基础的信息管理系统正在成为政府机关部门、军事部门和企事业单位的信息基础设施。随着人们越来越依赖信息技术，数据库中存储的信息价值也越来越高，因而数据库的安全问题也显得越发重要。

传统的数据库类型包括关系型数据库、层次数据库和网状数据库，近些年来，随着计算机网络技术的高速发展，数据库技术也得到了很大的发展，先后出现了面向对象数据库和非结构数据库等新型数据库类型。本章讨论的数据库系统安全既包括数据库管理系统（Database Management System，DBMS）的安全，也包括数据库应用系统的安全。

本节首先介绍数据库系统安全的重要性，接着分析数据库系统面临的安全威胁。

5.4.1 数据库系统的安全问题

1. 数据库系统面临的主要安全问题

图 5-15 给出了数据库系统面临的主要安全问题，包括以下几类。

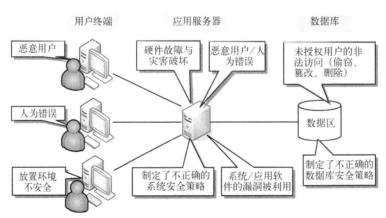

图 5-15 数据库系统面临的主要安全问题

1）硬件故障与灾害破坏。支持数据库系统的硬件环境发生故障，如断电造成信息丢失，硬盘故障致使数据库中数据读不出来，地震等自然灾害造成硬件损毁等。

2）恶意用户。恶意用户利用数据库系统或应用软件的漏洞进行攻击，例如典型的 SQL 注入漏洞严重威胁数据库的安全，或是由于系统设备放置环境不安全，恶意用户直接接触硬件或数据库系统进行非法操作和访问。

3）人为错误。操作人员或系统用户的错误输入，应用程序的不正确使用，都可能导致系统内部的安全机制失效，导致非法访问数据的可能，也可能造成系统拒绝提供数据服务。

4）管理漏洞。数据库管理员专业知识不够，不能很好地利用数据库的保护机制和安全策略。例如，设备放置环境不安全，制定了不正确的系统安全策略或是数据库安全策略，不能合理地分配用户的权限，不按时维护数据库（备份、恢复、日志整理等），不能坚持审核审计日志等。

5）不掌握数据库核心技术。目前我国使用的 DBMS 大多来自国外，这些系统的安全建筑在了国外公司的"良知"与"友好"上，这是很大的不安全因素。

6）隐私数据的泄露。数据库中的隐私数据是指公开范围应该受到限制的那些数据。

2．数据库系统安全的重要性

数据库系统安全的重要性体现在以下两个方面。

1）包含敏感数据和信息资产。数据库系统是当今大多数信息系统中数据存储和处理的核心。数据库中常常含有各类重要或敏感数据，如商业机密数据、个人隐私数据，甚至是涉及国家或军事秘密的重要数据等，且存储相对集中。由于各种原因，例如行业竞争、好奇心或利益驱使，总有人试图进入数据库中获取或破坏信息，联网的数据库受到的威胁会更大。数据库安全将极大地影响政府、企业等各种组织甚至个人的形象和利益。

2）其是计算机信息系统安全的关键环节。数据库系统的安全还涉及应用软件、系统软件的安全甚至整个网络系统的安全。针对数据库系统的成功攻击往往导致攻击者获得所在操作系统的管理权限，甚至给整个信息系统带来更大程度的破坏，如服务器瘫痪、数据无法恢复等。

5.4.2　数据库系统的安全机制设计

数据库系统的安全主要是指确保 DBMS 管理的数据资产的保密性、完整性、可用性、可控性及隐私性等安全属性。这些数据资产包括来自 DBMS 业务应用程序处理的用户数据，也包括 DBMS 安全机制运行中产生的数据，如事务日志数据、安全审计数据等。

虽然 DBMS 软件自身的安全性也很重要，但是其安全性也是为数据资产的安全服务的。DBMS 软件的安全也与操作系统、网络和应用程序的安全紧密相关。本章主要针对 DBMS 管理的数据资产来讨论安全控制技术。

1．数据库的安全需求

数据库的安全需求包括以下几个方面。

1）保密性。保密性指保护数据库系统中的数据不被泄露和未授权的获取。

2）完整性。完整性包括数据库系统的物理完整性、逻辑完整性和数据元素取值的准确性和正确性。例如，保证数据库中的数据不被无意或恶意地插入、破坏和删除，保证数据的正确性、一致性和相容性，保证合法用户得到与现实世界信息语义和信息产生过程相一致的数据。

3）可用性。可用性指确保数据库系统中的数据不因人为的和自然的原因对授权用户不可用。某些运行关键业务的数据库系统应保证全天候（24×7，即每天 24 小时，每周 7 天）的可用性。

4）可控性。可控性指对数据操作和数据库系统事件的监控属性，也指对违背保密性、完整性、可用性的事件具有监控、记录和事后追查的属性。

5）可存活性。可存活性指基于数据库的信息系统在遭受攻击或发生错误的情况下能够继续提供核心服务并及时恢复全部服务。

6）隐私性。隐私性指在使用基于数据库的信息系统时，保护使用主体的个人隐私（如个人属性、偏好、使用时间等）不被泄露和滥用。隐私性是与保密性和完整性密切相关的，但它涉及与使用数据相关的用户偏好、职责履行、法律遵从证明等其他保护需求，如个人不希望其消费习惯、消费偏好等被泄露，企业希望营造一个用户放心的信息环境、维护企业信誉、避免卷入法律纠纷等。

2. 数据库的安全机制

数据库的安全机制主要包括以下几个部分。

1）用户认证。用户只有通过身份认证后，才能继续通过访问控制引擎控制授权用户对数据库对象的访问和操作。

2）用户授权。每个授权用户有一组数据库安全域特性，可决定用户下列安全域特性内容：可用特权和授权角色、可用存储空间（如表空间）限额、可用系统资源（如共享缓存、数据读写容量、处理器使用）限制等安全属性。

3）角色管理。提供安全管理员、安全审计员、数据库管理员等默认的数据库角色。授权管理员也可以面向授权用户配置其访问控制策略、定义用户标识与鉴别方式、设置数据库审计策略等数据库安全管理功能。

4）访问控制。在确认授权用户与授权管理员身份以及它们安全域特性的基础上，实施授权用户与授权管理员的授权策略，控制主体访问客体活动，例如，自主访问控制、基于角色的访问控制等。

5）安全审计。提供相关的数据库操作被记录到数据库审计文件的机制。审计踪迹记录可以存储在 DBMS 审计表或外部 IT 环境的系统文件中。同时应提供审计记录的安全保护。

6）备份恢复。DBMS 运行出现故障后，利用数据库备份与恢复机制实现对备份数据的还原，在数据库还原的基础上利用数据库日志进行数据库恢复，重新建立一个完整的数据库。

7）数据加密。提供对数据库中的数据进行加密存储、传输或处理，以及密钥管理服务接口功能，从而保证用户数据的保密性。

8）资源限制。防止授权用户无控制地使用主机处理器（CPU）、共享缓存、数据库存储介质等数据库服务器资源，限制每个授权用户/授权管理员的并行会话数等功能。

5.5 数据库安全控制

本节分别介绍数据库的访问控制、完整性控制、可用性保护、可控性实现等主要的安全控制机制，最后介绍云计算时代数据库系统安全控制的挑战。数据库隐私保护实际上涉及信息内容安全，本书将在第 8 章介绍。

5.5.1 数据库的访问控制

数据库的首要安全问题是保护数据库不被非授权地访问，从而造成数据泄露、更改或破坏。访问控制是实现这一目的的重要途径。

数据库的访问控制包括在数据库系统这一级中提供用户认证和访问控制，以及在数据存储这一级采用密码技术加密存储，如图 5-16 所示。

下面介绍上述 3 类安全控制措施。

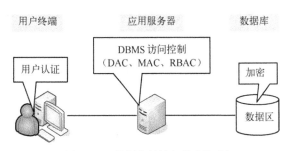

图 5-16　数据库的访问控制机制

1．用户认证

本书在第 4 章已经介绍了用户认证的概念，它包括用户的标识与鉴别。用户认证通过核对用户的 ID 和口令等认证信息，决定该用户对系统的使用权。通过认证来阻止未经授权的用户对数据库进行操作。

DBMS 是作为操作系统的一个应用程序运行的，数据库中的数据不受操作系统的用户认证机制的保护，也没有通往操作系统的可信路径。DBMS 必须建立自己的用户认证机制。DBMS 的认证是在操作系统认证之后进行的，这就是说，一个用户进入数据库，需要进行操作系统和 DBMS 两次认证，这种机制增加了数据库的安全性。

2．访问控制

（1）数据库访问控制的困难点

访问控制是通过某种途径显式地准许或限制访问能力及范围，以防止非授权用户的侵入或合法用户的不慎操作所造成的破坏。和操作系统相比，数据库的访问控制难度要大得多。

在操作系统中，文件之间没有关联关系，但在数据库中，不仅库表文件之间有关联，在库表内部记录、字段都是相互关联的。对目标访问控制的粒度和规模也不一样，操作系统中控制的粒度是文件，数据库中则需要控制到记录和字段一级。操作系统中几百个文件的访问控制表的复杂性远比具有几百个库表文件，且每个库表文件又有几十个字段和数十万条记录的数据库的访问控制表的复杂性要小得多。访问控制机制规模大而复杂对系统的处理效率也有较大影响。

由于访问数据库的用户的安全等级是不同的，分配给他们的权限也不一样，为了保护数据的安全，数据库被逻辑地划分为不同安全级别数据的集合。有的数据允许所有用户访问，有的则要求用户具备一定的权限。在 DBMS 中，用户有对数据库的创建、删除，对库表结构的创建、删除与修改，对记录的查询、增加、修改、删除，对字段值的录入、修改、删除等权限，DBMS 必须提供安全策略管理用户的这些权限。

由于数据库中的访问目标（数据库、库表、记录与字段）是相互关联的，字段与字段值之间、记录与记录之间也是具有某种逻辑关系的，因此存在通过推理从已知的记录或字段值间接获取其他记录或字段值的可能。而在操作系统中一般不存在这种推理泄露问题，它管理的目标（文件）之间并没有逻辑关系。这就使数据库的访问控制机制不仅要防止直接的泄露，而且要防止推理泄露的问题，因而使数据库的访问控制机制要比操作系统的复杂得多。限制推理访问需要为防止推理而限制一些可能的推理路径。通过这种方法限制可能的推理，也可能限制了合法用户的正常查询访问，会使他们感到系统访问效率不高，甚至一些正常访问被拒绝。

（2）数据库系统可采用的访问控制模型

本书在第 4 章已经介绍了传统的两种访问控制机制：自主访问控制（DAC）和强制访问控制（MAC），以及得到广泛应用的基于角色的访问控制（RBAC）。

高安全等级数据库都要求管理其数据的 DBMS 提供 MAC 机制，目前大部分主流数据库产品都提供了基于标签的 MAC 功能，即通过标签组件机制让用户定义其组织的安全策略。当用户试图访问受标签保护的数据库中的数据时，DBMS 将该用户的安全级别与用于保护该数据的安全标签相比较，以判断其是否能够访问受标签保护的数据。

随着数据库在大型开放式网络环境下的应用，传统的基于资源请求者的身份做出授权决定的访问控制模型不再适用于安全问题的解决，因为在分布式网络环境下，通常无法确知网络实体的身份真实性和授权信息，为此，人们提出了信任管理、数字版权管理等新一代的访问控制技术，读者可以阅读相关文献进一步了解新技术的发展动向。

3. 加密存储

一方面，由于数据库在操作系统下都是以文件形式进行管理的，入侵者可以直接利用操作系统的漏洞窃取数据库文件，或者篡改数据库文件内容。另一方面，数据库管理员可以随意访问所有数据，往往超出了其职责范围，同样造成了安全隐患。因此，数据库的保密问题不仅包括在传输过程中采用加密保护和控制非法访问，还包括对存储的敏感数据进行加密保护，使得即使数据不幸泄露或者丢失，也难以造成泄密。同时，数据库加密可以由用户用自己的密钥加密自己的敏感信息，而不需要了解数据内容的数据库管理员进行解密，从而可以实现个性化的用户隐私保护。

（1）数据库加密方式

按照加密部件与数据库管理系统的不同关系，数据库加密可以分为两种实现方式：库内加密与库外加密。

1）库内加密是指在 DBMS 内核层实现加密，加密/解密过程对用户与应用透明。即数据进入 DBMS 之前是明文，DBMS 在数据物理存取之前完成加密/解密工作。

2）库外加密是指在 DBMS 之外实现加密/解密，DBMS 所管理的是密文。加密/解密过程可以在客户端实现，或由专门的加密服务器完成。

（2）影响数据库加密的关键因素

1）加密粒度。一般来说，数据库加密的粒度有 4 种：表、属性、记录和数据项。各种加密粒度的特点不同。总体来说，加密粒度越小，则灵活度越好，且安全性越高，但实现技术也更为复杂。

2）加密算法。目前还没有公认的针对数据库加密的加密算法，因此一般根据数据库的特点选择现有的加密算法来进行数据库加密。由于加密/解密的速度是一个重要因素，因此数据库加密通常使用对称加密体制中的分组加密算法。

3）密钥管理。对数据库密钥的管理一般有集中密钥管理和多级密钥管理两种体制。其中，集中密钥管理方式中的密钥一般由数据库管理人员控制，权限过于集中。目前研究和应用比较多的是多级密钥管理体制。

5.5.2　数据库的完整性控制

数据库是否具备完整性关系到数据库系统能否真实地反映现实世界。数据库的完整性包括物理完整性、逻辑完整性和数据元素取值的准确性和正确性。数据库的完整性控制一方面是防止错误信息的输入和输出，防止数据库中存在不符合语义的数据。例如，学生的学号必须唯一，性别只能是男或女，学生所在的系必须是学校已开设的系等。另一方面，完整性控制也包括保护数据库中的数据不被非授权地插入、破坏和删除。

1. 物理完整性控制

在物理完整性方面，要求从硬件或环境方面保护数据库的安全，防止数据被破坏或不可读。例如，应该有措施解决掉电时数据不丢失、不被破坏的问题，存储介质损坏时数据的可利用性问题，还应该能防止各种灾害（如火灾、地震等）对数据库造成不可弥补的损失，应该有灾后数据库快速恢复能力。

数据库的物理完整性和数据库留驻的计算机系统硬件的可靠性与安全性有关，也与环境的安全保障措施有关。

2. 逻辑完整性控制

在逻辑完整性方面，要求保持数据库逻辑结构的完整性，需要严格控制数据库的创立与删除、库表的建立、删除和更改的操作，这些操作只能允许具有数据库所有者或系统管理员权限的人进行。

逻辑完整性还包括数据库结构和库表结构设计的合理性，尽量减少字段与字段之间、库表与库表之间不必要的关联，减少不必要的冗余字段，防止发生修改一个字段的值影响其他字段的情况。例如，一个关于学生成绩分类统计的库表中包括总数、优秀数、优秀率、良好数、良好率、及格数、及格率、不及格数、不及格率等字段，其中任何一个字段的修改都可能会影响其他字段的值。其中有的影响是合理的，例如良好数增加了，其他级别的人数就应相应减少（保持总量不变），有的影响则是因为库表中包括了冗余字段所致，如各个关于"率"的字段都是冗余的。另外，因为有了优秀数、良好数和及格数，不及格数或总数这两个字段中的一个也是冗余的。

数据库的逻辑完整性主要是设计者的责任，由系统管理员与数据库所有者负责保证数据库结构不被随意修改。

3．元素完整性控制

在元素完整性方面，元素完整性主要是指保持数据字段内容的正确性与准确性。元素完整性需要由 DBMS、应用软件的开发者和用户共同完成。

目前商用的 DBMS 产品都拥有完整性控制机制，DBMS 实现完整性定义和检查控制。

一些具体的方法包括设置触发器、两阶段提交、纠错与恢复、并发控制等。

（1）设置触发器（Trigger）

触发器是用户定义在关系表上的一类由事件驱动的特殊过程。一旦定义，任何用户对表的增、删、改操作均由服务器自动激活相应的触发器，在 DBMS 核心层进行集中的完整性控制。

例如，成绩字段的取值范围为 0～100，若输入的成绩为 101，则拒绝写入。

（2）两阶段提交

第一阶段称为准备阶段。在这一阶段中，DBMS 收集更新所需要的信息和其他资源，但不对数据库做实际的改变。如果需要的话，这一阶段可以重复执行若干次，如果一切准备完善，第一阶段的最后一件事是"提交"，需要向数据库写一个提交标志。

第二阶段的工作是对需要更新的字段进行真正的修改，这种修改是永久性的。在第二阶段中，在真正进行提交之前对数据库不采取任何行动。由于如果第二阶段出问题，数据库中可能是不完整的数据，因此一旦第二阶段的更新活动出现任何问题，DBMS 会自动将本次提交对数据库执行的所有操作都撤销，并恢复到本次修改之前的状态，这样数据库又是完整的了。在DBMS 中，上述操作称为"回滚"（Rollback）。

（3）纠错与恢复

许多 DBMS 提供数据库数据的纠错功能，主要方法是采用冗余的办法，通过增加一些附加信息来检测数据中的不一致性。附加信息可以是几个校验位、一个备份或影像字段。这些附加信息所需要的空间大小不一，与数据的重要性有关。

冗余纠错的技术有附加校验纠错码、镜像（Mirror）技术。系统管理员还可以利用数据库日志撤销对数据库的错误修改，可以把数据库恢复到指定日期以前的状态。

（4）并发控制

在多用户数据库环境中，多个用户程序可并行地存取数据库，但当多个用户同时读写同一个字段的时候，会存取不正确的数据，或破坏数据库数据的一致性。

并发控制的主要技术是封锁（Locking），即为读、写用户分别定义"读锁"和"写锁"。当某一记录或数据元素被加了"读锁"，其他用户只能对目标进行读操作，同时也分别给目标加上各自的"读锁"，而目标一旦被加了"读锁"，要对其进行写操作的用户只能等待。若目标既没有"写锁"，也没有"读锁"，写操作用户在进行写操作之前，首先对目标加"写锁"，有了"写锁"的目标，任何用户不得进行读、写操作。这样在第一个用户开始更新时将该字段（或一条记录）加"写锁"，在更新操作结束之后再解锁。在封锁期间，其他用户禁止一切读、写操作。

5.5.3 数据库的可用性保护

尽管数据库中采取了各种保护措施来防止数据库的安全性和完整性被破坏，保证并发事务的正确执行，但是计算机系统中硬件的故障、软件的错误、操作员的失误以及恶意的破坏仍是不可避免的，这些故障轻则造成运行事务非正常中断，影响数据库中数据的正确性，重则破坏数据库，使数据库中全部或部分数据丢失，影响数据库的可用性。

下面首先介绍数据库可用性保护涉及的备份与恢复，然后介绍确保数据库可生存性的入侵容忍技术。

1. 备份与恢复

数据库管理系统必须具有把数据库从错误状态恢复到某一已知的正确状态（亦称为一致状态或完整状态）的功能，这就是数据库的恢复。

数据库的恢复机制涉及的两个关键问题是：

● 如何建立冗余数据？

● 如何利用这些冗余数据实施数据库恢复？

建立冗余数据最常用的技术是数据转储和建立日志文件。通常在一个数据库系统中，这两种技术是一起使用的。

1）数据转储。所谓"转储"，即数据库管理员（Database Administrator，DBA）定期地将整个数据库复制到磁带或另一个磁盘上保存起来的过程，这些备用的数据文本称为后备副本或后援副本。当数据库遭到破坏后可以将后备副本重新装入，但重装后备副本只能将数据库恢复到转储时的状态，要想恢复到故障发生时的状态，必须重新运行自转储以后的所有更新事务。DBA 应该根据数据库的使用情况确定一个适当的转储周期。

2）建立日志文件。日志文件是用来记录事务对数据库各项主要操作的文件。日志文件在数据库恢复中起着非常重要的作用，例如，在动态转储方式中必须建立日志文件，这样后备副本和日志文件综合起来才能有效地恢复数据库；在静态转储方式中，也可以建立日志文件；当数据库毁坏后可重新装入后备副本把数据库恢复到转储结束时刻的正确状态，然后利用日志文件，把已完成的事务进行重做处理，对故障发生时尚未完成的事务进行撤销处理。

3）数据库镜像（Mirror）。许多数据库管理系统提供了数据库镜像功能用于数据库恢复，即根据 DBA 的要求，自动把整个数据库或其中的关键数据复制到另一个磁盘上。每当主数据库更新时，DBMS 自动把更新后的数据复制过去，即 DBMS 自动保证镜像数据与主数据的一致性。这样，一旦出现介质故障，可由镜像磁盘继续提供使用，同时 DBMS 自动利用镜像磁盘数据进行数据库的恢复，不需要关闭系统和重装数据库副本。在没有出现故障时，数据库镜像还可以用于并发操作，即当一个用户对数据加"写锁"修改数据时，其他用户可以读镜像数据库上的数据，而不必等待该用户释放锁。

2. 入侵容忍与可生存性

可生存性强调的是入侵成功或者灾难发生之后，系统能够继续提供服务，以及条件状况改善时系统能够自动恢复的能力。

入侵容忍是指，当一个网络系统遭受入侵，即使系统的某些组件遭受攻击者的破坏，但是整个系统仍能提供全部或者降级的服务，同时保持系统数据的保密性与完整性等安全属性。对于一个入侵容忍系统，如何判断它是否符合安全需求？主要是检验该系统是否达到以下标准：

● 能够阻止或预防部分攻击的发生。

● 能够检测攻击和评估攻击造成的破坏。

● 在遭受到攻击后，能够维护和恢复关键数据、关键服务或完全服务。

入侵容忍技术是一项综合性的技术，涉及的问题很多。实现入侵容忍的技术很大一部分是建立在传统的容错技术之上，诸如冗余、复制、多样性等。

1）冗余组件技术。冗余的目的是使用多个部件共同承担同一项任务，当主要模块发生故障时，用后援的备份模块替换故障模块，直到该组件被修复。也可以用缓慢降级的方法切换故障模块，让剩余的正常模块继续工作。

2）复制技术。复制是在系统里引入冗余的一种常用方法。服务器的每个复制称为一个备份。一个副本服务器由几个备份组成，如果一个备份失败了，其他的备份仍可以提供服务。

3）多样性。多样性是要求冗余组件必须在一个或者多个方面有所不同。用不同的设计和实现方法来提供相同的功能，防止攻击者找到冗余组件中共同的安全漏洞。多样性的种类主要有硬件多样性、操作系统的多样性和软件实现的多样性。

数据库入侵容忍除了借鉴现有的一些入侵容忍技术，还需要注意根据数据库的自身特点形成容侵方案，例如，数据库管理系统的主要工作在事务层，入侵检测的对象是数据库，需要感知应用语义等。

5.5.4 数据库的可控性实现

数据库的可控性实现技术通常包括审计和可信记录保持。

1. 审计

数据库审计是指监视和记录用户对数据库所施加的各种操作的机制。通过审计，把用户对数据库的所有操作自动记录下来放入审计日志中。

审计跟踪的信息，可以重现导致数据库现有状况的一系列事件，找出非法存取数据的人、时间和内容等，以便于追查有关责任。审计日志对于事后的检查十分有效，它有效地增强了数据的物理完整性。同时，审计也有助于发现系统安全方面的弱点和漏洞。按照美国国防部TCSEC/TDI 标准中安全策略的要求，审计功能也是数据库系统达到 C2 以上安全级别必不可少的一项指标。

对于审计粒度与审计对象的选择，需要考虑存储空间的消耗问题。审计粒度是指在审计日志中记录到哪一个层次上的操作（事件），例如用户登录失败与成功，通行字正确与错误，对数据库、库表、记录、字段等的访问成功与失败。对于粒度过细（如每个记录值的改变）的审计，是很费时间和空间的，特别是在大型分布和数据复制环境下的大批量、短事务处理的应用系统中，实际上是很难实现的。因此数据库系统往往将其作为可选特征，允许数据库系统根据应用对安全性的要求，灵活地打开或关闭审计功能。审计功能一般用于安全性要求较高的部门。

不过，审计日志也不一定能完全反映实际的访问情况，例如在选取操作中，可以访问一个记录但并不把结果传递给用户，但在另外的情况下，用户可能已经得到了某些敏感数据，而在审计日志中却没有被反映出来。因此，审计日志可能夸大，也可能低于用户实际知道的值。所以在确定审计日志中到底记录哪些事件的时候需要仔细斟酌，需要考虑敏感数据可能被攻破的各种路径。

2．可信记录保持

可信记录保持是指在记录的生命周期内保证记录无法被删除、隐藏或篡改，并且无法恢复或推测已被删除的记录。这里，记录主要是指文件中的非结构化的数据逻辑单位，随着研究的深入，可信记录技术的研究对象逐步扩展到结构化的记录，如 XML 数据记录和数据库记录等。

可信记录保持的重点是防止内部人员恶意地篡改和销毁记录，即防止内部攻击。可信记录保持所采用的技术主要有一次写入多次读取（Write Once Read Many，WORM）存储技术、可信索引技术、可信迁移技术和可信删除技术等。

可信记录保持针对的是海量记录的可信存储，为了能在大量数据中快速查找记录，需要对记录建立索引。然而攻击者可以通过对索引项的篡改或隐藏，达到攻击记录的目的。因此，必须采用可信索引技术保证索引也是可信的。

因为存储服务器有使用寿命，组织也可能被兼并、转型或重组，一条记录在其生命周期内可能会在多台存储服务器中存储过，因此记录需要迁移。可信迁移技术就是要保证，即使迁移的执行者就是拥有最高用户权限的攻击者，迁移后的记录也是可信的。

5.5.5 云计算时代数据库安全控制的挑战

当前，在 Web 2.0 的背景下，互联网用户已由单纯的信息消费者变成了信息生产者，因而互联网上的信息呈爆炸式的速度增长。在此背景下，支持海量数据高效存储与处理的云计算技术受到人们的广泛关注与青睐，在世界范围内得到迅猛发展，被誉为"信息技术领域正在发生的工业化革命"。

在云计算时代，信息的海量规模及快速增长给传统的数据库技术带来了巨大的冲击，新的数据库应具备如下特性：

- 支持快速读写、快速响应以提升用户的满意度。
- 支撑 PB（10^{15}B）级数据与百万级流量的海量信息处理能力。
- 具有高扩展性，易于大规模部署与管理。
- 成本低廉。

在上述目标的驱使下，各类非关系型数据库（简称 NoSQL 数据库）应运而生，如 BigTable、HBase、Cassandra、SimpleDB、CouchDB、MongoDB 和 Redis 等。顾名思义，NoSQL 数据库为获得速度、可伸缩性及成本上的优势，放弃了关系数据库强大的结构查询语言（SQL）和事务机制。因此，在云计算时代，数据库安全研究面临如下新问题。

1）海量信息安全检索需求。一方面，现有的信息安全技术无法支持海量信息处理，例如数据经加密后丧失了许多原有特性，除非经过特殊设计，否则难以支持用户的各种检索；另一方面，当前的海量信息检索方法缺乏安全保护能力，例如当前的搜索引擎不支持不同用户具有不同的检索权限。因此，如何在保证数据私密性的前提下支持用户快速查询与搜索，是当前亟待解决的问题。

2）海量信息存储验证需求。经典的签名算法与哈希算法等均可用于验证某数据片段的完整性，但是当所需要验证的内容是海量信息时，上述验证方法需耗费大量的时间与带宽资源，以致用户难以承受。因而在云计算环境下，数据库系统安全的需求之一是数据存在性与正确性的可信、高效的验证方法，能够以较少的带宽消耗和计算代价，通过某种知识证明协议或概率分析手段，以高置信概率判断远端数据是否存在并且未被破坏。

3）海量数据隐私保护需求。与敏感信息不同，任何个体内容独立来看并不敏感，但是大量信息所代表的规律也属于用户隐私。例如，各大网站通过网络追踪技术记录用户的上网行为，分析用户偏好，并将上述信息高价出售给广告商，后者据此推送更精确的广告。因而在云计算环境下，研究如何抵抗从海量数据挖掘出隐私信息的方法，例如，将数据泛化、匿名化或加入适量噪声等，对防止用户隐私信息泄露具有重要的现实意义。

微课视频 5-4
Windows 10 操作系统安全
加固实例

5.6 案例拓展：Windows 10 操作系统安全加固

Windows 是有着广泛应用的，具有较高安全性设计的操作系统。据微软官方宣布，Windows 10 全球用户已经突破了 10 亿大关，在所有 Windows 10 的用户中，中国用户占比排名第二位。在默认安装情况下，Windows 中的很多安全设置没有开启。下面以 Windows 10 操作系统为例，从 10 个方面介绍 Windows 10 的安全性设置。

1. 用户账户密码强度测试

（1）在线密码强度测试工具应用

一些在线密码强度测试工具能够对输入的密码分若干检测项目进行评分，最终给出一个密码强弱的综合评估结果，如 Weak、Medium、Strong、BEST 这 4 个等级。我们可以从各个检测项中查看自己的密码有哪些不足，以便于设定最佳的密码。网页 http://en.findeen.com/password_checker.html 集成了 10 多家密码检测平台的入口。

（2）系统口令破解工具应用

● L0phtCrack。这是一款非常经典的也是功能十分强大的密码恢复工具。它能够破解 Windows 以及 Lunix 操作系统的账户密码，帮助用户快速有效地恢复自己的计算机密码，也能够识别和评估本地和远程计算机上的密码漏洞。官网：https://www.l0phtcrack.com。

● Mimikatz。这是法国人 Gentil Kiwi 编写的一款 Windows 平台下的口令抓取神器，它具备很多功能，其中最突出的功能是能够直接从 lsass.exe 进程里获取 Windows 处于 active 状态账号的明文密码。它还可以提升进程权限、注入进程、读取进程内存等。作者主页：http://blog.gentilkiwi.com。

● Cain & Abel。这是一款可以破解屏保、共享密码、缓存口令、远程共享口令、SMB 口令、VNC 口令、Dialup 口令、远程桌面口令等众多口令的综合工具。它可以远程破解，可以挂字典以及暴力破解，其嗅探功能极其强大，几乎可以捕获一切账号口令。

● SAMInside。这是一款俄罗斯的 Windows 密码恢复软件，主要用来从 Windows 操作系统的 SAM 文件中提取用户名以及密码。

2. 提升 UAC 安全级别

Windows 10 的 UAC 功能得到较大的改进，在区别合法和非法程序时表现得十分精确、迅速。考虑到用户使用系统的易用性，系统默认的 UAC 安全级别没有设成最高，为了强调系统的安全性，可以选择将 UAC 安全级别设置为 "始终通知"，如图 5-17 所示。此时，当程序试图安装软件或对计算机做出更改时，以及用户对 Windows 设置进行更改时将会弹出通知对话框，给出提醒。如果我们经常安装新软件或访问陌生网站，则推荐使用此选项。

图 5-17 用户和账户控制设置界面

3．数据文件的安全设置

NTFS 支持设置目录和文件权限、为不同的用户设置不同的访问权限以及支持加密等功能。

（1）文件 NTFS 权限设置

在"Windows 资源管理器"或"此电脑"中右击目标对象，例如硬盘分区、文件或文件夹，选择快捷菜单中的"属性"选项。如图 5-18 所示，打开"D:属性"对话框，选择"安全"选项卡，NTFS 访问权限就在这里进行设置。

文件和文件夹的标准 NTFS 文件权限包括完全控制、修改、读取和执行、列出文件夹内容、读取、写入。虽然这些标准权限基本能满足人们的需要，但是系统还提供了高级权限设置。在图 5-18 所示的窗口中单击"高级"按钮，可以打开"D:的高级安全设置"对话框，如图 5-19 所示。在该对话框中任意单击列出的一则权限项目，可以在弹出的"D：权限项目"对话框中看到 Windows 支持的所有高级权限。单击图 5-19 对话框的"更改权限"按钮，可以为目标对象增加用户并设置权限。

图 5-18 "属性"对话框的"安全"选项卡

（2）EFS 的应用

单纯的 NTFS 权限并不能保证数据足够的安全。Windows 加密文件系统 EFS 可以用于对 NTFS 分区上的文件和文件夹加密保存。EFS 是基于公钥策略的，当使用 EFS 时，系统首先生成文件加密密钥（File Encryption Key，FEK），然后利用 FEK 创建加密后的文件，同时删除未加密的原始文件。随后，系统利用当前用户的公钥加密 FEK，并把加密后的 FEK 存储在一个加密文件夹中。当用户访问一个加密文件时，系统首先利用当前用户的私钥解密 FEK，再利用 FEK 解密出加密的文件。

图 5-19 高级安全设置选项卡

加密系统对用户是透明的,即授权用户对文件的访问不受限制,但是非授权用户就会收到"拒绝访问"的错误提示。

1)使用 EFS 对文件夹进行加密。右键单击需要加密的文件夹,选择"属性"选项,在打开的对话框中单击"高级"按钮,选中"加密内容以便保护数据"复选框,如图 5-20 所示。如果要取消 EFS 功能,则可以直接将此选项取消。

图 5-20 使用 EFS 对文件夹进行加密

2) EFS 文件夹解密。由于重装系统等原因,导致原来用 EFS 加密的文件无法打开,为了保证别人能够共享 EFS 文件或者重装系统后可以打开 EFS 加密文件,必须进行密钥的备份(密钥存放在证书文件中)。

（3）BitLocker 的应用

通过 NTFS 权限设置和 EFS 加密提高了系统中数据的安全性，但是仍然会面临"脱机攻击"。一种方法是攻击者盗取了 PC 或其中的硬盘后，可以直接将硬盘挂接在另一台计算机上，将其作为一块移动存储设备来读取其中的数据。如图 5-21 所示的"硬盘盒子"，就可以很方便地将硬盘改造成移动硬盘。另一种方法是，使用"老毛桃""大白菜"等 Windows PE 工具制作 U 盘启动盘，可以在不运行原硬盘上安装的 Windows 操作系统，也不知道用户账户密码的情况下清除任何一个本地账户的密码。

图 5-21 硬盘盒子

因为脱机攻击的时候，被攻击的 Windows 操作系统并没有运行，因此，Windows 的各种安全保护机制也就无法生效，为了防止这种物理层面的攻击，Windows 10 专业版（Windows 家庭版中没有此功能）提供的 BitLocker 功能可以保护整个 Windows 不被脱机攻击。

右键单击 C 盘，在快捷菜单中选择"启用 BitLocker"，弹出如图 5-22 所示的"BitLocker 驱动器加密"对话框。简单地说，BitLocker 会将 Windows 的各分区进行加密，并可以将密钥保存在硬盘之外的地方，例如 TPM 芯片或是 U 盘，使得破解更困难，安全性更强。当然，对于采用 BitLocker 加密的启动盘，就必须先提供密钥，随后引导程序才会使用提供的密钥解密系统文件，并加载和运行 Windows。

> 📚 文档资料 5-1
> **Bitocker 与 EFS 比较**

☞ 请读者完成本章思考与实践第 13、14 题，体验 EFS 和 BitLocker 加密功能，以及 Windows PE 启动盘的安全性问题。

4. 关闭默认共享封锁系统后门

Windows 10 在默认情况下也开启了网络共享。虽然这可以让局域网共享更加方便，但同时也为病毒传播创造了条件，因此关闭默认共享，可以大大降低系统被攻击的概率。

Windows 在默认情况下会开启以下几个主要的管理共享：根分区或卷、系统根目录、FAX$共享、IPC$共享、PRINT$共享。这些共享的开启可以让任何有管理权限进入我们的计算机或者活动目录、域（连接状态下）的用户进入任何分区，而不需要用户主动分享文件，

图 5-22 BitLocker 驱动器加密页面

因为该用户已经拿到了账户凭据。在基于 Windows NT 架构的系统中，所有分区都通过"管理共享"功能对管理员开放共享。因此这种机制存在安全隐患，可以关闭这些共享功能。

（1）关闭管理共享服务的一般步骤

1）在 Cortana 搜索栏输入"services.msc"命令，打开"服务"对话框。

2）在右侧列表中找到"Server"，双击打开，如图 5-23 所示。

3）在弹出的"Server 的属性"对话框中，在"启动类型"中选择"禁用"，然后在"服务状态"单击"停止"按钮后再单击"确定"按钮，如图 5-24 所示。

（2）在注册表中关闭"管理共享 admin$"的步骤

1）在 Cortana 搜索栏输入"regedit"命令，打开注册表编辑器。

图 5-23 "服务"对话框　　　　　　　　　图 5-24　在"启动类型"中选择"禁用"

2）定位到这个键值：HKEY_LOCAL_MACHINE\SYSTEM\CurrentControlSet\Services\Lanman Server\ Parameters，如图 5-25 所示。

3）新建 DWORD(32 位)值，重命名为"AutoShareWks"，并将其数值数据设置为"0"后单击"确定"按钮，如图 5-26 所示。

图 5-25　注册表编辑器　　　　　　　　　图 5-26　新建"AutoShareWks"设为 0

（3）关闭硬盘各分区的共享和 IPC\$共享步骤

与上述在注册表中的操作类似，定位到这个键值"HKEY_LOCAL_MACHINE\SYSTEM\ CurrentControlSet\Services\lanmanserver\parameters"项，双击右侧窗口中的"AutoShareServer"项将键值由"1"改为"0"。如果没有"AutoShareServer"项，可新建一个再修改键值。

再到"HKEY_LOCAL_MACHINE\SYSTEM\CurrentControlSet\Control\Lsa"项处找到"restrictanonymous"，将键值设为"1"，关闭 IPC\$共享。

（4）关闭文件和打印共享步骤

1）在控制面板中依次选择"网络和 Internet"→"网络和共享中心"，进入"高级共享设置"对话框。

2）在"文件和打印共享"栏中选择"关闭文件和打印机共享"，如图 5-27 所示。

图 5-27　在"高级共享设置"中选择"关闭文件和打印机共享"

5. 修改组策略加固系统注册表

Windows 10 开放了风险极高的可远程访问注册表的路径。将可远程访问注册表的路径设置为空，可以有效避免攻击者利用扫描器通过远程注册表读取系统信息及其他信息。

设置步骤为：打开控制面板，选择"管理工具"，双击"本地安全策略"，在"本地安全策略"对话框的左侧树形目录中依次选择"本地策略"→"安全选项"，在右侧找到"网络访问：可远程访问的注册表路径"和"网络访问：可远程访问的注册表路径和子路径"，双击打开，将窗口中的注册表路径删除，如图 5-28 所示。

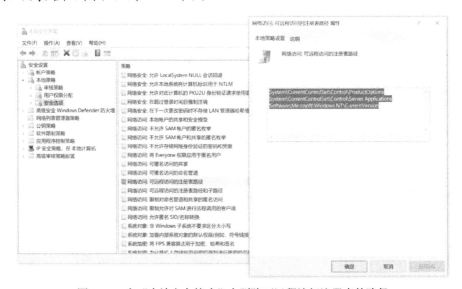

图 5-28　在"本地安全策略"中删除可远程访问注册表的路径

6. Windows 安全日志与审核应用

日志文件对于用户来说非常重要，可以对"本地策略"中的"审核策略"以及"高级审核策略配置"进行设置，以帮助了解系统故障或是查找系统被入侵的痕迹等。

"审核策略"是 Windows 中本地安全策略的一部分，它允许跟踪用户的活动和 Windows 系统的活动，这些活动称为事件。通过审核日志，可以了解哪些用户登录到系统或从系统注销，以及是否成功；哪些用户对指定文件、文件夹或打印机进行了哪种类型的访问；用户账户是否进行了更改等。根据审核结果，管理员可以减少计算机安全风险。

在 Cortana 搜索栏输入 "gpedit.msc" 命令，打开 "本地组策略编辑器"，在左侧树形目录中依次打开 "计算机配置" → "Windows 设置" → "安全设置" → "本地策略" → "审核策略"，进行相关设置即可，如图 5-29 所示。查看审核日志需要用到 Windows 事件查看器。

图 5-29 "审核策略"设置窗口

对于 Windows 10 中的这些日志文件，可以通过打开 "控制面板" → "系统和安全" → "管理工具" → "事件查看器" 来浏览其中内容，如图 5-30 所示。

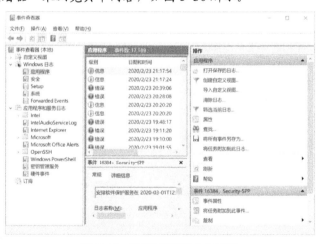

图 5-30 "事件查看器"对话框

7. 启用 Windows Defender 或安装第三方杀毒软件

作为 Windows 10 自带的防病毒软件，Windows Defender 无需安装和配置，能够提供全面、持续和实时的保护，以抵御电子邮件、应用、云和 Web 上的病毒等恶意软件的威胁，为系统提供较强的保护。

> 📚 文档资料 5-2
> 防病毒软件比较

此外，可以安装专业的防病毒软件保护计算机。当计算机上安装了第三方杀毒软件以后，Windows Defender 会自动关闭，以节省系统资源。

8．禁止自动播放和自动运行

除了网络，闪存和移动硬盘等移动存储设备也成为恶意程序传播的重要途径。当系统开启了自动播放或自动运行功能时，移动存储设备中的恶意程序可以在用户没有察觉的情况下感染系统。所以，禁用自动播放和自动运行功能，可以有效切断病毒的传播路径。一些防病毒软件也包含了该项功能。在 Windows 10 中的设置操作介绍如下。

（1）关闭自动播放的操作步骤

在 Cortana 搜索栏输入"gpedit.msc"命令，打开"本地组策略编辑器"，在左侧树形目录中依次选择"计算机配置"→"管理模板"→"Windows 组件"→"自动播放策略"，如图 5-31 所示。双击右侧"设置"中的"关闭自动播放"，在打开的"关闭自动播放"对话框中（见图 5-32）选择"已启用"，再选择"关闭自动播放"选项中的"所有驱动器"，最后单击"确定"按钮，自动播放功能就被关闭了。

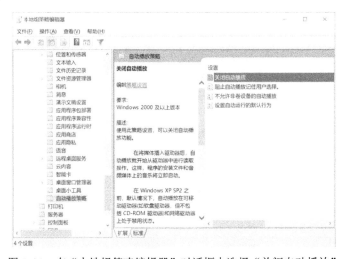

图 5-31　在"本地组策略编辑器"对话框中选择"关闭自动播放"

图 5-32　在"关闭自动播放"对话框中设置

（2）关闭自动运行

在如图 5-31 所示的"本地组策略编辑器"对话框中双击右侧"设置"中的"设置自动运行的默认行为"，选择"已启用"，在选项中选择"不执行任何自动运行命令"，然后单击"确定"按钮，自动运行功能就被关闭了。

9．及时更新系统以及其他软件

微软有一套相当成熟的补丁管理机制，可以在发现新的安全漏洞后，在最短时间里发布相应的补丁程序，只需要及时安装新的补丁程序，就可以将风险减少到最低。

在 Windows 10 的默认设置中，Windows 升级服务将自动下载并安装重要的 Windows 操作系统和应用程序的升级包。可以说，微软的软件是世界上补丁最多也比较频繁的产品。

但是系统并没有提醒我们及时更新其他的非系统软件，比如浏览器、媒体播放器等。因此，我们应当注意及时更新所有的软件，确保这些软件处在一个当前安全的状态。

10．经常备份数据

可以说安全防护经常还是落后于攻击，对于黑客防不胜防。即使我们做了很多努力，当攻击来临时防御措施仍可能变得不堪一击。因此，防患于未然——及时备份数据就显得非常重要，这样就算遇到了灾难性的安全事件，也可以通过恢复数据重启我们的工作。

✉ 说明：

限于篇幅，以上列出的安全加固措施尚并不系统，读者可参考下列文献做全面了解。

📖 拓展阅读

读者要想了解更多终端系统安全加固技术，可以阅读以下书籍资料。

[1] 全国信息安全标准化技术委员会. 信息安全技术 办公信息系统安全基本技术要求：GB/T 37095—2018[S]. 北京：中国标准出版社，2018.

[2] 全国信息安全标准化技术委员会. 信息安全技术 政务计算机终端核心配置规范：GB/T 30278—2013 [S]. 北京：中国标准出版社，2013.

[3] 公安部信息系统安全标准化技术委员会.信息安全技术 主机安全等级保护配置要求：GA/T 1141—2014 [S]. 北京：中国标准出版社，2014.

[4] 何琳. Windows 操作系统安全配置 [M]. 北京：电子工业出版社，2020.

[5] 零下一度. Windows 系统通用安全配置实例 [EB/OL]. [2017-07-18]. https://www.php.cn/windows-372632.html.

5.7 思考与实践

1．操作系统面临哪些安全问题？

2．操作系统安全的主要目标是什么？实现操作系统安全目标需要建立哪些安全机制？

3．什么是可信路径？Windows 操作系统中有哪些可信路径机制？

4．如图 5-33 所示，使用 Windows 10 操作系统中的记事本程序时，将新文档 1.txt 保存至 C:\Windows 目录时系统弹出的对话框，拒绝将该文档保存至该目录下。请问 Windows 10 操作系统为什么会这样处理？

图 5-33 记事本拒绝保存对话框

5．系统口令面临哪些安全威胁？有哪些途径可以确保系统口令安全？

6．打开软件时，系统提示"以管理员身份运行"，这意味着什么？

7．数据库安全面临哪些威胁？数据库有哪些安全需求？

8．结合第 1 章介绍的 PDRR 信息安全模型，谈谈数据库安全防护机制。

9．什么是数据库的完整性？数据库完整性的概念与数据库安全性的概念有何联系与区别？DBMS 的完整性控制机制有哪些功能？

10．读书笔记：查阅资料，了解 Windows 10 操作系统的安全新特性。试选取您常用的 Windows 操作系统和 Linux 操作系统，比较它们的安全性。

11．操作实验：检测和发现系统中的薄弱环节，最大限度地保证系统安全，最有效的方法之一就是定期对系统进行安全性分析，及时发现并改正系统、网络存在的薄弱环节和漏洞，保证系统安全。但是，仅仅依靠管理员去分析和发现系统漏洞，既费时费力，同时受管理员水平的限制，分析也未必全面。从 Microsoft 官方网站https://www.microsoft.com/en-us/download/details.aspx?id=19892 下载微软基准安全分析器（Microsoft Baseline Security Analyzer，MBSA），检查 Windows 7 或 Windows Server 2008 R2。完成实验报告。

12．操作实验：在 Windows 10 系统中设置"UAC"。实验内容：依次选择"控制面板"→"用户账户和家庭安全"→"更改用户账户控制设置"，分别选择其中的四个选项，然后修改系统时间，查看 UAC 是如何起到控制作用的，最后再谈谈你对 UAC 功能的认识。完成实验报告。

13．操作实验：完成加密文件系统 EFS 的加密、解密和恢复代理，并比较 EFS 与 BitLocker 两种系统加密功能。完成实验报告。

14．综合实验：老毛桃是一个多系统模式的 PE 操作系统，官网是 http://www.laomaotao.net。老毛桃 PE 一般作工具盘用，系统崩溃时可用来修复系统，还可以备份数据，系统丢失密码也可以修改密码，可以从光盘、U 盘、移动硬盘等启动。请使用老毛桃 PE 修改系统密码，并思考老毛桃工具给 Windows 安全性方面带来的方便和问题。完成实验报告。

15．操作实验：假设在 D 盘的根目录下有一个名为"公司文件"的共享文件夹，管理员已经根据需要设置好了共享和相应的权限，现在需要知道每天都有谁在访问这个文件夹中的哪个文件。同时还要知道有没有缺少权限的人尝试访问。请启用"审核对象访问"这个策略，并及时查看审核，了解审核日志内容。完成实验报告。

16．综合实验：Windows Sysinternals 工具集里包含了一系列免费的系统工具，如 Process Explorer。熟悉和掌握这些工具，对深入了解 Windows 操作系统、在日常的计算机使用中进行诊断和排错有很大的帮助。从 Microsoft 官方网站 https://docs.microsoft.com/zh-cn/sysinternals 下载系统工具集中的工具，并参考下面的书籍在 Windows 操作系统中应用，完成实验报告。

[1] 拉西诺维，马格西斯. Windows Sysinternals 实战指南 [M]. 刘晖，译. 北京：人民邮电

出版社，2017.

17．综合实验：SELinux 安全实验。实验内容：完成 SELinux 的启用、查看上下文、启用网络服务等实验。完成实验报告。

18．操作实验：SQL Server 2016 数据库备份与恢复。实验内容：

1）使用"对象资源管理器"进行数据库分离和附加。

2）使用"对象资源管理器"进行数据库备份和恢复。

19．材料分析：目前中国高考所普遍采用的计算机网上阅卷系统分为高速扫描仪（或者专用阅卷机）、数据库服务器、阅卷计算机和统分程序四大部分。阅卷的时候，首先通过高速扫描仪将每道题目扫描成图片，存入服务器数据库，然后基于 B/S 形式由阅卷教师在阅卷点的浏览器上阅卷，服务器向阅卷端提供图片，所有分数最后进入统分程序，计算机程序根据事先的加密号码自动计算每位考生的分数，完成网上阅卷工作。

请分析高考网上阅卷系统的安全关键点及应该采取的安全控制措施。

5.8 学习目标检验

请对照本章学习目标列表，自行检验达到情况。

	学习目标	达到情况
知识	了解操作系统面临的安全问题以及研究和开发安全操作系统的重要性	
	了解操作系统的安全等级划分	
	了解操作系统的基本安全目标和安全机制	
	了解 Windows 操作系统安全机制	
	了解 Linux 操作系统安全机制	
	了解数据库系统面临的安全威胁以及数据库系统安全研究的重要性	
	了解数据库安全需求	
	了解数据库安全控制措施	
	了解当前数据库安全研究面临的新挑战	
能力	能够进行 Windows 操作系统安全性加固	
	能够进行 Linux 操作系统安全性基准设置	
	能够设计信息系统数据库的安全控制方案	

第6章 网络系统安全

本章知识结构

本章围绕网络的安全问题与安全防护展开。本章知识结构如图 6-1 所示。

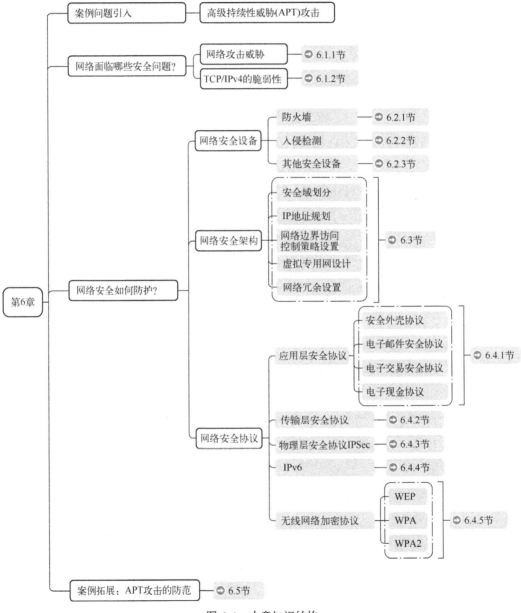

图 6-1 本章知识结构

案例与思考 6：高级持续性威胁（APT）攻击

📹 视频资料 6-1
网络攻击的 3 个层次

【案例 6-1】

随着信息技术的发展，网络空间的斗争越来越激烈。近些年，出现了一种有组织、有特定目标、持续时间极长的新型攻击和威胁，通常称之为高级持续性威胁（Advanced Persistent Threat，APT）攻击，或者称之为"针对特定目标的攻击"。

自 2007 年以来，典型 APT 攻击事件或 APT 组织不断被发现，如图 6-2 所示。

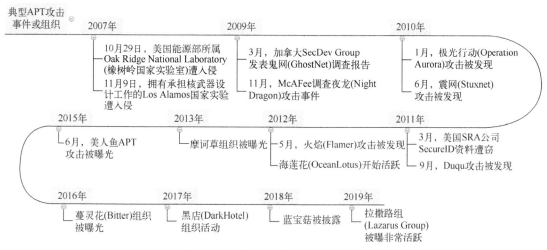

图 6-2　近十多年来的 APT 攻击事件

2010 年 6 月，伊朗布什尔核电站遭到震网（Stuxnet）攻击的事件曝光，第 1 章中案例 1-2 已做介绍。2010 年还发现了针对谷歌的极光行动（Operation Aurora）攻击，谷歌的一名雇员点击了即时消息中的一条恶意链接，引发了一系列事件导致谷歌和其他大约 20 家公司的网络被渗透数月，造成系统数据被窃取。

2012 年 5 月发现的火焰（Flamer）攻击，相对于 Stuxnet 攻击复杂数十倍，被称为有史以来最复杂的恶意软件，而且据猜测其已经潜伏了数年。据报道，遭受 Flamer 攻击的国家包括伊朗（189 个目标）、巴勒斯坦地区（98 个目标）、苏丹（32 个目标）、叙利亚（30 个目标）、黎巴嫩（18 个目标）等。

2012 年，越南背景的黑客组织海莲花（OceanLotus）开始活跃。该组织长期针对中国能源相关行业、海事机构、海域建设部门、科研院所和航运企业等进行网络攻击。其目标还包含全球的政府、军事机构和大型企业，以及其国内的组织和个人。

2013 年，南亚地区某国背景的组织摩诃草（又称白象、Patchwork）被曝光。从 2015 年开始该组织更加活跃，主要针对中国、巴基斯坦等亚洲地区国家的军队、政府机构、科研教育领域进行攻击。相关攻击活动最早可以追溯到 2009 年 11 月。2020 年 2 月 1 日，该组织还使用一个伪装成我国卫生主管部门的域名，并以新冠肺炎为话题，伪造疫情相关文件，对我国医疗工作领域发动 APT 攻击。

2016 年，蔓灵花（Bitter）APT 组织被曝光。该组织长期针对中国、巴基斯坦等国家，攻击政府、电力和军工行业相关单位，以窃取敏感信息为主，具有强烈的政治背景。

2018 年 7 月 5 日，360 安全公司首次对外公开了一个从 2011 年开始持续近 8 年的针对我国政府、军工、科研、金融等重点单位和部门进行网络间谍活动的高级攻击组织——蓝宝菇。

上述的时间只是 APT 攻击事件发生的可能时间，或是 APT 组织最早被发现活动的时间。由于 APT 攻击的隐蔽性，这些时间并不一定是该攻击发生或组织活动的真正时间。而且，一定还有 APT 攻击没有被人们发现。可以说，APT 攻击已经成为近十多年来给各个国家、社会组织及个人造成了重大损失和影响的攻击形式。

【案例 6-1 思考】

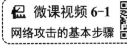
📚 文档资料 6-1
APT 攻击报告

- 什么是 APT 攻击？为什么 APT 攻击会引发人们极大关注？APT 攻击为什么会发生？
- APT 攻击与传统网络黑客攻击有什么不同？
- 网络攻击是如何发生的？我们应如何防范？

【案例 6-1 分析】

APT 攻击给国家、社会、组织及个人造成了重大损失和影响。APT 攻击的出现，表明黑客的攻击不再如以往多是单兵作战且以破坏为目的的，而是向有组织化、攻击手段复杂化、攻击时间长期化、攻击后果严重化等方向发展。因而，对于 APT 攻击的研究具有典型性。

研究 APT 这种新型的攻击形式还是要从传统的网络攻击着手。计算机网络系统可以看成是一个扩大了的计算机系统，在网络操作系统和各层通信协议的支持下，位于不同主机内的操作系统进程可以像在一个单机系统中一样互相通信，只不过通信时延稍大一些而已。因此，在讨论计算机网络安全时，可以参照操作系统安全的有关内容进行讨论。对网络而言，它的安全性与每一个计算机系统的安全问题一样，都与数据的完整性、保密性以及服务的可用性有关。

网络攻击防范是个系统化工程，需要从外在的威胁和网络内在的脆弱性着手，涉及环境设备、系统软件、网络、数据和内容，乃至管理、人员安全教育等方方面面。

接下来，本章针对网络环境下远程的非法访问，从网络安全设备、网络安全架构以及网络安全协议这 3 大方面介绍网络安全防护措施，并基于此给出 APT 攻击防范的思路。

6.1 网络系统的安全问题

本节主要讨论网络面临的攻击威胁以及 TCP/IP 的脆弱性两大问题。

6.1.1 网络攻击威胁

1. 网络攻击的基本步骤

网络攻击者的一次攻击过程通常包括如图 6-3 所示的基本步骤，当然不是必须包括所有这些步骤。下面介绍攻击过程的各个步骤。

（1）隐藏攻击源

在因特网上的主机均有自己的网络地址，因此攻击者在实施攻击活动时的首要步骤是设法隐藏自己所在的网络位置，如 IP 地址和域名，使调查者难以发现真正的攻击来源。

攻击者经常使用如下技术隐藏他们真实的 IP 地址或者域名。

- 利用被侵入的主机（俗称"肉鸡"）作为跳板进行攻击，这样即使

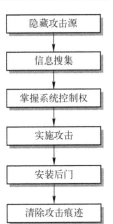

📱 微课视频 6-1
网络攻击的基本步骤

图 6-3　网络攻击步骤

被发现了，也是"肉鸡"的 IP 地址。

- 使用多级代理，这样在被入侵主机上留下的是代理计算机的 IP 地址。
- 伪造 IP 地址。
- 假冒用户账号。

（2）信息搜集

在发起一次攻击之前，攻击者要对目标系统进行信息搜集，一般要完成如下步骤。

- 确定攻击目标。
- 踩点。通过各种途径收集目标系统的相关信息，包括机构的注册资料、公司的性质、网络拓扑结构、邮件地址、网络管理员的个人爱好等。
- 扫描。利用扫描工具在攻击目标的 IP 地址或地址段的主机上，扫描目标系统的软硬件平台类型，提供的服务及应用存在的漏洞等信息。
- 嗅探。利用嗅探工具获取敏感信息，如用户口令等。

攻击者将搜集来的信息进行综合、整理和分析后，能够初步了解一个组织的安全态势，并能够据此拟定出一个攻击方案。

（3）掌握系统控制权

一般账户对目标系统只有有限的访问权限，要达到某些攻击目的，攻击者只有得到系统或管理员权限，才能控制目标主机实施进一步的攻击。

获取系统管理权限的方法通常有系统口令猜测、种植木马、会话劫持等。

（4）实施攻击

不同的攻击者有不同的攻击目的，无外乎是破坏保密性、完整性和可用性等。一般来说，可归结为以下几种。

- 下载、修改或删除敏感信息。
- 攻击其他被信任的主机和网络。
- 使网络或服务瘫痪。
- 其他非法活动。

（5）安装后门

一次成功的入侵通常要耗费攻击者的大量时间与精力，所以精于算计的攻击者在退出系统之前会在系统中安装后门，以保持对已经入侵主机的长期控制。

攻击者设置后门时通常有以下方法。

- 放宽系统许可权。
- 重新开放不安全的服务。
- 修改系统的配置，如系统启动文件、网络服务配置文件等。
- 替换系统本身的共享库文件。
- 安装各种木马，修改系统的源代码。

（6）清除攻击痕迹

一次成功入侵之后，攻击者的活动在被攻击主机上的一些日志文档中通常会有记载，如攻击者的 IP 地址、入侵的时间以及进行的操作等，这样很容易被网络管理员发现。为此，攻击者往往在入侵结束后清除登录日志等攻击痕迹。

攻击者通常采用如下方法清除攻击痕迹。

- 清除或篡改日志文件。

● 改变系统时间，造成日志文件的数据紊乱以迷惑网络管理员。

● 利用代理跳板隐藏真实的攻击者和攻击路径。

2. 网络攻击的常用手段

下面介绍一些具体的攻击手段。

1）伪装攻击。伪装攻击指通过指定路由或伪造地址，攻击者以假冒身份与其他主机进行合法通信或发送假数据包，使受攻击主机出现错误动作，如 IP 欺骗。

2）探测攻击。探测攻击指通过扫描允许连接的服务和开放的端口，迅速发现目标主机端口的分配情况、提供的各项服务和服务程序的版本号，以及系统漏洞情况，并找到有机可乘的服务、端口或漏洞后进行攻击。常见的探测攻击软件有 Nmap、Nessus、Metasploit、Shadow Security Scanner、X-Scan 等。

3）嗅探攻击。嗅探攻击指将网卡设置为混杂模式后，攻击者对以太网上流通的所有数据包进行嗅探，以获取敏感信息。常见的网络嗅探工具有 Wireshark、SnifferPro、Tcpdump 等。

4）解码类攻击。解码类攻击指攻击者用口令猜测程序破解系统用户账号和密码，常见工具有 L0phtCrack、Mimikatz、Cain&Abel 等；还可以破解重要支撑软件的弱口令，例如使用 Apache Tomcat Crack 破解 Tomcat 口令。

5）缓冲区溢出攻击。缓冲区溢出攻击指通过往程序的缓冲区写入超出其长度的内容，造成缓冲区的溢出，从而破坏程序的堆栈，使程序转而执行其他指令。缓冲区攻击的目的在于扰乱某些以特权身份运行的程序的功能，使攻击者获得程序的控制权。

6）欺骗攻击。欺骗攻击指利用 TCP/IP 本身的一些缺陷对 TCP/IP 网络进行攻击，主要方式有 ARP 欺骗、DNS 欺骗、Web 欺骗、电子邮件欺骗等。

7）拒绝服务和分布式拒绝服务攻击。拒绝服务（Denial of Service，DoS）攻击是指通过发送一定数量、一定序列的数据包，使网络服务器中充斥大量要求回复的信息，消耗网络带宽或

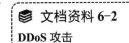

文档资料 6-2
DDoS 攻击

系统资源，导致网络或系统不堪负荷以至于瘫痪、停止正常的网络服务。常见的拒绝服务攻击有 SYN Flooding、Smurf 等。近年来，DoS 攻击有了新的发展，攻击者通过入侵大量有安全漏洞的主机或设备并获取控制权，然后利用所控制的这些大量攻击源，同时向目标机发起拒绝服务攻击，这种攻击称为分布式拒绝服务（Distribute Denial of Service，DDoS）攻击。常见的 DDoS 攻击工具有 Trinoo、TFN、LOIC、HOIC、XOIC 等。

8）Web 脚本入侵。由于使用不同的 Web 网站服务器和开发语言，网站中存在的漏洞也不相同，所以使用 Web 脚本攻击的方式有很多。如黑客可以从网站的文章系统下载系统留言板等部分进行攻击；也可以针对网站后台数据库进行攻击，还可以在网页中写入具有攻击性的代码；甚至可以通过图片进行攻击。Web 脚本攻击的常见方式有注入攻击、上传漏洞攻击、跨站脚本攻击、数据库入侵等。

9）0 day 攻击。0 day（零日）漏洞得名于漏洞发现时补丁存在的天数：零日，就是指已经被发现（有可能未被公开）但官方还没有相关补丁的漏洞。因此，0 day 漏洞的利用对网络安全具有巨大威胁。0 day 漏洞是黑客的最爱，掌握多少 0 day 漏洞也成为评价黑客技术水平的一个重要参数。

10）社会工程学（Social Engineering）攻击。人是安全链条中最薄弱的一个环节。社会工程学就是攻击者利用人的弱点如人的本能反应、好奇心、信任、贪便宜等，进行诸如欺骗等钓鱼攻击，获取自身利益的手法。这类非技术性的手段往往能够有效突破信息安全的许多防御措施。

✍小结

网络攻击手段很多，目前也没有权威的分类。读者也可以参考著名的黑客工具包软件 Kali（当然也可以用于渗透测试进行安全防护）中对攻击工具的分类。其中就包含了上述的扫描探测、嗅探、解码、社会工程学等，如图 6-4 所示。

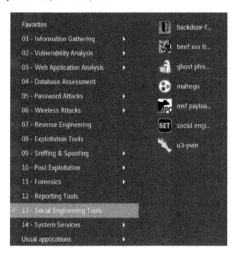

图 6-4　Kali 中的攻击工具分类

📁**拓展知识：网络钓鱼攻击**

网络钓鱼（Phishing）攻击是通过发送欺骗性邮件、短信或是社交网络信息等方式，意图引诱受害人访问恶意网站，打开含有恶意代码的文件，窃取敏感信息（如用户名、口令、账号 ID）的一种社会工程学攻击方式。图 6-5 所示即为社交软件中的网络钓鱼信息。

图 6-5　社交软件中的网络钓鱼信息

鱼叉式钓鱼（Spear Phishing）攻击是一种只针对特定目标的网络钓鱼攻击。其锁定的对象并非一般个人，而是特定公司、组织的成员，其窃取的通常是高度敏感的信息，如商业机密、知识产权等。

水坑攻击（Waterhole Attack）是指黑客通过分析被攻击者的网络活动规律，寻找被攻击者经常访问的网站的弱点，先攻破该网站并植入攻击代码，等待被攻击者来访时实施攻击。这种攻击行为类似《动物世界》纪录片中的一种情节：捕食者埋伏在水里或者水坑周围，等其他动物前来喝水时发起攻击猎取食物。在人们安全意识不断加强的今天，黑客处心积虑地实施的钓鱼攻击常常能被有心人识破，而水坑攻击则利用了被攻击者对网站的信任反而奏效。

3. 网络攻击的发展

案例 6-1 介绍的高级持续性威胁（Advanced Persistent Threat，APT）攻击是当前攻击技术发展的典型代表。

（1）网络攻击发展的背景

📹 微课视频 6-2
APT 攻击

近十几年来，国际政治、经济和军事的对抗随着信息技术和网络的发展而转向网络空间的对抗，移动网络不断普及到全球用户的应用背景，以及传统安全防御体系的固有弱点为 APT 攻击的产生提供了可能。

1）APT 攻击成为国家层面信息对抗的需求。如今，各国的关键部门、重要产业等经济社会领域，正在被互联网联成一体，形成各个国家的"关键性基础设施"。因而，各国都十分看重网络空间的跨国属性和战略价值。国家之间的对抗也由原来的军事对抗转变为信息对抗；国家之间的打击也从传统的物理打击变为如今的数字战场。在这些复杂因素的驱动下，APT 攻击成为国家层面信息对抗的需求。

2）社交网络的广泛应用为 APT 攻击提供了可能。社交网络正在从根本上改变人们办公、交友、生活的方式，它消除了由网络设备形成的有形边界，成为跨越传统网络安全边界的无形通道。社交网络通过广泛存在的社交交友关系，为 APT 攻击搜集信息、持续渗透提供了可能。

3）复杂脆弱的 IT 环境还没有做好应对的准备。传统网络安全防御的整体性一直没有达到应对不断变化的安全威胁的需求。复杂的网络环境、大量有漏洞的应用软件，使得攻击者更加容易找到薄弱环节和安全漏洞，再加上员工普遍使用智能终端和社交应用，为攻击者提供了多种攻击途径。

（2）APT 的定义

2011 年，美国国家标准与技术研究院（NIST）发布了《SP800-39 管理信息安全风险》，其中对 APT 的定义为：攻击者掌握先进的专业知识和有效的资源，通过多种攻击途径（如网络、物理设施和欺骗等），在特定组织的信息技术基础设施建立并转移立足点，以窃取机密信息，破坏或阻碍任务、程序或组织的关键系统，或者驻留在组织的内部网络，进行后续攻击。

我们可以从"A""P""T"三个方面来理解 NIST 对 APT 的定义。

1）A（Advanced），技术高级。攻击者掌握先进的攻击技术，使用多种攻击途径，包括购买或自己挖掘 0 day 漏洞，而一般攻击者却没有能力使用这些资源。而且，攻击过程复杂，攻击持续过程中攻击者能够动态调整攻击方式，从整体上掌控攻击进程。

2）P（Persistent），持续时间长。与传统黑客进行网络攻击的目的不同，实施 APT 攻击的黑客组织通常具有明确的攻击目标和目的，通过长期不断的信息搜集、信息监控、渗透入侵实施攻击步骤，攻击成功后一般还会继续驻留在网络中，等待时机进行后续攻击。

3）T（Threat），威胁性大。APT 攻击通常拥有雄厚的资金支持，由经验丰富的黑客团队发起，一般以破坏国家或大型企业的关键基础设施为目标，窃取内部核心机密信息，危害国家安全和社会稳定。

（3）APT 攻击的一般过程

如图 6-6 所示，APT 攻击的一般过程包括 4 个关键步骤。

1）信息侦查。在入侵之前，攻击者首先会使用技术和社会工程学手段对特定目标进行侦查。侦查内容主要包括两个方面，一是对目标网络用户的信息收集，例如高层领导、系统管理员或者普通职员的员工资料、系统管理制度、系统业务流程和使用情况等关键信息；二是对目标网络脆弱点的信息收集，例如软件版本、开放端口等。随后，攻击者针对目标系统的脆弱点，研究 0 day 漏洞、定制木马程序、制订攻击计划，用于在下一阶段实施精确攻击。

2）持续渗透。利用目标人员的疏忽、不执行安全规范，以及利用系统应用程序、网络服务或主机的漏洞，攻击者使用定制木马等手段不断渗透以潜伏在目标系统中，进一步地在避免用户察觉的条件下取得网络核心设备的控制权。例如，通过 SQL 注入等攻击手段突破面向外网的 Web 服务器，或是通过钓鱼攻击发送欺诈邮件获取内网用户通信录并进一步入侵高管主机，采用发送带漏洞的 Office 文件诱骗用户将正常网址请求重定向至恶意站点。

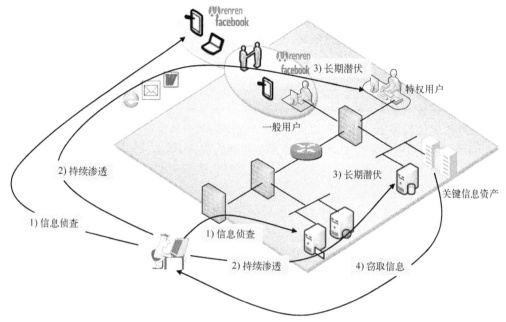

图 6-6　APT 攻击关键步骤

3）长期潜伏。为了获取有价值的信息，攻击者一般会在目标网络长期潜伏，有的达数年之久。潜伏期间，攻击者还会在已控制的主机上安装各种木马、后门，不断提高恶意软件的复杂度，以增强攻击能力并避开安全检测。

4）窃取信息。目前绝大部分 APT 攻击的目的都是窃取目标组织的机密信息。攻击者一般采用 SSL VPN 连接的方式控制内网主机，对于窃取到的机密信息，攻击者通常将其加密存放在特定主机上，再选择合适的时间将其通过隐蔽信道传输到攻击者控制的服务器。由于数据以密文方式存在，APT 程序在获取重要数据后向外部发送时，利用了合法数据的传输通道和加密、压缩方式，管理者难以辨别出其与正常流量的差别。

（4）APT 攻击与传统攻击比较

为了更加清晰地描绘 APT 攻击的特点以及与传统攻击方式的异同，可以从以下 4 点对 APT 攻击和传统攻击做对比，见表 6-1。

● Who，谁在策划这次攻击。

● What，攻击者瞄准了哪些特定组织和信息资产。

● Why，攻击者的目的是什么。

● How，使用了哪些实现技术。

表 6-1　传统攻击与 APT 攻击对比

描述	属　　性	APT 攻击	传统攻击
Who	攻击者	资金充足、有组织、有背景的黑客团队	黑客个人或组织
What	目标对象	国家重要基础设施，重点组织和人物	大范围寻找目标，在线用户
	目标数据	价值很高的电子资产，如知识产权、国家安全数据、商业机密等	信用卡数据、个人信息等
Why	目的	提升国家的战略优势，操纵市场，摧毁关键建设施等	获得经济利益，身份窃取等

描述	属　性	APT 攻击	传统攻击
How	手段	深入调查研究公司员工信息、商业业务和网络拓扑，攻击终端用户和终端设备	传统技术手段，重点攻击安全边界
	工具	针对目标漏洞定制攻击工具	常用扫描工具、木马
	0 day 漏洞使用	普遍	极少
	遇到阻力	构造新的方法或工具	转到其他脆弱机器

通过表 6-1 的比较可以更加清晰地认识 APT 攻击的两个显著特点：

1）目标明确。攻击者一般在攻击之前会有明确的攻击目标，这里的目标主要包括两个方面，一是组织目标，如针对某个特定行业或某国政府的重要基础设施；二是行动目标，例如窃取机密信息或是破坏关键系统。

2）手段多样。攻击者在信息侦查阶段主要采用社会工程学方法，会花较长时间深入调查公司员工、业务流程、网络拓扑等基本信息，通过社交网络收集目标或目标好友的联系方式、行为习惯、业余爱好、计算机配置等基本信息，以及分析目标系统的漏洞；在持续渗透阶段，攻击者会开发相应的漏洞利用工具，尤其是针对 0 day 安全漏洞的利用工具，而针对 0 day 漏洞的攻击是很难防范的；在窃取信息阶段，攻击者会运用先进的隐藏和加密技术，在被控制的主机长期潜伏，并通过隐秘信道向外传输数据，以避免被发现。

【案例 6-2】破坏计算机信息系统案。

2018 年 12 月 25 日，最高人民法院审判委员会发布了指导案例 102 号：付宣豪、黄子超破坏计算机信息系统案。

法院生效裁判认为，根据《中华人民共和国刑法》第二百八十六条的规定，对计算机信息系统功能进行破坏，造成计算机信息系统不能正常运行，后果严重的，构成破坏计算机信息系统罪。本案中，被告人付宣豪、黄子超实施的是流量劫持中

> 📖 **文档资料 6-3**
> 《刑法》第二百八十五、二百八十六条

的“DNS 劫持”。“DNS 劫持”通过修改域名解析，使对特定域名的访问由原 IP 地址转入到篡改后的指定 IP 地址，导致用户无法访问原 IP 地址对应的网站或者访问虚假网站，从而实现窃取资料或者破坏网站原有正常服务的目的。两被告人使用恶意代码修改互联网用户路由器的 DNS 设置，将用户访问“2345.com”等导航网站的流量劫持到其设置的“5w.com”导航网站，并将获取的互联网用户流量出售，显然是对网络用户的计算机信息系统功能进行破坏，造成计算机信息系统不能正常运行，符合破坏计算机信息系统罪的客观行为要件。

根据《最高人民法院、最高人民检察院关于办理危害计算机信息系统安全刑事案件应用法律若干问题的解释》，破坏计算机信息系统，违法所得人民币二万五千元以上或者造成经济损失人民币五万元以上的，应当认定为“后果特别严重”。本案中，两被告人的违法所得达人民币 754762.34 元，属于“后果特别严重”。

综上，被告人付宣豪、黄子超实施的“DNS 劫持”行为系违反国家规定，对计算机信息系统中存储的数据进行修改，后果特别严重，依法应处五年以上有期徒刑。鉴于两被告人在家属的帮助下退缴全部违法所得，未获取、泄露公民个人信息，且均具有自首情节，无前科劣迹，故依法对其减轻处罚并适用缓刑。最终判处两被告犯破坏计算机信息系统罪，判处有期徒刑三年，缓刑三年。

6.1.2 TCP/IPv4 的脆弱性

TCP/IP 协议族可以看作是一组不同层的集合，每一层负责一个具体任务，各层联合工作实现整个网络通信。每一层与其上层或下层都有一个明确定义的接口来具体说明希望处理的数据。一般将 TCP/IP 协议族分为 4 个功能层：应用层、传输层、网络层和网络接口层。这 4 层概括了相对于 OSI 参考模型中的 7 层。TCP/IP 协议层次如图 6-7 所示。

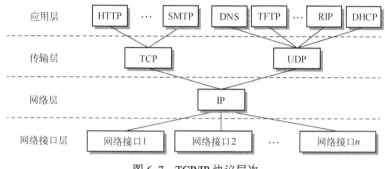

图 6-7　TCP/IP 协议层次

目前广泛使用的 TCP/IPv4 普遍缺少安全机制，这是因为协议设计者主要关注与网络运行和应用相关的技术问题，安全问题考虑甚少。其结果是网络通信问题得到了很好解决，而安全风险却必须通过其他途径来防范和弥补。

> 📚 **文档资料 6-4**
> ARP 协议的安全脆弱性分析

IPv6 简化了 IPv4 中的 IP 头结构，并增加了对安全性的设计，本章将在 6.4.4 节介绍。

【案例 6-3】DNS 隐患与物联网僵尸网络

2016 年 10 月 21 日，美国东海岸地区遭受大面积网络瘫痪，其原因为美国域名解析服务提供商 Dyn 公司当天受到强力的 DDoS 攻击。攻击活动从上午 7:00（美国东部时间）开始，直到 13:00 才得以缓解，期间黑客发动了三次大规模攻击。

Dyn 公司称此次 DDoS 攻击涉及千万级别的 IP 地址，攻击中 UDP/DNS 攻击源 IP 几乎皆为伪造 IP，部分重要的攻击来源于物联网设备。经调查，发现是一个代号为 Mirai（日语：未来）的病毒感染了物联网设备，形成了一个僵尸网络而发起了 DDoS 攻击。

Mirai 病毒是一种通过互联网搜索物联网设备的蠕虫病毒，当它扫描到一个物联网设备（如网络摄像头、智能开关等）后就尝试使用默认密码进行登录（一般为 admin/admin，Mirai 病毒自带 60 个通用密码），一旦登录成功，这台物联网设备就成为"肉鸡"，开始被黑客操控攻击其他网络设备。

此次针对 Dyn 域名服务器的攻击最值得人们关注的是物联网僵尸网络的参与。全球大量的智能设备正不断地接入互联网，其安全脆弱性、封闭性等特点成为黑客争相夺取的资源。

僵尸网络（Botnet）是指攻击者通过多种途径传播，包括恶意邮件、钓鱼网站、感染了恶意软件的盗版软件或者 U 盘，将大量主机感染相同或不同类型的恶意软件（僵尸程序），从而在攻击者和被感染主机（僵尸主机）之间形成可一对多控制的网络（僵尸网络）。僵尸主机能够直接和 C&C（命令和控制）服务器进行通联，僵尸主机之间也能够互相通联，并执行控制者的命令。

之所以用僵尸网络这个名字，是为了更形象地让人们认识到这类危害的特点：众多的计算机在不知不觉中如同古老传说中的僵尸群一样被人驱赶和指挥着，成为被人利用的一种工具。

僵尸网络为 DDoS 攻击提供了所需的带宽和计算机以及管理攻击所需的基础架构。因此，僵尸网络这个术语仅仅是指拥有犯罪意图的非法网络。不过，合法的分布式计算系统其架构原理类似于僵尸网络。

✍小结

在本书第 1 章中已经介绍了计算机信息系统安全防护的基本原则和防护体系，本章介绍运用分层防护的思想应对网络攻击。

可以使用防火墙作为网络安全的第一道防线，防火墙是一种位于网络边界的特殊访问控制设备，用于对不同网络或网络安全域之间的信息进行分隔、分析、过滤和限制，它可以识别并阻挡许多黑客攻击行为。还可以使用入侵检测系统（Intrusion Detection System，IDS）作为安全的一道屏障，IDS 相对于传统意义的防火墙是一种主动防御系统，可以在一定程度上预防和检测来自系统内、外部的入侵。

随着攻击者知识的日趋成熟，攻击工具与手法的日趋复杂多样，安全防护设备也朝着智能、融合、协同防御方向发展，出现了下一代防火墙、入侵防御系统、统一威胁管理等新型物理安全设备可以选用。

围绕安全目标，还应当考虑设计什么样的网络架构将不同安全设备配置、部署和很好地应用起来，例如使用网络地址转换（Network Address Translation，NAT）技术隐蔽内部网络结构；使用虚拟专用网（Virtual Private Network，VPN）技术，使信息在网络中的传输更加安全可靠。

构建的网络安全防御体系还包括采用网络安全协议如 SSL、IPSec，建立公钥基础设施和权限管理基础设施，运用 IPv6 新一代网络安全机制等。本章接下来将围绕上述内容展开。

当然，尽管如此，网络攻击事件的发生仍然很难避免，因此还需要应急响应和灾备恢复，以及安全管理等工作，本书将在第 9 章展开介绍。

📖拓展阅读

读者要想了解更多网络攻击相关的原理与技术，可以阅读以下书籍资料。

[1] 麦克克鲁尔，斯卡姆布智，库尔茨. 黑客大曝光：网络安全机密与解决方案：第 7 版 [M]. 赵军，张云春，陈红松，等译. 北京：清华大学出版社，2013.

[2] 奇安信威胁情报中心. 透视 APT：赛博空间的高级威胁 [M]. 北京：电子工业出版社，2019.

[3] 魏德曼. 渗透测试：完全初学者指南 [M]. 范昊，译. 北京：人民邮电出版社，2019.

[4] 维卢. Kali Linux 高级渗透测试：原书第 2 版 [M]. 蒋溢，等译. 北京：机械工业出版社，2018.

[5] MITNICK，SIMON. 反欺骗的艺术：世界传奇黑客的经历分享 [M]. 潘爱民，译. 北京：清华大学出版社，2014.

[6] 杨义先，钮心忻. 黑客心理学：社会工程学原理 [M]. 北京：电子工业出版社，2019.

[7] 新阅文化. 黑客揭秘与反黑实战：人人都要懂社会工程学 [M]. 北京：人民邮电出版社，2018.

6.2 网络安全设备

本章介绍防火墙、入侵检测以及网络隔离、入侵防御、下一代防火墙、统一威胁管理等网络安全防护设备。

6.2.1 防火墙

1. 防火墙的概念

（1）防火墙的定义

防火墙是设置在不同网络（如可信的企业内部网络和不可信的公共网络）或网络安全域之间的实施访问控制的系统。在逻辑上，防火墙是一个网关，能有效地监控流经防火墙的数据，具有分隔、分析、过滤、限制等功能，保证受保护部分的安全。

防火墙具有以下 3 种基本性质：

- 是不同网络或网络安全域之间信息的唯一出入口。
- 能根据网络安全策略控制（允许、拒绝、监测）出入网络的信息流，且自身具有较强的抗攻击能力。
- 本身不能影响网络信息的流通。

✉ 说明：

本书中的防火墙概念结合以下国家标准给出。

- 《信息安全技术 防火墙技术要求和测试评价方法》（GB/T 20281—2006，目前已作废）给出的防火墙定义是，在不同安全策略的网络或安全域之间实施的系统。
- 《信息安全技术 防火墙安全技术要求和测试评价方法》（GB/T 20281—2015，于 2020 年 11 月 1 日作废）给出的防火墙定义是，部署于不同安全域之间，具备网络层访问控制及过滤功能，并具备应用层协议分析、控制及内容检测等功能，能够适用于 IPv4、IPv6 等不同网络环境的安全网关产品。
- 《信息安全技术 防火墙安全技术要求和测试评价方法》（GB/T 20281—2020）给出的防火墙定义是，对经过的数据流进行解析，并实现访问控制及安全防护功能的网络安全产品。

（2）防火墙的分类

1）按照防火墙产品的形态，可以分为软件防火墙和硬件防火墙。

软件防火墙就像其他的软件产品一样需要在计算机上安装并做好配置才可以发挥作用，一般来说这台计算机就是整个网络的网关，例如 Windows 操作系统自带的软件防火墙和著名安全公司 Check Point 推出的 Zone Alarm Pro 软件防火墙。软件形式的防火墙具有安装灵活，便于升级扩展等优点，缺点是安全性受制于其支撑操作系统平台，性能不高。

☞ 请读者完成本章思考与实践第 30 题，学习使用 Zone Alarm Pro。

目前市场上大多数防火墙产品是硬件防火墙。这类防火墙一般基于 PC 架构，还有的基于特定用途集成电路（Application Specific Integrated Circuit，ASIC）芯片、基于网络处理器（Network Processor，NP）以及基于现场可编程门阵列（Field-Programmable Gate Array，FPGA）芯片。基于专用芯片的防火墙采用专用操作系统，因此防火墙本身的漏洞比较少，而且由于基于专门的硬件平台，因而处理能力强、性能高。图 6-8 所示为派拓网络（Palo Alto Networks）公司的 7000 系列防火墙产品。

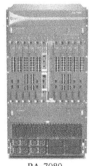

PA-7080   PA-7050

图 6-8 派拓网络公司的 7000 系列防火墙产品

2）根据防火墙的技术特点，通常把防火墙分为包过滤防火墙和应用代理防火墙两大类。在接下来的防火墙技术原理中详细介绍。

3）按防火墙的应用部署位置，可以分为因特网边界防火墙、内部子网边界防火墙和单机防火墙。在接下来的防火墙部署中详细介绍。

4）按防火墙的应用领域，可以分为 Web 应用防火墙、数据库防火墙、工业控制系统防火墙等，在 6.2.3 节介绍。

2．防火墙技术原理

防火墙技术总体来讲可分为包过滤和应用代理两大类型。

（1）包过滤（Packet-filtering）技术

包过滤防火墙工作在网络层和传输层，它根据通过防火墙的每个数据包的源 IP 地址、目标 IP 地址、端口号、协议类型等信息来决定是让该数据包通过还是丢弃，从而达到对进出防火墙的数据进行检测和限制的目的。

包过滤技术在发展中有两个阶段，第一代称为静态包过滤，第二代称为动态包过滤。

1）静态包过滤（Static packet-filtering）技术。它根据定义好的过滤规则审查每个数据包，以便确定其是否与某一条包过滤规则匹配。过滤规则基于数据包的包头信息进行制定。这些规则常称为数据包过滤访问控制列表（ACL）。各个厂商的防火墙产品都有自己的语法用于创建规则。

【例 6-1】 防火墙过滤规则表。

下面使用与厂商无关但可理解的定义语言，给出一个包过滤规则样表，见表 6-2。

表 6-2　一个过滤规则样表

序号	源 IP	目标 IP	协议	源端口	目的端口	标志位	操作
1	内部网络地址	外部网络地址	TCP	任意	80	任意	允许
2	外部网络地址	内部网络地址	TCP	80	>1023	ACK	允许
3	所有	所有	所有	所有	所有	所有	拒绝

表 6-2 包含了以下内容。

● 规则执行顺序。

● 源 IP 地址。

● 目标 IP 地址。

● 协议类型（TCP 包、UDP 包和 ICMP 包）。

● TCP 或 UDP 包的源端口。

● TCP 或 UDP 包的目的端口。

● TCP 包头的标志位（如 ACK）。

● 对数据包的操作。

● 数据流向。

在实际应用中，过滤规则表中还可以包含 TCP 包的序列号、IP 校验和等，如果设备有多个网卡，表中还应该包含网卡名称。

该表中的第 1 条规则允许内部用户向外部 Web 服务器发送数据包，并定向到 80 端口；第 2 条规则允许外部网络向内部的高端口发送 TCP 包，只要 ACK 位置位，且入包的源端口为 80，即允许外部 Web 服务器的应答返回内部网络；最后一条规则拒绝所有数据包，以确保除了先前规则所允许的数据包外，其他所有数据包都被丢弃。

当数据流进入包过滤防火墙后，防火墙检查数据包的相关信息，开始从上至下扫描过滤规则，如果匹配成功则按照规则设定的操作执行，不再匹配后续规则。所以，在访问控制列表中规则的出现顺序至关重要。

访问控制列表的配置有以下两种方式。

- 严策略。接收受信任的 IP 包，拒绝其他所有 IP 包。
- 宽策略。拒绝不受信任的 IP 包，接收其他所有 IP 包。

显然，前者相对保守，但是相对安全。后者仅可以拒绝有限的可能造成安全隐患的 IP 包，网络攻击者可以改变 IP 地址轻松绕过防火墙，导致包过滤技术在实际应用中失效。所以，在实际应用中一般都应采用严策略来设置防火墙规则。表 6-2 中即应用了严策略。

一般地，包过滤防火墙规则中还应该阻止如下几种 IP 包进入内部网。

- 源地址是内部地址的外来数据包。这类数据包很可能是为实行 IP 地址欺骗攻击而设计的，其目的是装扮成内部主机混过防火墙的检查进入内部网。
- 指定中转路由器的数据包。这类数据包很可能是为绕过防火墙而设计的数据包。
- 有效载荷很小的数据包。这类数据包很可能属于碎片攻击，例如，将源端口和目标端口分别放在两个不同的 TCP 包中，使防火墙的过滤规则对这类数据包失效。

除了阻止从外部网送来的恶意数据包外，过滤规则还应阻止某些类型的内部网数据包进入外部网，特别是那些用于建立局域网和提供内部网通信服务的各种协议数据包。

下面通过【例 6-2】说明普通包过滤防火墙的局限性。

【例 6-2】 分析规则表 6-2 存在的问题。

Web 通信涉及客户端和服务器端两个端点，由于服务器将 Web 服务绑定在固定的 80 端口上，但是客户端的端口号是动态分配的，即预先不能确定客户使用哪个端口进行通信，这种情况称为动态端口连接。包过滤处理这种情况只能将客户端动态分配端口的区域全部打开（1024～65535），才能满足正常通信的需要，而不能根据每一连接的情况，开放实际使用的端口。

静态包过滤防火墙不论是对待有连接的 TCP，还是无连接的 UDP，它都以单个数据包为单位进行处理，对网络会话连接的上下文关系不进行分析，因而外网主机可以构造发送符合规则表 6-2 中第 2 条规则的数据包对内网主机进行探测。

2）状态包过滤（Stateful Packet-filtering）技术。状态包过滤也称为动态包过滤（Dynamic Packet-filtering），是一种基于连接的状态检测机制，也就是将属于同一连接的所有包作为一个整体的数据流进行分析，判断其是否属于当前合法连接，从而进行更加严格的访问控制。

包过滤方式的优点是不用改动客户机和主机上的应用程序，因为它工作在网络层和传输层，与应用层无关。但其缺点也是明显的，具体有以下几点。

- 难以实现对应用层服务的过滤。由于防火墙不是数据包的最终接收者，仅仅能够对数据包网络层和传输层信息头等信息进行分析控制，所以难以了解数据包是由哪个应用程序发起。目前的网络攻击和木马程序往往伪装成常用的应用层服务的数据包逃避包过滤防火墙的检查，这也正是包过滤技术难以解决的问题之一。
- 访问控制列表的配置和维护困难。包过滤技术的正确实现依赖于完备的访问控制列表，以及访问控制列表中配置规则的先后顺序。在实际应用中，对于一个大型网络的访问控制列表的配置和维护将变得非常繁杂，而且，即使采用严策略的防火墙规则，也很难避免 IP 地址欺骗的攻击。

- 难以详细了解主机之间的会话关系。包过滤防火墙处于网络边界并根据流经防火墙的数据包进行网络会话分析，生成会话连接状态表。由于包过滤防火墙并非会话连接的发起者，所以对网络会话连接的上下文关系难以详细了解，容易受到欺骗。
- 大多数过滤器中缺少审计和报警机制。只依据包头信息进行过滤，而不对用户身份进行验证，这样很容易遭受欺骗攻击。

（2）应用代理（Application Proxy）技术

采用应用代理技术的防火墙工作在应用层。其特点是通过对每种应用服务编制专门的代理程序，完全"阻隔"了网络通信流，实现监视和控制应用层通信流的作用。

应用代理技术的发展也经历了两个阶段，第一代的应用层网关技术，第二代的自适应代理技术。

1）应用层网关（Application Gateway）技术。采用这类技术的防火墙通过一种代理（Proxy）参与到一个 TCP 连接的全过程。从内部发出的数据包经过这样的防火墙处理后，就好像是源于防火墙外部网卡一样，从而可以达到隐藏内部网结构的作用。

2）自适应代理（Adaptive Proxy）技术。采用这种技术的防火墙有两个基本组件：自适应代理服务器（Adaptive Proxy Server）与动态包过滤器（Dynamic Packet Filter）。在自适应代理服务器与动态包过滤器之间存在一个控制通道。在对防火墙进行配置时，用户仅仅将所需要的服务类型、安全级别等信息通过相应代理的管理界面进行设置就可以了。然后，自适应代理就可以根据用户的配置信息，决定是使用代理服务从应用层代理请求还是从网络层转发包。如果是后者，它将动态地通知包过滤器增减过滤规则，满足用户对速度和安全性的双重要求。

代理类型防火墙的突出优点是安全性高，这是因为：

- 由于它工作于协议的最高层，所以它可以对网络中任何一层数据通信进行保护，而不是像包过滤那样局限于对网络层和传输层数据处理。
- 由于采用代理机制，它可以为每一种应用服务建立一个专门的代理，所以内外部网络之间的通信不是直接的，而都需先经过代理服务器审核，通过后再由代理服务器代为连接，根本没有给内、外部网络计算机任何直接会话的机会，从而避免了入侵者使用数据驱动类型的攻击方式入侵内部网。

代理防火墙的主要缺点是速度相对比较慢。因为防火墙需要为不同的网络服务建立专门的代理服务，在自己的代理程序为内、外部网络用户建立连接时需要时间，所以会给系统性能带来一些影响。

☞小结

以上介绍了防火墙产品中涉及的包过滤以及应用代理两类主要技术。其中，包过滤技术又可分为静态包过滤和动态包过滤（状态包过滤），应用代理技术又可分为应用层网关和自适应代理。这几类防火墙都是向前包容的，基于状态检测的防火墙也有一般包过滤防火墙的功能，而基于应用代理的防火墙也包括包过滤防火墙的功能。

在防火墙产品中还常常涉及网络地址转换、虚拟专用网等其他安全相关功能，将在 6.3.2 节中介绍。

3. 防火墙的部署

有人认为防火墙的部署很简单，只需要把防火墙的 LAN 端口与组织内部的局域网线路连接，把防火墙的 WAN 端口连接到外部网络线路即可。这一观点是不全面的，防火墙的具体部署方法要根据实际的应用需求而定，而不是一成不变的。

（1）典型网络应用结构分析

图 6-9 所示为一个典型的网络应用结构。

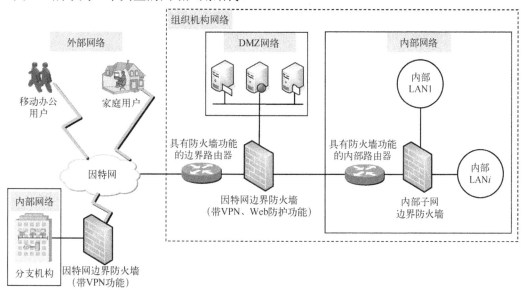

图 6-9　一个典型的网络体系结构及防火墙的部署

在这种应用中，整个网络结构分为 3 个不同的安全区域。

1）外部网络。包括外部因特网用户主机和设备，这个区域为防火墙的非可信网络区域，此边界上设置的防火墙将对外部网络用户发起的通信连接按照防火墙的安全过滤规则进行过滤和审计，不符合条件的不允许连接，起到保护内网的目的。

2）DMZ 网络。DMZ（Demilitarized Zone，隔离区，也称非军事区）网络是设立在外部网络和内部网络之间的小网络区域，是一个非安全系统与安全系统之间的缓冲区。DMZ 中放置一些为因特网公众用户提供某种信息服务而必须公开的服务器，如 Web 服务器、Email 服务器、FTP 服务器、外部 DNS 服务器等。将需要对外部开放特定服务和应用的服务器放置在 DMZ 网络中，既对其提供一定的防护，又确保对其的畅通访问，同时更加有效地保护了内部网络。

3）内部网络。这是防火墙要保护的对象，包括全部的内部网络设备、内网核心服务器及用户主机。要注意的是，内部网络还可能包括不同的安全区域，具有不同等级的安全访问权限。虽然内部网络和 DMZ 区都属于内部网络的一部分，但它们的安全级别（策略）是不同的。对于要保护的大部分内部网络来说，在一般情况下，禁止所有来自因特网用户的访问；而由企业内部网络划分出去的 DMZ 区，因需为因特网应用提供相关的服务，所以在一定程度上没有内部网络限制得那么严格。

（2）防火墙部署方式

对于图 6-9 所示的典型网络体系结构，可以采用 3 种防火墙部署方式：双宿主主机、屏蔽主机、屏蔽子网。这 3 种结构中都涉及一种主机，通常称为堡垒主机（Bastion Host），它起着防火墙的作用。

1）双宿主主机（Dual-Homed）结构。如图 6-10 所示，以一台堡垒主机作为防火墙系统的主体，其中包含两块网卡，分别连接到被保护的内网和外网上。在主机上运行防火墙软件，被保护内网与外网间的通信必须通过堡垒主机，因而可以对内网提供保护。这种结构要求的硬件较少，但堡垒主机本身缺乏保护，容易受到攻击。

2）屏蔽主机（Screened Host）结构。如图 6-11 所示，由一台堡垒主机以及屏蔽路由器（Screened Router）共同构成防火墙系统，屏蔽路由器提供对堡垒主机的安全防护。不过，这种结构中的路由器又处于易受攻击的地位。此外，网络管理员需要协同管理路由器和堡垒主机中的访问控制表，使两者协调执行控制功能。

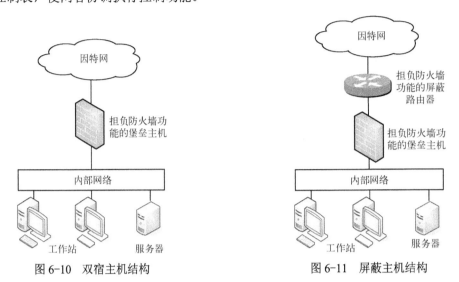

图 6-10　双宿主机结构　　　　　　　　图 6-11　屏蔽主机结构

3）屏蔽子网（Screened Subnet）结构。如图 6-12 所示，这种结构将防火墙的概念扩充至一个由外部和内部屏蔽路由器包围起来的 DMZ 网络，并且将易受攻击的堡垒主机以及组织对外提供服务的 Web 服务器、邮件服务器以及其他公用服务器放在该网络中。

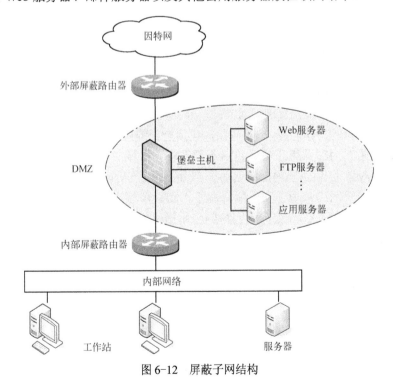

图 6-12　屏蔽子网结构

图 6-12 所示的体系结构中存在 3 道防线。除了堡垒主机的防护以外，外部屏蔽路由器防火

墙用于管理所有外部网络对 DMZ 的访问，它只允许外部系统访问堡垒主机或是 DMZ 中对外开放的服务器，并防范来自外部网络的攻击。内部屏蔽路由器防火墙位于 DMZ 网络和内部网之间，提供第三层防御。它只接受源于堡垒主机的数据包，管理 DMZ 到内部网络的访问。它只允许内部系统访问 DMZ 网络中的堡垒主机或是服务器。

这种防火墙系统的安全性很好，因为来自外部网络将要访问内部网络的流量，必须经过这个由屏蔽路由器和堡垒主机组成的 DMZ 子网络；可信网络内部流向外界的所有流量，也必须首先接收这个子网络的审查。

堡垒主机上运行代理服务，它是一个连接外部非信任网络和可信网络的桥梁。虽然堡垒主机容易受到侵袭，即使万一堡垒主机被控制，如果采用了屏蔽子网体系结构，入侵者仍然不能直接侵袭内部网络，内部网络仍受到内部屏蔽路由器的保护。

☞小结

以上的介绍涉及了 3 种类型的防火墙。

1）因特网边界防火墙。处于外部不可信网络（包括因特网、广域网和其他公司的专用网）与内部可信网络之间，控制来自外部不可信网络对内部可信网络的访问，防范来自外部网络的非法攻击。同时，保证了 DMZ 区服务器的相对安全性和使用便利性。这是目前防火墙的最主要应用。

防火墙的内、外网卡分别连接于内、外部网络，但内部网络和外部网络是从逻辑上完全隔开的。所有来自外部网络的服务请求只能到达防火墙的外部网卡，防火墙对收到的数据包进行分析后将合法的请求通过内部网卡传送给相应的服务主机，对于非法访问加以拒绝。

2）内部子网边界防火墙。处于内部不同可信等级安全域之间，起到隔离内网关键部门、子网或用户的作用。图 6-9 所示的网络体系结构是一个多层次、多结点、多业务的网络，各结点间的信任程度不同。然而可能由于业务的需要，各结点和服务器群之间要频繁地交换数据，这时就要考虑在服务器与其他工作站或者服务器之间加设防火墙以提供保护。通过在服务器群的入口处设置内部防火墙，制定完善的安全策略，可以有效地控制内部网络的访问。

3）单机防火墙。这类防火墙应用于广大的个人用户，通常为软件防火墙，安装于单台主机中，防护的也只是单台主机。

6.2.2 入侵检测系统

微课视频 6-4
网络安全防护——入侵检测

入侵检测相对于传统意义的防火墙是一种主动防御系统，入侵检测作为安全的一道屏障，可以在一定程度上预防和检测来自系统内、外部的入侵。

1. 入侵检测的概念

（1）入侵、入侵检测的定义

国家标准《信息安全技术　网络入侵检测系统技术要求和测试评价方法》（GB/T 20275—2013）给出了入侵和入侵检测的定义。

入侵（Intrusion）是指任何危害或可能危害资源保密性、完整性和可用性的活动。这些活动包括收集漏洞信息、拒绝服务攻击等危害系统的行为，也包括取得超出合法范围的系统控制权等可能危害系统安全的行为。

入侵检测是指，通过对计算机网络或计算机系统中的若干关键点收集信息并对其进行分析，从中发现网络或系统中是否有违反安全策略的行为和被攻击的迹象。

入侵检测的软件与硬件的组合便是入侵检测系统（Intrusion Detection System，IDS）。

（2）入侵检测系统的分类

1）IDS 产品主要是软硬件结合的形态，也有纯软件实现的。除了有基于 PC 架构、主要功能由软件实现的入侵检测系统，还有基于 ASIC、NP 以及 FPGA 架构开发的入侵检测系统。图 6-13 所示为著名的开源入侵检测软件 Snort 官方网站（https://snort.org）。图 6-14 所示为我国启明星辰公司的入侵检测产品——天阗。

图 6-13　Snort 官方网站

图 6-14　天阗入侵检测与管理系统

2）根据检测数据源的不同，IDS 可分为主机型和网络型。

● 主机 IDS（HIDS），通过监视和分析主机的审计记录检测入侵。

● 网络 IDS（NIDS），通过监听所保护网络内的数据包进行分析以检测入侵。

3）根据 IDS 部署的位置，可将 IDS 分为集中式、分布式和分层式。

● 集中式结构。IDS 发展初期，大都采用这种单一的体系结构，所有的工作包括数据的采集、分析，都是由单一主机上的单一程序来完成的。

● 分布式结构。面对规模日益庞大的网络环境，采用多个代理在网络各部分分别进行入侵检测，并且协同处理可能的入侵行为。

● 分层式结构。面对越来越复杂的入侵行为，采用树形分层体系，最底层的代理负责收集所有的基本信息，然后对这些信息进行简单的处理和判断；中间层代理一方面可以接收并处理下层节点处理后的数据，另一方面可以进行较高层次的关联分析、判断和结果输出，并向高层节点进行报告。中间节点的加入减轻了中央控制的负担，增强了系统的伸缩性；最高层节点主要负责在整体上对各级节点进行管理和协调，此外，它还可根据环境的要求动态调整节点层次关系，实现系统的动态配置。

2．入侵检测技术原理

（1）入侵检测系统结构

如图 6-15 所示，一个 IDS 可以分为以下功能组件。

1）事件产生器（Event Generators）：从整个计算环境中获得事件，并向系统的其他部分提供此事件。

2）事件分析器（Event Analyzers）：分析得到的数据，并产生分析结果。

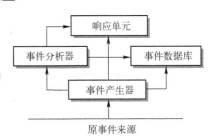

图 6-15　IDS 各组件之间的关系图

3）响应单元（Response Units）：对分析结果做出反应的功能单元，它可以做出切断连接、改变文件属性等强烈反应，也可以只是简单的报警。

4）事件数据库（Event Databases）：是存放各种中间和最终数据的地方的统称，它可以是复杂的数据库，也可以是简单的文本文件。

IDS 需要分析的数据统称为事件，事件可以是网络中的数据包，也可以是从系统日志等其他途径得到的信息。在这个模型中，前三者以程序的形式出现，而最后一个则往往是文件或数据流的形式。以上 4 类组件以通用入侵检测对象（Generalized Intrusion Detection Objects，GIDO）的形式交换数据，而 GIDO 通过一种用通用入侵规范语言（Common Intrusion Specification Language，CISL）定义的标准通用格式来表示。

（2）入侵检测技术

入侵检测系统根据其采用的分析方法可分为异常检测和误用检测。

1）异常检测（Anomaly Detection）。异常检测需要建立目标系统及其用户的正常活动模型，然后基于这个模型对系统和用户的实际活动进行审计，当主体活动违反其统计规律时，则将其视为可疑行为。该技术的关键是异常阈值和特征的选择。其优点是可以发现新型的入侵行为，漏报少；缺点是容易产生误报。

2）误用检测（Misuse Detection）。误用检测假定所有入侵行为和手段（及其变种）都能够表达为一种模式或特征，系统的目标就是检测主体活动是否符合这些模式。误用检测的优点是可以有针对性地建立高效的入侵检测系统，其精确性较高，误报少。主要缺陷是只能发现攻击库中已知的攻击，不能检测未知的入侵，也不能检测已知入侵的变种，因此可能发生漏报，且其复杂性将随着攻击数量的增加而增加。

为了便于读者理解入侵检测技术，下面给出一个简单的基于统计的异常检测模型。

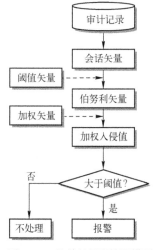

图 6-16 简单的异常检测模型

【例 6-3】 一个简单的异常检测模型。

图 6-16 所示为一个简单的异常检测模型，根据计算机审计记录文件产生代表用户会话行为的会话矢量，然后对这些会话矢量进行分析，计算出会话的异常值，当该值超过阈值便产生警告。

步骤 1：产生会话矢量。根据审计文件中的用户会话（如用户会话包括 login 和 logout 之间的所有行为），产生会话矢量。会话矢量 $X=<x_1,x_2,\cdots,x_n>$ 表示描述单一会话用户行为的各种属性的数量。会话开始于 login，终止于 logout，login 和 logout 次数也作为会话矢量的一部分。可监视 20 多种属性，如工作的时间、创建文件数、阅读文件数、打印页数和 I/O 失败次数等。

步骤 2：产生伯努利矢量。伯努利矢量 $B=<b_1,b_2,\cdots,b_n>$ 是单一 2 值矢量，表示属性的数目是否在正常用户的阈值范围之外。阈值矢量 $T=<t_1,t_2,\cdots,t_n>$ 表示每个属性的范围，其中 t_i 是 $<t_{i,min}, t_{i,max}>$ 形式的元组，代表第 i 个属性的范围。这样阈值矢量实际上构成了一张测量表。算法假设 t_i 服从高斯分布（即正态分布）。

产生伯努利矢量的方法就是用属性 i 的数值 x_i 与测量表中相应的阈值范围比较，当超出范围时，b_i 被置 1，否则 b_i 置 0。产生伯努利矢量的函数可描述为

$$b_i = \begin{cases} 0 & t_{i,min} \leqslant x_i \leqslant t_{i,max} \\ 1 & 其他 \end{cases}$$

步骤 3：产生加权入侵值。加权入侵矢量 $W=<w_1,w_2,\cdots,w_n>$ 中每个 w_i 与检测入侵类型的第 i 个属性的重要性相关。即 w_i 对应第 i 个属性超过阈值 t_i 的情况在整个入侵判定中的重要程度。加权入侵值由下式给出：

$$加权入侵值\ score=\sum_{i=1}^{n}b_i*w_i$$

步骤 4：若加权入侵值大于预设的阈值，则给出报警。

利用该模型设计一防止网站被黑客攻击的预警系统。考虑到一个黑客应该攻击他自己比较感兴趣的网站，因此可以在黑客最易发起攻击的时间段去统计各网页被访问的频率，当某一网页突然间被同一主机访问的频率剧增，那么可以判定该主机对某一网页发生了超乎寻常的兴趣，这时可以给网络管理员一个警报，以使其提高警惕。

借助该模型，可以根据某一时间段的 Web 日志信息产生会话矢量，该矢量描述在特定时间段同一请求主机访问各网页的频率，x_i 说明第 i 个网页被访问的频率；接着根据阈值矢量产生伯努利矢量，此处的阈值矢量定为各网页被访问的正常频率范围；然后计算加权入侵值，加权矢量中的 w_i 与网页需受保护程度相关，即若 $w_i>w_j$，表明网页 i 比网页 j 更需要保护；最后若加权入侵值大于预设的阈值，则给出报警，提醒网络管理员，网页可能将会被破坏。

本例中的简单模型具有一般性，来自不同操作系统的审计记录只需转换格式，就可用此模型进行分析处理。然而，该模型还有很多缺陷和问题，例如：

- 大量审计日志的实时处理问题。尽管审计日志能提供大量信息，但它们可能遭受数据崩溃、修改和删除。并且在许多情况下，只有在发生入侵行为后才产生相应的审计记录，因此该模型在实时监控性能方面较差。
- 检测属性的选择问题。如何选择与入侵判定相关度高的、有限的一些检测属性仍然是目前的研究课题。
- 阈值矢量的设置存在缺陷。由于模型依赖于用户正常行为的规范性，因此用户行为变化越快，误警率也越高。
- 预设入侵阈值的选择问题。如何更加科学地设置入侵阈值，以降低误报率、漏报率仍然是目前的研究课题。

因此，研究人员研究采用机器学习等人工智能新方法。请读者阅读相关资料进一步了解。

3. 入侵检测的部署

与防火墙不同，入侵检测主要是一个监听和分析设备，不需要跨接在任何网络链路上，无须网络流量流经它，便可正常工作。对入侵检测系统的部署，唯一的要求是：应当挂接在所有所关注的流量都必须流经的链路上，即 IDS 采用旁路部署方式接入网络。这些流量通常是指需要进行监视和统计的网络报文。

IDS 和防火墙均具备对方不可代替的功能，因此在很多应用场景中，IDS 与防火墙共存，形成互补。一种简单的 IDS 部署如图 6-17 所示，IDS 旁路部署在因特网接入路由器之后的第一台交换机上。一种 IDS 在典型网络环境中的部署如图 6-18 所示，控制台位于公开网段，它可以监控位于各个内网的检测引擎。

4. 入侵检测的发展

随着网络技术的飞速发展，网络入侵技术也在日新月异地发展，因此入侵检测技术的发展围绕以下几个方向展开。

1）体系架构演变。有必要发展分布式通用入侵检测架构，面向海量数据的高性能检测算法及新的入侵检测体系也成为研究热点。

2）标准化。标准化有利于不同类型 IDS 之间的数据融合及 IDS 与其他安全产品之间的互动。互联网工程任务组（Internet Engineering Task Force，IETF）的入侵检测工作组（IDWG）

已制定了入侵检测消息交换格式（IDMEF）、入侵检测交换协议（IDXP）、入侵报警（IAP）等标准，以适应入侵检测系统之间安全数据交换的需要。

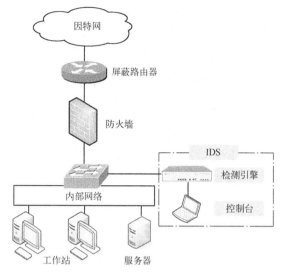

图 6-17　IDS 旁路部署在交换机上

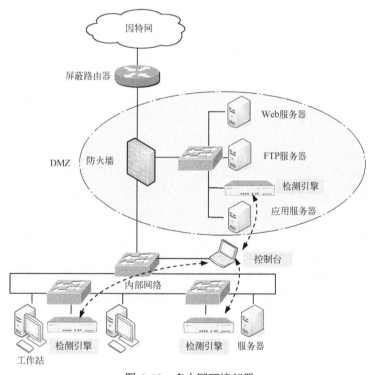

图 6-18　多内网环境部署

3）智能入侵检测。入侵方法越来越多样化与综合化，需要对 IDS 的智能化做进一步的研究以解决其自学习与自适应能力。

4）面向 IPv6 的入侵检测。随着 IPv6 应用范围的扩展，IDS 支持 IPv6 将是一大发展趋势，如开放源代码的免费软件 Snort 就增加了对 IPv6 协议的分析。面向 IPv6 的入侵检测系统主要解决如下问题：

- 大规模网络环境下的入侵检测。由于 IPv6 支持超大规模的网络环境，面向 IPv6 的入侵检测系统要解决大数据量的问题，需要融合分布式体系结构和高性能计算技术。
- 认证和加密情况下的网络监听。IPv6 协议本身支持加密和认证的特点，极大地增加了面向 IPv6 的入侵检测系统监听网络数据包内容的难度。

5）主动防护能力的提高与集成。提高入侵检测系统的主动防护能力，以及与防火墙产品的联动，构建集成式网络安全设备成为趋势，本章将在 6.2.3 节详细介绍。

6.2.3 其他网络安全设备

1. 网络隔离

我国 2000 年 1 月 1 日起实施的《计算机信息系统国际联网保密管理规定》第二章第六条规定：涉及国家秘密的计算机信息系统，不得直接或间接地与国际互联网或其他公共信息网络相联接，必须实行物理隔离。

不需要信息交换的网络隔离（Network Isolation）很容易实现，只需要完全断开，既不通信也不联网就可以了。但需要交换信息的网络隔离技术却不容易，甚至很复杂。本节讨论的是在需要信息交换的情况下实现的网络安全隔离，目标是确保把有害的攻击隔离在可信网络之外，以及在保证可信网络内部信息不外泄的前提下，完成网络之间的数据安全交换。

（1）网络隔离的概念

所谓物理隔离，是指以物理的方式在信息的存储、传导等各个方面阻断不同的安全域，使得安全域之间不存在任何信息重用的可能性。

这里所指的物理隔离并非绝对的物理隔离，而是从物理实体上（可以传导的实体，包括物理线路、物理存储、电磁场等）切断不同安全域之间信息传导途径的技术。我们知道，信息交换的途径包括辐射、网络以及人为方式 3 种，因此一个物理隔离方案的实施，也必须能覆盖这3 条途径。

由此，物理隔离技术应当具备的几个特征包括：

1）网络物理传导隔断保护。不同安全域的网络在物理连接上是完全隔离的，在物理传导上也是断开的，以确保不同级别安全域的信息不能通过网络传输的方式交互。

2）信息物理存储隔断保护。在物理存储上隔断不同安全域网络的数据存储环境，不存在任何公用的存储数据，安全域数据在物理上分开存储。

3）客体重用防护。对于断电后易失信息的存储部件（如内存、处理器缓存等暂存部件）上的数据，在切换安全域的时候需要清除，以防止残留数据进行安全域访问；对于断电后非易失性存储部件（如硬盘、磁带、Flash 等存储部件，光盘、软盘、U 盘等移动存储部件）上不同安全域的数据，通过存储隔离技术进行分开存储，且不能互相访问。

4）电磁信息泄露防护。在物理辐射上隔断内、外网，确保高安全域的信息不会通过电磁辐射或耦合方式泄露到低安全域的环境中或被非授权个人或单位获取。

5）产品本身安全防护。终端隔离的关键技术由硬件产品实现，产品的隔离机制受硬件保护，不受网络攻击的影响。

（2）网络隔离的工作原理

网络隔离技术的基本原理是通过专用物理硬件和安全协议在内网和外网之间架构起安全隔离网墙，使两个系统在空间上物理隔离，同时又能过滤数据交换过程中的病毒、恶意代码等信息，以保证数据信息在可信的网络环境中进行交换、共享，同时还要通过严格的身份认证机制来确保用户获取所需数据信息。

下面介绍两种典型的安全隔离与信息交换技术：协议隔离和网闸。

1）协议隔离（Protocol Isolation）技术。处于不同安全域的网络在物理上是有连线的，通过协议转换的手段，即在所属某一安全域的隔离部件一端，把基于网络的公共协议中的应用数据剥离出来，封装为系统专用协议传递至所属其他安全域的隔离部件另一端，再将专用协议剥离，并封装成需要的格式，以此手段保证受保护信息在逻辑上是隔离的，只有被系统要求传输的、内容受限的信息可以通过。

在内外网络交互信息的过程中，传统的防火墙技术好比过滤水的滤纸。符合安全策略的连接直接通过防火墙，否则被滤掉。过滤后的水仍然可能携带病毒，同样，通过安全策略检查的连接完全可能是一个潜在的攻击。事实上，只要允许连接进入内部网络，攻击者就有攻击内部网络的可能。而在蒸馏方法中，首先打破原水的组成结构，将其转变为水蒸气，然后再冷凝、重构成"可信"的纯净水。协议隔离技术处理进出内外网络连接时就借用了这种思想：对进入内部网络的连接，隔离技术首先将其断开，将连接中的分组分解成应用数据和控制信息（如路由信息），并利用非 TCP/IP 将这些信息打包，发送到内部网络的安全审核区。被打包的信息在发送过程中，将经过一条物理断开的传输通道，如电子交换存储器。在安全审核区，数据内容和控制信息的合法性得到检查。如果通过合法性检查，隔离技术重构原有的连接和分组，将相应的分组通过连接发送到目的地。可以说，协议隔离技术既拥有网络连接中数据交换的优势，又拥有保持内外网络断开的安全优势。

协议隔离技术适合于在内部不同安全域之间传输专用应用协议的数据，如电力专用数据传输、文件传输、数据库数据交换等。

2）网闸（Gap）技术。网闸是位于两个不同安全域之间，通过协议转换的手段，以信息摆渡的方式实现数据交换的网络安全产品，它只可以通过被系统明确要求传输的信息。其信息流一般是通用应用服务。

网闸就像船闸一样有两个物理开关，信息流进入网闸时，前闸合上而后闸断开，网闸连通发送方而断开接收方；待信息存入中间的缓存以后，前闸断开而后闸合上，网闸连通所隔离的两个安全域中的接收方而断开发送方。这样，从网络电子信道这个角度，发送方与接收方不会同时与网闸连通，从而达到在信道上物理隔离的目的。

网闸技术的主要特点是能够通过硬件设备将网闸设备连接的两个网络在物理线路上断开，但又能够让其中一个网络的数据高速地通过网闸设备传送到另一个网络。网闸设备连接在可信网络与不可信网络之间，网闸设备有两组高速电子开关，分别设置在设备的可信网络与不可信网络之间，并且分时通断，使得可信网络与不可信网络之间的任何瞬间既不会有实际的网络通信连接，又可以安全地交换数据。

相比而言，协议隔离部件和网闸最重要的技术区别是：协议隔离部件在物理上是有连线的，存在着逻辑连接；而网闸对内外网数据传输链路进行物理上的时分切换，即内外网络在物理链路上不能同时连通，并且穿越网闸的数据必须以摆渡的方式到达另一安全域。就核心技术而言，协议转换和访问控制是协议隔离部件和网闸有共同的核心技术特征，而信息摆渡技术是网闸独有的核心技术。网闸在两台计算机之间建立的物理连线之上增加了独立的硬件进行隔离，使得从底层突破双机隔离的难度大大增加，这也正是"闸"的意义所在。

网闸作为一种通过专用硬件使两个或者两个以上的网络在不连通的情况下，实现安全数据传输和资源共享的技术与产品被越来越多地应用到网络中来。

（3）网络隔离的发展

使用专用通信硬件和专有交换协议等安全机制来实现网络间的隔离和数据交换，不仅继承了以往隔离技术的优点，并且在网络隔离的同时实现了高效的内外网数据的安全交换，它也能够透明地支持多种网络应用，成为当前隔离技术的发展方向。

2．下一代防火墙

随着网络环境的日益严峻以及用户安全需求的不断增加，下一代防火墙必将集成更多的安全特性，以应对攻击行为和业务流程的新变化。著名市场分析咨询机构 Gartner 于 2009 年发布 *Defining the Next-Generation Firewall* 给出了下一代防火墙（Next-Generation Firewall，NGFW）的定义。NGFW 在功能上至少应当具备以下几个属性：

- 拥有传统防火墙的所有功能。
- 支持与防火墙联动的入侵防御系统。
- 应用层安全控制。
- 智能化联动。

我国公安部第三研究所与深信服、网御星云等国内安全厂商制定了适用于国内网络环境的第二代防火墙标准《信息安全技术 第二代防火墙安全技术要求》（GA/T 1177—2014）。该标准将国际通用说法"下一代防火墙"更名为"第二代防火墙"，从安全功能、安全保证、环境适应性和性能 4 个方面，对第二代防火墙提出了新的要求。应用层控制、Web 攻击防护、信息泄露防护、恶意代码防护和入侵防御是第二代防火墙的几大功能特点。

总之，未来防火墙技术会全面考虑网络的安全、操作系统的安全、应用程序的安全、用户的安全、数据的安全等方面，还将把网络前沿技术，如 Web 页面超高速缓存、虚拟网络和带宽管理等与其自身结合起来。

3．Web 应用防火墙

Web 应用防火墙（Web Application Firewall，WAF）是指部署于 Web 客户端和 Web 服务器之间，根据预先定义的过滤规则和安全防护规则，对 Web 服务器的所有访问请求和 Web 服务器的响应进行协议和内容过滤，实现对 Web 应用的访问控制及安全防护的网络安全产品。

同时 Web 应用防火墙还具有多面性的特点。比如，从网络入侵检测的角度来看可以把 WAF 看成运行在 HTTP 层上的 IDS 设备；从防火墙角度来看，WAF 是防火墙的一种功能模块；还可以把 WAF 看作深度检测防火墙的增强。

4．数据库防火墙

数据库防火墙部署于应用服务器和数据库之间，对流经的数据库访问和响应数据进行解析，实现数据库的访问控制及安全防护的网络安全产品。

数据库防火墙能够主动实时监控、识别、告警、阻挡绕过企业网络边界防护的外部数据攻击、来自于内部的高权限用户（DBA、开发人员、第三方外包服务提供商）的数据窃取和破坏，从数据库 SQL 语句精细化控制的技术层面，提供一种主动安全防御措施，并且结合独立于数据库的安全访问控制规则，帮助用户应对来自内部和外部的数据安全威胁。

与 Web 防火墙不同，数据库防火墙作用在应用服务器和数据库服务器之间，看到的是经过了复杂的业务逻辑处理之后最后生成的完整 SQL 语句，也就是说看到的是攻击的最终表现形态，因此数据库防火墙可以采用比 Web 防火墙更加积极的防御策略。此外，通过 HTTP 服务应用访问数据库只是数据库访问中的一种通道和业务，还有大量的业务访问和 HTTP 无关，这些 HTTP 无关的业务自然就无法依赖 Web 防火墙而需要数据库防火墙来完成。因此，数据库防火墙能够比 Web 防火墙取得更好的防御效果。

5. 入侵防御系统

微课视频 6-5
网络安全防护和检测
技术的发展与融合

传统的安全防御技术对于网络环境下日新月异的攻击手段缺乏主动防御能力。所谓主动防御能力是指系统不仅要具有入侵检测系统的入侵发现能力和防火墙的静态防御能力，还要有针对当前入侵行为动态调整系统安全的策略，阻止入侵和对入侵攻击源进行主动追踪和发现的能力。于是入侵防御系统（Intrusion Prevention System，IPS，也有称作 Intrusion Detection Prevention，即 IDP）作为 IDS 的替代技术诞生了。

IPS 是一种主动的、智能的入侵检测、防范、阻止系统，其设计旨在预先对入侵活动和攻击性网络流量进行拦截，避免其造成任何损失，而不是简单地在恶意流量传送时或传送后才发出警报。它部署在网络的进出口处，当它检测到攻击企图后，它会自动地将攻击包丢掉或采取措施将攻击源阻断。

6. 统一威胁管理

市场分析咨询机构 IDC 这样定义统一威胁管理（Unified Threat Management，UTM）：这是一类集成了常用安全功能的设备，必须包括传统防火墙、网络入侵检测与防护和网关防病毒功能，并且可能会集成其他一些安全或网络特性。所有这些功能不一定要打开，但是这些功能必须集成在一个硬件中。

UTM 可以说是将防火墙、IDS、防病毒和脆弱性评估等技术的优点与自动阻止攻击的功能融为一体。

应当说，UTM 和 NGFW 只是针对不同级别用户的需求，对宏观意义上的防火墙的功能进行了更有针对性的归纳总结，是互为补充的关系。无论从产品与技术发展角度还是市场角度看，NGFW 与 IDC 定义的 UTM 一样，都是不同时间情况下对边缘网关集成多种安全业务的阶段性描述，其出发点就是用户需求变化产生的牵引力。

✎小结

由于网络攻击技术的不确定性，靠单一的产品往往不能够满足不同用户的不同安全需求。信息安全产品的发展趋势是不断地走向融合，走向集中管理。

通过采用协同技术，让网络攻击防御体系更加有效地应对重大网络安全事件，实现多种安全产品的统一管理和协同操作、分析，从而实现对网络攻击行为进行全面、深层次的有效管理，降低安全风险和管理成本，成为网络攻击防护产品发展的一个主要方向。

📖 拓展阅读

读者要想了解更多防火墙、入侵检测系统等网络安全设备相关的原理与技术，可以阅读以下书籍资料。

[1] 徐慧洋，白杰，卢宏旺. 华为防火墙技术漫谈 [M]. 北京：人民邮电出版社，2015.

[2] 陈波，于泠. 防火墙技术与应用 [M]. 北京：机械工业出版社，2015.

[3] 苏哈林. Linux 防火墙：第 4 版[M]. 王文烨，译. 北京：人民邮电出版社，2016.

[4] 张艳，俞优，沈亮，等. 防火墙产品原理与应用 [M]. 北京：电子工业出版社，2016.

[5] 薛静锋，祝烈煌. 入侵检测技术 [M]. 2 版. 北京：人民邮电出版社，2016.

[6] 顾健，沈亮. 高性能入侵检测系统产品原理与应用 [M]. 北京：电子工业出版社，2017.

[7] 顾建新. 下一代互联网入侵防御产品原理与应用 [M]. 北京：电子工业出版社，2017.

[8] 张艳，沈亮，陆臻等. 下一代安全隔离与信息交换产品原理与应用 [M]. 北京：电子
    工业出版社，2017.

[9] 武春岭. 信息安全产品配置与应用 [M]. 北京：电子工业出版社，2017.

6.3 网络架构安全

本节首先介绍网络架构安全的含义，然后介绍网络架构安全设计，包括安全域的划分、IP 地址规划（NAT）、网络边界访问控制策略设置、虚拟专用网（VPN）设计、网络冗余配置等内容。

6.3.1 网络架构安全的含义

网络架构是指对由计算机软硬件、互联设备等构成的网络结构和部署，用以确保可靠的信息传输，满足业务需要。网络架构设计是为了实现不同物理位置的计算机网络的互通，将网络中的计算机平台、应用软件、网络软件、互联设备等网络元素有机地连接在一起，使网络能满足用户的需要。一般网络架构的设计以满足企业业务需要，实现高性能、高可靠、稳定安全、易扩展、易管理维护的网络为衡量标准。

网络架构安全是指在进行网络信息系统规划和建设时，依据用户的具体安全需求，利用各种安全技术，部署不同的安全设备，通过不同的安全机制、安全配置、安全部署，规划和设计相应的网络架构。

一般地，网络架构安全设计需要考虑以下问题。

1）合理划分网络安全区域。按照不同区域的不同功能和安全要求，将网络划分为不同的安全域，以便实施不同的安全策略。

2）规划网络 IP 地址，制定网络 IP 地址分配策略，制定网络设备的路由和交换策略。IP 地址规划可根据具体情况采取静态分配地址、动态分配地址、NAT 等，路由和交换策略在相应的主干路由器、核心交换以及共享交换设备上进行。

3）在网络边界部署安全设备，设计设备的具体部署位置和控制措施，维护网络安全。首先，明确网络安全防护策略，规划、部署网络数据流检测和控制的安全设备，具体可根据用户需求部署 IDS、入侵防御系统、网络防病毒系统、防 DoS 系统等。其次，还应部署网络安全审计系统，制定网络和系统审计安全策略，具体措施包括设置操作系统日志及审计措施，设计应用程序日志及审计措施等。

4）规划网络远程接入安全，保障远程用户安全地接入到网络中。具体可设计远程安全接入系统、部署 IPSec、SSL VPN 等安全通信设备。

5）采用入侵容忍技术。设计网络线路和网络重要设备冗余措施，制定网络系统和数据的备份策略，具体措施包括设计网络冗余线路、部署网络冗余路由和交换设备、部署负载均衡系统、部署系统和数据备份等。

6.3.2 网络架构安全设计

1. 安全域划分

（1）安全域的概念

安全域是由一组具有相同安全保护需求并相互信任的系统组成的逻辑区域。每一个逻辑区域有相同的安全保护需求，具有相同的安全访问控制和边界控制策略，区域间具有相互信任关系，

而且相同的网络安全域共享同样的安全策略。安全域划分的目的是把一个大规模复杂系统的安全问题，化解为小区域的安全保护问题，它是实现大规模复杂信息系统安全保护的有效方法。

对信息系统安全域（保护对象）的划分应主要考虑如下因素。

1）业务和功能特性。要考虑业务系统逻辑和应用关联性，业务系统是否需要对外连接。

2）安全性要求。要考虑安全要求的相似性，可用性、保密性和完整性的要求是否类似；威胁相似性，威胁来源、威胁方式和强度是否类似；资产价值相近性，重要与非重要资产要区分。

3）现有状况。分析现有网络结构的状况，包括现有网络结构、地域和机房等；分析现有的机构部门的职责划分。

进行安全域的划分，制定资产划分的规则，将信息资产归入不同安全域中，使每个安全域内部都有基本相同的安全特性，如安全级别、安全威胁、安全弱点及风险等，在此安全域的基础上就可以确定该区域的信息系统安全保护等级和防护手段，从而对同一安全域内的资产实施统一的保护。安全域是基于网络和系统进行安全检查和评估的基础，也是组织的网络对抗渗透的有效防护方式，安全域边界是灾难发生时的抑制点。

（2）安全域的划分

一般可以把网络划分为 4 个部分：本地网络、远程网络、公共网络和伙伴访问网络。例如，一个大型企业的网络的安全域通常可以细分为核心局域网安全域、部门网络安全域、分支机构网络安全域、异地备灾中心安全域、互联网门户网站安全域、通信线路运营商广域网安全域等。其中，核心局域网又可以划分为中心服务器子区、数据存储子区、托管服务子区、核心网络设备子区、线路设备子区等多个子区域。

（3）虚拟局域网（VLAN）设计

虚拟局域网（Virtual Local Area Network，VLAN）是一种划分互相隔离子网的技术，通过将网内设备逻辑地划分成一个个网段，从而实现虚拟工作组。VLAN 技术已成为大大提高网络运转效率、提供最大限度的可配置性而普遍采用的成熟的技术。更为重要的是，VLAN 也为网络提供了一定程度的安全性保证。

通过 VLAN 隔离技术，可以把一个网络中众多的网络设备分成若干个虚拟的工作组，组和组之间的网络设备相互隔离，形成不同的区域，将广播流量限制在不同的广播域。由于 VLAN 技术是基于第二层和第三层协议之间的隔离，可以将不同的网络用户与网络资源进行分组，并通过支持 VLAN 技术的交换机隔离不同组内网络设备间的数据交换，可以达到网络安全的目的。该方式允许同一 VLAN 上的用户互相通信，而处于不同 VLAN 上的用户在数据链路层上是断开的，只能通过第三层路由器才能访问。

在同一个 VLAN 中的用户，不论它们实际与哪个交换机连接，它们之间的通信就好像在独立的交换机上一样。同一个 VLAN 中的广播只有该 VLAN 中的成员才能听到，如果没有路由，不同 VLAN 之间不能相互通信，这样增加了公司网络中不同部门之间的安全性。

2. IP 地址规划

IP 地址用来标识不同的网络、子网以及网络中的主机。所谓 IP 地址规划，是指根据 IP 编址特点，为所设计的网络中的节点、网络设备分配合适的 IP 地址。

IP 地址规划要和网络层次规划、路由协议规划、流量规划等结合起来考虑。IP 地址的规划应尽可能和网络层次相对应。一般地，IP 地址规划采用自顶向下的方法，先把整个网络根据地域、设备分布、服务分布及区域内用户数量划分为几个大区域，每个大区域又可以分为多个子区域，每个子区域从它的上一级区域里获取 IP 地址段。采用结构化网络分层寻址模型，地址是有意义的、分层的、容易规划的，有利于地址的管理和故障检测，容易实现网络优化和加强系统的安全性。

IP 地址分配一般包括静态分配地址、动态分配地址以及 NAT 分配地址等方式。

1）静态分配地址。静态分配地址就是给网络中每台计算机、网络设备分配一个固定的、静态不变的 IP 地址。这种分配方案对可分配的 IP 地址数量要求较高，可能造成网络 IP 地址不够分配或短期内不够用的情况。所以，只有在可分配的 IP 地址数量远大于网络中计算机和网络设备对 IP 地址的需求时才采用。但是，对于某些提供网络服务的设备，如 Web 服务器、邮件服务器、FTP 服务器等，最好还是为其分配静态 IP 地址。

2）动态分配地址。动态分配地址是指在计算机连接到网络时，每次为其临时分配一个 IP 地址。在一个网络中，当拥有的网络地址数量不够多，或普通终端计算机没有必要分配静态 IP 地址时，可以采用这种地址分配方式。

3）NAT 分配地址。网络地址转换（Network Address Translation，NAT）是一种将私有 IP 地址映射到公网 IP 地址的方案。NAT 技术一方面减缓了 IPv4 中 IP 地址短缺的问题，另一方面，可以隐蔽内部网络结构，因而在一定程度上降低了内部网络被攻击的可能性，提高了私有网络的安全性。同时，NAT 技术还可以实现网络负载均衡、网络地址交叠等功能。

NAT 技术根据实现方法的不同，通常可以分为以下两种。

- 静态 NAT。这类 NAT 是为了在内网地址和公网地址间建立一对一映射而设计的。静态 NAT 需要内网中的每台主机都拥有一个真实的公网 IP 地址，NAT 网关依赖于指定的内网地址到公网地址之间的映射关系来运行。

- 动态 NAT。动态 NAT 可以实现将一个内网 IP 地址动态映射为公网 IP 地址池中的一个地址，不必像使用静态 NAT 那样，进行一对一的映射。动态 NAT 的映射表对网络管理员和用户透明。这类 NAT 包括端口地址转换（Port Address Translation，PAT）技术，可以把内部 IP 地址映射到公网一个 IP 地址的不同端口上。

3. 网络边界访问控制策略设置

把不同安全级别的网络相连接，就产生了网络边界，为了防止来自网络外界的入侵，就需要在网络边界上建立可靠的安全防御措施。

网络边界安全访问总体策略为：允许高级别的安全域访问低级别的安全域，限制低级别的安全域访问高级别的安全域，不同安全域内部分区进行安全防护，做到安全可控。边界可能包括以下一些部件：路由器、防火墙、IDS、VPN 设备、防病毒网关等。上述部件和技术的不同组合，可以构成不同级别的边界防护机制。

下面给出一些常见的配置模式以供参考，如图 6-19 所示。

1）基本安全防护。基本安全防护采用常规的边界防护机制，如登录、连接控制等，实现基本的信息系统边界安全防护，可以使用路由器或者三层交换机来实现。

2）较严格安全防护。采用较严的安全防护机制，如较严格的登录、连接控制，普通功能的防火墙、防病毒网关、入侵防御系统、信息过滤、边界完整性检查等。

图 6-19 边界分层访问控制策略

3）严格安全防护。随着当前信息安全对抗技术的发展，需要采用严格的安全防护机制，如严格的登录、连接机制，高安全功能的防火墙、防病毒网关、入侵防御系统、信息过滤、边界完整性检查等。

4）特别安全防护。采用当前较为先进的边界防护技术，必要时可以采用物理隔离安全机制，实现特别的安全要求的边界安全防护。

4．虚拟专用网设计

作为一种网络互连方式和一种将远程用户连接到网络的方法，虚拟专用网（Virtual Private Network，VPN）一直在快速发展。

（1）VPN 的概念

国家标准《信息技术 安全技术 IT 网络安全 第 5 部分：使用虚拟专用网的跨网通信安全保护》（GB/T 25068.5—2010/ISO/IEC 18028—5：2006）中给出了 VPN 的定义，VPN 提供一种在现有网络或点对点连接上建立一至多条安全数据信道的机制。它只分配给受限的用户组独占使用，并能在需要时动态地建立和撤销。主机网络可为专用的或公共的。

（2）VPN 的两种连接方式

VPN 是利用因特网扩展内部网络的一项非常有用的技术，它利用现有的因特网接入，只需稍加配置就能实现远程用户对内网的安全访问或是两个私有网络的相互安全访问。

1）端到点的 VPN 接入。图 6-20 中所示的远程用户（移动办公用户、家庭用户）可以通过因特网建立到组织内部网络的 VPN 连接，远程用户建立到远程访问服务器的 VPN 拨号后，会得到一个内网的 IP 地址，这样该用户可以像在内网中一样访问组织内部的主机。

2）点到点的 VPN 接入。图 6-20 中的分支机构如果不能通过专线连接组织内网，也可以利用 VPN 技术，通过一条跨越不安全的公网来连接两个端点的安全数据通道。

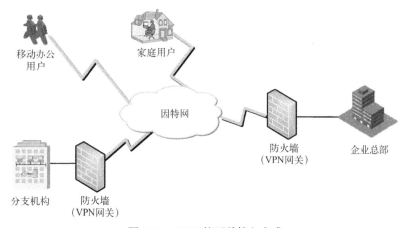

图 6-20 VPN 的两种接入方式

（3）VPN 的功能

VPN 可以帮助远程用户（尤其是移动用户）、组织分支机构、商业伙伴等和组织内部网络建立可信的安全连接，并保证数据传输的安全。实现的安全功能如下：

- 数据加密，保证通过公共网络传输的数据即使被他人截获也不至于泄露信息。
- 信息认证和身份认证，保证信息来源的真实性和合法性，以及信息的完整性。
- 访问控制，不同的用户应该分别具有不同的访问权限。

VPN 利用了现有的因特网环境，有利于降低建立远程安全网络连接的成本，同时也将简化网络的设计和管理的复杂度与难度，利于网络的扩展。

（4）VPN 的隧道技术和相关协议

VPN 的实质是在共享网络环境下建立的安全"隧道"（Tunnel）连接，数据可以在"隧道"

中传输。隧道是利用一种协议来封装传输另外一种协议的技术。简单而言就是：原始数据报文在 A 地进行封装，到达 B 地后把封装去掉还原成原始数据报文，这样就形成了一条由 A 到 B 的通信"隧道"。隧道技术的标准化表现形式就是隧道协议。

不同隧道协议的区别主要在于用户数据在网络协议栈的第几层被封装，因此从低层到高层就有了工作在 OSI 模型第二层（数据链路层）的 PPTP（Point-to-Point Tunneling Protocol，点到点隧道协议）和 L2TP（Layer 2 Tunneling Protocol，二层隧道协议），介于第二层与第三层（网络层）之间的 MPLS（Multi-Protocol Label Switching，多协议标签交换），工作在第三层的 IPSec（Internet Protocol Security，IP 安全协议）和工作在传输层与应用层之间的 SSL（Security Socket Layer，安全套接层协议）等 VPN 不同实现形式。

IPSec VPN 和 SSL VPN 与上述几种 VPN 实现方式相比具有很好的安全性，将在 6.4.3 中介绍。

【案例 6-4】 VPN 用不好是违法的。

根据广东公安执法信息公开平台显示，广东公共信息网络安全监察大队开出的 2019 年第一张行政处罚决定书（见图 6-21），是对韶关市一网民"擅自建立、使用非法定信道进行国际联网"而"处以警告并处罚款壹仟元"。处罚依据是 1996 年《中华人民共和国计算机信息网络国际联网管理暂行规定》的第六条、第十四条。

图 6-21　行政处罚决定书

第六条规定：计算机信息网络直接进行国际联网，必须使用国家公用电信网提供的国际出入口信道。任何单位和个人不得自行建立或者使用其他信道进行国际联网。

第十四条规定：由公安机关责令停止联网，给予警告，可以并处 15000 元以下的罚款；有违法所得的，没收违法所得。

2017 年，工业和信息化部下发了《工业和信息化部关于清理规范互联网网络接入服务市场的通知》，在全国范围内对互联网网络接入服务市场开展清理规范工作。通知规定：未经电信主管部门批准，不得自行建立或租用专线（含虚拟专用网（VPN））等其他信道开展跨境经营活动。

2017 年 6 月 1 日起施行的《中华人民共和国网络安全法》第二十七条、第六十三条等规定，应依法查处研发、销售、推广"翻墙"工具的违法行为。

5. 网络冗余配置

在 5.5.3 节介绍过的入侵容忍技术用于保护数据库的可用性。该技术同样可以用来保证网络的可用性。例如，冗余的网络连接可以确保在主线路出现故障时有备用的链路可用，从而确保业务的正常运转。

一个和互联网（或外部网络）有连接的组织网络在考虑网络冗余配置时，应当从以下几个方面着手。

1）接入互联网时，同时采用不同电信运营商线路，相互备份且互不影响。

2）核心层、汇聚层的设备和重要的接入层设备均应双机热备，例如，核心交换机、服务器群接入交换机、重要业务管理终端接入交换机、核心路由器、防火墙、均衡负载器、带宽管理器及其他相关重要设备。

3）保证网络带宽和网络设备的业务处理能力具备冗余空间，满足业务高峰期和业务发展需要。

6.4 网络安全协议

互联网通信主要是在 TCP/IP 通信协议的基础上建立起来的。数据从应用层开始，每经过一层都被封装进一个新的数据包。这就好比将信件先装入一个小信封，再逐层装入一个更大的新信封、邮包、邮车内，信封、邮包、邮车上都附有具体的传送信息。在 TCP/IP 体系中，应用层数据经过网络层、传输层和网络接口层后分别装入 TCP/UDP 包、IP 包和帧。每个数据包都有头部和载荷，而帧除了头部和载荷外，还可能有尾部。数据包的头部提供传送和处理信息。TCP/UDP 包的载荷是应用层的数据，IP 包的载荷是 TCP/UDP 包，而帧的载荷是 IP 包，帧最后经网络媒体传输出去。所以，在网络的不同层次中置放密码算法，所得到的效果是不一样的。本节着重分析在应用层、传输层和网络层进行加密的协议。

6.4.1 应用层安全协议

应用层有各种各样的安全协议，常用的应用层安全协议包括 Kerberos 身份认证协议、安全外壳协议（SSH）、多用途互联网邮件扩充安全协议（S/MIME）、电子交易安全协议（SET）和电子现金协议（eCash）。Kerberos 协议已在第 4 章中介绍，本节介绍其他应用层安全协议。

（1）安全外壳协议（SSH）

安全外壳协议（Secure Shell，SSH）是用密码算法提供安全可靠的远程登录、文件传输和远程复制等网络服务提供安全性的协议。这些网络服务由于以明文形式传输数据，故窃听者用网络嗅探软件（如 TCPdump 和 Wireshark）便可轻而易举地获知其传输的通信内容。利用 SSH 可以有效防止远程管理过程中的信息泄露问题。

SSH 只是一种协议，存在多种实现，既有商业实现，也有开源实现（如 OpenSSH）。SSH 应用程序由服务器端和客户端组成。服务器端是一个守护进程（Daemon），在后台运行并响应来自客户端的连接请求。服务器端提供了对远程连接的处理，一般包括公共密钥认证、密钥交换、对称密钥加密和安全连接。客户端包含 ssh 程序以及 scp（远程复制）、slogin（远程登录）、sftp（安全文件传输）等其他的应用程序。工作机制大致是，本地的客户端发送一个连接请求到远程的服务器端，服务器端检查申请的数据包和 IP 地址再发送密钥给 SSH 的客户端，本地再将密钥发回给服务器端，自此连接建立。

（2）电子邮件安全协议

传统的电子邮件是通过明文在网上传播的，它就像明信片一样从一台服务器传送到另一台服务器，在传送过程中很可能被读取、截获或者篡改；发信人还可以很方便地伪造身份发送邮件。这使得一些重要的信息不能通过电子邮件发送。电子邮件的安全已经成为亟待解决的问题。安全电子邮件系统通常有以下几个要求：保密性、完整性、可认证性、不可否认性和不可抵赖性。针对这种情况，业界提出了不同的安全电子邮件协议：S/MIME、Open PGP 等。

1）S/MIME。多用途互联网邮件扩充安全协议（Secure Multipurpose Internet Mail Extensions，S/MIME）由 RSA 实验室于 1996 年开发。S/MIME 提供的安全功能包括加解密数据、数字签名、净签名数据（允许与 S/MIME 不兼容的阅读器也能够阅读原始数据，但不能验证签名）。许多流行的电子邮件程序内建了基于 S/MIME 的加密算法，这些程序包括微软 Outlook 和 Lotus Notes 等。

2）OpenPGP。OpenPGP 源于 PGP（Pretty Good Privacy，相当好的私密性），是使用公钥加密算法加密邮件的一个非私有协议，是一种近年来得到广泛使用的端到端的安全邮件标准（RFC4880）。OpenPGP 定义了对信息的加解密、数字签名等安全保密服务。商业软件 PGP 和开源软件 GnuPG（GPG）是符合 OpenPGP 标准的两个软件。PGP 可以通过插件在许多电子邮件程序中使用。在功能上，GPG 完全兼容 PGP 且比 PGP 具有更强的功能，且 GPG 完全免费。

（3）电子交易安全协议（SET）

电子商务在提供机遇和便利的同时，也面临着一个最大的挑战，即交易的安全问题。在网上购物的环境中，持卡人希望在交易中保密自己的账户信息，使之不被人盗用；商家则希望客户的订单不可抵赖，并且，在交易过程中，交易各方都希望验明其他方的身份，以防止被欺骗。针对这种情况，由美国 Visa 和 MasterCard 两大信用卡组织联合国际上多家科技机构，共同制定了应用于因特网上的以银行卡为基础进行在线交易的安全标准，这就是安全电子交易（Secure Electronic Transaction，SET）。

SET 协议采用公钥密码体制和 X.509 数字证书标准，是 PKI 框架下的一个典型实现，主要应用于 B2C 模式中保障支付信息的安全性。SET 提供了消费者、商家和银行之间的认证，确保了交易数据的安全性、完整可靠性和交易的不可否认性，特别是具有保证不将消费者银行卡号暴露给商家等优点。2012 年，SET 成为公认的信用卡/借记卡的网上交易的国际安全标准。

（4）电子现金（eCash）协议

使用信用卡付款会暴露付款人的身份，这是与用现金付款的主要差别。无论现金以何种方式出现，匿名性是现金的一个最大属性：现金可被任何人拥有，且不会暴露现金持有人的身份。此外，现金可以流通，当现金从一个人手里转到另一个人手里时，从现金本身并不能查出它曾被谁拥有过。现金还可以分割（找）成面额更小的现金。

电子现金（Electronic Cash，eCash）协议是一种非常重要的电子支付系统。电子现金，又称为电子货币（E-money）或数字货币（Digital Cash），是由银行发行的具有一定面额的电子字据，它可以被看作是现实货币的数字模拟，电子现金以数字信息形式存在，通过互联网流通，它比现实货币更加方便，并利用盲签名技术可以完全保护用户的隐私权。电子现金的任何持有人都可以从发行电子现金的银行中将其兑现成与其面额等价的现金。

当前的比特币属于一种电子现金系统，它与电子现金系统的区别在于，比特币真正地实现了"点对点"，即不需要依赖于第三方。

6.4.2 传输层安全协议

传统的安全体系一般都建立在应用层上。这些安全体系虽然具有一定的可行性，但也存在着巨大的安全隐患。因为 IP 包本身不具备任何安全特性，很容易被修改、伪造、查看和重播。

在传输层上实现数据的安全传输是另一种安全解决方案。

1. 传输层安全协议的基本概念

传输层安全协议通常指的是安全套接层协议（Security Socket Layer，SSL）和传输层安全协议（Transport Layer Security，TLS）两个协议。SSL 是美国网景（Netscape）公司于 1994 年设计开发的传输层安全协议，用于保护 Web 通信和电子交易的安全。IETF 对 SSL 3.0 进行了标准化，并添加了少数机制，命名为 TLS 1.0，2018 年 8 月发布了 TLS 1.3（RFC 8446）。

SSL 是介于应用层和可靠的传输层协议之间的安全通信协议。其主要功能是当两个应用层相互通信时，为传送的信息提供保密性、可认证性（真实性）和完整性。SSL 的优势在于它是与应用层协议独立无关的，因而高层的应用层协议（如 HTTP、FTP、Telnet）能透明地建立于 SSL 协议之上。

SSL/TLS 已经得到了业界广泛认可，当前流行的客户端软件、绝大多数的服务器应用以及证书授权机构等都支持 SSL。

2. SSL 使用的安全机制以及提供的安全服务

SSL 提供 3 种基本的安全服务：

1）保密性。SSL 提供一个安全的"握手"来初始化 TCP/IP 连接，完成客户机和服务器之间关于安全等级、密码算法、通信密钥的协商，以及执行对连接端身份的认证工作。在此之后，SSL 连接上所有传送的应用层协议数据都会被加密，从而保证通信的机密性。

2）可认证性。实体的身份能够用公钥密码（例如 RSA、DSS 等）进行认证。SSL 服务器和 SSL 客户端用户可以互相确认身份。

3）完整性。消息传输包括利用安全哈希函数产生的带密钥的消息认证码（Message Authentication Code，MAC）。

3. SSL 内容

下面基于 SSL 3.0 介绍 SSL 的主要结构。SSL 主要包括 SSL 记录协议（SSL Record Protocol）、SSL 握手协议（SSL Handshake Protocol）、SSL 修改密码规格协议、SSL 报警协议等。

SSL 记录协议的作用是在客户端和服务器之间传输应用数据和 SSL 控制信息，可能情况下在使用底层可靠的传输协议传输之前，还进行数据的分段或重组、数据压缩、附以数字签名和加密处理。

SSL 握手协议是 SSL 各子协议中最复杂的协议，它提供客户端和服务器认证并允许双方商定使用哪一组密码算法。SSL 握手过程完成后，建立起了一个安全的连接，客户端和服务器可以安全地交换应用层数据。

SSL 修改密码规格协议允许通信双方在通信过程中更换密码算法或参数。

SSL 报警协议是管理协议，通知对方可能出现的问题。

【例 6-4】 HTTPS 协议应用。

（1）HTTPS 应用

SSL 应用于 HTTP 协议形成了 HTTPS 协议，HTTPS 为正常的 HTTP 包封装了一层 SSL。SSL 也常应用于 VPN，这将在下一节中介绍。

例如，如图 6-22 所示，在 Firefox 浏览器中登录支付宝网站进行网上交易时，网站采用了 SSL/TLS 协议，可以确保在浏览器和支付宝网站服务器之间通信的机密性、完整性和真实性等安全需求。首先，可以看到地址栏写的是"https://"。其次，浏览器的地址栏中会显示一把小锁，单击这把小锁，能看到关于 HTTPS 的信息，如图 6-23 所示，其中"技术细节"显示网页使用了加密技术防止窃听用户和对方服务器的交易信息。

通常用户若要在网上传输敏感信息，例如登录邮箱、网上银行、网上购物等网站时，一定要确认当前主机访问的网站是否采用了 HTTPS 协议，以确保网站的真实性，以及交易信息的保密性、完整性等。

（2）HTTPS 执行过程

如图 6-24 所示，HTTPS 的执行过程分为证书验证和数据传输阶段，简单描述如下。

图 6-22　支付宝登录界面

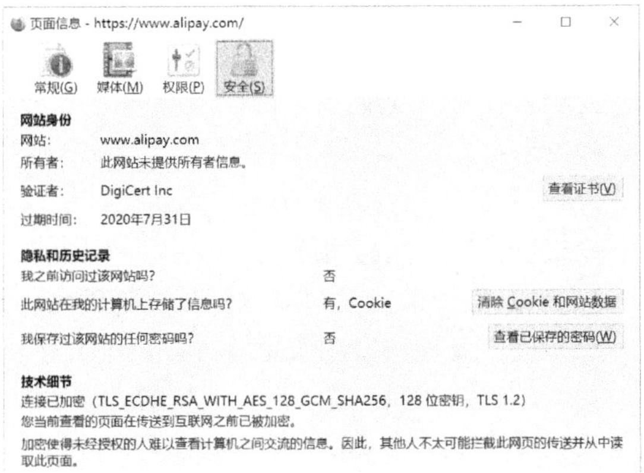

图 6-23　网站安全信息

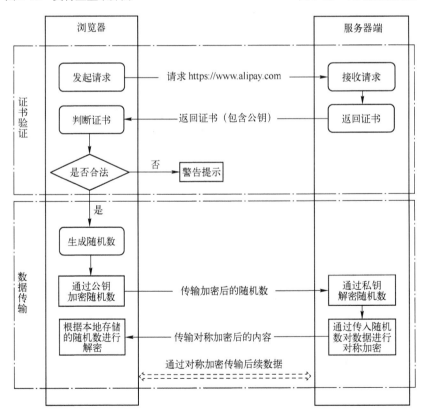

图 6-24　支付宝网站采用的 HTTPS 协议链接

1）证书验证阶段执行步骤：

① 浏览器发起 HTTPS 请求。

② 服务端返回 HTTPS 证书。

③ 客户端验证证书是否合法，如果不合法则提示告警。

2）数据传输阶段执行步骤：

① 当证书验证合法后，在本地生成随机数。

② 通过公钥加密随机数，并把加密后的随机数传输到服务器端。

③ 服务器端通过私钥对随机数进行解密。

④ 服务器端通过客户端传入的随机数构造对称加密算法，接下来就用这个对称密钥进行加密传输。HTTPS 在内容传输的加密上使用的是对称加密，非对称加密只作用在证书验证阶段。

6.4.3 网络层安全协议 IPSec

1. IPSec 的基本概念

虽然可以通过 PGP 协议保护电子邮件的私密性，通过 SSL 实现 Web 等服务的安全保护，但是针对不同网络服务应用不同的安全保护方案不仅费时费力，而且随着网络应用的复杂化已经变得不现实。而 IPSec 工作在网络层，对应用层协议完全透明，其相对完备的安全体系，确立了其成为下一代网络安全标准协议的地位。

从 1995 年开始，IETF 着手制定 IP 安全协议。IPSec 是 IPv6 的一个组成部分，也是 IPv4 的一个可选扩展协议。IPSec 弥补了 IPv4 在协议设计时安全性考虑的不足。IPSec 已在一系列的 IETF RFC 中定义，特别是 RFC 2401、RFC 2402 和 RFC 2406。

IPSec 定义了一种标准的、健壮的以及包容广泛的机制，可用它为 IP 及其上层协议（如 TCP 和 UDP）提供安全保证。IPSec 的目标是为 IPv4 和 IPv6 提供具有较强的互操作能力、高质量和基于密码的安全功能，在 IP 层实现多种安全服务，包括访问控制、数据完整性、数据源验证、抗重播、保密性等。IPSec 通过支持一系列加密算法如 IDEA、AES 等，确保通信双方的保密性。

IPSec 的一个典型应用是，在网络设备如路由器或防火墙中运行，将一个组织分布在各地的 LAN 相连。IPSec 网络设备将对所有进入 WAN 的流量加密、压缩，并解密和解压来自 WAN 的流量，这些操作对 LAN 上的工作站和服务器是透明的。

2. IPSec 协议内容

IPSec 协议不是一个单独的协议，它给出了应用于 IP 层上网络数据安全的一整套体系结构，它主要包括：

1）认证头（Authentication Head，AH）协议：用于支持数据完整性和 IP 包的认证。

2）载荷安全封装（Encapsulating Security Payload，ESP）协议：能确保 IP 数据包的完整性和保密性，也可提供验证（或签名）功能（视算法而定）。

3）因特网密钥交换（Internet Key Exchange，IKE）协议：在 IPSec 通信双方之间建立起共享安全参数及验证的密钥。

虽然 AH 和 ESP 都可以提供身份认证，但它们有如下区别：

● ESP 要求使用高强度加密算法，会受到许多限制。

● 多数情况下，使用 AH 的认证服务已能满足要求，相对来说，ESP 开销较大。

设置 AH 和 ESP 两套安全协议意味着可以对 IPSec 网络进行更细粒度的控制，选择安全方案可以有更大的灵活度。

3. IPSec 的两种工作模式

IPSec 有两种工作模式：传输模式和隧道模式，如图 6-25 所示。

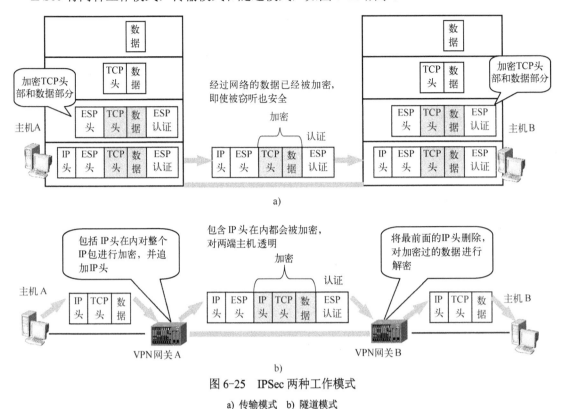

图 6-25　IPSec 两种工作模式

a) 传输模式　b) 隧道模式

1）传输模式用于在两台主机之间进行的端到端通信。发送端 IPSec 将 IP 包载荷用 ESP 或 AH 进行加密或认证，但不包括 IP 头，数据包传输到目标 IP 后，由接收端 IPSec 认证和解密。

2）隧道模式用于点到点通信，对整个 IP 包提供保护。为了达到这个目的，当 IP 包加 AH 或 ESP 域之后，整个数据包加安全域被当作一个新 IP 包的载荷，并拥有一个新的 IP 包头（外部 IP 头）。原来的整个包利用隧道在网络之间传输，沿途路由器不能检查原来的 IP 包头（内部 IP 头）。由于原来的包被封装，新的、更大的包可以拥有完全不同的源地址与目的地址，以增强安全性。

【例 6-5】　IPSec 的应用

由于因特网的迅速扩展，针对远程安全接入的需求也日益提升。IPSec 在实际应用中，通常有 IPSec VPN 与 SSL VPN 两种应用方式。用户可以依据远程访问不同的特定需求与目标进行选择。

1. IPSec VPN

IPSec 的隧道模式为构建一个 VPN 创造了基础。IPSec VPN 仅仅需要部署在网络边缘上的设备具备 IPSec 协议的支持即可，IPSec VPN 非常适合企业用户在公共 IP 网络上构建自己的 VPN。

6.3.2 节中已介绍了 IPSec 实现的 VPN。这里再结合图 6-25b 解释一下 IPSec VPN 是如何运用隧道模式实现点到点安全通信的。网络中的主机 A 生成以另一个网络中的主机 B 作为目的地址的 IP 包，该包选择的路由是从源主机到 A 网络边界的 VPN 网关 A 或安全路由器；根据对 IPSec 处理的请求，如果从 A 到 B 的包需要 IPSec 处理，则 VPN 网关 A 执行 IPSec 处理并在新 IP 头中封装包，其中的源 IP 地址为 VPN 网关 A 的地址，目的地址为主机 B 所在网络边界的 VPN 网关 B 的地址。这样，包被传送到 VPN 网关 B，而其间经过的中间路由器仅检查新 IP

头；在 VPN 网关 B 处，除去新 IP 头，包被送往内部主机 B。

2. SSL VPN

SSL VPN 是 IPSec VPN 的互补性技术，甚至可以作为 IPSec VPN 的取代性方案。

SSL 的目的是保护 HTTP 协议，但它实际上可以保护任何一种基于 TCP 的应用。因此，如果组织分布的网络环境下只有基于 C/S 或 B/S 架构的应用，不要求各分支机构之间的计算机能够相互访问，则基于 SSL 就可以构建 VPN，它可以针对具体的应用实施安全保护，目前应用最多的就是利用 SSL 实现对 Web 应用的保护。

SSL VPN 一般的实现方式只需要一台服务器和若干客户端软件就可以了。一台 SSL 服务器部署在应用服务器前面，它负责接入各个分布的 SSL 客户端。

常常使用 SSL VPN 应用模式的有：证券公司为股民提供的网上炒股、金融系统的网上银行、中小企业的 ERP、远程办公或资源访问等。

6.4.4 基于 IPv6 新特性的安全保护

IP 是因特网的核心协议。IPv4 是在 20 世纪 70 年代末期设计的，由于设计之初在资源限制上较为保守，随着因特网的爆炸性增长，以及因特网用户对加密和认证需求的飞速增长，IPv4 逐渐显示出了它的不足之处。国际互联网协会于 2012 年 6 月 6 日宣布，正式启用 IPv6 服务及产品。IPv6 综合了多个对 IPv4 进行升级的提案。在设计上，IPv6 力图避免增加太多的新特性，从而尽可能地减少了对现有的高层和底层协议的冲击。

1. IPv6 的新特性

IPv6 在包头结构、地址空间、联网方式、安全性等方面具有一些新的特性。

1）IPv6 精简了包头结构，扩展性更强。IPv6 包头的设计原则是力图将包头开销降到最低，其包头由一个基本包头和多个扩展包头构成，基本包头具有固定的长度（40 字节），放置所有路由器都需要处理的信息，一些非关键性字段和可选字段置于基本包头后的扩展包头中。这样在 IPv6 地址长度是 IPv4 的 4 倍情况下，IPv6 包头长度仅为 IPv4（24 字节）的约 2 倍，因此路由器在处理 IPv6 包头时效率更高。同时，IPv6 还定义了多种扩展包头，为以后支持新的应用提供了可能。

2）IPv6 拥有巨大的地址空间和层次化的地址结构。IPv6 采用了 128 位的地址空间，即共有 $2^{128}-1$（约 3.4×10^{38}）个地址，可以支持大规模数量的网络节点。该地址空间是 IPv4 地址空间的约 2^{96} 倍，解决了 IPv4 地址不足的问题。IPv6 支持更多级别的地址层次，IPv6 的设计者把 IPv6 的地址空间按照不同的地址前缀来划分，并采用了层次化的地址结构，以利于骨干网路由器对数据包的快速转发。

3）IPv6 支持高效的层次寻址及路由结构。IPv6 采用聚类机制，定义非常灵活的层次寻址及路由结构，同一层次上的多个网络在上层路由器中表示为一个统一的网络前缀，这样可以显著减少路由器必须维护的路由表项。在理想情况下，一个核心主干网路由器只需维护不超过 8192 个表项。这大大降低了路由器的寻址和存储开销。

4）IPv6 支持有状态和无状态两种地址自动配置方式。在 IPv4 中，动态宿主机配置协议（DHCP）实现了主机 IP 地址及其相关配置的自动设置，IPv6 继承了 IPv4 的这种自动配置服务，并将其称为有状态自动配置（Stateful Auto Configuration）。此外，IPv6 还采用了一种被称为无状态自动配置（Stateless Auto Configuration）的服务，在线主机可以自动获得本地路由器的地址前缀和链路局部地址以及相关配置。

5）IPv6 中集成了 IPSec 协议。IPv6 在扩展报头中定义了认证头（AH）和封装安全有效载荷（ESP），从而使在 IPv4 中仅仅作为选项使用的 IPSec 协议成为 IPv6 的有机组成部分。

6）IPv6 对 QoS 有更好的支持。IPv6 包头的新字段定义了数据流如何识别和处理。IPv6 包头中新增的流标志（Flow Label）字段用于识别数据流身份，利用该字段，IPv6 允许终端用户对通信质量提出要求。路由器可以根据该字段标识出同属于某一特定数据流的所有包，并按需对这些包提供特定的处理，即使是经过 IPSec 加密的数据包也可以获得 QoS 支持。

7）IPv6 中用邻居发现协议（Neighbor Discovery Protocol，NDP）代替 ARP 功能。与 ARP 相比，NDP 可以实现路由器发现、前缀发现、参数发现、地址自动配置、地址解析（代替 ARP 和 RARP）、下一跳确定、邻居不可达检测、重复地址检测、重定向等更多功能。ARP 以及 ICMP v4 路由器发现和 ICMP v4 重定向报文基于广播，而 NDP 的邻居发现报文基于高效的组播和单播。

2．基于 IPv6 的安全保护

IPv6 协议在设计之初就考虑了安全性，其海量的网络地址资源、自动配置机制、集成 IPsec 协议等特性使 IPv6 在攻击可溯源性、防攻击、数据传输过程中的完整性和加密性等安全方面有所提高。

（1）IPv6 拥有巨大的地址空间资源，建立了源地址验证机制，有利于攻击溯源

IPv4 没有建立起源地址验证机制，且在 IPv4 网络中，由于地址空间的不足，普遍部署 NAT，一方面破坏了互联网端到端通信的特性，另一方面隐藏了用户的真实 IP，导致事前基于过滤类的预防机制和事后追踪溯源变得尤为困难。

IPv6 则建立了可信的地址验证体系，IPv6 的地址验证体系结构（Source Address Validation Architecture，SAVA）分为接入网（Access Network）、区域内（Intra-AS）和区域间（Inter-AS）源地址验证三个层次，从主机 IP 地址、IP 地址前缀和自治域三个粒度构成多重监控防御体系，该体系一方面可以有效阻止仿冒源地址类攻击，一方面能够通过监控流量来实现基于真实源地址的计费和网络管理。

IPv6 拥有丰富的地址资源，且可以通过建立的地址验证机制解决网络实名制和用户身份溯源问题，在发生网络攻击事件后有利于追查溯源。同时，安全设备可以通过简单的过滤策略对节点进行安全控制，进一步提高了网络安全性。

此外，在 IPv4 网络中，黑客攻击的第一步通常是对目标主机及网络进行扫描搜集数据，以此推断出目标网络的拓扑结构及主机开放的服务、端口等信息，从而进行针对性的攻击。在 IPv6 网络中，网络扫描的难度和代价都大大增加，从而进一步防范了攻击，提高了用户终端的安全性。

（2）IPv6 保证了网络层的数据认证、数据完整性及保密性

IPv6 通过集成 IPSec 实现了 IP 级的安全，IPSec 可以提供访问控制、无连接的完整性、数据源身份认证、防御包重传攻击、业务流保密等安全服务，较大地提升了网络层的数据认证、数据完整性及保密性。

（3）IPv6 的邻居发现协议（NDP）进一步保障传输安全性

IPv4 采用的地址解析协议（ARP），存在 ARP 欺骗等传输安全问题。IPv6 协议中采用邻居发现协议（NDP）取代现有 IPv4 中 ARP 及部分 ICMP 控制功能如路由器发现、重定向等，独立于传输介质，可以更方便地进行功能扩展，并且现有的 IP 层加密认证机制可以实现对 NDP 的保护，保证了传输的安全性。

（4）基于 IPv6 的新型地址结构为我国建立根服务器提供了契机

互联网的顶级域名解析服务由根服务器完成，它对网络安全、运行稳定至关重要。2013年，中国下一代互联网国家工程中心联合日本、美国相关运营机构和专业人士发起"雪人计划"，提出以 IPv6 为基础、面向新兴应用、自主可控的一整套根服务器解决方案和技术体系。

3．IPv6 安全机制对现行网络安全体系的新挑战

虽然 IPv6 在安全性方面具有很多优点，但并不能说 IPv6 就可以确保系统的安全了。因为，安全包含着各个层次、各个方面的问题，不是仅仅由一个安全的网络层就可以解决得了的。如果黑客从网络层以上的应用层发动进攻，比如利用系统缓冲区溢出或木马进行攻击，纵使再安全的网络层也于事无补。

而且仅仅从网络层来看，IPv6 也不是尽善尽美的。它毕竟与 IPv4 有着极深的渊源。并且，在 IPv6 中还保留着很多原来 IPv4 中的选项，如分片、TTL。而这些选项曾经被黑客用来攻击 IPv4 或者逃避检测，很难说 IPv6 也能够逃避类似的攻击。同时，由于 IPv6 引进了加密和认证，还可能产生新的攻击方式。比如，加密是需要很大的计算量的，而当今网络发展的趋势是带宽的增长速度远远高于 CPU 主频的增长，如果黑客向目标发送大量貌似正确实际上却是随意填充的加密数据包，受害机就有可能由于消耗大量的 CPU 时间用于检验错误的数据包而不能响应其他用户的请求，造成拒绝服务。

另外，当前的网络安全体系是基于现行的 IPv4 协议的，防范黑客的主要工具有防火墙、网络扫描、系统扫描、Web 安全保护、入侵检测系统等。IPv6 的安全机制对他们的冲击可能是巨大的，甚至是致命的。例如，对于包过滤型防火墙，使用了 IPv6 加密选项后，数据是加密传输的，由于 IPSec 的加密功能提供的是端到端的保护，并且可以任选加密算法，密钥是不公开的，防火墙根本就不能解密；在对待被加密的 IPv6 数据方面，基于主机的入侵检测系统有着和包过滤防火墙同样的尴尬。

为了适应新的网络协议，寻找新的解决安全问题的途径变得非常急迫。而安全研究人员也需要面对新的情况，进一步研究和积累经验，尽快找出适应的安全解决方法。

✍小结

在政策的强力引导下，我国 IPv6 发展已经进入快速超车道。安全研究人员需要面对新的情况，进一步研究和积累经验，尽快找出适应的安全解决方法。

6.4.5 无线网络加密协议

无线网络，尤其是以 WAP（Wireless Application Protocol，无线应用协议）和 Wi-Fi（Wireless Fidelity，通常指无线局域网）为代表的技术为应用带来了极大的方便。

无线网络不同于传统的有线网络，有线网络本身的物理线路就是一种访问控制。用户必须通过线缆或光纤连接到网络上才能实现对网络的访问。而无线网络中信息的传输载体是无线电波，使其无法像传统网络那样可以实现物理上的隔离来保障整个局域网的信息安全，因此，无线局域网较之传统的网络，极易产生信息窃取或中间人攻击等攻击行为。适用于无线网络环境的安全技术成为解决之道。

1．WEP

无线加密协议（Wireless Encryption Protocol，WEP），有时候也称作"有线等效加密协议"（Wire Equivalent Privacy，简写同样是 WEP），是 1999 年 9 月通过的 IEEE 802.11 标准的一部分，使用 RC4 加密算法对信息进行加密，并使用 CRC-32 验证完整性。由于 WEP 的安全性低，如今已很少使用。

2. WPA/ WPA2

WPA 的全名为 Wi-Fi 访问控制协议（Wi-Fi Protected Access），包括 WPA 和 WPA2 两个标准。WPA 实现了 IEEE 802.11i 标准的大部分要求，是在 802.11i 标准完备之前替代 WEP 的一套过渡方案，而 WPA2 实现了完整的 802.11i 标准。这两个标准修改了 WEP 中的几个严重弱点，都能实现较好的加密、认证及完整性验证功能。

（1）WPA

WPA 同时提供认证和加密功能。加密功能使用了可以动态改变密钥的临时密钥完整性协议（Temporal Key Integrity Protocol，TKIP），其中使用了 128 位的密钥和一个 48 位的初始化向量（Initialization Vector，IV）组成完整密钥，但是仍使用 RC4 加密算法来加密。

WPA 认证有企业模式和家庭模式（包括小型办公环境）两种可供选择：

1）企业模式。基于 IEEE 802.1x 可扩展认证协议（Extensible Authentication Protocl，EAP）的认证。802.1x 接入控制已在 4.6.1 节中介绍。802.1x 最初设计用于有线网络，但对无线网络也适用。802.1x 使用认证服务器在无线网卡和无线访问点（AP）之间提供基于端口的访问控制和相互认证。

2）家庭模式。使用预共享密钥（Pre-Shared Key，PSK）的认证，它仅要求在每个 WLAN 节点（AP、无线路由器、网卡等）预先输入一个密钥即可实现。这个密钥仅仅用于认证过程，而不用于传输数据的加密。数据加密的密钥是在认证成功后动态生成的，系统将保证"一户一密"，不存在像 WEP 那样全网共享一个加密密钥的情形，因此大大地提高了系统的安全性。家庭无线路由设置时密码选择项中通常就是选择 WPA-PSK（TKIP），如图 6-26 所示。用户以预先设定好的静态密钥进行身份验证，PSK 即是手机连接 Wi-Fi 热点时需要输入的密码。

除了认证和加密过程的改进外，WPA 对于所传输信息的完整性也提供了很大的改进。WPA 使用了更安全的消息认证码（Message Integrity Code，MIC）替代 WEP 所使用的 CRC（循环冗余校验）。进一步地，WPA 使用的 MIC 包含帧计数器，以避免 WEP 容易遭受的重放攻击。

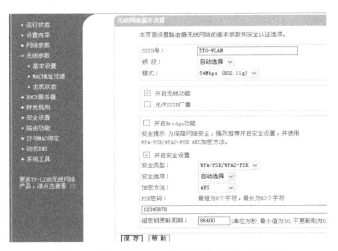

图 6-26　无线网络安全设置中安全类型的选择

（2）WPA2

WPA 中的加密协议 TKIP 虽然针对 WEP 的弱点做了较大的改进，但保留了 RC4 算法和基本架构，因而亦存在着 RC4 本身的弱点。WPA2 中用更加安全的 AES 算法取代了 RC4，用更加安全的 CCMP 消息认证码（Counter modewith Cipher-block chaining Message authentication code Protocol，计数器模式及密码块链消息认证码）协议取代了 WPA 中使用的 MIC。

家庭无线路由设置时密码选择项中也会提供 WPA2-PSK（AES）选择，如图 6-26 所示。

微课视频 6-6
网络安全防护技术应用实例

WPA2 实现了完整的 802.11i 标准，因此与 WPA 不同的是，WPA2 支持 802.11g 或以上的无线网卡。

3. WAPI

当前全球无线局域网领域仅有的两个标准，分别是美国行业标准组织提出的 IEEE 802.11 系列标准（包括 802.11a/b/g/n/ac 等），以及我国提出的 WAPI（Wireless LAN Authentication and Privacy Infrastructure，无线局域网鉴别和保密基础结构）标准。WAPI 是我国首个在计算机宽带无线网络通信领域自主创新并拥有知识产权的安全接入技术标准，同时也是我国无线局域网强制性标准中的安全机制。

与 WiFi 的单向加密认证不同，WAPI 双向均认证，从而保证传输的安全性。WAPI 安全系统采用公钥密码技术，认证服务器 AS 负责证书的颁发、验证与吊销等，无线客户端与无线接入点 AP 上都安装有 AS 颁发的公钥证书，作为自己的数字身份凭证。当无线客户端登录至无线接入点 AP 时，在访问网络之前必须通过认证服务器 AS 对双方进行身份验证。根据验证的结果，持有合法证书的移动终端才能接入持有合法证书的无线接入点 AP。

6.5 案例拓展：APT 攻击的防范

传统的防御技术、防御体系很难有效应对 APT 攻击，导致很多 APT 攻击直到几年后才被发现，甚至可能还有很多 APT 攻击未被发现。因此，需要新的安全思维，即放弃保护所有数据的观念，转而重点保护关键数据资产，同时打破传统的网络安全边界防护的思路，建立新的安全防御体系，此外，还要注重安全设备的联动、安全信息的共享、安全技术的协作。

1. 面向 APT 攻击防护的态势感知模型

态势感知（Situation Awareness）这一概念是由 Jacques Theureau 于 1998 年最先提出的，此后在军事战场、核反应控制、空中交通监管及医疗应急调度等领域被广泛研究。Bass 于 1999 年首次提出网络态势感知（Cyberspace Situational Awareness）的概念，网络安全态势感知是指在大规模网络环境中，对能够引起网络态势发生变化的安全要素进行获取、理解，提供比较准确的网络安全演变趋势，在网络安全事件发生之前进行预测，为网络管理员制定决策和防御措施提供依据，做到防患于未然。

借助该网络态势感知模型，基于多维度信息融合的防御技术，从一个组织网络的社会属性、应用属性、网络属性、终端属性以及文件属性进行数据融合分析，可以建立一个面向 APT 攻击防护的态势感知模型，如图 6-27 所示。

模型中，对象层包括了一个组织网络的关键人员、关键应用和关键设备。管理员是整个系统的管理者以及防御系统的部署者，如果管理员账号遭到劫持或者泄露，那么攻击者就可以轻而易举进入内部系统，做任何想做的事；高层领导通常拥有获取关键数据的权力，并且新的安全策略的实施也需要领导的支持；由于社交网络的广泛使用，员工通常是最容易遭受钓鱼攻击或社会工程学攻击的。

应用软件漏洞一直是 APT 攻击的主要切入点，也是攻击者寻找 0 day 漏洞的主要对象。在攻击者发送一封包含恶意文件的邮件之前，总是会先侦察系统的应用漏洞，再根据漏洞制定出相关攻击方式。

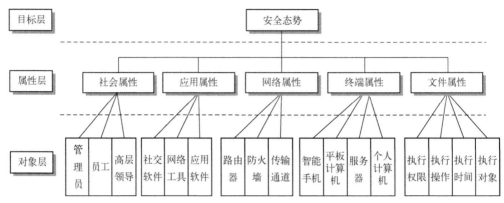

图 6-27　面向 APT 攻击防护的态势感知模型

随着智能移动终端的普及，各种平板计算机和智能手机被引入公司。但是由于员工较低的安全意识，以及智能终端的脆弱性，使得攻击者更喜欢由此进入内部系统。

关键数据是攻击者的目标，也是公司的防护对象，因此对公司重要资产的监视就成为防御和检查威胁的关键部分。

2. 零信任网络模型

传统的网络安全架构是把不同的网络（或者单个网络的一部分）划分为不同的区域，每个区域都被授予某种程度的信任（安全级别），不同区域之间使用防火墙进行隔离，并部署 IDS 或 IPS 等一系列网络安全设备。这种安全模型提供了非常强大的纵深防御能力。本章 6.3.2 节中的图 6-19 展示了这种分层防护。

然而，随着员工移动办公工具增多，以及业务上云、数据上云，网络边界模糊，内部员工、业务合作伙伴甚至供应商都可以访问企业数据，传统的安全边界不复存在。本章案例 6-1 展示的层出不穷的 APT 攻击说明：

● 网络无时无刻不处于危险的环境中。

● 网络中自始至终存在外部或内部威胁。

● 网络的位置不足以决定网络的可信程度。

2010 年，市场调研机构 Forrester 的分析师约翰•金德维格（John Kindervag）提出了"零信任"的概念。其核心思想就是：默认情况下对网络内部和外部的任何人、设备、系统"零信任"，需要基于认证和授权重构访问控制的信任基础。

零信任网络模型关键技术涉及以下 3 点。

1）以身份为中心。网络无特权，所有的设备、用户和网络流量都应当经过认证和授权。例如，可以通过手机即令牌的方式提供指纹识别、人脸识别等生物识别技术对用户进行身份确认，同时对用户智能手机终端进行病毒查杀、root/越狱检测，通过注册建立用户与设备的唯一绑定关系。确保只有同时满足合法的用户与可信的终端两个条件才能接入到业务系统。为了提高用户的使用便捷性，用户认证支持动态口令、二维码扫描、推送验证等多种身份认证方式。

2）业务安全访问。通过可信接入网关接管企业所有应用、资源、服务器的访问流量，将访问控制规则设定为只允许通过可信接入网关对应用进行访问，防止内网访问逃逸问题。所有的业务隐藏在可信接入网关之后，只有通过身份安全认证与终端可信检测的用户才可以访问业务系统。

3）权限动态化。每次用户发起访问请求后，智能身份平台基于多种源数据分析，包括安全策略、用户属性、环境属性、其他风险因子等，对此次访问进行授权判定，得到一个信任等级，最终根据评估得出的信任等级分配给用户一个最小访问权限。

当然，零信任并不代表不需要传统的边界防护，而是在传统边界的基础上进行互补。零信任也不是去除边界，而是将边界收缩到端。

谷歌花了 6 年时间（2011~2017 年）将企业网迁移到名为 BeyondCorp 的零信任环境，在企业网实现了零信任落地。

3. 安全信息共享和安全协作

在如今的威胁环境下，任何一方都不可能期望孤立地保护自己。对抗 APT 攻击，国家政府部门、企业、安全厂商、科研机构、公共互联网用户需要相互合作，分享信息，建立互信交流机制。全球公司需要参与到国家甚至是国际交流，目前，很多国家或地区都已提供了相应的平台，例如 CVE 漏洞信息库。我国也于 2009 年 10 月成立了国家信息安全漏洞共享平台（China National Vulnerability Database，CNVD），建立软件安全漏洞统一收集验证、预警发布及应急处置体系，国内还有趋势科技公司创建的威胁情报资源（Threat Intelligence Resource），也为信息系统和网络管理者提供关于 APT 攻击的最新、最可靠的研究和分析。

漏洞信息共享需要考虑安全厂商之间、漏洞信息源之间、安全产品厂商与漏洞信息源之间的信息共享问题，借助于漏洞统一描述语言，整合漏洞信息，解决多厂商、多部件的协同工作问题。

钓鱼邮件一直是业界难以解决的一个问题，2012 年 1 月，由谷歌、微软、雅虎、网易等金融机构、Email 服务提供商在内的行业巨头联手推广了一款电子邮件安全协议 DMARC（Domain-based Message Authentication, Reporting and Conformance，基于域的消息认证、报告和一致性），为各个邮件服务提供商之间的协作消除钓鱼邮件提供了重要的途径。

针对 SMTP 没有对收到的 Email 中源地址和数据的验证能力，DMARC 协议规定邮件发送方的邮件服务器声明自己采用该协议。当邮件接收方的邮件服务器收到该域发送过来的邮件时，则进行 DMARC 校验。DMARC 协议的主要目的是识别并拦截钓鱼邮件，使钓鱼邮件不再进入用户邮箱中，减少邮箱用户打开、阅读到钓鱼邮件的可能性，从而保护用户的账号密码等个人信息安全。

信息分享机制要求实时，这样一旦识别某个攻击模式，其他组织就可以利用这些信息调整自己的防御策略。但是行业和政府因为种种原因并不愿意分享威胁信息。在信息交流中，很多组织希望获得威胁情报，却很少有组织愿意分享自己的信息。因此，解决当前问题需要政府清除信息分享的障碍。例如，政府可以规定超过一定规模或与关键设施有关联的公司都需要参与到一个可以信任的团体（如 CNVD）。一个切实可行的方案是确保组织可以匿名参与，这样也可以保护组织的相关信息。

漏洞信息的共享还有漏洞信息的标准化描述等问题，制定漏洞统一描述语言，能够整合漏洞信息，解决多厂商、多部件的协同工作问题。

总之，面对网络空间的新型网络攻击，需要建立新的行之有效的防护体系，安全防护工作任重道远。

6.6 思考与实践

1. 试从外在的威胁和内在的脆弱性两个方面来谈谈网络安全面临的问题。

2．网络攻击的一般步骤包括哪些？各个步骤的主要工作是什么？

3．当前有哪些网络攻击的常用手段？

4．什么是 DoS 攻击、DDoS 攻击？举例说明这两种攻击的原理及防范技术。

5．什么是 0 day 攻击？什么是 APT 攻击？搜集 0 day 攻击和 APT 攻击的一些案例。

6．什么是社会工程学攻击？什么是网络钓鱼？什么是鱼叉式钓鱼和水坑攻击？

7．什么是防火墙？防火墙采用的主要技术有哪些？

8．什么是包过滤技术？包过滤有几种工作方式？

9．什么是应用层网关技术？应用层网关有哪些基本结构类型？请选择一个画图表示。

10．什么是 IDS？简述异常检测技术的基本原理。

11．比较异常检测和误用检测技术的优缺点。

12．什么是 IPS？其与防火墙、IDS、UTM 等安全技术有何关联？

13．网络隔离是指两个主机之间物理上完全隔开吗？网络隔离技术和防火墙技术以及 NAT 等技术有何异同点？

14．网闸的特征是什么？网闸阻断了所有的连接，怎么交换信息？应用代理阻断了直接连接，是网闸吗？

15．什么是 NAT、VPN？它们有什么作用？

16．把不同安全级别的网络相连接，就产生了网络边界。为了防止来自网络外界的入侵，就需要在网络边界上建立可靠的安全防御措施。请谈谈安全防护的措施。

17．将密码算法置放在传输层、网络层、应用层以及数据链路层有什么样的区别？

18．SSL 使用了哪些安全机制？提供了哪些安全服务？

19．访问"https://www.alipay.com"这个域名，可以看到在浏览器的地址栏"http"协议后面出现了"s"这个字母，请回答以下问题。

1）为什么说 HTTPS 是安全的？

2）HTTPS 的底层原理如何实现？

3）用了 HTTPS 就一定安全吗？

20．IPSec 协议包含哪些主要内容？

21．IPSec 的传输模式和隧道模式有什么区别？

22．简述 SSL VPN 与 IPSec VPN 的区别与联系。

23．IPv6 在网络层的安全性上得到了很大的增强。但是为什么又说"它的应用也带来一些新的问题，且对于现行的网络安全体系提出了新的要求和挑战"？

24．知识拓展：阅读以下国家标准，了解第二代防火墙、Web 应用防火墙等产品的技术要求和测试评价方法。

[1]《信息安全技术　第二代防火墙安全技术要求》（GA/T 1177—2014）。

[2]《信息安全技术　防火墙安全技术要求和测试评价方法》（GB/T 20281—2020）。

[3]《信息安全技术　主机型防火墙安全技术要求和测试评价方法》（GB/T 31505—2015）。

[4]《信息安全技术　WEB 应用防火墙安全技术要求》（GA/T 1140—2014）。

[5]《信息安全技术　WEB 应用防火墙安全技术要求与测试评价方法》（GB/T 32917—2016）。

25．知识拓展：阅读以下国家标准，了解入侵检测系统、入侵防御系统产品的技术要求和测试评价方法。

[1]《信息技术 安全技术 入侵检测和防御系统（IDPS）的选择、部署和操作》（GB/T 28454—2020）。

[2]《网络入侵检测系统技术要求》（GB/T 26269—2010）。

[3]《网络入侵检测系统测试方法》（GB/T 26268—2010）。

[4]《信息安全技术 网络入侵检测系统技术要求和测试评价方法》（GB/T 20275—2013）。

26．知识拓展：阅读相关文献，了解NGFW、IPS、UTM、内容安全网关等新产品及新技术。完成读书报告。

[1] 启明星辰公司主页，http://www.venustech.com.cn。

[2] 华为公司网络安全服务页面，http://e.huawei.com/cn/products/enterprise-networking/security。

[3] 华3通信技术公司网络安全产品页面，http://www.h3c.com.cn/Products___Technology/Products/IP_Security。

[4] 天融信公司主页，http://www.topsec.com.cn。

27．知识拓展：阅读以下网络隔离产品相关的国家标准，了解相关技术要求和测试评价方法，重点了解隔离部件中的信息交换技术方法。

[1]《信息安全技术 网络和终端隔离产品测试评价方法》（GB/T 20277—2015）。

[2]《信息安全技术 网络和终端隔离产品安全技术要求》（GB/T 20279—2015）。

28．知识拓展：阅读以下资料，进一步了解零信任架构及相关技术。

[1] 吉尔曼，巴斯. 零信任网络：在不可信网络中构建安全系统[M]. 奇安信身份安全实验室，译. 北京：人民邮电出版社，2019.

[2] Gartner. 零信任架构及解决方案[R/OL]. 奇安信，译. https://www.qianxin.com/threat/reportdetail?report_id=98，2020.

[3] NIST. Zero Trust Architecture[R/OL]. https://csrc.nist.gov/publications/detail/sp/800-207/draft，2020.

[4] 安全内参. Google 零信任安全架构 BeyondCorp 系列文章[R/OL]. https://www.secrss.com/articles/6019，2018.

29．操作实验：Kali 虚拟安全实验环境下各类工具的使用。完成实验报告。

30．操作实验：阅读《Google 知道你多少秘密》（*Googling Security: How Much Does Google Know About You*?）、《Google Hacking 技术手册》（*Google Hacking for Penetration Testers, Volume 2*）等参考书籍，完成以下两个实验：

1）学习利用 Google Hacking 信息搜索技术搜索自己在互联网上的踪迹，以确认是否存在隐私和敏感信息泄露问题，如果有，试提出解决方案。

2）尝试获取 BBS、论坛、QQ、MSN 中的某一好友的 IP 地址，并查询获取该好友所在具体地理位置。

完成实验报告。

31．操作实验：网络防火墙的使用和攻防测试。实验内容：学习使用网络防火墙软件 Zone Alarm Pro（http://www.zonealarm.com），理解和掌握防火墙原理和主要技术。完成实验报告。

32．操作实验：Windows 下安装配置开放源码的入侵检测系统 Snort（http://www.snort.org）。Snort 是一个轻量级的网络入侵检测系统，能完成协议分析，内容的查找/匹配，可用来探测多种攻击的入侵探测器（如缓冲区溢出、秘密端口扫描、CGI 攻击、SMB 嗅探、指纹采集尝试等）。完成实验报告。

33．操作实验：许多学校或企事业单位为满足用户的远程办公和科研、学习需要，提供 VPN 接入组织内网的服务。请完成相关设置，实现远程访问。完成实验报告。

34．操作实验：了解家庭、学校或办公环境的无线网络情况，进行无线网络安全配置。完成实验报告。

35．材料分析：（国防部网北京 2013 年 2 月 20 日电）在 2 月 20 日国防部新闻事务局举行的媒体吹风会上，国防部新闻发言人耿雁生表示，中国法律禁止黑客攻击等任何破坏互联网安全的行为，中国政府始终坚决打击相关犯罪活动，中国军队从未支持过任何黑客行为。

Mandiant 网络公司所谓中国军方从事网络间谍活动的说法是没有事实根据的。首先，该报告仅凭 IP 地址的通联关系就得出攻击源来自中国的结论缺乏技术依据。众所周知，通过盗用 IP 地址进行黑客攻击几乎每天都在发生，是网上常见的做法，这是一个常识性问题。其次，在国际上关于"网络攻击"尚未有明确一致的定义，该报告仅凭日常收集的一些网上行为就主观推断出网络间谍行动，是缺乏法律依据的。第三，网络攻击具有跨国性、匿名性和欺骗性的特点，攻击源具有很大的不确定性，不负责任地发布信息不利于问题解决。

请你谈谈为什么说仅凭 IP 地址就得出攻击源的结论缺乏技术依据。

36．方案设计：访问网站 https://www.toptenreviews.com/best-antivirus-software，了解多种个人防火墙产品、防火墙功能和性能的一些评测指标，为一个小型个人网站推荐一款防火墙，给出方案设计。

6.7　学习目标检验

请对照本章学习目标列表，自行检验达到情况。

学习目标		达到情况
知识	了解网络面临的安全问题	
	了解网络攻击的一般过程以及各个步骤的主要工作	
	了解网络攻击的主要类型	
	了解 TCP/IPv4 协议各层存在的安全问题	
	了解防火墙和入侵检测系统等网络安全设备的概念、工作原理、涉及技术以及技术发展	
	了解网络架构安全设计，包括安全域的划分、IP 地址规划（NAT）、网络边界访问控制策略设置、虚拟专用网（VPN）设计、网络冗余配置等内容	
	了解 TCP/IP 各层新的安全协议	
	了解 IPv6 协议的新特性以及所能提供的安全防护	
	了解主流无线网络协议	
	了解网络安全传统防护技术的局限性、技术的发展及新技术的产生背景	
能力	能够从外在的威胁和内在的脆弱性两个方面来分析网络安全面临的问题	
	能够部署、使用个人防火墙和主机入侵检测系统等网络安全软件或设备	
	能够配置 VPN 实现远程访问学校或单位内网资源	
	能够完成无线网络安全配置与应用	
	能够对网络传统边界分层防护缺陷进行分析，以及对无边界防护新技术进行思考	

第7章 应用软件安全

本章知识结构

本章围绕应用软件的 3 类安全问题及防护对策展开，本章知识结构如图 7-1 所示。

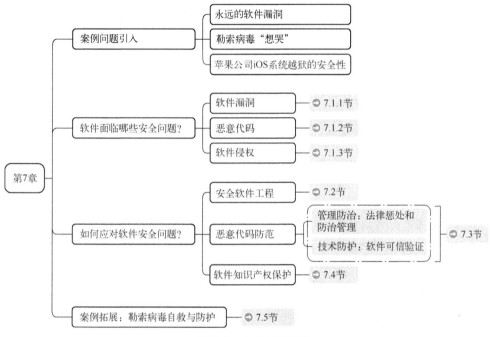

图 7-1　本章知识结构

案例与思考 7-1：永远的软件漏洞

【案例 7-1】

1947 年 9 月 9 日，格蕾丝·霍珀（Grace Hopper）博士正在哈佛大学对 Mark II 计算机进行测试。然而过程并不顺利，霍珀博士始终没能得到预期的结果。最后她终于发现了原因所在。

原来一只飞蛾飞进了计算机里。霍珀博士于是将这只飞蛾夹出后粘到了自己的笔记本上（见图 7-2），并记录："最早发现的 Bug 实体"（First actual case of bug being found）。

这个发现奠定了 Bug 这个词在计算机世界的地位，变成无数程序员的噩梦。从那以后，Bug 这个词在计算机世界表示计算机程序中的缺陷或者疏漏，它们会使程序计算出莫名其妙的结果，甚至引起程序的崩溃。

图 7-2　软件史上第一虫

软件漏洞是普遍存在的，系统软件、应用软件和第三方软件，它们在开发、部署和应用中的问题层出不穷。

现在应用最广泛的 Windows 系列操作系统从诞生之日起就不断地被发现安全漏洞。Windows 操作系统不是"有没有漏洞"的问题，而是"漏洞何时被发现"的问题。微软定期发布的《安全情报报告（SIR）》会及时披露微软和其他第三方软件的漏洞情况及对安全的影响。微软产品的漏洞数量与第三方软件漏洞总数的比例基本是 1:10，与第三方软件的漏洞数量相比，微软产品的漏洞数量还是一个较小的比例。

2014 年 4 月，著名的开源代码软件包 OpenSSL "心脏滴血"（Heart Bleeding）漏洞大规模爆发。OpenSSL 是一个支持 SSL 和 TLS 安全协议的安全套接层密码函数库，Apache 使用它加密 HTTPS，OpenSSH 使用它加密 SSH，很多涉及资金交易的平台都用它来做加密工具，因此，全世界数量庞大的网站和厂商都受到了影响。

不止在操作系统中存在已知和未知的漏洞，数据库、各种应用程序中，特别是与关键业务相关的工业控制系统（Industrial Control System，ICS）和物联网（Internet of Things，IoT）应用程序中也存在大量已知和未知的漏洞。国内外很多白帽子漏洞发布平台（例如补天漏洞平台 https://butian.360.cn）以及地下软件漏洞交易黑市，每天都在发布各种漏洞。披露的漏洞增长速度之快，漏洞数量之多，涉及厂商之众，涉及软件产品之广让人咋舌。

各种安全漏洞可以为因特网远程访问、进行系统穿透、实现系统破坏大开方便之门。以车联网为例，2014 年，美国一名 14 岁男孩演示了仅凭 15 美元购买的简单电子设备，轻而易举地侵入联网汽车；德国安全专家曝光了宝马诸多车型的中控系统可被破解，在数分钟内即可解除车锁，该漏洞存在于 220 万辆宝马、Mini 和劳斯莱斯汽车中。

根据统计分析，绝大多数成功的攻击都是针对和利用已知的、未打补丁的软件漏洞和不安全的软件配置，而这些软件漏洞都是在软件设计和开发过程中产生的。

【案例 7-1 思考】
● 软件为什么会存在漏洞？
● 软件漏洞有什么危害？
● 软件漏洞能清除干净吗？应当如何应对软件漏洞？

案例与思考 7-2：勒索病毒"想哭"

【案例 7-2】

2017 年 5 月 12 日，"想哭"（WannaCry）勒索病毒全球大爆发，至少 150 个国家、30 万用户中招，影响到金融、能源、医疗、教育等众多行业，造成损失达 80 亿美元。我国部分 Windows 操作系统用户遭受感染，校园网用户首当其冲，大量实验室数据和毕业论文被加密锁定，病毒会提示支付价值相当于 300 美元（约合人民币两千多元）的比特币才可解密。部分大型企业的应用系统和数据库文件被加密后，无法正常工作，影响巨大。

WannaCry 借助了 Equation Group（方程式组织）之前泄露的 EternalBlue（永恒之蓝）漏洞利用工具的代码。该工具利用了微软 2017 年 3 月修补的 MS17-010 SMB 协议远程代码执行漏洞，该漏洞可影响主流的绝大部分 Windows 操作系统版本。安装了上述操作系统的机器，若没有安装 MS17-010 补丁文件，只要开启了 445 端口就会受到影响。

机器中了"想哭"勒索病毒后，所有文件会被加密，如图 7-3 所示。病毒还会释放说明文档，设置桌面背景显示勒索信息（见图 7-4a），弹出窗口显示勒索界面（见图 7-4b），给出比特币钱包地址和付款金额，要求受害者支付价值数百美元的比特币到攻击者的比特币钱包，威胁用户指定时间内不付款则文件无法恢复。

图 7-3 被加密的文件

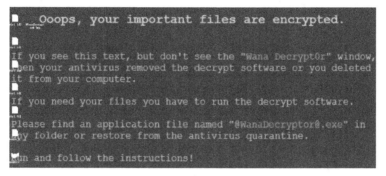

a)

b)

图 7-4 病毒弹出勒索信息和勒索窗口

a) 桌面显示的勒索信息 b) 勒索窗口

【案例 7-2 思考】

- 为什么有的人称"想哭"勒索病毒为勒索软件，或是木马，或是恶意代码？病毒、木马、勒索软件和恶意代码这些概念之间是什么关系？
- 恶意代码会导致怎样的危害？恶意代码是如何传播、如何工作的？如何应对恶意代码？
- 中了勒索病毒以后如何进行自救以尽可能减少损失？现在还没有中过勒索病毒，我们如何有效避免呢？

案例与思考 7-3：苹果公司 iOS 系统越狱的安全问题

【案例 7-3】

苹果公司的 iOS 和 iPhone、iPad 的关系，就像 Windows 和计算机的关系一样。iOS 与苹果公司的 Mac OS X 操作系统一样，同样属于类 UNIX 的商业操作系统。

iOS 越狱，实际上是对 iOS 系统的破解。之所以把破解操作叫作越狱，是因为苹果公司出于安全性考虑，将 iOS 设计得像一座监狱，iOS 限制了用户的很多操作，比如用户不能安装来电显示软件、不能使用 iPhone 的蓝牙传输文件等。而越狱操作就是为了破解 iOS 系统的这些限制。

简单地说，iOS 越狱后能够提升用户的操作权限，可以进行一些越狱前不可以进行的操作，比如安装一些实用的插件。另一个好处是，用户可以不用从苹果官方的应用商店（App Store）下载安装软件，而是可以随意安装 App。

作为两种重要的支持移动应用的操作系统，iOS 系统有着比 Android 系统更高的安全性。系统的信任机制从启动那一刻起已经开始。系统启动的每一步都会检测签名，构成整个信任链。而越狱将运行权限提升到 root，并修改引用加载策略，接受任意签名的应用。

【案例 7-3 思考】

● 对 iOS 系统的越狱涉及哪些安全问题？

● 应当如何正确认识越狱这一行为？

【案例 7-1、案例 7-2 和案例 7-3 分析】

案例 7-1、案例 7-2 和案例 7-3 分别揭示了软件面临的 3 个方面的安全问题：软件自身的安全（软件漏洞）、攻击者利用软件漏洞设计实现的恶意代码以及对软件的侵权。

对于案例 7-1 谈及的软件漏洞问题，辩证唯物论的认识论和辩证唯物论的知行统一观告诉人们，人对于客观世界的认识是有局限性的，人对于客观世界的认识过程是螺旋上升的。软件是人们为了实现解决生产生活实际问题而开发的某种用于完成特定功能的计算机程序，因而必然存在缺陷或漏洞。

随着软件功能的增强，软件的规模不断增长。软件在互联网时代的社会中发挥的作用越来越大，但同时软件担负的责任也越来越重要。无论是对于软件开发者还是软件的使用者，软件功能的创新是值得期待的，但是软件一旦出现设计上的错误、缺陷或是漏洞，创新应用也就成为泡影，甚至给人们带来灾难。

是什么真正引发了当今世界大多数的信息安全问题？有人会回答，是黑客的存在。那么黑客和网络犯罪分子的主要目标是什么？有人会回答，是重要的信息资产，是各类敏感数据。这样的回答看起来不错，但是再往深处一想，黑客是如何实现盗取重要信息资产的？黑客成功实施攻击的途径是什么？那就是发现、挖掘和利用信息系统的漏洞。

因此，人们应该着眼于源头安全，而不是仅仅采取诸如试图保护网络基础设施等阻挡入侵的方法来解决安全问题。源头安全需要软件安全，这是网络基础设施安全的核心。边界安全和深度防御在安全领域中占有一席之地，但软件自身的安全是安全防护的第一关，应该是第一位的。即使在软件源头中存在较少的漏洞，这些漏洞也足以被利用，成为侵犯国家经济利益的武器，或者成为有组织犯罪的网络武器储备。

案例 7-2 中，WannaCry 实质是个勒索软件，人们之所以对于 WannaCry 有不同的称呼，那是因为这个勒索软件结合了主动扫描、远程漏洞利用等病毒、蠕虫和木马，甚至于 Rootkit 的一些特点。恶意代码是病毒、蠕虫、木马等的总称，恶意代码的各个类型还是具有比较明显的特点的，将这些技术融合创造更大威力的攻击程序又成为当前攻击技术发展的趋势。本章将对恶意代码的分类、技术发展以及防治措施展开介绍。

案例 7-3 中，越狱反映的安全问题主要是 3 点：一是，越狱打破了 iOS 封闭的生态环境，也打破了它特有的保护壳，使获得 root 权限的恶意代码有了可乘之机。二是，虽然严格地讲，

iOS 越狱并不违法，但是越狱后的设备失去了苹果公司对其保修的保护。第三，也是最重要的一点，越狱后手机安装被破解的 App Store 的收费应用程序涉及盗版行为，侵犯了版权人的利益。我们应当认识到，正是 App Store 强大的正版支付体系，吸引了全球的开发者为这个平台开发应用，苹果手机的应用才能够如此丰富，让人们对苹果手机爱不释手。保护软件开发者的权益不仅是法律上的要求，实际上也是手机正常使用的根本保证。

微课视频 7-1
应用软件安全问题

7.1 应用软件安全问题

本章介绍应用软件面临的 3 个方面的安全问题：应用软件自身的安全漏洞、恶意代码以及软件侵权。

7.1.1 软件漏洞

1．软件漏洞的概念

漏洞（Vulnerability）又叫脆弱点，这一概念早在 1947 年冯·诺依曼建立计算机系统结构理论时就有涉及，他认为计算机的发展和自然生命有相似性，一个计算机系统也有天生的类似基因的缺陷，也可能在使用和发展过程中产生意想不到的问题。20 世纪 80 年代，早期黑客的出现和第一个计算机病毒的产生，使软件漏洞逐渐引起人们的关注。在 30 多年的研究过程中，学术界及产业界对漏洞给出了很多定义，漏洞的定义本身也随着信息技术的发展而具有不同的含义与范畴。

软件漏洞通常被认为是软件生命周期中与安全相关的设计错误、编码缺陷及运行故障等。软件漏洞的危害在于，一方面可能造成软件在运行过程中出现错误结果或运行不稳定、崩溃等现象，尤其是对应用于通信、交通、军事、医疗等领域的任务关键软件，漏洞引发的系统故障会造成严重的后果；另一方面软件漏洞可能会被黑客发现、利用，进而实施窃取隐私信息、甚至破坏系统等攻击行为。

✉ 说明：

本书并不对软件漏洞、软件脆弱性、软件缺陷以及软件错误等概念严格区分。

本书关于软件漏洞的定义如下：

软件系统或产品在设计、实现、配置、运行等过程中，由操作实体有意或无意产生的缺陷、瑕疵或错误，它们以不同形式存在于信息系统的各个层和环节之中，且随着信息系统的变化而改变。漏洞一旦被恶意主体所利用，就会造成对信息系统的安全损害，从而影响构建于信息系统之上正常服务的运行，危害信息系统及信息的安全属性。

本定义也体现了漏洞是贯穿于软件生命周期各环节的。在时间维度上，漏洞都会经历产生、发现、公开、消亡等过程，在此期间，漏洞会有不同的名称或表示形式，如图 7-5 所示。从漏洞是否可利用且相应的补丁是否已发布的角度，可以将漏洞分为以下 3 类。

1）0 day 漏洞。0 day 漏洞得名于漏洞发现时补丁存在的天数：零日，就是指已经被发现（有可能未被公开）但官方还没有相关补丁的漏洞。注意，0 day 漏洞并不是指软件发布后被立刻发现的漏洞。

2）1 day 漏洞。这是厂商发布安全补丁之后但大部分用户还未打补丁时的漏洞，此类漏洞依然具有可利用性。

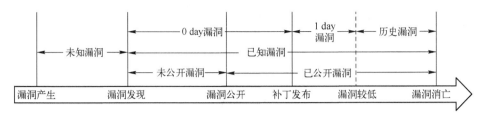

图 7-5　漏洞生命周期时间轴

3）历史漏洞。这是距离补丁发布日期已久且可利用性不高的漏洞。

从漏洞是否公开的角度来讲，已知漏洞是已经由各大漏洞库、相关组织或个人所发现的漏洞；未公开/未知漏洞是在上述公开渠道没有发布、只被少数人所知的漏洞。

2. 软件漏洞的成因

软件作为一种产品，其生产和使用过程依托于现有的计算机系统和网络系统，并且以开发人员的经验和行为作为其核心内涵，因此，软件漏洞是难以避免的，主要体现在以下几个方面。

（1）计算机系统结构决定了漏洞的必然性

现今的计算机基于冯·诺依曼体系结构，其基本特征决定了漏洞产生的必然。在计算机中，代码、数据、指令等任何信息都是以 0-1 串的形式表示的。因此，攻击者常常在溢出类攻击中，将数据溢出到可执行代码中，使其被当作有效指令来达到攻击的目的。

【例 7-1】　内存中数据和指令的存储方式存在的问题。

0x1C0A 可以仅仅表示存储的一个数值 7178（十六进制为 1C0A），也可以表示成向前跳转 10 字节的跳转指令。攻击者可以将内存中可执行代码某个位置的数据修改成 0x1C0A，以控制指令跳转，如图 7-6 所示。

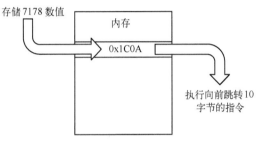

图 7-6　内存中数据和指令的存储

（2）软件趋向大型化，第三方扩展增多

现代软件功能越来越强，功能组件越来越多，软件也变得越来越复杂。现在基于网络的应用系统更多地采用了分布式、集群和可扩展架构，软件内部结构错综复杂。软件应用向可扩展化方向发展，成熟的软件也可以接受开发者或第三方扩展，系统功能得到扩充。例如，Firefox 和 Chrome 浏览器支持第三方插件，Windows 操作系统支持动态加载第三方驱动程序。这些可扩展性在增加软件功能的同时也加重了软件的安全问题。研究显示，软件漏洞的增长与软件复杂性、代码行数的增长呈正比，即"代码行越多，缺陷也就越多"。

（3）新技术、新应用产生之初即缺乏安全性考虑

作为互联网基础的 TCP/IP 协议栈，以及众多的协议及实现（如 OpenSSL），在设计之初主要强调互联互通和开放性，没有充分考虑安全性，且协议栈的实现通常由程序员人工完成，导致漏洞的引入成为必然。当今软件和网络系统的高度复杂性，也决定了不可能通过技术手段发现所有的漏洞。

伴随信息技术的发展，出现了很多新技术和新应用，如移动互联网、物联网、云计算、大数据、社交网络等，一方面扩展了互联网的影响范围，提高了互联网的复杂度，增大了漏洞产生的概率，另一方面也为攻击者提供了新的信息获取途径，极大地提高了攻击者的计算能力。

（4）软件使用场景更具威胁

由于软件被应用于各种环境，面对不同层次的使用者，软件开发者需要考虑更多的安全问题。同时，黑客和恶意攻击者可以比以往获得更多的时间和机会来访问软件系统，并尝试发现软件中存在的安全漏洞。

以前的黑客多以恶作剧和破坏系统为主，包括对技术好奇的青少年黑客和一些跨国黑客组织；现今的黑客则多为实施商业犯罪并从事地下黑产，危害已经不限于让服务与系统不可用，更多的是带来敏感信息的泄露以及现实资产的损失。尤其是近些年，一系列 APT 攻击的出现以及美国棱镜计划曝光，来自国家层面的网络威胁逐渐浮出水面。

（5）对软件安全开发重视不够，软件开发者缺乏安全知识

传统软件开发更倾向于软件功能，而不注重对安全风险的管理。软件开发公司工期紧、任务重，为争夺客户资源、抢夺市场份额，经常仓促发布软件。国内大量软件开发厂商对软件开发过程的管理不够重视，大量软件使用开源代码和公用模块，缺陷率普遍偏高，可被利用的已知和未知缺陷较多。

项目管理和软件开发人员将软件功能视为头等大事，缺乏软件安全开发知识，对软件安全架构、安全防护措施认识不够，只关注是否实现需要的功能，很少从攻击者的角度来思考软件安全问题。

3. 软件漏洞的分类

可以从漏洞利用的成因、利用的位置和对系统造成的直接威胁这 3 个方面进行分类。

（1）基于漏洞成因的分类

基于漏洞成因的分类包括内存破坏类、逻辑错误类、输入验证类、设计错误类和配置错误类。

1）内存破坏类：非预期的内存越界访问（读、写或兼而有之）。攻击者利用这些漏洞可执行指定的任意指令，或是导致拒绝服务或信息泄露，如栈缓冲区溢出、堆缓冲区溢出、静态数据区溢出、格式串问题、越界内存访问、释放后重用和二次释放。

2）逻辑错误类：涉及安全检查的实现逻辑上存在的问题，导致设计的安全机制被绕过。

3）输入验证类：对来自用户输入没有做充分的检查过滤就用于后续操作，如 SQL 注入、跨站脚本执行、远程或本地文件包含、命令注入和目录遍历。

4）设计错误类：系统设计上对安全机制的考虑不足。

5）配置错误类：系统运行维护过程中以不正确的设置参数进行安装，或被安装在不正确位置。

（2）基于漏洞利用位置的分类

1）本地漏洞：需要系统级的有效账号登录到本地才能利用的漏洞，如权限提升类漏洞，把自身的执行权限从普通用户级别提高到管理员级别。

2）远程漏洞：无须系统级的有效账号验证即可通过网络访问目标进行利用的漏洞。

（3）基于威胁类型的分类

1）获取控制：可以导致劫持程序执行流程，转向执行攻击者指定的任意指令或命令，控制应用系统或操作系统。该类漏洞威胁最大，同时影响系统的保密性、完整性，甚至在需要的时候可以影响可用性。主要来源为内存破坏类漏洞。

2）获取信息：可以导致劫持程序访问预期外的资源并泄露给攻击者，影响系统的机密性。主要来源为输入验证类、配置错误类漏洞。

3）拒绝服务：可以导致目标应用或系统暂时或永远性地失去响应正常服务的能力，影响系统的可用性。主要来源为内存破坏类、意外处理错误类漏洞。

【例7-2】 缓冲区溢出漏洞及利用分析。

（1）缓冲区的概念

Win32 系统中，进程使用的内存按功能可以分为 4 个区域，如图 7-7 所示。

图 7-7　进程的内存使用划分

1）数据区：用于存储全局变量和静态变量。

2）代码区：存放程序汇编后的机器代码和只读数据，这个段在内存中一般被标记为只读。当计算机运行程序时，会到这个区域读取指令并执行。

3）堆区：该区域内存由进程利用相关函数或运算符动态申请，用完后释放并归还给堆区。例如，C 语言中用 malloc/free 函数，C++语言中用 new/delete 运算符申请的空间就在堆区。

4）栈区：该区域内存由系统自动分配，用于动态存储函数之间的调用关系。在函数调用时，存储函数的入口参数（即形参）、返回地址和局部变量等信息，以保证被调用函数在返回时能恢复到主调函数中继续执行。

程序中所使用的缓冲区可以是堆区和栈区，也可以是存放静态变量的数据区。由于进程中各个区域都有自己的用途，根据缓冲区利用的方法和缓冲区在内存中所属区域，其可分为栈溢出和堆溢出。

（2）缓冲区溢出漏洞的概念

缓冲区溢出漏洞就是在向缓冲区写入数据时，由于没有做边界检查，导致写入缓冲区的数据超过预先分配的边界，从而使溢出数据覆盖在合法数据上而引起系统异常的一种现象。

栈帧是操作系统为进程中的每个函数调用划分的一个空间，每个栈帧都是一个独立的栈结构，而系统栈则是这些函数调用栈帧的集合。

Win32 系统提供了 3 个特殊的寄存器。

- ESP：扩展栈指针（Extended Stack Pointer）寄存器，其存放的指针指向当前栈帧的栈顶。
- EBP：扩展基址指针（Extended Base Pointer）寄存器，其存放的指针指向当前栈帧的栈底。
- EIP：扩展指令指针（Extended Instruction Pointer）寄存器，该寄存器存放的是指向下一条将要执行的指令。EIP 控制了进程的执行流程，EIP 指向哪里，CPU 就会执行哪里的指令。

ESP 与 EBP 之间的空间即为当前栈帧空间。

执行图 7-8a 中的代码段时，栈区中各函数栈帧的分布状态如图 7-8b 所示。

图 7-8　栈区中各函数栈帧的分布状态

（3）栈溢出漏洞的原理

在函数的栈帧中，局部变量是顺序排列的，局部变量下面紧跟着的是前栈帧 EBP 以及函数返回地址 RET。如果这些局部变量为数组，由于存在越界的漏洞，那么越界的数组元素将会覆盖相邻的局部变量，甚至覆盖前栈帧 EBP 以及函数返回地址 RET，从而造成程序的异常。下面的程序 1 演示了栈溢出修改相邻变量程序。

程序 1：栈溢出修改相邻变量程序。

```c
#include <stdio.h>
#include <string.h>
void fun()
{
    char password[6]="ABCDE";
    char str[6];
    gets(str);
    str[5]='\0';
    if(strcmp(str,password)==0)
        printf("OK.\n");
    else
        printf("NO.\n");
}
int main()
{
fun();
    return 0;
}
```

fun()函数实现了一个基于口令认证的功能：用户输入的口令存放在局部变量 str 数组中，然后程序将其与预设在局部变量 password 中的口令进行比较，以得出是否通过认证的判断（此处仅为示例，并非实际采用的方法）。图 7-9 显示了程序执行时，用户输入了正确口令 "ABCDE" 后内存的状态。注意：数组大小为 6，字符串结束字符 '\0' 占 1 个字节，因此口令应当为 5 个字节，图中阴影部分表示当前栈帧。

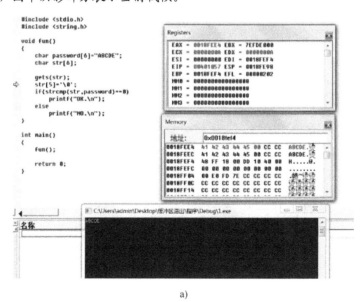

a)

图 7-9　程序执行时用户输入正确口令后内存的状态

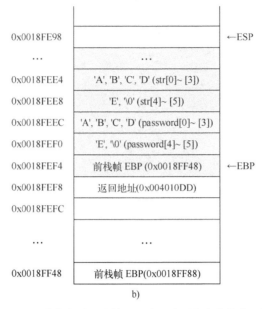

0x0018FE98		←ESP
...	...	
0x0018FEE4	'A', 'B', 'C', 'D' (str[0]~ [3])	
0x0018FEE8	'E', '\0' (str[4]~ [5])	
0x0018FEEC	'A', 'B', 'C', 'D' (password[0]~ [3])	
0x0018FEF0	'E', '\0' (password[4]~ [5])	
0x0018FEF4	前栈帧 EBP (0x0018FF48)	←EBP
0x0018FEF8	返回地址(0x004010DD)	
0x0018FEFC		
...	...	
0x0018FF48	前栈帧 EBP(0x0018FF88)	

b)

图 7-9　程序执行时用户输入正确口令后内存的状态（续）

从图 7-9 中可以看出，内存分配是按字节对齐的，因此根据变量定义的顺序，在函数栈帧中首先分配 2 个字节给 password 数组，然后再分配 2 个字节给 str 数组。

由于 C 语言中没有数组越界检查，因此，当用户输入的口令超过 2 个字节时，将会覆盖紧邻的 password 数组。如图 7-10 所示，当用户输入 13 个字符 "aaaaaaaaaaaaa" 后，password 数组中的内容将被覆盖。此时，password 数组和 str 数组的内容就是同一个字符串 "aaaaa"，从而比较结果为二者相等。因此，在不知道正确口令的情况下，只要输入 13 个字符，其中前 5 个字符与后 5 个字符相同，就可以绕过口令的验证了。

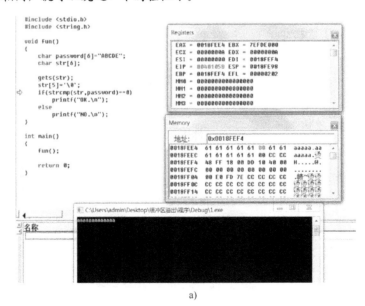

a)

图 7-10　用户输入 13 个字符 "aaaaaaaaaaaaa" 后内存的状态

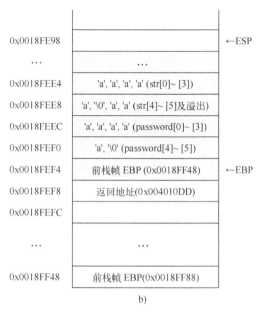

0x0018FE98	←ESP
...	...
0x0018FEE4	'a', 'a', 'a', 'a' (str[0]~ [3])
0x0018FEE8	'a', '\0', 'a', 'a' (str[4]~ [5]及溢出)
0x0018FEEC	'a', 'a', 'a', 'a' (password[0]~ [3])
0x0018FEF0	'a', '\0' (password[4]~ [5])
0x0018FEF4	前栈帧 EBP (0x0018FF48)	←EBP
0x0018FEF8	返回地址(0x004010DD)
0x0018FEFC	
...	...
0x0018FF48	前栈帧 EBP(0x0018FF88)

b)

图 7-10　用户输入 13 个字符 "aaaaaaaaaaaaa" 后内存的状态（续）

在实际中，为了安全也不能将口令硬编码在程序中，因为通过代码反编译很容易获得此类口令。

如果用户增加输入字符串的长度，将会超过 password 数组的边界，从而覆盖前栈帧 EBP，甚至是覆盖返回地址 RET。当返回地址 RET 被覆盖后，将会造成进程执行跳转出现异常。

栈溢出后修改相邻变量这种漏洞利用对代码环境的要求比较苛刻。更常用的栈溢出修改的目标往往不是某个变量，而是栈帧中的 EBP 和函数返回地址 RET 等值。

（4）栈溢出攻击

上面的程序 1 演示了用户进程能够修改相邻变量。实际攻击中，攻击者通过缓冲区溢出改写的目标往往不是某一个变量，而是栈帧高地址的 EBP 和函数的返回地址等值。通过覆盖程序中的函数返回地址和函数指针等值，攻击者可以直接将程序跳转到其预先设定或已经注入目标程序的代码上去执行，从而达到控制程序执行流程的目的。

这种利用栈溢出漏洞所进行的攻击行动就是栈溢出攻击，其目的在于扰乱具有某些特权运行的程序的功能，使得攻击者取得程序的控制权，如果该程序具有足够的权限，那么整个主机就被控制了。

程序 2：栈溢出后修改返回地址 RET。

该程序的主函数中并没有调用 Attack()函数的语句，可以把 Attack()函数看作是预先设定或已经注入目标程序的代码。

现将程序 1 稍做修改，将程序从键盘读入数据改为读取密码文件 password.txt，以便演示通过改写 password.txt 文件在内存中的内容进行溢出控制程序转去执行 Attack()函数。

```
#include <stdio.h>
#include <string.h>
#include <stdlib.h>
void Attack()
{
  printf("Hello!:-) :-) :-)\n");//当该函数被调用时，说明溢出攻击成功了
  exit(0);
```

```
}
void fun()
{
    char password[6]="ABCDE";
    char str[6];
    FILE *fp;
    if(!(fp=fopen("password.txt","r")))
    {
        exit(0);
    }
    fscanf(fp,"%s",str);

    str[5]='\0';
    if(strcmp(str,password)==0)
        printf("OK.\n");
    else
        printf("NO.\n");
}
int main()
{
    fun();
        return 0;
}
```

　　为了让程序在调用 fun()函数返回后，去执行所希望的函数 Attack()，必须将 password.txt 文
件中最后 4 个字节改为 Attack()函数的入口地址
0x0040100F（得到函数入口地址的方法很多，可
以利用 OllyDbg 工具查看）。利用十六进制编辑
软件 UltraEdit 打开 password.txt 文件，将最后 4
个字节改为相应的地址即可，如图 7-11 所示。

　　函数调用返回时，从栈帧中弹出返回地址，
存入 EIP 中。从图 7-12a 中可以看到，此时
EIP=0x0040100F，CPU 按该地址去获取指令，跳

图 7-11　利用 UltraEdit 修改 password.txt
文件中最后 4 个字节

转到 Attack()函数。图 7-12b 显示的程序运行结果表明，函数 Attack()被正常执行了，说明溢出
修改返回地址成功。

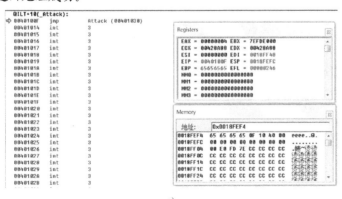

a)

b)

图 7-12　溢出修改返回地址

【例 7-3】 SQL 注入漏洞及利用分析。

用浏览器访问 AltoroMutual 网站: http://demo.testfire.net（IBM 所提供的 Web 安全漏洞演示网站），单击 "Sign In" 按钮打开登录页面，在用户名和密码处均输入括号中的内容（' or '1'='1），如图 7-13a 所示；如果攻击者猜测系统存在一个名为 admin 的账户，还可以在用户名处输入（admin'——），密码处随意输入字符，如图 7-13b 所示。因为这不是正确的用户名和密码，正常的结果页面应当是显示拒绝登录的信息，但是实际结果却都能以管理员身份成功登录，如图 7-14 所示。

a)   b)

图 7-13 登录 AltoroMutual 网站

a) 用户名和密码处均输入' or '1'='1   b) 用户名输入 admin' ——

图 7-14 以管理员身份成功登录

（1）SQL 注入漏洞

SQL 注入漏洞是指攻击者能够利用现有 Web 应用程序，将恶意的代码当作数据插入查询语句或命令中，这些恶意数据可以欺骗解析器，从而执行非授权操作。

SQL 注入漏洞的主要危害如下。

● 数据丢失、破坏或泄露给非授权方。

● 缺乏可审计性或是拒绝服务。

● 获取承载主机和网络的控制权。

（2）SQL 注入漏洞利用

就攻击技术的本质而言，SQL 注入攻击利用的工具是 SQL 语法，针对的是应用程序开发者编程中的漏洞，当攻击者能操作数据，向应用程序中插入一些 SQL 语句时，SQL 注入攻击就容易发生。虽然还有其他类型的注入攻击，但绝大多数情况下涉及的都是 SQL 注入。

本例中的 SQL 注入攻击过程分析如下：

1）该 Web 安全漏洞演示网站的登录页面控制用户的访问，它要求用户输入一个名称和密码。登录页面中输入的内容将直接用来构造动态的 SQL 命令，或者直接用作存储过程的参数。下面是 ASP.NET 应用构造查询的一个例子：

```
System.Text.StringBuilder query = new System.Text.StringBuilder(
"SELECT * from Users WHERE login = '")
.Append(txtLogin.Text).Append("' AND password='")
.Append(txtPassword.Text).Append("'");
```

2）当攻击者在用户名和密码输入框中输入' or '1'='1 后，该输入内容提交给服务器，服务器运行上面的 ASP.NET 代码构造出查询用户的 SQL 命令变成

```
SELECT * from Users WHERE login = '' or '1'='1' AND password = '' or '1'='1'
```

服务器执行查询或存储过程，将用户输入的身份信息和服务器中保存的身份信息进行对比。由于 SQL 命令中的逻辑判断语句实际上已被修改为恒真，已经不能真正验证用户身份，所以系统会错误地授权给攻击者。

3）当攻击者在用户名框中输入 admin' -- 后，该输入内容提交给服务器，服务器运行上面的 ASP.NET 代码构造出查询用户的 SQL 命令变成

```
SELECT * from Users WHERE login = 'admin' -- AND password = '输入的任意字符'
```

由于系统恰好有一个名为 admin 的账户，因此用户名匹配成功。另外，注释标记 "--" 使得此后的执行语句被忽略，不再进行密码的判断了。所以系统同样错误地授权给攻击者。

7.1.2 恶意代码

微课视频 7-2
什么是恶意代码？

恶意代码已经成为攻击计算机信息系统的主要载体，攻击的威力越来越大、攻击的范围越来越广。什么是恶意代码？它与大家常说的传统的计算机病毒有怎样的关系？

1. 恶意代码的概念

恶意代码（Malicious Software，Malware）是在未被授权的情况下，以破坏软硬件设备、窃取用户信息、干扰用户正常使用、扰乱用户心理为目的而编制的软件或代码片段。

定义指出，恶意代码是软件或代码片段，其实现方式可以有多种，如二进制执行文件、脚本语言代码、宏代码或是寄生在其他代码或启动扇区中的一段指令。

恶意代码包括计算机病毒（Computer Virus）、蠕虫（Worm）、特洛伊木马（Trojan Horse）、后门（Back Door）、内核套件（Rootkit）、恶意脚本（Malice Script）、勒索软件（Ransomware）、间谍软件（Spyware）、恶意广告（Dishonest Adware）、流氓软件（Crimeware）、逻辑炸弹（Logic Bomb）、僵尸网络（Botnet）、网络钓鱼（Phishing）、垃圾信息（Spam）等恶意的或令人讨厌的软件及代码片段。

✉ 说明：

介绍中主要关注恶意代码以下 4 个方面的内容。

● 危害：它们如何影响用户和系统。

● 传播：它们如何安装自身以进行复制和传播。

- 激活：它们如何启动破坏功能。
- 隐藏：它们如何隐藏以防被发现或查杀。

2．计算机病毒

我国 1994 年 2 月 28 日颁布的《计算机信息系统安全保护条例》中是这样定义计算机病毒的："计算机病毒，是指编制或者在计算机程序中插入的破坏计算机功能或者毁坏数据，影响计算机使用，并能自我复制的一组计算机指令或者程序代码。"

计算机病毒是一种计算机程序。此处的计算机为广义的、可编程的电子设备，包括数字电子计算机、模拟电子计算机、嵌入式电子系统等。既然计算机病毒是程序，就能在计算机的中央处理器（CPU）的控制下执行。此外，它能像正常程序一样，存储在磁盘、内存储器中，也可固化成为固件。

有不少人甚至一些文献把蠕虫、木马、勒索软件等称为计算机病毒。实际上，蠕虫、木马、勒索软件等并不符合计算机病毒的定义。因此，本书所指的计算机病毒仅仅包括引导区病毒、文件型病毒以及混合型病毒。

- 引导区病毒：指寄生在磁盘引导扇区中的病毒。
- 文件型病毒：可分为感染可执行文件的病毒和感染数据文件的病毒，前者主要指感染COM 文件或 EXE 文件，甚至系统文件的病毒，如 CIH 病毒。后者主要指感染 Word、PDF 等数据文件的病毒，如宏病毒等。
- 混合型病毒：主要指那些既能感染引导区又能感染文件的病毒。

计算机病毒不是用户所希望执行的程序，因此病毒程序为了隐藏自己，一般不独立存在（计算机病毒本原除外），而是寄生在别的有用的程序或文档之上。计算机病毒最特殊的地方在于它能自我复制，或者称为传染性。它的另一特殊之处是，在条件满足时能被激活，可称为潜伏性或可触发性。当然，破坏性是其主要特征。计算机病毒在结构上有着共同性，一般由潜伏、传染和表现 3 部分组成。

3．蠕虫

早期恶意代码的主要形式是计算机病毒，1988 年 Morris 蠕虫爆发后，人们为了区分蠕虫和病毒，这样定义蠕虫：网络蠕虫是一种智能化、自动化，综合网络攻击、密码学和计算机病毒技术，不需要计算机使用者干预即可运行的攻击程序或代码，它会主动扫描和攻击网络上存在系统漏洞的节点主机，通过局域网或者因特网从一个节点传播到另外一个节点。该定义体现了网络蠕虫智能化、自动化和高技术化的特征，也体现了蠕虫与计算机病毒的区别，即病毒的传播需要人为干预，而蠕虫则无须用户干预而自动传播。传统计算机病毒主要感染计算机的文件系统，而蠕虫影响的主要是计算机系统和网络性能。

网络蠕虫的功能模块可以分为主体功能模块和辅助功能模块。实现了主体功能模块的蠕虫能够完成复制传播流程，而包含辅助功能模块的蠕虫程序则具有更强的生存能力和破坏能力。主体功能模块通常由信息搜集、扫描探测、攻击渗透、自我推进等子模块构成。辅助功能模块通常包括实体隐藏、宿主破坏、信息通信、远程控制以及自动升级等子模块。

4．特洛伊木马

特伊洛木马简称木马，此名称取自希腊神话的特洛伊木马计。传说希腊人围攻特洛伊城，久久不能得手。后来想出了一个木马计，让士兵藏匿于巨大的木马中。大部队假装撤退而将木马弃置于特洛伊城下，敌人将这些木马作为战利品拖入城内。到了夜晚，木马内的士兵则乘特洛伊城人庆祝胜利、放松警惕的时候从木马中出来，与城外的部队里应外合而攻下了特洛伊城。

这里讨论的木马，就是这样一个有用的或者表面上有用的程序，但是实际上包含了一段隐藏的、激活时会运行某种有害功能的代码，它使得非法用户达到进入系统、控制系统甚至破坏系统的目的。木马通常是一种基于客户机/服务器方式的远程控制程序，由控制端和受控端两个部分组成。"中了木马"就是指被安装了木马的受控端程序。

木马的主要特点是：

- 破坏性。木马一旦被植入某台机器，操纵木马的人就能通过网络像使用自己的机器一样远程控制这台机器，实施攻击。
- 非授权性。控制端与受控端一旦连接后，控制端将享有受控端的大部分操作权限，而这些权力并不是受控端赋予的，而是通过木马程序窃取的。
- 隐蔽性。木马的设计者为了防止木马被发现，会采用多种手段隐藏木马，这样受控端即使发现感染了木马，也不能确定其具体位置。

蠕虫和木马之间的联系也非常有趣。一般而言，这两者的共性是自我传播，都不感染其他文件。在传播特性上，它们的微小区别是：木马需要诱骗用户上当后进行传播，而蠕虫不是。蠕虫包含自我复制程序，它利用所在的系统进行主动传播。一般认为，蠕虫的破坏性更多地体现在耗费系统资源的拒绝服务攻击上，而木马更多地体现在秘密窃取用户信息上。

5. 后门

后门是指绕过安全控制而获取对程序或系统访问权的方法。后门仅仅是一个访问系统或控制系统的通道，其本身并不具有其他恶意代码的直接攻击行为。

因此，后门和计算机病毒、蠕虫的最大差别在于，后门不会感染其他计算机。后门与木马的相似之处在于，它们都是隐藏在用户系统中，本身具有一定权限，以便远程机器对本机的控制；它们的区别在于，木马是一个完整的软件，而后门是系统中软件所具有的特定功能。

后门的产生有两种情况：一种是软件厂商或开发者留下的，另一种是攻击者植入的。

1）开发者用于软件开发调试预留的后门。软件开发人员在软件开发与调试期间，为了测试一个模块，或者为了今后的修改与扩充，或者为了在程序正式运行后，当程序发生故障时能够访问系统内部信息等目的而有意识预留后门。因此，后门通常是一个软件模块的秘密入口，而且由于程序员不会将后门写入软件的开发文档，所以用户也就无从知道后门的存在。当然，后门也可能是软件设计或编程漏洞产生的。不论是软件开发者有意还是无意留下的后门，如果在软件开发结束后不及时删除，后门就可能被软件的开发者秘密使用，也可能被攻击者发现并利用而成为安全隐患。

2）攻击者在软件中设置的后门。后门也可能是恶意的软件开发者故意放置在软件中的，还可能是攻击者为了自己能够顺利重返被入侵系统而设置的。

6. Rootkit

最初，内核套件 Rootkit 是攻击者用来修改 UNIX 操作系统和保持根（Root）权限且不被发现的工具，正是由于它是用来获得 root 后门访问的 kit 工具包，所以被命名为"root"＋"kit"。目前通常所说的 Rootkit 是指一类木马后门工具，通过修改现有的操作系统软件，使攻击者获得访问权限并隐藏在计算机中。

Rootkit 与木马、后门等既有联系又有区别。首先，Rootkit 属于木马的范畴，它用恶意的版本替换修改现有操作系统软件来伪装自己，从而达到掩盖其真实的恶意目的，而这种伪装和隐藏机制正是木马的特性。此外，Rootkit 还作为后门行使其职能，各种 Rootkit 通过后门口令、远程 Shell 或其他可能的后门途径，为攻击者提供绕过检查机制的后门访问通道，这是后门工具的又一特性。Rootkit 强调的是强大的隐藏功能、伪造和欺骗的功能，而木马、后门强调的是窃取功能、远程侵入功能。两者的侧重点不一样，两者结合起来则可以使得攻击者的攻击手段更加隐蔽、强大。

应当说，Rootkit 技术自身并不具备恶意特性，一些具有高级特性的软件（比如反病毒软件）也会使用一些 Rootkit 技术来使自己处在攻击的最底层，进而可以发现更多的恶意攻击。然而，Rootkit 技术一旦被木马、病毒等恶意程序利用，它便具有了恶意特性。一般的防护软件很难检测到此类恶意软件的存在。这类恶意软件就像幕后的黑手一样在操纵着用户的计算机，而用户却一无所知。它可以拦截加密密钥、获得密码甚至攻破操作系统的驱动程序签名机制来直接攻击硬件和固件，获得网卡、硬盘甚至 BIOS 的完全访问权限。

7．恶意脚本

动态程序一般有以下两种实现方式。

- 二进制方式：该方式先将我们编写的程序进行编译，变成机器可识别的指令代码（如.exe 文件），然后再执行。这种编译好的程序只能执行、使用，不使用特殊的工具是看不到程序的内容的。
- 脚本（script）方式：这是使用一种特定的描述性语言，依据一定的格式编写的可执行文件，又称作宏或批处理文件。

脚本简单地说就是一条条的文字命令，这些文字命令是我们可以看到的（如可以用记事本打开查看、编辑），脚本程序在执行时是由系统的一个解释器将其一条条地翻译成机器可识别的指令，并按程序顺序执行。因此，攻击者可以在脚本中加入一些破坏计算机系统的命令，这样一旦诸如浏览器这些解释器调用这类脚本时，便会使用户的系统受到攻击。

【例 7-4】 由 5 个字符组成的一个恶意脚本就可以让计算机彻底死机

将 "%0|%0" 这 5 个字符复制到记事本，并将记事本以 bat 扩展名保存，双击保存好的文件，计算机不到 1min 就会死机。

原理是，%0 是个命令行参数。例如命令 add a b，add 就对应%0，a 对应%1，b 对应%2。"%0|%0" 中符号 "|" 是一个管道符号，表示将前一个命令的输出作为后一个命令的输入。由此可知，这个 bat 文件每次都是将自己的输出作为输入，这样无限循环，并且在每次执行的同时，再开启同样一个过程。此代码会逐渐耗尽内存，最终导致死机。

8．勒索软件

勒索软件是黑客用来劫持用户资产或资源并以此为条件向用户勒索钱财的一种恶意软件。勒索软件通常会将用户系统中的文档、邮件、数据库、源代码、图片等多种文件进行某种形式的加密操作，使之不可用，或者通过修改系统配置文件，干扰用户正常使用系统的方法使系统的可用性降低，然后通过弹出窗口、对话框或生成文本文件等方式向用户发出勒索通知，要求用户向指定账户汇款来获得解密文件的密码或者获得恢复系统正常运行的方法。

这类勒索软件采用了高强度的对称和非对称的加密算法对用户文件进行加密，在无法获取私钥的情况下要对文件进行解密，以个人计算机目前的计算能力几乎是不可能完成的事情。

勒索软件的传播途径和其他恶意软件的传播类似，主要有以下一些方法。

- 垃圾邮件传播。这是最主要的传播方式。攻击者通常会用搜索引擎和爬虫在网上搜集邮箱地址，然后利用已经控制的僵尸网络向这些邮箱发送带有病毒附件的邮件。

- 漏洞传播。攻击者对有漏洞的网站挂马，当用户访问网站时，会将勒索软件下载到用户主机上，进而利用用户系统的漏洞进行侵害。
- 捆绑传播。与其他恶意软件捆绑传播。
- 可移动存储介质、本地和远程驱动器传播。恶意软件会自我复制到所有本地驱动器的根目录中，并成为具有隐藏属性和系统属性的可执行文件。
- 社交网络传播。勒索软件以社交网络中的图片等形式或其他恶意文件载体传播。

7.1.3 软件侵权

1．软件知识产权的概念

知识产权（Intellectual Property）也称"知识所属权"，是权利主体对于智力创造成果和工商业标记等知识产品依法享有的专有民事权利的总称。知识产权是一个不断发展的概念，其内涵和外延随着社会经济文化的发展也在不断拓展和深化。

对一个软件的知识产权主要是该软件的研发者对其依法享有的各种权利，通常包括 5 个方面：版权（著作权）、专利权、商标权、商业秘密和反不正当竞争。

版权又称著作权或作者权，是指作者对其创作的作品享有的人身权和财产权。人身权包括发表权、署名权、修改权和保护作品完成权等；财产权包括作品的使用权和获得报酬权。计算机软件产品开发完成后复制成本低、复制效率高，所以往往成为版权侵犯的对象。

2．软件侵权行为

常见的软件侵权行为包括以下几种。

- 未经软件著作权人许可，发表、登记、修改、翻译其软件。
- 将他人软件作为自己的软件发表或者登记，在他人软件上署名或者更改他人软件上的署名。
- 未经合作者许可，将与他人合作开发的软件作为自己单独完成的软件发表或者登记。
- 复制或者部分复制著作权人的软件。
- 向公众发行、出租、通过信息网络传播著作权人的软件。
- 故意避开或者破坏著作权人为保护其软件著作权而采取的技术措施。
- 故意删除或者改变软件权利管理电子信息。
- 转让或者许可他人行使著作权人的软件著作权。

在软件侵权行为中，对于一些侵权主体比较明确的，一般通过法律手段予以解决，但是对于一些侵权主体比较隐蔽或分散的，政府管理部门受到时间、人力和财力诸多因素的制约，还不能进行全面管制，因此有必要通过技术手段来保护软件。7.4 节将从法律和技术两个方面做介绍。

3．软件逆向工程

在软件侵权行为中，对软件的逆向分析是侵权的基础。软件的版权保护实际上主要是防范软件的逆向分析。

（1）软件逆向工程的概念

1）软件逆向分析工程的定义。软件逆向分析工程简称逆向工程（本书谈及的逆向工程均是指软件逆向分析工程），是一系列对运行于机器上的低级代码进行等价的提升和抽象，最终得到更加容易被人所理解的表现形式的过程。简而言之，软件逆向分析就是关于如何打开一个软件"黑盒子"，并且探个究竟的过程。如图 7-15 所示，可以将这种分析过程看作一个黑盒子，其输入是可以被处理器理解的机器码表示形式，输出则可以表现为图表、文档，甚至源程序代码等多种形式。

图 7-15　软件逆向分析工程

2）软件逆向工程的作用。逆向工程对于软件设计与开发人员、信息安全人员，以及恶意软件开发者或网络攻击者，都是一种非常重要的分析程序的手段。

对于软件设计与开发人员，为了保护自身开发软件的知识产权，一般不会将源程序公开，然而，他们又往往通过对感兴趣的软件进行逆向工程，从而了解和学习这些软件的设计理念及开发技巧，以帮助自己在软件市场竞争中取得优势。一些游戏玩家通过逆向工程技术来设计和实现游戏的外挂。国内的一些软件汉化爱好者也是通过对外文版的软件进行逆向工程，找到目标菜单的源代码，然后用汉语替换相应的外文，完成软件汉化的。

对于恶意软件开发者或网络攻击者，他们使用逆向分析方法对加密保护技术、数字版权保护技术进行跟踪分析，进而实施破解。他们还常常利用逆向工程技术挖掘操作系统和应用软件的漏洞，进而开发或使用漏洞利用程序，获取应用软件关键信息的访问权，甚至完全控制整个系统。

对于软件开发人员尤其是信息安全人员，可以使用逆向分析技术对二进制代码进行审核，跟踪分析程序执行的每个步骤，主动挖掘软件中的漏洞；也可以进一步对代码实现的质量和鲁棒性进行评估，这为无法通过查阅软件源代码来评估代码的质量和可靠性提供了新途径；还可以对恶意程序进行解剖和分析，为清除恶意程序提供帮助。

3）软件逆向工程的正确应用。合理利用逆向工程技术，将有利于打破一些软件企业对软件技术的垄断，有利于中小软件企业开发出更多具有兼容性的软件，从而促进软件产业的健康发展。

不过，技术从来都是一把双刃剑，逆向工程技术也已成为剽窃软件设计思想、侵犯软件著作权的利器。对于侵权的、不合理的逆向工程，各国政府都采取了很多法律措施进行规范和打击。世界知识产权组织在《WIPO 知识产权手册：政策、法律与使用》（WIPO Intellectual Property Handbook: Policy, Law and Use）中认定：软件合法用户对软件进行反编译的行为，应不利用所获取的信息开发相似的软件，并不会与著作权所有人正常使用软件冲突，也不会对著作权所有人的合法权益造成不合理的损害。

当然，许多国家，包括中国的相关法律部门都认为：只要反编译并非以复制软件为目的，在实施反编译行为的过程中所涉及的复制只是一种中间过渡性的复制，反编译最终所达到的目的是使公众可以获得包含在软件中不受著作权保护的成分，这样的反编译并不会被认为是侵权。

（2）软件逆向分析的方法

针对软件的逆向分析方法通常分为 3 类：动态分析、静态分析以及动静结合的逆向分析，实际应用中常根据目标程序的特点以及希望通过分析达到的目的等因素来选择。

1）动态逆向分析方法。动态分析是一个将目标代码变换为易读形式的逆向分析过程，但是，这里不是仅仅静态阅读变换之后的程序，而是在一个调试器或调试工具中加载程序，然后一边运行程序一边对程序的行为进行观察和分析。这些调试器或调试工具包括：一些集成开发环境（Integrated Development Environment，IDE）提供的调试工具、操作系统提供的调试器以及软件厂商开发的调试工具。

例如在软件的开发过程中，程序员会使用一些 IDE（如 Visual C++ 6.0、Visual Studio 2013）提供的调试工具，观察软件的执行流程，以及软件内部变量值的变化等，以便高效地找出软件中存在的错误。

调试者还可以借助操作系统提供的调试器和一些调试工具，例如，Windows 调试器（WinDbg）以指令为单位执行程序，可以随时中断目标的指令执行，以观察当前的执行情况和相关计算的结果。此外，还有一些著名的动态逆向分析调试工具，如 OllyDbg。

2）静态逆向分析方法。静态逆向分析是相对于动态执行程序进行逆向分析而言的，是指不执行代码而是使用反编译、反汇编工具，把程序的二进制代码翻译成汇编语言，之后，分析者可以手工分析，也可以借助工具自动化分析。静态分析方法能够精确地描绘程序的轮廓，从而可以轻易地定位自己感兴趣的部分来重点分析。

静态逆向分析的常用工具有 IDA Pro、C32Asm、Win32Dasm、VB Decompiler pro 等。前面提及的 OllyDbg 虽然也具有反汇编功能，但其反汇编辅助分析功能有限，因而仍算作是动态调试工具。

3）动静结合的逆向分析方法。人们经常采用动静结合的逆向分析，通过静态分析达到对代码整体的掌握，通过动态分析观察程序内部的数据流信息。动态分析和静态分析需要相互配合，彼此为对方提供数据，以帮助对方更好地完成分析工作。

动静结合的逆向分析能够很好地达到软件逆向分析的要求，但也存在着结构复杂、难以实现等不足。如何有效地将两种框架结合起来是国内外许多研究机构和学者的研究兴趣所在。

7.2 安全软件工程

程序的正确性和安全性都应当是由程序的编写者来保证的。在编写程序的一开始就必须将安全因素考虑在内，然而事实是很多程序员在设计时都忘记了这一点。

作为一个程序员，必须认识到每一个应用软件的安全问题，即使只是一个小的漏洞，也有可能会被黑客发现并被利用来进行攻击，由此造成巨大的损失。

忽略了软件的安全性大致来说有两种。第一种是直接进行设计、编写、测试，然后发布，忘记了程序的安全性。或者设计者自认为已经考虑到了，而做出了错误的设计。第二种错误是在程序完成以后才考虑添加安全因素，在已经完成了的功能外包裹上安全功能。这样做不仅要付出非常昂贵的代价，更重要的是添加的安全功能有可能会影响已经实现的功能，甚至会造成某些功能的不可实现。

本节首先介绍具有代表性的 4 类安全开发模型，然后重点介绍其中之一的微软软件安全开发生命周期模型。

7.2.1 软件安全开发模型

软件安全开发主要是从生命周期的角度，对安全设计原则、安全开发方法、最佳实践和安全专家经验等进行总结，通过采取各种安全活动来保证得到尽可能安全的软件。主要模型有：

1）微软的软件安全开发生命周期模型（Secure Development Lifecycle，SDL），以及相关的敏捷 SDL 和 ISO/IEC 27034 标准。

2）McGraw 的内建安全模型（Building Security In，BSI），以及 BSI 成熟度模型（Building Security In Maturity Model，BSIMM）。

3）美国国家标准与技术研究院（NIST）的安全开发生命周期模型。

4）OWASP 提出的综合的轻量级应用安全过程（Comprehensive Lightweight Application Security Process，CLASP），以及软件保障成熟度模型（Software Assurance Maturity Model，SAMM）。

以上各类模型的核心思想是，为了开发尽可能安全的软件，把安全活动融入软件生命周期的各个阶段中去。

7.2.2 微软的软件安全开发生命周期模型

1. SDL 模型及简化描述

2002 年，微软推行可信计算计划，期望提高微软软件产品的安全性。2004 年，微软公司的 Steve Lipner 在计算机安全应用年度会议（ACSAC）上提出了可信计算安全开发生命周期（Trustworthy Computing Security Development Lifecycle）模型，简称安全开发生命周期（Security Development Lifecycle，SDL）模型。

SDL 模型是由软件工程的瀑布模型发展而来，是在瀑布模型的各个阶段添加了安全活动和业务活动目标。SDL 模型的简化描述如图 7-16 所示，它包括了必需的安全活动：安全培训、安全需求分析、安全设计、安全实施、安全验证、安全发布和安全响应。为了实现所需安全目标，软件项目团队或安全顾问可以自行添加可选的安全活动。

图 7-16　微软的 SDL 简化模型

2. SDL 模型 7 个阶段的安全活动

应用 SDL 模型开发过程中 7 个阶段的安全活动介绍如下。

第 1 阶段：安全培训

在软件开发的初始阶段，针对开发团队和高层进行安全意识和能力培训，使之了解安全基础知识以及安全方面的最新趋势，同时能针对新的安全问题与形势持续提升团队的能力。

第 2 阶段：安全需求分析

在安全需求分析阶段，确定软件安全需要遵循的安全标准和相关要求，建立安全和隐私要求的最低可接受级别。质量门和缺陷等级用于确立安全与隐私质量的最低可接受级别。还要进行安全和隐私风险评估。

第 3 阶段：安全设计

在安全设计阶段，从安全性的角度定义软件的总体结构。通过分析攻击面，设计相应的功能和策略，降低并减少不必要的安全风险，同时通过威胁建模，分析软件或系统的安全威胁，提出缓解措施。

此外，项目团队还必须理解"安全的功能"与"安全功能"之间的区别。"安全的功能"定义为在安全方面进行了完善设计的功能，比如在处理之前对所有数据进行严格验证或是通过加密方式可靠地实现加密服务。"安全功能"定义为具有安全影响的程序功能，如 Kerberos 身份验证或防火墙。

第 4 阶段：安全实施

在安全实施阶段，按照设计要求，对软件进行编码和集成，实现相应的安全功能、策略以及缓解措施。在该阶段通过安全编码和禁用不安全的 API，可以减少实现时导致的安全问题和由编码引入的安全漏洞，并通过代码静态分析等措施来确保安全编码规范的实施。

第 5 阶段：安全验证

在安全验证阶段，通过动态分析和安全测试手段，检测软件的安全漏洞，全面核查攻击面，检查各个关键因素上的威胁缓解措施是否得以正确实现。

第 6 阶段：安全发布

在安全发布阶段，建立可持续的安全维护响应计划，对软件进行最终安全核查。本阶段应将所有相关信息和数据存档，以便对软件进行发布与维护。这些信息和数据包括所有规范、源代码、二进制文件、专用符号、威胁模型、文档、应急响应计划等。即使在发布时不包含任何已知漏洞的程序，也可能面临日后出现新的威胁。

第 7 阶段：安全响应

在安全响应阶段，响应安全事件与漏洞报告，实施漏洞修复和应急响应。同时发现新的问题与安全问题模式，并将它们用于 SDL 的持续改进过程中。

除了以上 7 个必选阶段的安全活动，SDL 还包括了可选的安全活动。可选的安全活动通常在软件应用程序可能用于重要环境或方案时执行。这些活动通常由安全顾问在附加商定要求中指定，以确保对某些软件组件进行更高级别的安全分析。如人工代码审核、渗透测试等。

3．SDL 模型实施的基本原则

SD3+C 原则是 SDL 模型实施的基本原则，其基本内容如下：

- 安全设计（Secure by Design）。在架构设计和实现软件时，需要考虑保护其自身及其存储和处理的信息，并能抵御攻击。
- 安全配置（Secure by Default）。在现实世界中，软件达不到绝对安全，所以设计者应假定其存在安全缺陷。为了使在攻击者针对这些缺陷发起攻击时造成的损失最小，软件在默认状态下应具有较高的安全性。例如，软件应在最低的所需权限下运行，非广泛需要的服务和功能在默认情况下应被禁用或仅可由少数用户访问。
- 安全部署（Security by Deployment）。软件需要提供相应的文档和工具，以帮助最终用户或管理员安全使用。此外，更新应该易于部署。
- 沟通（Communication）。软件开发人员应为产品漏洞的发现准备响应方案，并与系统应用的各类人员不断沟通，以帮助他们采取保护措施（如打补丁或部署变通办法）。

7.3 恶意代码防范

微课视频 7-3
恶意代码防范

恶意代码的防范途径主要包括管理防治和技术防护两个方面。本节首先介绍包括恶意代码涉及的法律惩处在内的防治管理，然后介绍恶意代码的技术防护措施。

7.3.1 我国对恶意代码的法律惩处与防治管理

1．恶意代码涉及的法律问题

越来越多的新型恶意代码造成的危害已引起世界各国高度重视。各国政府和许多组织纷纷调整自己的安全战略和行动计划，在不断加强技术防治的同时，也积极从法律规范建设和管理制度建设等方面采取措施，打击恶意代码犯罪，加强恶意代码防范。

自 20 世纪 90 年代起，我国先后制定了若干防治计算机病毒等恶意代码的法律规章，如《计算机信息系统安全保护条例》《计算机病毒防治管理办法》《计算机信息网络国际联网安全保护管理办法》，以及 2017 年 6 月 1 日起施行的《网络安全法》等。

这些法律法规都强调了以下两点。

- 制作、传播恶意代码是一种违法犯罪行为。
- 疏于防治恶意代码也是一种违法犯罪行为。

文档资料 7-1
恶意代码相关的法律惩处

2．恶意代码的防治管理

（1）增强法律意识，自觉履行恶意代码防治责任

必须认识到，制作、传播恶意代码是一种违法犯罪行为，疏于防治恶意代码也是一种违法犯罪行为。

许多单位和个人对恶意代码的防范存在侥幸心理，对履行恶意代码防治工作麻痹大意。有的认为自己的计算机不会感染恶意代码，不采取有效的防治措施，结果造成计算机被恶意代码感染和攻击；有的虽采用了计算机病毒防护技术措施，却认为可以一劳永逸，忽视了及时更新计算机病毒防治产品的版本，使之被新的计算机病毒感染；有些从事计算机及媒体销售、维修、出租的单位和个人，缺乏对计算机病毒防范工作的重视，在经营活动中不采取任何计算机病毒检测措施，或不及时进行计算机病毒检测。

以上这些行为，不仅给自己造成了严重损失，甚至还危害了国家、集体或他人的利益。这些对法定的恶意代码防治义务不作为的违法行为，其后果是要依法承担相应的民事责任、行政责任，直至刑事责任。从表面上看，对履行恶意代码防治义务存有侥幸心理和麻痹大意是由于计算机用户对恶意代码相关知识缺乏必要了解所致，但究其原因是其法律意识淡薄。法律意识是公民守法的重要保证，学习法律知识，增强法律意识，履行法定责任，杜绝违法行为，直接关系到人们能否有效地防范和控制恶意代码的危害，把恶意代码造成的损失降到最低。

（2）健全管理制度，严格执行恶意代码防治规定

恶意代码防治管理制度就是要将计算机信息系统的使用人员和管理人员该作为与不该作为的主要事项，通过制度加以规定：对目前已经实施，以及将要实施的恶意代码防治的各项技术措施与管理措施，通过制度加以规范，以制度规定的程序或模式持久进行。

面对恶意代码日益猖獗的严峻形势，一方面广大计算机用户单位和个人及计算机病毒防治产品生产、销售、检测等单位必须增强做好恶意代码防治工作的责任感和紧迫感，从维护社会稳定、保障经济建设、促进国家信息化发展的高度，认真履行法律法规及政府规章所规定的恶意代码防治义务。另一方面，政府信息主管部门、公安部门以及其他相关部门应该依法加强对单位和个人恶意代码防治工作的监管力度，对国民经济和社会发展有重大影响的单位或部门的恶意代码防治的技术措施、管理制度及实施情况，组织专家进行检查和评估；对重大计算机病毒案件或事件进行调查；对计算机病毒防治产品进行认证；对没有依法履行恶意代码防治义务的单位和个人及时依法惩处，保障计算机信息系统的安全，维护国家、集体和计算机用户的合法权益。

7.3.2 面向恶意代码检测的软件可信验证

文档资料 7-2
恶意代码防治管理制度

1．恶意代码的系统化防范思想

恶意代码检测的传统方法主要有特征码方法、基于程序完整性的方法、基于程序行为的方法以及基于程序语义的方法等。近年来又出现了许多新型的检测方法，如基于机器学习、深度

学习等人工智能的方法等。各种检测方法都有一定的侧重点，有的侧重于提取判定依据，有的侧重于设计判定模型。

面对恶意代码攻击手段的综合化、攻击目标的扩大化、攻击平台的多样化、攻击通道的隐蔽化、攻击技术的纵深化，采用单一技术的恶意代码检测变得越来越困难。为此，本书从一个系统化、宏观的角度来探讨恶意代码的防范问题。

在网络空间环境中，攻击者可以肆意传播恶意代码，或是对正常软件进行非法篡改，或捆绑恶意软件，以达到非法目的。可以说，恶意软件的泛滥及其产生严重危害的根源是软件的可信问题。

在网络空间环境中，计算机系统，包括硬件及其驱动程序、网络、操作系统、中间件、应用软件、信息系统使用者以及系统启动时的初始化操作等形成的链条上的任何一个环节出现问题，都会导致计算机系统的不可信，其中各种应用软件的可信性问题是一个重要环节。

由于网络的应用规模不断扩展，应用复杂度不断提高，所涉及的资源种类和范围不断扩大，各类资源具有开放性、动态性、多样性、不可控性和不确定性等特性，这都对网络空间环境下软件的可信保障提出了更高的要求。人们日益认识到，在网络空间环境下软件的可信性已经成为一个亟待解决的问题。

影响软件可信的因素包括软件危机、软件缺陷、软件错误、软件故障、软件失效以及恶意代码的威胁等。本节所关注的是恶意代码所带来的软件可信问题。

2．软件可信验证模型的提出

对于软件可信问题的讨论由来已久。Anderson 于 1972 年首次提出了可信系统的概念，自此，应用软件的可信性问题就一直受到广泛关注。多年来，人们对于可信的概念提出了很多不同的表述，ISO/IEC15408 标准和可信计算组织（Trusted Computing Group）将可信定义为：一个可信的组件、操作或过程的行为在任意操作条件下是可预测的，并能很好地抵抗应用软件、病毒以及一定的物理干扰造成的破坏。概括而言，如果一个软件系统的行为总是与预期相一致，则可称之为可信。可信验证可从以下 4 个方面进行，建立的软件可信验证 FICE 模型如图 7-17 所示。

1）软件特征（Feature）可信。要求软件独有的特征指令序列总是处于恶意软件特征码库之外，或其哈希值总是保持不变。其技术核心是特征码的获取和哈希值的比对。

2）软件身份（Identity）可信。要求软件对于

图 7-17　软件可信验证 FICE 模型

计算机资源的操作和访问总是处于规则允许的范围之内。其技术核心是基于身份认证的访问授权与控制，如代码签名技术。

3）软件能力（Capability）可信。要求软件系统的行为和功能是可预期的。其技术核心是软件系统的可靠性和可用性，如源代码静态分析法、系统状态建模法等，统称为能力（行为）可信问题。

4）软件环境（Environment）可信。要求其运行的环境必须是可知、可控和开放的。其技术核心是运行环境的检测、控制和交互。

通过对软件特征、身份（来源）、能力（行为）和运行环境的直接采集与间接评估，从而对

软件的可信性做出全面、准确的判断，以保证软件的安全、可靠、可用。

3．特征可信验证

从软件特征的角度进行可信验证，主要采用基于特征码的验证方法、完整性验证以及污点跟踪技术。

（1）基于特征码的验证方法

基于特征可信验证的特征码扫描技术，首先提取已知恶意软件所独有的特征指令序列，并将其更新至病毒特征码库，在检测时将当前文件与特征库进行对比，判断是否存在某一文件片段与已知样本相吻合，从而验证文件的可信性。

基于特征码的验证方法其优点是判断准确率高、误报率低，因此成为主流的恶意代码检测方法。然而，该验证方法无法检测未知的恶意代码，无法有效应对 0 day 攻击，通常需要一部分主机感染病毒后，才能提取其特征码。另外，模糊变换技术会导致该方法无法检测到那些在传播过程中自动改变自身形态的恶意代码，从而有效提高了恶意代码的生存能力。

（2）完整性验证

完整性验证方法无须提取软件的独有特征指令序列，首先计算正常文件的哈希值（校验和），并将其保存起来，当需要验证该文件的可信性时，只需再次计算其哈希值，并与之前保存起来的值比较，若存在差异，则说明该文件已被修改，成为不可信软件。例如，完整性验证法常用于验证下载软件的可信性。

由于完整性验证方法本质上是考察文件自身的校验和，而不依赖外部信息，因此它既可以用来检测已知病毒，也可以用来检测未知病毒。这种方法的最大局限是验证的滞后性，只有当感染发生后方可验证相应文件的可信性，而且文件内容变化的原因很多（如软件版本更新、变更口令、修改运行参数等），所以易产生误报；另外，该方法需要维护庞大的正常文件哈希值库，该哈希值库自身也就成了安全软肋，可能遭到感染和破坏；再者，对于一些大型的系统，其文件数量庞大，若对每个文件计算哈希值并保存，便应对系统的效率和性能提出较高的要求。

（3）污点跟踪技术

动态污点跟踪分析法的技术路线是：将来自于网络等不可信渠道的数据都标记为"被污染"的，且经过一系列算术和逻辑操作之后产生的新数据也会继承源数据的"是否被污染"的属性，这样一旦检测到已被污染的数据作为跳转（jmp）和调用（call, ret）等操作，以及其他使 EIP 寄存器被填充为"被污染数据"的操作，都会被视为非法操作，此后系统便会报警，并生成当前相关内存、寄存器和一段时间内网络数据流的快照，然后传递给特征码生成服务器，以作为生成相应特征码的原始资料。

上述步骤中提取的特征码原始资料，由于是在攻击发生时的快照，而且只提取被污染的数据，而不是攻击成功后执行的恶意代码，因而具有较大的稳定性和准确性，非常有利于特征码生成服务器从中提取出比较通用、准确的特征码，以降低误报率。

4．身份（来源）可信验证

通常，用户获得的软件程序不是购自供应商，就是来自网络的共享软件，用户对这些软件往往非常信赖，殊不知正是由于这种盲目的信任，将可能招致重大的损失。

传统的基于身份的信任机制主要提供面向同一组织或管理域的授权认证。如 PKI 和 PMI 等技术依赖于全局命名体系和集中可信权威，对于解决单域环境的安全可信问题具有良好效果。然而，随着软件应用向开放和跨组织的方向发展，如何在不可确知系统边界的前提下实现有效的身份认证，如何对跨组织和管理域的协同提供身份可信保障已成为新的问题。因此，代码签名技术应运而生。

如图 7-18 所示，软件发布者代码签名的过程如下。

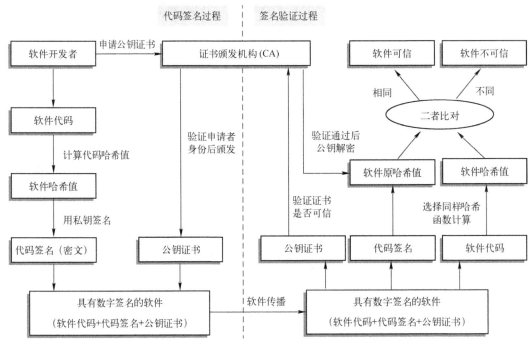

图 7-18　代码签名与验证过程

1）到 CA 中心申请一个公钥证书。

2）使用哈希函数计算代码的哈希值，并用申请到的私钥对该哈希值进行签名，然后将该签名后的哈希值与原软件合成，并封装公钥证书，生成包含数字签名的新软件。

如图 7-18 所示，用户验证签名的过程如下。

1）用户的运行环境访问到该软件包，并检验软件发布者的代码签名证书的有效性。由于发布代码签名证书机构的根证书已经嵌入用户运行环境的可信根证书库，所以运行环境可验证发布者代码签名证书的真实性。

2）用户的运行环境使用软件数字签名中含有的公钥证书来解密私钥签名，获得软件的原哈希值。

3）用户的运行环境使用同样的算法新产生一个原代码的哈希值。

4）用户的运行环境比较两个哈希值，若两个值一致，则表明用户可以相信该代码确实由证书拥有者发布，并且未经篡改。

实际应用过程中，用户代码签名用的公钥证书不一定到证书颁发机构去验证，用户的计算机操作系统中如果安装了证书颁发机构的根证书，操作系统将可以直接帮助用户验证证书的合法性。

代码签名技术可以用来进行代码来源（身份）可信性的判断，即通过软件附带的数字证书进行合法性、完整性的验证，以免受恶意软件的侵害。

从用户角度，可以通过代码签名服务鉴别软件的发布者及软件在传输过程中是否被篡改。如果某软件在用户计算机上执行后造成恶性后果，由于代码签名服务的可审计性，用户可依法向软件发布者索取赔偿，将很好地制止软件开发者发布攻击性代码的行为。

从软件开发者和 Web 管理者的角度，利用代码签名的抗伪造性，可为其商标和产品建立一定信誉。利用可信代码服务，一方面开发者可借助代码签名获取更高级别权限的 API，设计各种功能强大的控件和桌面应用程序来创建出丰富多彩的页面，另一方面用户也可以理性地选择所需下载的软件包。并且利用代码签名技术，还可以大大减少客户端防护软件误报病毒或恶意程序的可能性，使用户在多次成功下载并运行具有代码签名的软件后，和开发者间的信任关系得到巩固。同时，该技术也保护了软件开发者的权益，使软件开发者可以安全、快速地通过网络发布软件产品。

从客户端安全防护的角度，经过代码签名认证过的程序能够获得更高的系统 API 授权。一些硬件驱动文件或 64 位操作系统内核驱动文件也要求必须首先经过代码签名才能够在客户端上正确地加载执行。

但是代码签名技术最大的问题在于，代码签名技术无法验证软件安装后的行为，即可能会出现被签名了的恶意软件。恶意软件的开发者也可以按照上述步骤对其恶意软件进行签名并发布，以骗取用户的信任，从而实现非法目的，而普通用户在不了解软件开发者的情况下是无法在验证签名者信息时做出正确而明智的选择的。

【例 7-5】 Windows 10 操作系统中关键文件的签名验证。

在 Cortana 搜索栏输入"sigverif"命令，打开"文件签名验证"对话框，如图 7-19 所示。单击"开始"按钮进入文件签名的系统验证过程。验证结果显示如图 7-20 所示。

图 7-19 "文件签名验证"对话框　　　　　图 7-20　签名验证结果

返回到"文件签名验证"对话框中，单击"高级"按钮。在弹出的"高级文件签名验证设置"对话框中，单击"查看日志"按钮，可以查看签名验证的记录，如图 7-21 所示。

图 7-21　查看签名验证记录

5. 能力（行为）可信验证

可以从分析软件的静态行为和动态行为两大方面进行软件的能力可信验证。

（1）静态行为分析

所谓"静态分析"是指，在不运行可执行程序的前提下，对其进行分析，收集其中所包含信息的方法。基本过程是：在程序加载前，首先利用反汇编工具扫描其代码，查看其模块组成和系统函数调用情况，然后与预先设置好的一系列恶意程序特征函数集进行交集运算，这样可确定待验证软件的危险系统函数调用情况，并大致估计其功能和类型，从而判断出该软件的可信性。

源代码静态分析法对于未知的不可信软件具有较强的检测能力，但其也存在诸多不足：

● 误报率较高。由于很难准确定义恶意程序函数调用集合，该方法容易产生误报。

● 实现困难。源代码往往很难获得，即使进行反编译，对于反编译后代码的分析依赖于代码分析人员的素质。

（2）动态行为分析

所谓"动态分析"是指，在一个可以控制和检测的环境下，通常是虚拟机环境中，运行可执行文件，通过对诸如系统的关键位置，关键资源消耗情况，CPU 任务调度、内存分配管理等内核状态等进行全方位、多角度的实时监测，捕获软件在安装、启动和运行时的多种行为特征，然后结合机器学习等方面的技术，利用程序行为样本库中的样本行为对训练模块进行训练，提取出规则、知识，从而使验证模块能够对检测到的软件行为做出自动化评定，区分出可信软件和危险软件。一种动态分析的工作流程如图 7-22 所示。

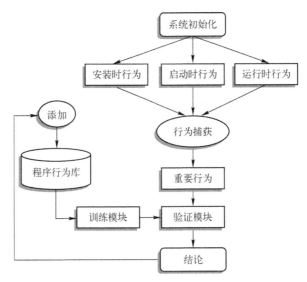

图 7-22　一种动态分析的工作流程

【例 7-6】　对程序行为进行动态分析。

目前大多数的反病毒软件中都具有对程序行为进行动态分析的功能，图 7-23 所示为 NOD32 防病毒软件中软件行为监测功能 HIPS 设置界面，图 7-24 所示为 360 对程序异常行为监测报警的界面。

Windows 10 操作系统中提供了一个轻量级的"虚拟机"——Windows 沙盒，它与宿主机隔离运行，拥有大部分 Windows 10 操作系统的功能，但不保存所有设置、文件。因此，可以将可疑程序在沙盒中运行，即使真是恶意代码也无所谓，关闭沙盒后一切还原。

Windows 10 沙盒的开启方式是，在 Cortana 搜索栏输入"功能"，找到"启用或关闭 Windows 功能"，打开"Windows 功能"对话框，如图 7-25 所示。在"启动或关闭 Windows 功能中"找到"Windows 沙盒",添加此功能。重启计算机之后就可以在"开始"菜单中找到"Windows Sandbox"使用了。

图 7-23 软件行为监测功能 HIPS 设置界面

图 7-24 程序异常行为监测报警

图 7-25 "Windows 功能"对话框

6. 运行环境可信验证

随着虚拟机技术的飞速发展,虚拟化恶意软件已悄然出现。所谓"虚拟化恶意软件"是指,在支持虚拟化功能的 CPU 上运行操作系统,即在目标系统和硬件层之间插入虚拟机监视器(Virtual Machine Monitor, VMM),使目标系统运行在虚拟机监控器之上,并受其完全控制。

例如,一种名为虚拟机 Rootkit(Virtual-Machine Based Rootkit, VMBR)的实验室恶意软件,对系统具有更高的控制程度,能够提供多方面的功能,并且其状态和活动对运行在目标系统中的安全检测程序来说是不可见的。VMBR 在正在运行的操作系统下安装一个 VMM,并将这个原有操作系统迁移到虚拟机里,而目标系统中的软件无法访问到它们的状态,因此 VMBR 很难被检测和移除。

应当说,虚拟机恶意软件的出现提醒了大家,软件的运行环境也可能有问题,需要进行验证。对于虚拟机恶意软件的检测是个新课题,目前主要还是前述一些方法的研究应用。

7.4 软件知识产权保护

本节分别从软件知识产权的法律保护和技术保护两个方面展开介绍。

7.4.1 软件知识产权的法律保护

软件知识产权保护首先是一个法律问题。本节先介绍软件知识产权保护的若干种途径，然后介绍《计算机软件保护条例》等法律法规中知识产权保护的核心内容。

1. 软件知识产权的法律保护途径

- 按照国际惯例和我国法律，知识产权主要是通过版权（著作权）进行保护的，我国于1991 年首次颁布了《计算机软件保护条例》。因此，公司或个人开发完成的软件应及时申请软件著作权保护，这是一项主要手段。
- 软件公司或软件开发者还可以通过申请专利来保护软件知识产权，但是专利对象必须具备新颖性、创造性和实用性，这样使有的产品申请专利十分困难。
- 软件可以作为商品投放市场，因而大批量的软件可以用公司的专用商标，即计算机软件也受到商标法的间接保护，但是少量生产的软件难以采用商标法保护，而且商标法实际上保护的是软件的销售方式，而不是软件本身。
- 软件公司或软件开发者还可以运用商业秘密法保护软件产品。

由于以上各种法律法规并不是专门为保护软件所设立，单独的某一种法律法规在保护软件方面都有所不足，因此应综合运用多种法规来达到软件保护的目的。

2. 法律法规中知识产权保护的核心内容

（1）《计算机软件保护条例》

按照我国现有法律的定义，计算机软件是指计算机程序及其文档资料。软件（程序和文档）具有与文字作品相似的外在表现形式，即表达，或者说软件的表达体现了作品性，因而软件本身所固有的这一特性——作品性，决定了它的法律保护方式——版权法，这一点已被软件保护的发展史所证实。

版权法在我国被称为《中华人民共和国著作权法》（下面简称《著作权法》），该法第三条规定，计算机软件属于《著作权法》保护作品之一。

2001 年 12 月 20 日，中华人民共和国国务院令第 339 号发布了《计算机软件保护条例》，2011 年 1 月 8 日第一次修订，2013 年 1 月 30 日第二次修订。该条例根据《著作权法》制定，旨在保护计算机软件著作权人的权益，调整计算机软件在开发、传播和使用中发生的利益关系，鼓励计算机软件的开发与应用，促进软件产业和国民经济信息化的发展。

（2）《中华人民共和国专利法》

许多国家的专利法都规定，对于智力活动的规则和方法不授予专利权。我国《专利法》第二十五条第二款也做出明确规定。因此，如果发明专利申请仅仅涉及程序本身，即纯"软件"，或者是记录在软盘及其他机器可读介质载体上的程序，则就其程序本身而言，不论它以何种形式出现，都属于智力活动的规则和方法，因而不能申请专利。但是，如果一件含有计算机程序的发明专利申请能完成发明目的，并产生积极效果，构成一个完整的技术方案，也不应仅仅因为该发明专利申请含有计算机程序，而判定为不可以申请专利。

从计算机软件本身的固有特性来看，它既具有工具性又具有作品性。受《专利法》保护的是软件的创造性设计构思，而受《著作权法》保护的则是软件作品的表达。在软件作品的保护实践中，如果遇到适用法律的冲突，《著作权法》第七条规定将适用于专利法。

（3）商业秘密所有权保护

我国现在没有商业秘密保护法，相关保护在其他法规中，如《中华人民共和国保守国家秘密法》（以下简称《保密法》）、《中华人民共和国反不正当竞争法》和《中华人民共和国刑法》等。

商业秘密是一个范围更广的保密概念，它包括技术秘密、经营管理经验和其他关键性信息，就计算机软件行业来说，商业秘密是关于当前和设想中的产品开发计划、功能和性能规格、算法模型、设计说明、流程图、源程序清单、测试计划、测试结果等资料；也可以包括业务经营计划、销售情况、市场开发计划、财务情况、顾客名单及其分布、顾客的要求及心理、同行业产品的供销情况等。对于计算机软件，如能满足以下条件之一，则适用于营业秘密所有权保护。

1）涉及计算机软件的发明创造，达不到《专利法》规定的授权条件的。

2）开发者不愿意公开自己的技术，因而不申请专利的。

这些不能形成专利的技术视为非专利技术，对于非专利技术秘密和营业秘密，开发者具有使用权，也可以授权他人使用。但是，这些权利不具有排他性、独占性。也就是说，任何人都可以独立地研究、开发，包括使用还原工程方法进行开发，并且在开发成功之后，也有使用转让这些技术秘密的权利，而且这种做法不侵犯原所有权人的权利。

在我国，可运用《保密法》保护技术秘密和营业秘密。

（4）《中华人民共和国商标法》

目前，全世界已经有 150 多个国家和地区颁布了商标法或建立了商标制度，我国的商标法是 1982 年 8 月颁布的，1993 年进行了修改。

计算机软件可以通过对软件名称进行商标注册加以保护，一经国家商标管理机构登记获准，该名称的软件即可取得专有使用权，任何人都不得使用该登记注册过的软件名称。否则就是假冒他人商标欺骗用户，从而构成商标侵权，触犯商标法。

（5）《互联网著作权行政保护办法》

网络已成为信息传播和作品发表的主流方式，同时也对传统的版权保护制度提出了挑战。为了强化全社会对网络著作权保护的法律意识，建立和完善包括网络著作权立法在内的著作权法律体系，采取有力措施促进互联网的健康发展，由国家版权局、信息产业部共同颁布的《互联网著作权行政保护办法》（以下简称《办法》）于 2005 年 4 月 30 日发布，并于该年 5 月 30 日起实施。

《办法》的出台填补了在网络信息传播权行政保护方面规范的空白，其规定的通知和反通知等内容完善了原有的司法解释，对信息网络传播权的行政管理和保护，乃至互联网产业和整个信息服务业的发展产生了积极影响。

《办法》在我国首先推出了通知和反通知组合制度，即著作权人发现互联网传播的内容侵犯其著作权，可以向互联网信息服务提供者发出通知；接到有效通知后，互联网信息服务提供者应当立即采取措施移除相关内容。在互联网信息服务提供者采取措施移除后，互联网内容提供者可以向互联网信息服务提供者和著作权人一并发出说明被移除内容不侵犯著作权的反通知。接到有效的反通知后，互联网信息服务提供者即可恢复被移除的内容，且对该恢复行为不承担行政法律责任。同时，规定了互联网信息服务提供者收到著作权人的通知后，应当记录提供的信息内容及其发布的时间、互联网地址或者域名；互联网接入服务提供者应当记录互联网内容提供者的接入时间、用户账号、互联网地址或者域名、主叫电话号码等信息，并且保存以上信息 60 天，以便于著作权行政管理部门查询。

（6）《信息网络传播权保护条例》

《信息网络传播权保护条例》（以下简称《条例》）于 2006 年 5 月 10 日国务院第 135 次常务会议通过，5 月 18 日颁布，自 2006 年 7 月 1 日起施行。

我国《著作权法》对信息网络传播权保护已有原则规定，但是随着网络技术的快速发展，通过信息网络传播权利人作品、表演、录音录像制品（以下统称作品）的情况越来越普遍。如何调整权利人、网络服务提供者和作品使用者之间的关系，已成为互联网发展必须认真加以解决的问题。世界知识产权组织于 1996 年 12 月通过了《版权条约》和《表演与录音制品条约》（以下统称互联网条约），赋予权利人享有以有线或者无线方式向公众提供作品，使公众可以在其个人选定的时间和地点获得该作品的权利。我国《著作权法》将该项权利规定为信息网络传播权，《条例》就是根据《著作权法》的授权而制定的。

根据信息网络传播权的特点，《条例》主要从以下几个方面规定了保护措施：

1）保护信息网络传播权。

2）保护为保护权利人信息网络传播权采取的技术措施。

3）保护用来说明作品权利归属或者使用条件的权利管理电子信息。

4）建立处理侵权纠纷的"通知与删除"简便程序。

《条例》以《著作权法》的有关规定为基础，在不低于相关国际公约最低要求的前提下，对信息网络传播权做了合理限制。

7.4.2 软件版权的技术保护

软件知识产权保护是一个法律问题，也是一个技术问题。按照国际惯例和我国法律，知识产权主要是通过版权（著作权）进行保护的，本节首先讨论软件版权的技术保护目标及基本原则，然后介绍软件版权保护的基本技术。

1．软件版权的技术保护目标及基本原则

软件版权保护旨在保护某个特定的计算机程序以及程序中所包含信息的完整性、保密性和可用性。

（1）软件版权保护的目标

通过技术手段进行软件版权保护主要包括以下几个方面：

1）防软件盗版，即对软件进行防非法复制和使用的保护。

2）防逆向工程，即防止软件被非法修改或剽窃软件设计思想等。

3）防信息泄露，即对软件载体和涉及数据的保护，如加密硬件、加密算法的密钥等。

✉ 说明：

● 软件版权保护的目标是软件保护目标的一个子集。软件保护除了确保软件版权不受侵害以外，还要防范针对软件的恶意代码感染、渗透、篡改、执行等侵害。

● 软件版权保护的许多措施同样可以应用于软件保护。

（2）软件版权保护的基本原则

软件版权保护技术在设计和应用中应遵循以下几条原则：

1）实用和便利性。对软件的合法用户来说，不能在用户使用或安装软件过程中加入太多的验证需求，打断或影响用户的使用，甚至要求改变用户计算机的硬件结构，除非是软件功能上的需要，或只是特定用户群的强制性要求。

2）可重复使用。要允许软件在用户的设备上被重新安装使用。

3）有限的交流和分享。要允许用户在一定范围进行软件的交流使用。不能交流分享的软件是没有活力的，也是难以推广的。当然，这种交流分享不是大范围的、无限制的。

软件版权保护技术可以分为基于硬件和基于软件两大类。随着软件即服务（Software as a Service，SaaS）模式的应用，出现了云环境下软件版权保护的技术。

2．基于硬件的保护技术

基于硬件的保护技术原理是，为软件的运行或使用关联一个物理介质或物理模块，其中包含一个秘密信息，如序列号、一段代码或密钥，并使得这个秘密信息不易被复制、篡改和观察分析。常见的基于硬件的保护技术有软件狗以及可信计算芯片。

（1）软件狗

图 7-26　软件狗产品

软件狗（Software Dog）又叫加密狗或加密锁，如图 7-26 所示，用于对软件使用授权。软件运行过程中，软件狗必须插在用户计算机的 USB 口上，软件会不断检测软件狗，如果没有收到正确响应的话，就会停止运行。软件狗保护的有效性不仅仅在于通过硬件的引入提高了侵权的成本，更在于提高了破解的技术难度。

软件中的注册验证模块和部分关键模块采用高强度加密算法加密存储在该硬件中，软件运行时执行存储在该硬件中的模块，模块解码和执行结果的加密由内置 CPU 完成。可以在硬件驱动中添加反跟踪代码以防止对硬件数据进行截取。因为硬件中包含了程序运行所必需的关键模块，要对软件实施破解必须对程序函数调用进行分析，硬件内置 CPU 实现的加密功能和硬件驱动程序的反跟踪，可以在很大程度上保护功能模块不被仿真及破解。

新一代软件狗正在向智能型方向发展。尽管如此，软件狗仍面临软件狗克隆、动态调试跟踪、拦截通信等破解威胁。攻击者通过跟踪程序的执行，找出和软件狗通信的模块，然后设法将其跳过，使程序的执行不需要和软件狗通信，或是修改软件狗的驱动程序，使之转而调用一个与软件狗行为一致的模拟器。此外，当一台计算机上运行多个需要保护的软件时，就需要多个软件狗，运行时需要更换不同的软件狗，这会给用户带来很大的不便。

（2）可信计算芯片

为了防止软件狗这类硬件设备被跟踪破解，一种新技术是在计算机中安装可信计算模块（Trusted Platform Module，TPM）安全芯片，主要实现以下功能。

- 对程序的加密。因为密钥也封装于芯片中，这样可以保证一台机器上的程序（包括数据）在另一台机器上不能运行或打开。
- 确保软件在安全的环境中运行。

本书已在 2.2.2 节中介绍了 TPM 芯片。

3．基于软件的保护技术

基于软件的保护方式因为其丰富的技术手段和优良的性价比，是目前市场上主流的软件版权保护方式。典型的技术包含以下几类。

（1）注册验证

通过注册验证保护软件版权，要求在软件安装或使用的过程中，按照指定的要求输入由字母、数字或其他符号所组成的注册码，如果注册码正确，软件可以正常使用，反之，软件不能正常使用。

目前，注册验证有以下几种常用方式。

1）安装序列号方式。通过一种复杂的算法生成序列号（Serial Number，SN），在安装过程中，安装程序对用户输入的序列号进行校验来验证该系统是否合法，从而完成授权。

2）用户名+序列号方式。软件供应商给用户提供有效的用户名和序列号，用户在安装过程或启动过程中输入有效的用户名和序列号，软件通过算法校验后即完成软件授权。

3）在线激活注册方式。用户安装软件时输入购买软件的激活码，软件会根据用户机器的关键信息（如 MAC 地址、CPU 序列号、硬盘序列号等）生成一个注册凭证，并在线发送给软件供应商进行验证。激活码以及用户身份信息验证有效后，软件完成授权。

4）许可证保护方式。许可证保护（License Protection）是将软件的授权信息保存在许可证证书中，当使用软件时需要提供许可证证书，无许可证证书则不能正常使用该软件。通常许可证证书以授权文件（KeyFile）或注册表数据的形式存在，文件中存有经过加密的用户授权信息。

攻击者可以采取修改程序绕过注册验证逻辑的方式实现破解，因此，基于注册验证的版权控制还应该与防止对程序进行逆向分析和篡改的技术相结合。

很多商用软件和共享软件采用注册码授权的方式来保证软件本身不被盗用，以保证自身的利益。尽管有很多常用软件的某些版本已经被别人破解，但对于软件这个特殊行业而言，注册码授权方式仍然是一种在用户使用便利性，具有一定交流分享能力和保护软件系统之间平衡的手段。软件开发者往往并不急于限制对软件本身的随意复制、传播和使用，相反，他们还会充分利用网络这种便利的传播媒体来扩大对软件的宣传。对他们来说，自己所开发的软件传播的范围越广越好，使用的人越多越好。

（2）软件水印

软件水印是指把程序的版权信息或用户身份信息嵌入到程序中，以标识作者、发行者、所有者、使用者等。软件水印信息可以被提取出来，用以证明软件产品的版权所有者，由此可以鉴别出非法复制和盗用的软件产品，以保护软件的知识产权。

（3）代码混淆

代码混淆（Code Obfuscation）技术也称为代码迷惑技术。通过代码混淆技术可以将源代码转换为与之功能上等价，但是逆向分析难度增大的目标代码，这样即使逆向分析人员反编译了源程序，也难以得到源代码所采用的算法、数据结构等关键信息。因此，代码混淆可以抵御逆向工程、代码篡改等攻击行为。

（4）软件加壳

加壳是指在原二进制文件（如可执行文件、动态链接库）上附加一段专门负责保护该文件不被反编译或非法修改的代码或数据，以对原文件进行加密或压缩，并修改原文件的运行参数或运行流程，使其被加载到内存中执行时，附加的这段代码（称为保护壳）先于原程序运行，执行过程中先对原程序文件进行解密和还原，完成后再将控制权转交给原程序。加壳后的程序能够增加逆向（静态）分析和非法修改的难度。

（5）虚拟机保护

虚拟机保护（Virtual Machine Protection）的原理是，先模拟产生自己定制的虚拟机，然后将软件程序集代码翻译为这个模拟产生的虚拟机才能解释执行的虚拟机代码。由于软件执行的时候部分运算是在虚拟机中进行的，虚拟机的复杂度很高，软件攻击者需要了解虚拟机的结构或者看懂虚拟机指令集才能够逆向成功，这无疑加大了软件程序集代码被逆向的难度，极大提高了软件程序集的保护强度。

✍小结

对于攻击者而言，基于硬件的保护技术的攻击点是明确的，而基于软件的保护技术虽然有多种，但是各类保护技术或多或少存在不足，仍然面临被攻击的风险。实际应用中，我们可以将基于硬件以及基于软件的多种保护手段结合起来，以增强保护的强度。

4. 云环境下软件的版权保护

云计算环境下，将软件作为一种服务提供给客户的 SaaS 模式，用软件服务代替传统的软件产品销售，不仅可以降低软件消费企业购买、构建和维护基础设施以及应用程序的成本与困难，而且可以使软件免于盗版的困扰。

SaaS 模式已经开始在中小企业中流行起来。例如，软件服务商将自己的财务软件放在服务器上，利用网络向其用户单位有偿提供在线的财务管理系统应用服务，并负责对租用者承担维护和管理软件、提供技术支援等责任。用户单位只需登录到 SaaS 服务商的站点，访问其被授权使用的软件应用系统，就可以在该系统中进行一系列功能操作，很受中小企业用户的欢迎。然而，在 SaaS 模式下，租用者的数据需要保存在软件供应商指定的存储系统中，不管在感觉上还是在具体操作过程中，都存在一定的安全风险。云计算环境下的安全问题又是一个大的课题，本书不展开讨论。

前面介绍的已有的软件保护方式无法满足云计算环境下 SaaS 模式的新需求。例如，对于软件狗这类一次性永久授权模式，其在云计算环境下的弊端是明显的：硬件的存在带来了生产、初始化、物流和维护的成本，无法实现电子化发行，无法实现试用版本和按需购买，额外的接口要求和硬件设备影响软件用户的使用，难以进行升级、跟踪及售后管理等。手工发放序列号的授权方式不易于管理，对于大批量的用户，必须自己建立管理系统，并且软件用户操作复杂，容易出错，购买维护专门的授权服务器的成本也很高。

国内外一些互联网公司适时推出了云环境下的软件授权管理解决方案。例如，Flexera 公司的 FlexNet 系列产品、Bitanswer 公司的比特安索软件授权管理与保护系统等。

📖 拓展阅读

读者要想了解更多软件安全保护的理论和技术，可以阅读以下书籍资料。

[1] 金钟河. 致命 BUG：软件缺陷的灾难与启示 [M]. 叶蕾蕾，译. 北京：机械工业出版社，2016.

[2] 王清. 0 day 安全：软件漏洞分析技术 [M]. 2 版. 北京：电子工业出版社，2011.

[3] 段钢. 加密与解密 [M]. 4 版. 北京：电子工业出版社，2018.

[4] 赵丽莉. 著作权技术保护措施信息安全遵从制度研究 [M]. 武汉：武汉大学出版社，2016.

[5] 应明，孙彦. 计算机软件的知识产权保护 M]. 北京：知识产权出版社，2009.

[6] 陈波，于泠. 软件安全技术 [M]. 北京：机械工业出版社，2018.

7.5 案例拓展：勒索病毒防护

本节案例拓展将回答案例 7-2 中的问题，即中了勒索病毒后如何自救，以及如何加强防护避免中毒。

1. 判断病情

勒索软件具有区别于其他恶意代码的明显特征，本章案例 7-2 中已经展示了这些特征，主要包括以下 3 点。

● 受害主机的文档和数据被加密。

● 文件的图标变为不可打开形式，或者文件扩展名被篡改。文件扩展名通常会被改成勒索病毒家族的名称或其家族代表标志，如 GlobeImposter 家族的扩展名为.dream、.TRUE、.CHAK 等；Satan 家族的扩展名.satan、.sicck；Crysis 家族的扩展名有.ARROW、.arena 等。

● 显示勒索信息。桌面通常会出现新的文本文件或网页文件，显示勒索提示信息、解密联系方式，甚至指导如何支付比特币进行解密。

当确认感染勒索软件后，应当及时采取必要的自救措施。之所以要进行自救，主要是因为：等待专业人员的救助往往需要一定的时间，采取必要的自救措施，可以减少等待过程中损失的进一步扩大，例如，与被感染主机相连的其他服务器也存在漏洞或是有缺陷，将有可能也被感染。

首先介绍自救时的两种错误做法。

（1）使用移动存储设备

有的用户在主机感染勒索病毒后，着急地想用 U 盘、移动硬盘等移动存储设备赶紧复制数据。实际上，由于勒索病毒通常会对感染计算机上的所有文件进行加密，所以当插上 U 盘或移动硬盘时，也会立即对其存储的内容进行加密，从而造成损失扩大。而且，病毒也可能通过 U 盘等移动存储介质进行传播。

所以，当确认已经感染勒索病毒后，切勿在中毒计算机上使用 U 盘、移动硬盘等设备。

（2）读写中毒主机上的磁盘文件

有的用户在主机感染勒索病毒后，轻信网上的各种解密方法或工具，反复读取磁盘上的文件。这样操作后反而会降低数据正确恢复的概率。很多勒索病毒在生成加密文件的同时，会对原始文件采取删除操作。理论上说，使用某些专用的数据恢复软件，还是有可能部分或全部恢复被加密文件的。

所以，如果用户对计算机磁盘进行反复的读写操作，有可能破坏磁盘空间上的原始文件，最终导致原本还有希望恢复的文件彻底无法恢复。

2. 隔离中招主机

感染了勒索病毒后，正确的做法首先应立即隔离被感染主机，以防止已感染主机的勒索病毒自动通过连接的网络继续感染其他服务器继而操控这些服务器，造成更大损失。案例 7-2 中介绍的 WannaCry 勒索病毒就具有此破坏力，能够在很短的时间传播，导致整个局域网主机的瘫痪。

隔离主要包括物理隔离和访问控制。

（1）物理隔离

物理隔离常用的操作方法是断网和关机。如果是笔记本计算机，还需关闭无线网络。

（2）访问控制

访问控制常用的操作方法是增加安全策略和修改登录密码，对访问网络资源的权限进行严格的认证和控制。

增加安全策略主要操作步骤为：在网络侧使用安全设备进行进一步隔离，如防火墙或终端安全监测系统；避免将远程桌面服务（RDP，默认端口为 3389）暴露在公网上（如为了远程运维方便确有必要开启，则通过 VPN 登录后才能访问），并关闭 445、139、135 等不必要的端口。

修改登录密码的主要操作为：立刻修改被感染服务器的登录密码；其次，修改同一局域网下的其他服务器密码；第三，修改最高级系统管理员账号的登录密码。修改的密码应为高强度的复杂密码，一般要求：采用大小写字母、数字、特殊符号混合的组合结构，口令位数足够长（15 位、两种组合以上）。

3. 排查业务系统

在已经隔离被感染主机后，应对局域网内的其他机器进行排查，检查核心业务系统是否受到影响、生产线是否受到影响，并检查备份系统是否被加密等，以确定感染的范围。如果备份系统是安全的，就可以避免支付赎金，顺利地恢复文件。

4．搜索勒索病毒信息对症下药

一些安全厂商提供了勒索病毒搜索引擎，如图7-27所示为360安全公司的勒索病毒搜索引擎。在这些专门的搜索引擎中输入病毒名、勒索邮箱、被加密后文件的扩展名，或直接上传被加密文件、勒索提示信息，即可快速查找到一些勒索病毒的详细信息，这些网站通常还会给出解密工具或是安全防护工具，还会提供安全动态、防护教程等内容。

图7-27　360勒索病毒搜索引擎

● 360安全卫士勒索病毒搜索引擎，http://lesuobingdu.360.cn。
● 腾讯电脑管家勒索病毒搜索引擎，https://guanjia.qq.com/pr/ls。
● 启明VenusEye威胁情报中心勒索病毒搜索引擎，https://lesuo.venuseye.com.cn。
● 奇安信勒索病毒搜索引擎，https://lesuobingdu.qianxin.com。
● 深信服勒索病毒搜索引擎，https://edr.sangfor.com.cn/#/information/ransom_search。

5．系统恢复

如果事前已经利用云盘、移动硬盘或其他灾备系统对主机文件进行了备份，那我们可以直接利用备份完成恢复工作。需要注意的是，在备份恢复之前，应确保系统中的病毒已被清除。为此，需要对主机磁盘进行格式化或是重装系统，以免插上移动硬盘的瞬间，或是网盘下载文件到本地后，备份文件也被加密。

如果事先没有备份数据，那么当文件无法解密，也觉得被加密的文件价值不大时，也可以采用重装系统的方法以恢复系统。重装系统意味着文件再也无法被恢复。

重装系统后一定要更新系统补丁，并安装杀毒软件、更新杀毒软件的病毒库到最新版本，而且需要进行针对性的防黑加固。

6．加固预防措施

（1）终端用户建议措施

1）养成以下良好的安全习惯。

- 计算机应当安装具有网络防护和主动防御功能的安全软件，不随意退出安全软件或关闭防护功能，对安全软件提示的各类风险不要忽视。
- 使用安全软件的第三方打补丁功能对系统进行漏洞管理，第一时间给操作系统和常用软件打好补丁，定期更新病毒库，以免病毒利用漏洞入侵计算机。
- 密码一定要使用强口令，并且不同账号使用不同密码。
- 重要文档数据应经常做备份，一旦文件损坏或丢失，也可以及时找回。

2）减少以下危险的上网操作。
- 不要浏览不良信息网站，这些网站经常被用于挂马、钓鱼攻击。
- 不要轻易打开陌生人发来的邮件附件或邮件正文中的网址链接。
- 不要轻易打开扩展名为.js、.vbs、.wsf、.bat等脚本文件和.exe、.scr等可执行程序，对于陌生人发来的压缩文件包，更应提高警惕，应先扫毒后打开。
- 计算机连接移动存储设备，如U盘、移动硬盘等，应首先使用安全软件检测其安全性，选择安全软件提供的打开功能打开。
- 对于安全性不确定的文件，可以选择在安全软件的沙箱功能中打开运行，从而避免恶意代码对实际系统的破坏。

（2）政企等组织用户安全建议

1）针对组织用户的业务服务器，需部署安全加固软件，增加全流量威胁检测手段，实时监测威胁、事件，阻断黑客攻击。

2）提高安全运维人员职业素养，尤其是应急响应的能力。

3）组织用户应采用足够复杂的登录密码登录办公系统或服务器，并定期更换密码，严格避免多台服务器共用同一个密码。

4）对重要数据和核心文件及时进行备份，并且备份系统与原系统隔离，分别保存。

5）通过对抗式演习，从安全的技术、管理和运营等多个维度出发，对组织的互联网边界、防御体系及安全运营制度等多方面进行仿真检验，持续提升企业对抗新兴威胁的能力。

7.6 思考与实践

1. 根据本书的介绍，应用系统面临的安全问题可以分为哪几类？
2. 试谈谈对软件漏洞的认识，举出软件漏洞造成危害的事件例子。
3. 程序运行时的内存布局是怎样的？
4. 在程序运行时，用来动态申请分配数据和对象的内存区域形式称为什么？
5. 什么是缓冲区溢出漏洞？
6. 什么是恶意代码？除了传统的计算机病毒，还有哪些恶意代码类型？
7. 试解释以下与恶意代码程序相关的计算机系统概念，以及各概念之间的联系与区别：进程、线程、动态链接库、服务、注册表。
8. 从危害、传播、激活和隐藏4个主要方面分析计算机病毒、蠕虫、木马、后门、Rootkit以及勒索软件这几类恶意代码类型的工作原理。
9. 网络蠕虫的基本结构和工作原理是什么？
10. 病毒程序与蠕虫程序的主要区别有哪些？
11. 什么是Rootkit？它与木马和后门有什么区别及联系？

12．什么是勒索软件？为什么勒索软件成为近年来数量增长最快的恶意代码类型？

13．什么是软件逆向工程？

14．有哪些常用的软件逆向分析方法和工具？

15．微软的 SDL 模型与传统的瀑布模型的关系是怎样的？其主要内容是什么？

16．SD3+C 原则是 SDL 模型实施的基本原则，试简述其内容。

17．恶意代码防范的基本措施包括哪些？

18．如何防止把带有木马的程序装入内存运行？请给出几个有效的办法，并说明这些方法对系统运行效率的影响。

19．试为所在学院或单位拟定恶意代码防治管理制度。

20．我国对于软件的知识产权有哪些法律保护途径？

21．根据我国法律，软件著作权人有哪些权利？在我们的学习和生活中，可能出现哪些违反软件著作权的行为？

22．试述软件版权的概念。针对软件的版权，有哪些侵权行为？有哪些保护措施？

23．软件版权保护的目标有哪些？它与软件保护的目标上有什么联系与区别？

24．知识拓展：访问国内外著名的漏洞库资源，了解漏洞的分类、描述、发布、共享及利用等技术。

[1] CVE（Common Vulnerabilities and Exposures）漏洞库，http://cve.mitre.org。

[2] 国家信息安全漏洞共享平台（China Information Security Vulnerability Database，CNVD），http://www.cnvd.org.cn。

[3] Seebug 安全漏洞信息库，http://www.seebug.org。

25．知识拓展：访问安码 SAFECode（Software Assurance Forum for Excellence in Code）网站 http://www.safecode.org，了解最新的软件安全开发报告等信息。

26．知识拓展：访问微软安全开发生命周期网站主页（https://www.microsoft.com/en-us/sdl/default.aspx），了解 SDL 相关信息。

27．知识拓展：认真研读以下法律法规。详细了解与恶意代码侵害相关的危害计算机信息系统安全行为的行政责任、破坏计算机领域正常秩序行为的刑事责任、侵害他人财产和其他合法权益行为的民事责任，以及国家机关工作人员玩忽职守后果严重的刑事责任。详细了解对计算机病毒等恶意代码违法行为的行政制裁、刑事制裁以及民事制裁措施。

[1] 《中华人民共和国网络安全法》。

[2] 《中华人民共和国治安管理处罚法》。

[3] 《计算机病毒防治管理办法》。

[4] 《中华人民共和国计算机信息系统安全保护条例》。

[5] 《计算机信息网络国际联网安全保护管理办法》。

[6] 《互联网上网服务营业场所管理条例》。

[7] 《全国人民代表大会常务委员会关于维护互联网安全的决定》。

[8] 《中国互联网络域名注册暂行管理办法》。

[9] 《互联网安全保护技术措施规定》。

[10] 《中华人民共和国计算机信息网络国际互联网管理暂行规定实施办法》。

[11]《关于办理利用互联网、移动通讯终端、声讯台制作、复制、出版、贩卖、传播淫秽电子信息刑事案件具体应用法律若干问题的解释（二）》。

28．读书报告：查阅资料，了解移动恶意代码的种类、危害及防范措施。完成读书报告。

29．读书报告：查阅资料，了解目前国内外常见的恶意软件自动化分析平台，并通过实际测试，比对分析各自的优缺点，进一步思考如何构建一款自动化的恶意软件分析平台，给出具体架构设计，并论述其中的关键技术和难点。完成读书报告。

30．读书报告：基于特征码的检测是当前主流的恶意代码检测方法。访问以下网站并查阅资料，了解恶意代码特征码的提取方法，并分析特征码检测方法的优缺点。完成读书报告。

[1] hybrid-analysis.com。

[2] malwr.com。

31．知识拓展：访问以下网站，了解软件版权保护产品或服务。

[1] 富莱睿公司的 FlexNet 系列产品，http://www.flexerasoftware.cn。

[2] 比特安索公司，http://www.bitanswer.cn。

[3] 深思数盾公司，http://www.sense.com.cn。

[4] 金雅拓公司，http://cn.safenet-inc.com。

32．读书报告：查阅资料，了解计算机软件知识产权保护的相关法律内容。完成读书报告。

33．读书报告：查阅资料，了解微软在 Windows 10 操作系统中引入的一项全新的激活方式"数字许可证激活"，分析这种方式和之前的密钥激活相比有什么不同。完成读书报告。

34．读书报告：访问世界知识产权组织 WIPO 官网 http://www.wipo.int/about-ip/en/iprm，阅读《WIPO 知识产权手册：政策、法律与使用》（*WIPO Intellectual Property Handbook: Policy, Law and Use*），了解文件内容。完成读书报告。

35．操作实验：反恶意代码软件的分析和使用。ClamAV（http://www.clamav.net）是一个类 UNIX 系统上使用的开放源代码的防毒软件；OAV（Open AntiVirus，http://www.openantivirus.org）项目是在 2000 年 8 月由德国开源爱好者发起，旨在为开源社区的恶意代码防范开发者提供的一个资源交流平台。实验内容如下。

1）下载这两款反恶意代码软件，掌握使用方法。

2）了解这两款反恶意代码软件查毒引擎的框架和核心代码。

完成实验报告。

36．综合实验：对软件进行代码签名和验证。实验内容如下。

1）对本机系统软件（如 Windows 操作系统）进行代码签名验证。

2）IE、Firefox 等浏览器中软件签名验证的设置。

3）申请免费代码签名数字证书，使用代码签名工具（如微软的 SignCode.exe），对自己开发的软件进行代码签名和验证。

4）阅读《中华人民共和国电子签名法》（可访问中国人大网 http://www.npc.gov.cn/wxzl/gongbao/2015-07/03/content_1942836.htm），了解电子签名的法律要求和法律效力。

5）分析代码签名目前面临的问题，并思考解决之道。

完成实验报告。

37．方案设计：试考虑利用信息隐藏技术，设计一种能够提高文档等需要保护知识产权的应用方案。

38．操作实验：访问案例拓展部分介绍的勒索病毒搜索引擎及安全加固防护措施，完成对主机的安全加固以预防勒索病毒等恶意代码的攻击。完成实验报告。

7.7 学习目标检验

请对照本章学习目标列表，自行检验达到情况。

	学习目标	达到情况
知识	了解计算机应用系统面临的三大类安全威胁	
	了解软件漏洞的概念、特点、成因及分类	
	了解缓冲区溢出漏洞的基本概念、原理及利用方法	
	了解 SQL 注入类漏洞的原理及利用方法	
	了解计算机病毒、蠕虫、木马、后门、Rootkit、恶意脚本以及勒索软件等几类主要恶意代码的概念，以及它们在危害、传播、激活和隐藏 4 个主要方面的工作原理	
	了解哪些是软件侵权行为	
	了解微软的软件安全开发生命周期（SDL）模型，围绕安全应当开展哪些活动	
	了解恶意代码相关的法律惩处与防治管理	
	了解恶意代码的特征检测、身份（来源）检测、能力（行为）检测以及运行环境检测的技术	
	了解软件知识产权保护相关的法律法规	
	了解软件知识产权保护常用技术	
能力	掌握恶意代码查杀工具	
	掌握主机安全加固方法	
	掌握软件代码签名和验证的方法	
	明晰恶意代码犯罪惩戒相关法律法规，具备软件知识产权保护意识	

第8章　信息内容安全

本章知识结构

本章围绕信息内容的安全问题及应对管理措施和技术方法展开，本章知识结构如图 8-1 所示。

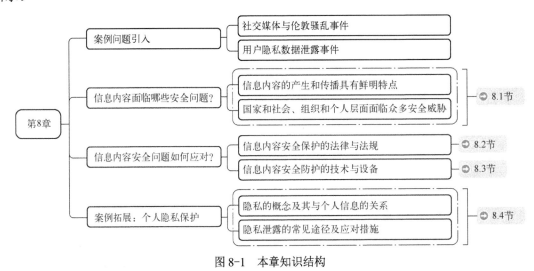

图 8-1　本章知识结构

案例与思考 8-1：社交媒体与伦敦骚乱事件

微课视频 8-1
信息内容安全问题

【案例 8-1】

2011 年初，包括脸书（Facebook）、推特（Twitter）在内的社交媒体（或称社交网络、社交网站）推动了西亚、北非等国家的政治乱局。社交媒体成为这些国家青年宣泄不满情绪，进行政治动员的重要平台。与此类似的是，从 2011 年 8 月 6 日开始，英国多个城市发生了持续数天的骚乱，脸书、推特等社交媒体上的大量情绪性、煽动性言论甚至是谣言，对事件的发展起着推波助澜的作用。

在伦敦街头骚乱愈演愈烈之时，时任英国首相卡梅伦在 8 月 11 日说："当有人把社交媒体用于暴力的时候，我们需要阻止他们。因此我们正在与警方、情报部门和产业界合作，以探讨是否应该阻止某些正在策划犯罪的人使用社交网站和服务进行通信。"

事实上，某些西方国家一面对外推销网络自由，一面在国内实施监管。美国《旧金山纪事报》报道，美国联邦政府多个部门一直在积极通过社交网络搜集社交用户信息。例如，2009 年奥巴马总统就职典礼前后，国土安全部专门设立了"社交网络监控中心"，负责在脸书、推特等多个社交网站、一些政治博客以及其他网站中"搜寻感兴趣的内容，以保护新总统安全"。

美国联邦政府移民事务等部门也将社交网站上的信息作为批准移民和入籍申请的参考。2018 年 2 月 6 日，美国总统特朗普签署了一项国家安全备忘录，要求相关部门建立一个国家审查中心，进一步加强筛查想要进入美国的移民和旅行者。凡在微博、微信等社交媒体上有过威胁美国国家安全等言论的申请人，他们的赴美留学、商务、旅游签证或将被拒。美国海关及边境保卫局规定，美边境执法人员如对出入美国境旅客产生合理怀疑，则可对其电子设备进行搜查。查验手段包括要求旅客告知该电子设备应用程序密码、备份电子设备中信息并暂扣电子设备等。图 8-2 所示为美国海关及边境保卫局主页颁布的该规定。

图 8-2　美国海关及边境保卫局关于搜查电子设备的规定

【案例 8-1 思考】

● 如何正确看待社交媒体在这些事件中对国家安全的影响？

● 如何正确看待政府对社交媒体的监管？

● 对社交媒体应当如何监管？

案例与思考 8-2：用户隐私数据泄露事件

【案例 8-2】

2018 年，脸书被曝光了 3 起用户隐私数据泄露事件。

3 月 17 日，美国《纽约时报》和英国《卫报》共同发布了深度报道，曝光脸书上 5000 万用户信息被一家名为"剑桥分析"（Cambridge Analytica）的公司泄露，用于设计软件，以预测并影响选民投票，从而影响选举结果。

事情的经过是这样，2014 年，英国剑桥大学心理学教授亚历山大·科根推出了一款名为"这是你的数字化生活"App，脸书开放接口让这款软件在其平台上提供心理测验或者小游戏，共 27 万名脸书用户下载了这一应用。这款 App 搜集的信息包括用户的住址、性别、种族、年龄、工作经历、教育背景、人际关系网络、平时参加何种活动、发表了什么帖子、阅读了什么帖子、对什么帖子点过赞等。借助这一应用，科根获取了这 27 万人及其所有脸书好友的居住地等信息以及他们"点赞"的内容，因而实际共获取多达 5000 万用户的数据。

之后，科根把数据带到了剑桥分析公司。这家企业曾经受雇于美国总统唐纳德·特朗普的竞选团队和推动英国脱离欧洲联盟公民投票的"脱欧"阵营。剑桥分析公司借由这些数据了解用户个人喜好，编织出一张"包围"用户的信息网，使他们不知不觉中获取足以影响其看法的信息。

脸书全球用户超过 20 亿。这次事件涉及如此庞大人群的隐私泄露，使得脸书及脸书创始人兼 CEO 马克·扎克伯格陷入用户隐私保护不利的指控，并遭美英立法者轮番质询，督促调查其数据安全问题。3 月 22 日，扎克伯格在其社交平台上承认对数据泄露事件负有责任，如图 8-3 所示。

脸书在 9 月被再次曝出因安全系统漏洞而遭受

Mark Zuckerberg
3 hrs · Menlo Park, CA · 🌐

I want to share an update on the Cambridge Analytica situation -- including the steps we've already taken and our next steps to address this important issue.

We have a responsibility to protect your data, and if we can't then we don't deserve to serve you. I've been working to understand exactly what happened and how to make sure this doesn't happen again. The good news is that the most important actions to prevent this from happening again today we have already taken years ago. But we also made mistakes, there's more to do, and we need to step up and do it.

Here's a timeline of the events:

图 8-3　马克·扎克伯格在社交平台上的致歉声明

黑客攻击，导致 3000 万用户信息泄露。其中，有 1400 万用户的敏感信息被黑客获取，这些敏感信息包括姓名、联系方式、搜索记录、登录位置等。12 月，脸书又因软件漏洞导致 6800 万用户的私人照片泄露。

国内用户隐私数据泄露事件也频频发生。2018 年 8 月 28 日，华住酒店集团被曝旗下多个连锁酒店的客户信息在暗网出售，被出售的信息包括：华住官网注册资料，包括姓名、手机号、邮箱、身份证号、登录密码等，共 53GB，大约 1.23 亿条记录；酒店入住登记身份信息，包括姓名、身份证号、家庭住址、生日、内部 ID 号，共 22.3GB，约 1.3 亿人身份证信息；酒店开房记录，包括内部 ID 号、同房间关联号、姓名、卡号、手机号、邮箱、入住时间、离开时间、酒店 ID 号、房间号、消费金额等，共 66.2GB，约 2.4 亿条记录。数据量之大，涉及的个人信息之齐全，令人咋舌。

2020 年初，随着新冠肺炎疫情防控形势不断升级，各地纷纷采取硬核的宣传预防方式，其中，排查上报湖北返乡人员和确诊患者信息，是一项十分重要的举措，能够帮助卫生监督机构及时掌握情况，迅速切断传播。然而，一份份载有个人信息的文件，突然间在微信、微博等社交平台上疯狂转发，内容包括相关人员的姓名、照片、工作单位、就读学校、家庭住址、手机号码及身份证号等。这些信息"裸奔"，给返乡人员及确诊患者的生活带来极大困扰，也潜藏着被不法分子利用的巨大风险。

【案例 8-2 思考】

● 隐私是指什么？隐私泄露和数据泄露有什么不同？

● 生活、工作和学习中有哪些途径会泄露个人隐私？

● 信息网络环境下如何有效防止对于个人隐私的侵害？

【案例 8-1 和案例 8-2 分析】

案例 8-1 中，社交媒体只是一种工具，与短信、电子邮件等其他通信方式类似。当伦敦骚乱等热点话题出现时，人们通过网帖、电子邮件、社交网络等手段建立联系并加速传播信息，步伐之快前所未有，这在很大程度上是由社交媒体的开放性、通信成本低廉等特性所决定的。事实上，在这次英国伦敦骚乱中，社交媒体也发挥了正面的、积极的作用。骚乱中也有许多市民使用推特来发送和获取正面信息，比如有人发起了一个名为骚乱清理的行动，成功组织了数百名志愿者清理骚乱后的狼藉场面。由此可见，是社交媒体中传递的内容影响着人们的思想，影响着事件的走势。

案例 8-2 反映的隐私侵害问题是数据语义和语用层面的安全，这与前面几章讨论的数据形式层面的安全不一样。随着云计算、大数据及人工智能等新技术和新服务的广泛应用，出现了越来越多的非法获取、截留、监看、篡改、利用他人隐私，擅自在网上宣扬、公布他人隐私等侵害行为。

"大数据时代，人人都在'裸奔'。"一句无奈的玩笑话，折射出大数据的洪流之下，个人隐私信息被严重盗用、滥用的现实。脸书与国内的淘宝、今日头条、抖音、微博、微信一样，这些网络平台的广告投放、信息推送都是基于大数据分析出来的用户偏好。可以说，我们每个人都以数据化的方式存在于大公司的数据库里。在大数据分析和人工智能推荐面前，我们每个人的隐私在小至一次不经意的点击中都可能被泄露，由此，我们不得不思考如何确保那些大公司海量用户数据库中的"我们"是安全的呢？

放弃使用这些平台的想法显然不现实，因为毕竟这些平台已经融为我们生活、工作和学习的一部分了。靠道德约束的想法大概也太低估了巨大经济利益的诱惑力。目前来看，一方面需要建立更加强大的法律监管，另一方面，技术上可以将那些数据库里的"我们"处理成模糊的状态，使得他人不能从数据库中映射到一个个具体的现实中的人。

以上两个案例实质上反映了网络空间环境下信息内容衍生出来的问题，尤其是语义层面的安全问题，称之为信息内容安全。信息内容能够影响或是改变个人的思维和行动，进而能够影响国家的内外政策甚至国家的稳定。

信息内容安全是网络空间信息安全的一个重要部分，但在很多书籍中少有涉及。法律和技术的约束与监管以及网络道德教育是解决信息内容安全问题的重要途径。本章将围绕信息内容法律法规和技术保护措施展开。

8.1 信息内容的安全问题

本节首先讨论信息内容面临的威胁，由此给出信息内容安全的概念，然后介绍信息内容安全研究的重要性和面临的挑战。

8.1.1 信息内容的安全威胁

1. 信息内容产生和传播环境的特点

当前，随着网络平台技术（如 Web 2.0），新一代宽带无线通信技术（如 4G、5G），以及多媒体等技术的飞速发展，信息内容产生和传播的环境具有鲜明的特点，主要包括：

1）通道的泛在。信息的传播既可以通过报纸、广播、电视等传统媒体，也可以通过博客、社交媒体或社交网络（Social Network Service，SNS）、播客、聚合内容（Really Simple Syndication，RSS）、即时通信（Instant Messaging，IM）、对等网络（Peer-to-Peer，P2P）等，还可以通过手机、交互网络电视（Internet Protocol Television，IPTV）、数字移动电视等移动通信设备，表现出了个体通信传播、互动传播、移动传播等多种新形态。

2）主体的泛在。信息内容产生和传播的主体由一元走向了多元，实现了"所有人面向所有人"的社会化传播，打破了集权的权威传播形式。终端受众不仅作为信息传播客体存在，在泛在传播中也拥有了平等的信息源及信息发布、信息接收的权利，可以自主性地寻找和接收信息，成为信息传播主体中的一员。如今，社交机器人也成为不可忽视的一股力量。

3）内容的泛在。任何人在任何时间、任何地方都可以获取自己所需要的信息，都可以自由便利地与人沟通交流。相对于主流网站、主流传播媒介等所发布的"宏内容"而言，由博客、播客、即时通信等所发布的网络"微内容"正显示出强大力量。

4）关系的泛在。传播呈现了个人对个人、个人对多人、多人对个人、多人对多人等多极、网状和弥散性的传播关系，传播层级不再有量化定义，而成为泛化的和未定义的。

应当认识到，传播通道、主体、内容、关系的泛在性，形成了网民情绪高密度的舆论场。这个舆论场以网络为平台，以博客、播客、微博、手机短信等形式，以用户自己生产的媒体内容为重点，在虚拟空间中以网络意见领袖、公民记者、网络写手、隐性的匿名专家和广大网民互动为存在方式，与传统媒体呼应，不断形成新的舆论热点，而且传播速度呈爆炸式，极易迅速产生集聚与放大效应，呈现蝴蝶效应，并深刻影响着当下的社会现实，人民网的"舆情频道"提供的丰富案例正说明了这一点。

2．信息内容安全威胁分类

本书将对信息内容安全的威胁分为两个层面：国家和社会层面、组织和个人层面，如图 8-4 所示。大部分已经在 1.2.3 节中介绍过了。

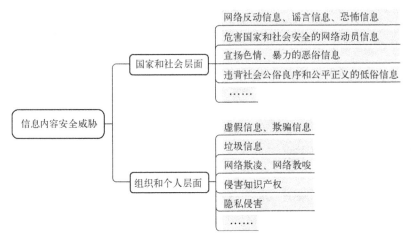

图 8-4 信息内容安全威胁分类

🗁 **知识拓展：社交机器人**

社交机器人诞生之初是以服务人类、提高人类生活质量为目的的。例如，全球最大新闻机构之一的美联社从 2014 年 7 月开始使用"语言专家"批量生产财经新闻。在 2016 年里约奥运会期间，国内的《今日头条》网站也开始利用其实验室研发的机器人"张小明"编写新闻稿来专门报道冷门赛事，解决了人类记者无法关注到每一场比赛的问题。

一些商业平台上，社交机器人不但能够充当客服的角色，为消费者提供各种产品信息，还能够增加与消费者的互动，引导消费者参与到品牌的营销活动中。社交机器人还能够在网络社区中增强公众对公共事务的参与意识，促进公众之间的合作，帮助人们更好地处理事务。例如，百度公司在 2015 年百度世界大会上推出了虚拟社交机器人"度秘"（http://duer.baidu.com），微软公司研发了"微软小冰"（http://www.msxiaoice.com）。

但是，技术是一把双刃剑。据统计，恶意社交机器人流量已经超过了普通机器人。恶意社交机器人对个人信息安全、社会安全，乃至国家安全都有着极大的影响，已经成为网络空间安全的毒瘤。

恶意社交机器人会伪装成独立的实体，创建一些虚假的账户，实施窃取用户隐私、发送垃圾邮件、传播恶意链接、发动 DDoS 攻击等活动，给无辜用户造成伤害。

由于社交机器人可以表现得像人类用户一样在社交媒体上评论和转发其他用户的状态，干扰政治辩论，或被政治家当作操纵舆论的工具，因此，恶意社交机器人的加入将会影响人们对某一事件的判断，促使网民的观点变得更加极端和难以控制，甚至将政治动员从线上发展到线下。例如，有的恶意社交机器人能够从在线社交网络中提取用户观点预测股票市场，干扰在线交易活动。2010 年的美国中期选举中，大量社交机器人在社交平台上散布成千上万的虚假消息，支持某位候选人，并污蔑其竞争对手。而在 2016 年的美国大选中，很多人相信是社交机器人参与并干扰大选，使特朗普能够反败为胜成功当选了总统。

此外，社交网络上充斥的各种"水军"和"僵尸粉"实际上也与恶意社交机器人相关。网络水军是指出于政治或经济等目的对在线社交网络中的信息进行推广，使目标在短时间内大范围扩散的网络用户群体。其中网络水军有一部分是由人类用户充当的，他们在主流论坛中大量发帖炒作话题；还有一部分则是软件机器人，它们受控于攻击者并在互联网中制造、传播虚假意见和垃圾信息。网络水军不但干扰正常的网络流量，影响用户体验，还会散布不实信息，威胁公共秩序。

僵尸粉则是指由特定软件生成的恶意账号。除了为特定账号增加粉丝数营造虚假的繁荣景象，僵尸粉还会传播各种营销信息，严重威胁社交平台的公信力。

这些充当网络水军的软件机器人、由软件产生的僵尸粉和恶意社交机器人一样都会破坏正常的网络生态环境。

3. 信息内容安全的定义

微课视频 8-2
信息内容安全概念

内容安全是随着互联网出现和广泛应用才出现的一个安全术语。对内容安全的定义，主要有以下几种观点。

北京邮电大学钟义信教授认为，内容安全直接发生在信息的内核——"内容"层次上，这是它与"基于密码学的信息安全问题"的最大区别，后者只对信号的"形式"进行处理，不需要理解信息的"内容"。

中国工程院方滨兴院士对内容安全的定义是：内容安全是指对信息在网络内流动中的选择性阻断，以保证信息流动的可控能力。在此，被阻断的对象是：通过内容可以判断出的可对系统造成威胁的脚本病毒；因无限制扩散而导致消耗用户资源的垃圾类邮件；危害儿童成长的色情信息；导致社会不稳定的有害信息等。

可以用一个形象点的比喻来说明内容安全与传统信息安全的关系：传统信息安全中，密码学所解决的信息安全问题是要为信息制作一个安全的信封，使没有得到授权的人不能打开这个信封；内容安全则是要直接理解信息的内容，需要读懂信中的内容后再判断哪些是敏感信息，哪些是正常信息，这也是它的重要性与困难性所在。

4. 信息内容安全的目标

信息内容安全主要在于确保信息的以下 4 种重要属性。

- 可控性。防止来自国内外反动势力的政治攻击，消除各类谣言，剔除色情和暴力等有害信息；防止个人隐私被盗取、倒卖、滥用和扩散。
- 保密性和可追溯性。防止组织和个人敏感信息被窃取、泄露和流失；防止知识产权被剽窃、盗用等。
- 可用性。防止即时通信、垃圾邮件等垃圾或恶意信息耗费网络资源。

8.1.2 信息内容安全的重要性和挑战

1. 确保信息内容安全的重要性

互联网作为一个开发和使用信息资源的全球性网络，对世界各国的经济、政治、文化、科技、军事等各个领域产生了重大影响，使人们的工作、生活、学习的方式发生了深刻变化。但是，其开放性使得互联网中信息内容的产生和传播不易受控制，虚假信息、有害信息、个人隐私信息、组织敏感信息等内容给社会带来了不可低估的破坏作用和负面影响，更是影响到现实社会和国家的正常秩序与运转。

（1）信息内容安全事关国家安全

本章案例 8-1 就是互联网信息内容安全影响国家安全的典型例子。当今，任何国家都不存在绝对的信息传播自由。即使是美国，对互联网信息传播同样给予了严格监管，尤其是 9·11 事件后，更是达到了空前的程度。

中国作为一个主权国家，必然要将国家安全置于首位，对于互联网不良信息和有害信息内容必须进行控制。

（2）信息内容安全事关公共安全

对公共安全构成影响的互联网信息主要有两种类型：一是网络谣言、虚假信息，以及网络动员信息；二是网络中传播的大量个人或组织的隐私信息。

我国是世界上人口最多的发展中大国，目前正处在社会转型期，如何避免互联网谣言、网络动员等负面信息内容给发展大局带来干扰和影响，如何控制个人隐私信息有限传播，以免对公共安全造成威胁和破坏，都是对互联网管理部门的重大考验。

（3）信息内容安全事关文化安全

对文化安全构成影响的互联网信息主要有两种类型：一是色情、暴力等有害信息，二是被非法传播的具有知识产权的音乐、视频等文档信息。

文化在社会科学上表明的意义是指，日常生活中所持的信念、价值观和生活方式。文化被视为一个国家的软实力，它在国际政治斗争中的作用越来越受到人们的高度重视。由于互联网的特点，大量糟粕性的文化产品和精神垃圾可以通过互联网轻而易举地大肆传播；各种价值观、道德观及多元意识形态得到淋漓尽致的展现；具有知识产权的音乐、视频等文档被非法传播，也极大地影响了优秀文化的创作和传播，这些都对我国的文化格局形成冲击。

中华民族是一个有着悠久历史和优秀文化的民族，在建设现代化国家的进程中，传承优秀的本土文化、建设优质的精神文明是一项重要的任务。应当将互联网建构成培养人、陶冶人的信息知识宝库，以助于推动社会进步，而不能任其变成一座垃圾桶和精神染缸，有害于社会文明的发展和优秀文化的传承。为此，必须加强互联网的监管，健全互联网相关法律法规和制度，维护好互联网的良好秩序和良好环境。

2. 信息内容安全面临的挑战

随着下一代互联网通信技术（如 5G）的快速发展和逐步应用，对信息内容安全提出了新的要求和挑战，主要表现在以下几个方面。

- 信息内容表现形式的多元化。例如抖音视频、网络直播、网络游戏、在线交友等新形式层出不穷。
- 内容安全威胁对象的扩大化。越来越多的内容消费者让内容安全威胁变得更加难以防范。
- 信息内容安全问题的扁平化。无论是从接入终端数量还是接入方式，使得下一代网络中的信息内容传播具有分布式、跨域性、即时性等特点。
- 信息内容安全问题的隐蔽化。主要是指在人工智能、大数据和云计算等新技术发展的背景下，传统的安全监管措施往往力不从心。

为此，需要人们不断针对新问题，加强新的监管措施和新的防护技术的研究与应用。

8.2 信息内容安全保护的法律与法规

本节首先介绍我国信息内容安全管理的相关法律法规，然后介绍个人信息的法律保护和管理规范。

8.2.1 网络信息内容安全管理的法律法规

1. 我国网络信息内容安全管理的相关法律法规

为加强对网络信息内容的安全管理，我国先后出台了一系列法律法规，列举如下。

- 《中华人民共和国国家安全法》，自 2015 年 7 月 1 日起施行。

- 《中华人民共和国网络安全法》，自2017年6月1日起施行。
- 《全国人民代表大会常务委员会关于维护互联网安全的决定》，自2012年12月28日起施行。
- 《互联网信息服务管理办法》，2000年9月25日国务院令第292号公布施行，2011年1月8日修订。
- 《非经营性互联网信息服务备案管理办法》，于2005年1月28日由信息产业部发布，自2005年3月20日起施行。
- 《计算机信息网络国际联网安全保护管理办法》，于1997年12月11日由国务院批准，1997年12月16日公安部令第33号发布，于1997年12月30日施行，2011年1月8日修订。
- 《公安机关互联网安全监督检查规定》，公安部发布，自2018年11月1日起施行。

国家互联网信息办公室还发布了一系列信息内容安全管理的法规，列举如下。

- 《移动互联网应用程序信息服务管理规定》，自2016年8月1日起实施。
- 《互联网信息搜索服务管理规定》，自2016年8月1日起施行。
- 《互联网直播服务管理规定》，自2016年11月4日起实施。
- 《互联网信息内容管理行政执法程序规定》，自2017年6月1日起施行。
- 《互联网新闻信息信息服务管理规定》，自2017年6月1日起施行。
- 《互联网论坛社区服务管理规定》，自2017年10月1日起施行。
- 《互联网跟帖评论服务管理规定》，自2017年10月1日起施行。
- 《互联网用户公众号信息服务管理规定》，自2017年10月8日起施行。
- 《互联网群组信息服务管理规定》，2017年10月8日起施行。
- 《微博客信息服务管理规定》，自2018年3月20日起施行。
- 《网络音视频信息服务管理规定》，自2020年1月1日起施行。
- 《网络信息内容生态治理规定》（以下简称《规定》），自2020年3月1日起施行。

《规定》以网络信息内容为主要治理对象，以建立健全网络综合治理体系、营造清朗的网络空间、建设良好的网络生态为目标，重点规范网络信息内容生产者、网络信息内容服务平台、网络信息内容服务使用者以及网络行业组织在网络生态治理中的权利与义务。

2. 《网络信息内容生态治理规定》主要内容

（1）对网络信息内容生产者的禁止性要求

📚 **文档资料 8-1**

《规定》第四条要求：网络信息内容生产者应当遵守法律法规，《规定》全文
遵循公序良俗，不得损害国家利益、公共利益和他人合法权益。

《规定》第六条要求：网络信息内容生产者不得制作、复制、发布含有下列内容的违法信息。

- 反对宪法所确定的基本原则的。
- 危害国家安全，泄露国家秘密，颠覆国家政权，破坏国家统一的。
- 损害国家荣誉和利益的。
- 歪曲、丑化、亵渎、否定英雄烈士事迹和精神，以侮辱、诽谤或者其他方式侵害英雄烈士的姓名、肖像、名誉、荣誉的。
- 宣扬恐怖主义、极端主义或者煽动实施恐怖活动、极端主义活动的。
- 煽动民族仇恨、民族歧视，破坏民族团结的。
- 破坏国家宗教政策，宣扬邪教和封建迷信的。

- 散布谣言，扰乱经济秩序和社会秩序的。
- 散布淫秽、色情、赌博、暴力、凶杀、恐怖或者教唆犯罪的。
- 侮辱或者诽谤他人，侵害他人名誉、隐私和其他合法权益的。
- 法律、行政法规禁止的其他内容。

《规定》第七条要求：网络信息内容生产者应当采取措施，防范和抵制制作、复制、发布含有下列内容的不良信息。

- 使用夸张标题，内容与标题严重不符的。
- 炒作绯闻、丑闻、劣迹等的。
- 不当评述自然灾害、重大事故等灾难的。
- 带有性暗示、性挑逗等易使人产生性联想的。
- 展现血腥、惊悚、残忍等致人身心不适的。
- 煽动人群歧视、地域歧视等的。
- 宣扬低俗、庸俗、媚俗内容的。
- 可能引发未成年人模仿不安全行为和违反社会公德行为、诱导未成年人不良嗜好等的。
- 其他对网络生态造成不良影响的内容。

（2）对网络信息内容服务使用者、内容生产者和内容服务平台的共同禁止性要求

- 不得利用网络和相关信息技术实施侮辱、诽谤、威胁、散布谣言以及侵犯他人隐私等违法行为，损害他人合法权益。
- 不得通过发布、删除信息以及其他干预信息呈现的手段侵害他人合法权益或者谋取非法利益。
- 不得利用深度学习、虚拟现实等新技术新应用从事法律、行政法规禁止的活动。
- 不得通过人工方式或者技术手段实施流量造假、流量劫持以及虚假注册账号、非法交易账号、操纵用户账号等行为，破坏网络生态秩序。
- 不得利用党旗、党徽、国旗、国徽、国歌等代表党和国家形象的标识及内容，或者借国家重大活动、重大纪念日和国家机关及其工作人员名义等，违法违规开展网络商业营销活动。

微课视频 8-3
我国对公民个人信息的保护

8.2.2　个人信息保护的法律法规和管理规范

随着移动互联网等信息基础设施的普及，以及云计算、大数据等新型 IT 技术的演进，催生了更多复杂应用场景，随之而来的是海量数据的聚合和指数级爆发增长，由此相伴相生出了更多新问题。个人信息泄露的事件频发，个人信息黑色产业激增就是其中一个突出的问题，严重威胁着公民的隐私和个人信息安全。

技术防范和法律规约是对公民个人信息保护的两个重要途径。本节主要介绍我国有关公民个人信息保护的法律法规和管理规范。

1. 公民个人信息的界定

《网络安全法》在个人信息方面确立了重要的原则和规定，为个人信息保护的体系化制度建设提供了起点。

根据《最高人民法院、最高人民检察院关于办理侵犯公民个人信息刑事案件适用法律若干问题的解释》（法释〔2017〕10 号），公民个人信息是指："以电子或者其他方式记录的能够单独或者与其他信息结合识别特定自然人身份或者反映特定自然人活动情况的各种信息，包括姓

名、身份证件号码、通信通讯联系方式、住址、账号密码、财产状况、行踪轨迹等。"

2020 年 5 月 28 日十三届全国人大三次会议表决通过，自 2021 年 1 月 1 日起施行的《中华人民共和国民法典》第一千零三十四条规定："自然人的个人信息受法律保护。个人信息是以电子或者其他方式记录的能够单独或者与其他信息结合识别特定自然人的各种信息，包括自然人的姓名、出生日期、身份证件号码、生物识别信息、住址、电话号码、电子邮箱、健康信息、行踪信息等。"

保护公民个人信息本质上就是保障根据个人信息所识别出来的每一个具体个人享有的免受侵害而正常生活的权利。

个人信息是一项日益重要的民事权利，我国在刑事、民事、行政法律层面均建立了相应的保护机制。金融、医疗等特殊行业也有特别的法律法规对某些特殊的个人信息提出了更加细致的法律要求。国家还制定了《个人信息安全规范》等标准，对个人信息安全管理提供帮助。这些都体现了国家不断加大保护公民个人信息的力度、严厉打击侵犯公民个人信息行为的趋势。

2. 我国个人信息保护的法律法规

为加强对公民个人信息的保护，我国先后出台了一系列法律法规，任何人侵害个人信息的行为，都会产生民事、行政乃至刑事责任，例如，刑法第二百五十三条规定了"侵犯个人信息罪"；《民法典》在第六章对隐私权与个人信息保护做了较多细节的规定；《关于加强网络信息保护的决定》第十一条规定了行政处罚办法；《消费者权益保护法》第五十条规定了民事赔偿责任。我国个人信息保护的专门法律《个人信息保护法》正在制定中。

相关法律法规列举如下。

- 《中华人民共和国刑法》。
- 《中华人民共和国民法典》。
- 《中华人民共和国网络安全法》。
- 《全国人民代表大会常务委员会关于加强网络信息保护的决定》。
- 《最高人民法院、最高人民检察院、公安部关于依法惩处侵害公民个人信息犯罪活动的通知》（公通字〔2013〕12 号）。

《电信和互联网用户个人信息保护规定》（中华人民共和国工业和信息化部令第 24 号）。

- 《最高人民法院、最高人民检察院关于办理侵犯公民个人信息刑事案件适用法律若干问题的解释》（法释〔2017〕10 号）。
- 《最高人民法院关于审理利用信息网络侵害人身权益民事纠纷案件适用法律若干问题的规定》。
- 《中华人民共和国消费者权益保护法》。
- 《儿童个人信息网络保护规定》，国家互联网信息办公室于 2019 年 8 月 22 日公布，自 2019 年 10 月 1 日起施行。

在我国，金融、医疗等特殊行业也有特别的法律法规对某些特殊的个人信息提出了更加细致的法律要求，列举如下。

- 《中华人民共和国邮政法》。
- 《中华人民共和国医务人员医德规范及实施办法》。
- 《中华人民共和国传染病防治法》。
- 《中华人民共和国商业银行法》。

📑 **文档资料 8-2**
我国个人信息保护
的法律法规条文

- 《艾滋病监测管理的若干规定》。
- 《旅行社条例实施细则》。

以上这些法律法规解释了个人信息的定义，提出了个人信息收集、使用、传输、存储的相关要求，并明确了个人信息泄露后的罚则。

3. 我国个人信息保护的管理规范

我国也颁布了若干个人信息安全管理规范和指南，列举如下。

- 《信息安全技术 个人信息安全规范》（GB/T 35273—2020），国家质量监督检验检疫总局和国家标准化管理委员会于 2020 年 3 月 6 日发布，自 2020 年 10 月 1 日起实施。
- 《互联网个人信息安全保护指南》，公安部网络安全保卫局、北京网络行业协会、公安部第三研究所联合制定，于 2019 年 4 月 10 日发布。

📚 **文档资料 8-3**
《互联网个人信息安全保护指南》

- 《App 违法违规收集使用个人信息行为认定方法》，国家互联网信息办公室、工业和信息化部、公安部、市场监管总局联合制定，于 2019 年 11 月 28 日发布。
- 《信息安全技术 数据安全能力成熟度模型》（GB/T 37988—2019），国家市场监督管理总局和国家标准化管理委员会于 2019 年 8 月 30 日发布，自 2020 年 3 月 1 日起实施。
- 国家标准《信息安全技术 移动互联网应用（App）收集个人信息基本规范（草案）》，2019 年 8 月公开征求意见。
- 《数据安全管理办法（征求意见稿）》，2019 年 5 月公开征求意见。

📁 **知识拓展：欧盟《一般数据保护条例》**（General Data Protection Regulation，GDPR）

2018 年 5 月 25 日，欧洲联盟出台了《一般数据保护条例》（以下简称 GDPR，也有译作《通用数据保护条例》），如图 8-5 所示。GDPR 的前身是欧盟在 1995 年制定的《计算机数据保护法》。该条例赋予欧盟公民更多的个人数据控制权，另外对那些收集、处理和存储个人数据的公司提出了更高的责任要求，特别是对于数据泄露。

例如，GDPR 保护的个人隐私数据包括：基本的身份信息，如姓名、地址和身份证号码等；网络数据，如位置、IP 地址、Cookie 数据和 RFID 标签等；医疗保健和遗传数据；生物识别数据，如指纹、虹膜等；种族或民族数据；政治观点；性取向等。

例如，GDPR 授予数据主体关于控制方如何处理其数据的一些权利。这些权利要求数据控制方制定适当的系统来回应并有效处理数据主体的要求。目前数据主体享有的个人权利有数据访问、数据整改、删除（被遗忘）权等。

图 8-5 《一般数据保护条例》中译本

例如，数据管理员和任何外包商必须保存其数据处理活动的书面记录，包括他们处理数据的原因以及他们计划保存数据的时间。

再以服务于欧盟地区的微信为例，微信公众平台为遵守 GDPR 的相关要求，当欧盟地区微信用户撤销授权该公众号获取其个人信息时，会以邮件形式告知公众号的注册邮箱删除欧盟用户的信息。而且，如果公众号运营者在自己的服务器中存储了以上用户信息，需要在三周内，从自己的服务器中删除该用户相关的所有信息，包括用户的昵称、头像、OpenID 以及与该用户关联的服务信息。也就是说，在微信用户取消关注公众号或其自行注销微信个人账号后，公众号运营者及微信官方都是无权保留任何用户数据的。

8.3 信息内容安全管理的技术与设备

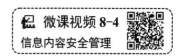

本节首先介绍信息内容安全设备通常采用的技术，再介绍两种典型的信息内容安全管理设备：内容安全网关和网络舆情监测与预警系统。

8.3.1 信息内容安全管理基本技术

现有信息内容安全管理技术主要包括以下 6 大类。

（1）信息获取技术

信息获取技术分为主动获取技术和被动获取技术。主动获取技术通过向网络注入数据包后的反馈来获取信息，这种技术接入方式简单，能够获取广泛信息，但会对网络造成额外负荷。被动获取技术是在网络出入口上通过旁路侦听方式获取网络信息，其特点是接入需要网络管理者的协作，获取的内容仅限于进出本地网络的数据流，不会对网络造成额外流量，目前大多数网关型内容安全产品都采用被动方式获取网络信息。

（2）信息内容分析与识别技术

想要防止非法内容出现在应用中，首先就要求内容安全设备能够识别出非法内容，主要包括文字、声音、图像、图形的识别。识别的准确度和速度是其中的重要指标。

文字识别包括关键字、特征词、属性词识别，语法、语义、语用识别，主题、立场、属性识别等。文字识别涉及的技术有串匹配、规则匹配、聚类算法、自然语言处理等。目前的反垃圾邮件、网页内容过滤产品等基本上都采用基于文字的识别方法。基于内容的音频和视频信息检索是当前多媒体数据库发展的一个重要研究领域。现在相关的音视频、图像内容识别分析技术已经部分进入实用阶段，主要用于影视盗版监察、广告监播、色情图片监察等。

（3）内容分级技术

信息内容分级的主要作用是：对国家宪法和其他法律法规中明确的禁载内容，通过过滤、屏蔽等技术手段使其无法在互联网传播，对于不违反法律但是可能对国家、社会、公司、家庭和个人造成某些不利影响或伤害的内容，或者只允许特定人群的查阅内容按明确详细的规则予以分类处理；方便受众在接收信息前熟悉该信息的安全级别，保证享有知情权和选择权；为保护未成年人，可以安装一些过滤软件，隔离对未成年人造成伤害的信息。

目前，中国信息技术标准化技术委员会教育技术分技术委员会推出网络教育内容分级标准（Chinese Educational Content Rating Standard，CHERS）。我国互联网内容分级标准和内容分级监管制度还在研究制定中。

（4）信息过滤技术

对于识别出的非法信息内容，需要采取不同的方式进行后续处理，阻止或中断用户对其访问，过滤是常用的阻断方式。信息过滤主要包括基于 URL 的站点过滤技术、基于内容关键字的过滤技术、基于 URL 内容关键字的过滤技术、基于图像识别的过滤技术、倾向性过滤技术和几种技术结合的组合过滤技术。

（5）内容审计技术

内容审计主要指对与安全有关活动的相关信息进行识别、记录、存储和分析；审计结果用于检查网络上发生了哪些与安全有关的活动。它通过记录用户访问的所有资源和所有访问过程，实现对网络的动态实时监控，为用户事后取证提供手段，为信息安全的执法提供依据。

内容审计技术一般包括包获取技术、模式匹配技术、协议分析与还原技术、精确定位技术、数据检索与智能统计分析技术等。

（6）知识产权保护技术

知识产权包括专利权、商标权、版权（即著作权）、商业秘密等类型。其中版权一般涉及网络，网络版权是一种新型的著作权形式，包括发表权、修改权、表演权和信息网络传播权等。

版权保护技术主要包括安全容器技术、水印技术等。随着下一代互联网技术的发展，知识产权保护与对知识产权侵权间的对抗将更为激烈。

8.3.2 信息内容安全管理设备

信息内容安全管理主要解决的问题是面对网络中发布和传输的大量信息，进行全面、准确的获取、智能化的分析与知识提取以及必要的访问控制。典型的网络信息内容安全管理设备可以根据基本功能及用户的不同分为两大类：内容安全网关和网络舆情监测与预警系统。下面分别介绍这两类产品的系统结构、功能及工作流程。

1. 内容安全网关

内容安全网关是一种能提供端到端宽带连接的网络接入设备，通常位于骨干网的边缘，作为用户接入网和骨干网之间的网关，终结或中继来自用户接入网的连接，提供接入到宽带核心业务网的服务；能够通过对于网络传输内容的全面提取与协议恢复，在内容理解的基础上进行必要的过滤、封堵等访问控制。这类设备主要应用于政府、企业与组织的边界防护，实现对于信息内容的安全管理。

（1）系统功能结构

系统通常包括 5 个主要功能模块：信息获取、内容管理、行为审计、流量管理、系统管理。系统功能结构如图 8-6 所示。

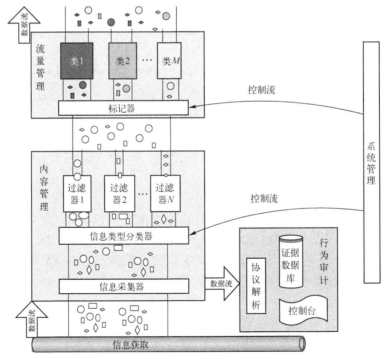

图8-6 内容安全网关系统功能结构

其工作基本流程为：

1）信息获取。这是进行内容安全管理的前提。信息获取包括两个关键步骤：捕获信道和提取数据。很多情况下，提取数据相当于解析协议。通常，协议解析的准确度相对较高，因此系统实现的关键是信道捕获，即主动监听并发现信息传输链路，进而提取访问信息。

2）内容管理。信息采集器获取网络数据后，由信息分类器将信息根据业务种类加以分类，如网页信息、邮件信息等，分类后的信息送入相应的过滤器，按规则进行信息过滤等操作。管理员能够对过滤等级（过滤灵敏度）进行调节，从而改变内容信息过滤的粒度。过滤等级默认级别应该为最高级别。

3）流量管理。过滤后的信息在通过标记器时首先被打上标记值，然后送到对应的类中，控制策略决定了信息被打上何种标记值，将被送往哪一个类处理，类的带宽决定了相应信息流的流速。

4）行为审计。行为管理涉及互联网应用中的各种网络通信交流模式。根据设定的行为管理策略，对各种网络应用行为进行监控，对符合行为策略的事件实时告警、阻断并记录，实现全程网络行为监管。

- 网页监控主要是能实时自动监控网页内容，防止网页被篡改，过滤网页的不良信息。不仅应支持文本内容过滤，还应支持图片、图像、流媒体等各种多媒体信息的过滤。
- 短信、彩信监控主要是预防低俗信息以及涉密信息传播、泄露。
- P2P 下载监控主要是防止消耗大量带宽，既可阻止不良信息，又可规范用户的上网行为，提高工作效率，合理利用网络资源。
- 终端监控主要是防止各种存储介质的混乱使用以及涉密信息的泄露。
- 电子邮件监控主要是防止垃圾邮件、恶意邮件和病毒邮件攻击以提高生产效率，提高网络、邮件服务器和存储环境的使用率。同时，还可以防止用户有意或无意地通过邮件传播病毒、散布垃圾邮件、泄露机密信息，避免遭受各种法律风险。

5）系统管理。在管理方式上，可以进行统一管理，也可以通过 B/S 方式进行无客户端的管理；支持集中部署和分布式部署，支持行为记录、日志的独立收集或多点统一收集，也可实现分级的行为记录、日志收集，为用户工程方案的设计和实施提供了更大的灵活度。

以上各个功能模块通过统一的管理平台来对各种系统防护、内容监控和内容对抗进行统一维护、统一协调，以便真正实现一体化的联动。过滤软件允许管理员远程察看日志或者远程修改过滤软件的设置等。系统采用订单式，可分别选择内容管理、行为审计和流量管理。

（2）内容安全网关产品及应用分析

目前市场上内容安全网关产品可以分为专业和混合模式两种。

- 专业的内容安全网关产品主要包括邮件内容安全网关、Web 内容安全网关、P2P 应用控制网关、病毒过滤网关、网络行为监视与审计设备等。
- 混合模式的内容安全产品基本都是在以往的信息安全或网络产品上添加了部分内容安全功能，比如 URL 过滤、病毒过滤、Web 内容过滤、关键字过滤等，形成了带有内容安全功能的防火墙、路由器等产品序列。

2．网络舆情监测与预警系统

一般认为，舆情是由个人以及各种社会群体构成的公众，在一定的历史阶段和社会空间内，对自己关心或与自身利益紧密相关的各种公共事务或热点问题所持有的多种情绪、意愿、态度和意见交错的总和。网络舆情就是在网络环境中形成或体现的舆情。

随着互联网成为当今社会最重要的舆情载体，网络舆情监控正受到政府、企业及个人的密切关注。通过网络舆情监控，我们能够了解舆论动向，引导舆论发展，从而制定正确的应对策略，并及时采取措施。因此，网络舆情监控对于了解社情民意，缓解舆论压力，建设和谐社会具有重要作用和意义。

舆情监测与预警系统在对网络公开发布的信息深入与全面获取的基础上，通过对海量非结构化信息的挖掘与分析，实现对网络舆情的热点、焦点、演变等信息的掌握，从而为网络舆情监测与引导部门的决策提供科学依据。

（1）系统功能结构

一般地，舆情监测与预警系统结构包括 4 个基本模块：舆情信息采集、舆情信息预处理、舆情分析、舆情服务，如图 8-7 所示。

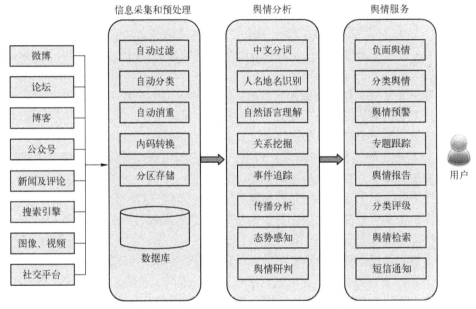

图 8-7 舆情监测与预警系统架构

1）舆情信息采集模块。根据特定的应用需求及舆情规划，采用自动采集与人工干预相结合的方式进行网络舆情信息的采集，采集技术一是通过爬虫程序获取数据，例如可以利用著名的开源爬虫框架 Scrapy；二是利用企业开放的应用程序接口（API）进行相关内容的抓取。

2）网络舆情预处理模块。对采集到的信息在进行分析之前进行预加工处理，包括编码的转换、自动过滤无效信息、自动消重及自动分类聚类等，以便为下一步进行有效的舆情分析做准备。

3）网络舆情分析模块。对采集到的舆情信息通过分类聚类、自然语言理解处理后，识别负面报道、热点和敏感话题；分析舆情信息的倾向性；分析舆情信息发展趋势；对各类主题、各种倾向性形成自动摘要，以及时发现负面报道、热点和敏感话题。

4）网络舆情服务模块。根据预期分析结果生成舆情报告并进行舆情推送，同时提供全方位的舆情检索以供有关领导和部门人员进行舆情检索，启动相应的应急处置方案等。对极其关键的信息，通过短信及时通知到相关人员，从而第一时间应急响应，为正确舆论导向及收集网友意见提供直接支持。

（2）典型舆情监控与预警系统功能及应用

国内著名的舆情监控与预警系统列举如下。

- 红麦聚信（北京）软件技术有限公司的红麦舆情监测系统，http://www.soften.cn。
- 北京拓尔思技术股份有限公司（TRS）的 TRS 网察大数据分析平台（TRS NetInsight），http://www.trs.com.cn。
- 北京线点科技有限公司的互联网舆情信息监控系统，http://www.xd-tech.com。
- 上海蜜度信息技术有限公司的新浪舆情通，https://www.yqt365.com。
- 中科点击（北京）科技有限公司的军犬通用大数据平台，http://www.zkdj.com。
- 北京本果信息技术有限公司的鹰隼网络舆情监控系统，http://www.benguo.cn。

舆情监控与预警系统能够聚合微博、论坛、博客、公众号及众多社交平台上的文本、图片、视频等多渠道海量数据，通过中文分词、人名地名识别、自然语言理解、关系挖掘、事件追踪、传播分析、态势感知、舆情研判等智能分析手段，为用户提供网络舆情线索发现、实时预警、分析研判、综合报告等服务。

目前，舆情监测与预警系统主要应用在 3 大领域。

1）行业舆情监测。凡是需要对舆情、民情关注的部门都可以通过舆情监控系统，方便地实现对行业和部门关注的问题进行 24 小时的监控。

2）地区舆情监测。省、地市、县、乡等各级政府通过网络舆情系统，可以关注具有全国性影响的热点社区，重要门户网站、新闻网站、论坛、博客等，确保本地区热点和重大舆情信息收集、编发、报送、处理的快速、及时、准确、有效。

3）面向大众消费类的企业舆情监测。该类舆情监测企业进行大众消费品的品牌监测、金融服务部门的客户监测等。在复杂多变的市场环境下，企业能够通过舆情 IT 平台量化观察网络企业口碑，通过持续的数据定期采集和分析，第一时间获取关于公司的正负面新闻、泄密信息、公司领导的相关报道、近期的舆论热点等，以及深层次调研用户需求，改进自身的售后服务、借鉴竞争对手的核心竞争力情况等。

8.4 案例拓展：个人隐私保护

微课视频 8-5
隐私安全的概念

1. 隐私的概念及与个人信息的关系

（1）隐私的概念

"隐私"在《现代汉语词典》中的解释是"不愿告人的或不愿公开的个人的事"，这个字面上的解释给出了隐私的保密性以及个人相关这两个基本属性。此外，哥伦比亚大学的 Alan Westin 教授指出：隐私是个人能够决定何时、以何种方式和在何等程度上将个人信息公开给他人的权利。这一说明又给出了隐私能够被所有者处分的属性。

结合以上 3 个属性，隐私概念可以定义为：隐私是与个人相关的具有不被他人搜集、保留和处分的权利的信息资料集合，并且它能够按照所有者的意愿在特定时间、以特定方式、在特定程度上被公开。

根据这一定义，信息隐私权保护的客体可分为直接和间接两个方面。

1）"直接"的个人属性。这是隐私权保护的首要对象，如一个人的姓名、年龄、婚否、身份证件号码、通信通讯联系方式、住址等。

2）"间接"的个人属性。如个人的消费记录、浏览网页记录、通信内容、财务资料、工作、病历等记录，这类资料含有高度的个人特性而常能辨识该个人的本体，也应以隐私权加以保护。

隐私保护是对个人隐私采取一系列的安全手段防止其泄露和被滥用的行为。隐私保护的对象主体是个人隐私，其包含的内容是使用一系列的安全措施来保障个人隐私安全，而其用途则是防止个人隐私遭到泄露以及被滥用。例如，上述的隐私信息在未经信息所有者许可的情况下，都不应当被各类搜索引擎、门户网站等在线服务商获得。而在有必要获取部分用户信息以提供更好的用户体验的情形中，在线服务商必须告知用户以及获得用户的许可，并且严格按照用户许可的使用时间、用途来利用这些信息，同时，也有义务确保这些信息的安全。

（2）隐私与个人信息的关系

关于公民的隐私和个人信息的关系，学术界有 3 种观点。第一种观点主张个人信息包含隐私。该观点认为，信息范围十分广泛，可以包括任何信息，其中当然包括隐私信息。第二种观点主张个人隐私包含个人信息。该观点认为，个人信息应当属于个人隐私的范围，保护个人信息的目的就是保护个人隐私。第三种观点主张个人信息和隐私是有交集但不重合的关系，二者之间不是简单的包含和被包含的关系，个人信息可能包括个人隐私，但是其概念却超出了隐私权保护的范围。作者赞同第三种观点。

我国目前的司法实践之中，人民法院通常采取隐私权的保护方法来保护公民的个人信息。

《民法典》第一千零三十二条规定，自然人享有隐私权。任何组织或者个人不得以刺探、侵扰、泄露、公开等方式侵害他人的隐私权。隐私是自然人的私人生活安宁和不愿为他人知晓的私密空间、私密活动、私密信息。

《民法典》第一千零三十四条规定，自然人的个人信息受法律保护。个人信息中的私密信息，适用有关隐私权的规定；没有规定的，适用有关个人信息保护的规定。

2. 隐私泄露问题

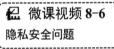
微课视频 8-6
隐私安全问题

1993 年 7 月 5 日，彼得·施泰纳在《纽约客》上发表了一幅著名的漫画《在网上，没人知道你是一条狗》（见图 8-8），用以描述互联网的匿名特性。如今的情况已经大不相同，甚至可以夸张地说，互联网比我们自己还了解我们。

在移动互联网环境下，人们通过 PC 以及手机、平板计算机等移动通信工具，在社交网络平台、各个网站、各类信息系统中活动，同时使用云服务等网络新技术，网络中存储了我们大量的数据资料。政府、法律执行机关、国家安全机关、各种商业组织甚至包括个人用户都可以通过数据挖掘、大数据分析等多种新技术、个性化信息服务或搜索引擎等新途径对在线用户的资料，尤其是大量的用户个人隐私信息，进行搜集、下载、加工整理，用作商业或其他方面。

图 8-8　漫画《在网上，没人知道你是一条狗》

以下这些书籍为我们揭示了许多令人惊讶的隐私泄露途径，也探讨了隐私保护问题。

- 何渊. 大数据战争 [M]. 北京：北京大学出版社，2019.
- 舍恩伯格. 删除：大数据取舍之道[M]. 袁杰，译. 浙江：浙江人民出版社，2013.
- 基恩. 数字眩晕 [M]. 安徽：安徽人民出版社，2012.
- 沙勒夫. 隐私不保的年代 [M]. 林铮颢，译. 江苏：江苏人民出版社，2011.
- VAMOSI. 个人信息保卫战 [M]. 姚军，等译. 北京：机械工业出版社，2012.

● 赫拉利. 今日简史 [M]. 林俊宏，译. 北京：中信出版集团，2018.

各国政府均通过不同方式开展了公开资源情报（Open Source Intelligence，OSINT）的应用。"公开"意指"不隐蔽"，公开资源情报是相对于"秘密情报""谍报"而言，是一门从公开信息中获取信息并对其加以分析以得到有价值情报的学问。其输入是信息（Information），输出是情报（Intelligence）。公开资源包括大众媒体（例如报纸、电视、广播、杂志和网站等）、社交媒体（例如微博、微信、视频分享网站等）、公共记录数据库、地图和商业图像，这些资源可以来自因特网访问也可以来自暗网。读者可访问中国开源情报实验室（https://www.osint-labs.org）等网站，了解更多公开资源的搜集途径，这些实际上也是个人数据的泄露途径。

（1）利用搜索引擎搜集信息

先用一个理想化的例子，简要介绍人肉搜索引擎的运作过程。譬如某人出于某种目的，想了解某个论坛上一个 ID 在现实生活中的一切，于是，他通过在那个论坛注册，通过查看那个 ID 的资料，获得这个网友的一些基本资料，如 QQ 号码或者 Email。接着，他可以通过在互联网搜索 QQ 号码或者 Email，获得这个 ID 的更多资料。譬如留在某个租售房网站的电话号码，或是留在某个人才网站的个人简历。通过继续搜索电话号码、个人简历上的内容，他又可以获得更多的有关这个 ID 在现实生活中的各种资料，包括真实姓名、家庭住址、身份证号码、单位的电话号码，至此，可以说完成了一次人肉搜索。

现实中的人肉搜索，可能不像所描述的这么容易，但多数时候也并不困难。以下书籍就为读者介绍了很多利用搜索引擎进行信息搜集的方法。

● LONG，GARDNER，BROWN. Google Hacking 渗透性测试者的利剑：原书第 3 版[M]. 沈卢斌，译. 北京：清华大学出版社，2018.

● 康迪. Google 知道你多少秘密 [M]. 李静，译. 北京：机械工业出版社，2010.

☞ 请读者完成本章思考与实践第 12 题，了解利用搜索引擎进行信息搜集的方法。

（2）利用浏览器上网过程中的信息泄露

可以说我们在网上的浏览、点击、收藏、转发、评论等所有行为都是被记录，可被审查追踪的。例如，按照业界常用的做法（这一点可以在各个统计服务、广告联盟的业务内容中看到），当用户进入新浪首页的同时，许多链接请求还会告诉 Wrating（万瑞数据）、Imrworldwide（尼尔森）、Mediav（聚胜万合）以及 Google Analytics（谷歌统计）这些内容：你从哪里来（IP 地址），用的是什么语言，从哪个页面跳转来的；你在新浪首页待了多久，关注了哪些部分（如热力图）；你接下来会点击页面上哪个链接；你的显示器分辨率设置是什么；你的浏览器安装了哪些插件……

然后，这 4 家公司都会在用户的浏览器里留下各自的标记，这样以后只要该用户访问使用到它们业务的网站，它们就能认出该用户。这种标记叫作 Cookie，是一种很小的数据片段，网站通过在浏览器中保存 Cookie 来识别用户。当用户访问的每一个网站都使用了相同的统计服务商时，就意味着他已经完整地知道了你的上网习惯。在全球范围里，Google Analytics 正是这样的统计服务商。

相信大家都遇到过，在淘宝或者京东看完某件商品以后，在其他有广告的地方统统都显示着这样的商品，不断地提示你该买了，有折扣了……诸如此类的提示语。这些广告就是互联网公司通过 Cookie 追踪到用户最近浏览的物品进行投放的。删除 Cookie 和临时文件成为抑制这类广告存在的重要途径。

（3）社交平台中的隐私泄露

如果说上面介绍的信息搜集方法是在用户毫不知情的情况下进行的，那么在社交网站上，用户常常是主动公开自己的隐私信息，例如，在微信朋友圈发照片。再比如，对于"分享"按钮，即便我们不点击，信息搜集者还是能知道我们访问了这个网站，而我们一旦单击了这个按钮，相当于告诉他们，我们很在意这个页面，表明了我们的一种态度或是倾向。

不要小看我们发在朋友圈的照片。对于一张照片，他人可以下载后在 PC 上右键单击打开快捷菜单，选择"属性"→"详细信息"，看到很多相关信息，如图 8-9 所示。其中最关键的 GPS 信息，使用经纬度格式转换工具转换过后就可以在地图上找到照片的准确拍摄地点。

不过，只有原图才有 GPS 等相关信息，现在很多软件默认会压缩图片抹去相关信息。尽管如此，照片的元数据中仍有一些可能为他人利用。

图 8-9　照片中的元数据

照片包含的内容不仅仅是一个平面那么简单，它还包括相对位置、角度、比例等非常多的数学信息。逻辑推理加上精密的数据计算，推理出空间中的精准位置并不是难事。例如 OpenCV 等人工智能图像处理工具，就可以将多张二维图像或是单张全景图像还原成三维空间，并定位物品在空间中的位置。还可以通过发现图片中的关键信息，定位拍摄图片的位置。给推理精准度带来质的飞跃的，还有照片质量，如亿像素照片（http://www.bigpixel.cn）。

网上曾有帖子《我是如何推理出×××住址》，详细描述了如何通过×××的一张自拍照找到她的家庭住址。类似这种人肉搜索的例子不胜枚举。

3．隐私保护技术措施

（1）针对搜索引擎的隐私保护设置

由于人肉搜索依赖的一种主要工具是搜索引擎，因此，要做好隐私保护，就要做好反搜索引擎搜集信息的工作。

1）使用加密搜索引擎。2015 年 3 月，百度推出了全站 HTTPS 安全加密服务，通过对传统 HTTP 通道添加 SSL 安全套接层，将所有百度搜索请求全部变为加密状态，以此解决"中间者"对用户隐私的嗅探和劫持，从而为网络用户提供安全可靠的上网搜索环境。

2）使用图片输出隐私内容。可以将不希望被搜索引擎收录的内容，如电话号码，用图片的形式表现出来。

3）使用 Robots 协议限制搜索引擎抓取。Robots 协议是网站与爬虫之间的协议。网站经营者通过 Robots 协议告知搜索引擎爬虫程序可爬取的范围和禁止爬取的范围。爬虫程序在爬取这个网站之前，首先获取到 robots.txt 文本文件，解析其中的规则，然后根据规则来爬取网站的数据。读者可访问 https://ziyuan.baidu.com/wiki/2579 了解百度搜索引擎对于 robots 协议的公告。

（2）浏览器中的隐私安全功能设置

这里以 Firefox 浏览器为例介绍浏览器中的隐私安全功能设置。Firefox 提供了许多隐私与安全功能（https://support.mozilla.org/zh-CN/products/firefox/protect-your-privacy），如图 8-10 所示。

1）选择"隐私窗口"。单击菜单栏右上角的"打开菜单"按钮，选择"新建隐私窗口"，打开一个隐私保护浏览窗口，如图 8-11 所示。Firefox 会在退出隐私窗口或关闭所有隐私浏览标签页和窗口时，清除搜索记录与浏览历史。虽然这样做不会使用户对网站或电信运营商匿名，但还是可以对使用本机的其他用户或本机上的其他程序保密。

图 8-10　Firefox 隐私与安全功能介绍页面　　　　图 8-11　Firefox 隐私保护浏览窗口

2）"隐私与安全"选项设置。在 Firefox 右上角"打开菜单"中选择"选项"菜单项，打开"选项"页面，如图 8-12 所示，其中包含了众多隐私保护设置功能。例如，在"增强型跟踪保护"中选择"严格"以保持最大程度的隐私保护；可以选择"仅当 Firefox 设置为拦截已知跟踪器时"向网站发出"请勿跟踪"信号，表明不想被跟踪；选择"关闭 Firefox 时删除 Cookie 与网站数据"。还可以设置"清除最近的历史记录"，如图 8-13 所示。

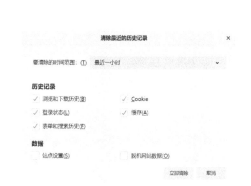

图 8-12　Firefox"隐私与安全"设置页面　　　图 8-13　Firefox"清除最近的历史记录"对话框

3）安装浏览器安全扩展（插件）并及时检查更新浏览器扩展。以下列举几个安全扩展，在 Firefox 右上角"打开菜单"中选择"附加组件"菜单项，进入"附加组件管理器"页面，可以"寻找更多扩展"后安装。

- Cookie AutoDelete。该扩展能自动删除在上次浏览会话期间下载的任何 Cookie，使得网站几乎无法跟踪用户。
- HTTPS Everywhere。该扩展对支持加密的网站自动开启 HTTPS 通信加密，这对于还是默认使用 HTTP 网站，或者在加密页面使用指向非加密页面的链接时，确保发向这些网站的请求都改写成 HTTPS。
- uBlock Origin。该扩展能阻止最具侵入性的添加跟踪器和恶意软件。

为防止浏览器插件攻击造成用户隐私信息泄露，用户应该及时检查更新已经安装的插件。在"附加组件管理器"页面可以对浏览器中安装的第三方插件进行管理。

（3）社交软件中的隐私保护设置

在使用各种社交软件的时候，要弄清其分享机制，并设置好自己的隐私分享原则。

微课视频 8-7
常用社交软件隐私保护实例

1）微博。微博可以认为是一种面向大众的个人媒体，并不仅仅是关注了自己的人可以阅读，而是所有人均可阅读。因此，在微博中发布消息或进行评论要特别注意，防止隐私信息泄露。还有就是，一些人的微博与 QQ 账号是绑定的，如果不希望自己的 QQ 好友知道自己的真实信息，在微博中也就不要使用真实姓名之类的隐私信息。

2）QQ。默认情况下，QQ 会对好友开放很多的权限，因此为了更好地保护自己的隐私，我们要对其严加防护。图 8-14 所示为 QQ"系统设置"中的"权限设置"页面，其中又包含"个人资料""空间权限""防骚扰""临时会话""资讯提醒""个人状态""远程桌面"7 个栏目。大家可以根据自己对隐私保护确定的程度，非常仔细地对各选项进行设置。

出于一些需要，我们经常希望在某个时间段，如夜间加班或者工作繁忙的时候，让自己 QQ 隐身不受打扰。可以在"系统设置"窗口中，选择"基本设置"，进入"状态"栏目，将"登录后状态为"设置成"隐身"，如图 8-15 所示。

图 8-14　QQ 中的"权限设置"页面

图 8-15　QQ 中的"基本设置"页面

除了个人 QQ 会泄露自己的隐私外，大家常用的 QQ 群也会泄露隐私。对于同学同事群，默认群设置是每个成员都可以上传文件和照片到群共享，群成员多了以后就可能会误传一些重要文件到共享导致泄密。因此还需要对具体群进行设置以保护隐私。以同学同事群为例，可以进入群设置，将文件和照片的上传权限设置为"仅允许群主和管理员"，如图 8-16 所示。

图 8-16 QQ 群中的"应用权限"设置

对于自己建立的好友私密群，因为默认建群时会定位自己位置，可将群建立的位置设置为非实际位置，避免本地一些不怀好意的人加入自己的私密群。

对于手机 QQ 用户同样可以设置隐私保护，以 iPhone 手机 QQ 为例。进入手机 QQ 后点击自己的头像，在弹出的菜单中选择"设置"，在打开的窗口中选择"联系人、隐私"，然后就在"联系人、隐私"界面按自己的需要进行设置即可，打开过程如图 8-17 所示。

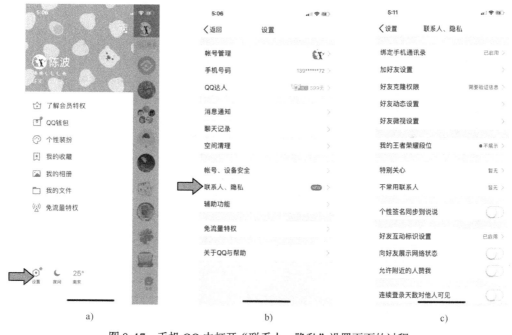

a)   b)   c)

图 8-17 手机 QQ 中打开"联系人、隐私"设置页面的过程

3）微信。微信中的隐私保护设置主要在微信的"隐私"设置界面完成。在手机微信中依次选择"我"→"设置"→"隐私"，就可以进入"隐私"设置界面，打开过程如图 8-18 所示。大家可以根据自己对隐私保护确定的程度，非常仔细地对各选项进行设置。

不要轻易使用微信中"发现"一栏中的查看"附近的人"功能。如果使用了微信查看"附近的人"功能，若不希望别人通过这个功能把你"定位"，就要注意退出这一项时"清除我的位置信息"，避免隐私持续的曝光。设置过程如图 8-19 所示。

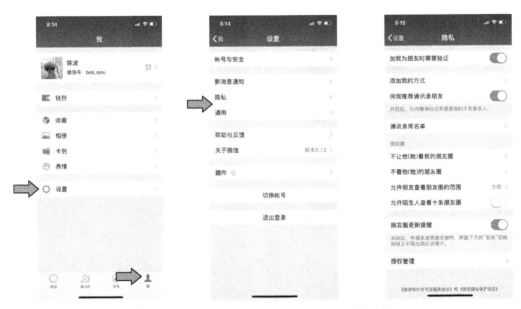

图 8-18　手机微信中打开"隐私"设置页面的过程

图 8-19　手机微信中"附近的人"功能设置

　　大家知道，微信和 QQ 都是腾讯的产品。虽然这两款社交网络软件同属于一家公司旗下，但是它们在功能和定位上，还是有所区别的。可以说，QQ 是主打陌生人社交的平台。QQ 中可以在"好友动态"中查看"访客"。在其中可以查看"谁看过我"和"我看过谁"，如果开通了黄钻还可以查看"被挡访客"。

　　和 QQ 相比，微信的功能更加简洁专一，私密性更好，这也是很多工作以后的职场人士更愿意使用微信而不是QQ的原因之一。

　　微信的朋友圈，你不仅看不到来访者的痕迹，而且不认识的微信联系人之间，也不能看到彼此的评论，这进一步地保护了使用者的隐私。而朋友圈分组，设置是否可见，这都是围绕个人隐私意愿展开的功能。

当然，这其中的隐私保护也是有限的。用过微信的人肯定发现过这种情况，某个朋友 A 发了一条朋友圈，下面有认识的另外一个朋友 B 的点赞。而在这之前，完全没想到 A 和 B 居然是认识的，因为这两个人是在不同时间、不同的工作环境结交到的同事，所以每次有这种意外发现，就会感慨世界太小了。

（4）手机上的隐私安全设置

1）关注手机 App 功能和隐私保护声明。实际上，不论微信还是 QQ，几乎所有的手机 App 都会收集用户的位置、通信录等个人信息。因此要对这些 App 的功能多加了解，包括在安装这些 App 时给出的隐私保护声明。

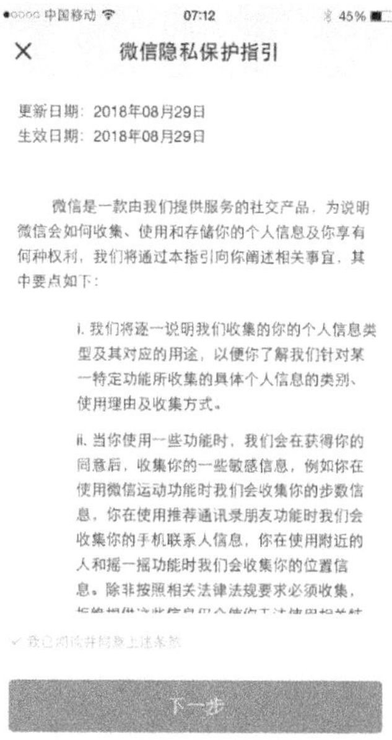

2017 年 9 月 14 日开始，微信用户首次打开微信后会看到一条必读消息《微信隐私保护指引》，需阅读并同意后才能使用该应用，如图 8-20 所示。若不同意则会影响正常登录及使用微信。在《微信隐私保护指引》中微信表示，微信一直致力于保护用户隐私，绝不会随意使用用户聊天信息，这是底线。

2）关注手机本身的隐私安全设置。手机本身也会搜集、记录我们的许多隐私信息，也要加以注意。例如，如果我们不想别人了解自己的位置信息，可以关闭手机的 GPS 功能。iPhone 手机的"定位服务"的"重要地点"中可以查看到我们常去的一些地点。如果用户不想别人了解自己的位置信息，可以关闭手机中这一定位功能。

3）安装手机安全软件。手机安全软件一般都提供软件权限管理功能，可以一览手机上所安装的应用软件中哪些可以窥探用户短信、通信录、通话记录、位置信息、手机识别码等隐私信息。用户可根据个人使用目的及对软件的信任程度关闭该

图 8-20　手机微信隐私保护指引声明

应用软件的部分或全部获取隐私信息的功能。当然，这样做可能导致软件使用不正常，用户可自己权衡利弊并对应用软件进行保留、删除、更换等操作。

部分手机安全软件列举如下。读者可根据个人喜好及软件功能进行选择。

- 腾讯手机管家，https://m.qq.com。
- 百度手机卫士，https://shoujiweishi.baidu.com。
- 360 手机卫士，https://shouji.360.cn。
- LBE 安全大师，http://www.lbesec.com。

4）手机、PC 使用过程中的安全防护。在前几章的介绍中，本书已经比较系统地介绍了硬件与环境、操作系统、网络访问、口令安全等多个方面的安全威胁及防护措施。例如，不要轻易打开好友发过来的网页链接，这可能是盗号或木马程序；在网上要尽量使用复杂的密码，如数字、符号相结合并尽可能的长，也不要在所有网络应用中采用同样的用户名和密码。

4. 隐私保护法律维权

本章 8.2.2 节已经介绍了我国个人信息保护的相关法律和管理规范。这里介绍相关法律法规的一些规定细节。

（1）我国法律规定，公民享有隐私权，个人信息受法律保护

《民法典》第一千零三十三条规定，除法律另有规定或者权利人明确同意外，任何组织或者个人不得实施下列行为：

- 以电话、短信、即时通信工具、电子邮件、传单等方式侵扰他人的私人生活安宁。
- 进入、拍摄、窥视他人的住宅、宾馆房间等私密空间。
- 拍摄、窥视、窃听、公开他人的私密活动。
- 拍摄、窥视他人身体的私密部位。
- 处理他人的私密信息。
- 以其他方式侵害他人的隐私权。

《民法典》第一千零三十五条规定，处理个人信息的，应当遵循合法、正当、必要原则，不得过度处理，并符合下列条件：

- 征得该自然人或者其监护人同意，但是法律、行政法规另有规定的除外。
- 公开处理信息的规则。
- 明示处理信息的目的、方式和范围。
- 不违反法律、行政法规的规定和双方的约定。

个人信息的处理包括个人信息的收集、存储、使用、加工、传输、提供、公开等。

《民法典》第一千零三十八条规定，信息处理者不得泄露或者篡改其收集、存储的个人信息；未经自然人同意，不得向他人非法提供其个人信息，但是经过加工无法识别特定个人且不能复原的除外。

信息处理者应当采取技术措施和其他必要措施，确保其收集、存储的个人信息安全，防止信息泄露、篡改、丢失；发生或者可能发生个人信息泄露、篡改、丢失的，应当及时采取补救措施，按照规定告知自然人并向有关主管部门报告。

《民法典》第一千零三十九条规定，国家机关、承担行政职能的法定机构及其工作人员对于履行职责过程中知悉的自然人的隐私和个人信息，应当予以保密，不得泄露或者向他人非法提供。

《传染病防治法》第十二条也有相关规定，疾病预防控制机构、医疗机构不得泄露涉及个人隐私的有关信息、资料。

（2）我国法律规定，泄露个人信息，侵犯公民隐私权应承担法律责任

《网络安全法》第六十四条规定：违反本法第四十四条规定，窃取或者以其他非法方式获取、非法出售或者非法向他人提供个人信息，尚不构成犯罪的，由公安机关没收违法所得，并处违法所得一倍以上十倍以下罚款，没有违法所得的，处一百万元以下罚款。

《刑法》第二百五十三条之一"侵犯公民个人信息罪"规定：违反国家有关规定，向他人出售或者提供公民个人信息，情节严重的，处三年以下有期徒刑或者拘役，并处或者单处罚金；情节特别严重的，处三年以上七年以下有期徒刑，并处罚金。违反国家有关规定，将在履行职责或者提供服务过程中获得的公民个人信息，出售或者提供给他人的，依照前款的规定从重处罚。窃取或者以其他方法非法获取公民个人信息的，依照第一款的规定处罚。单位犯前三款罪的，对单位判处罚金，并对其直接负责的主管人员和其他直接责任人员，依照各该款的规定处罚。

《治安管理处罚法》第四十二条规定了相关行政责任，偷窥、偷拍、窃听、散布他人隐私，处五日以下拘留或者五百元以下罚款；情节较重的，处五日以上十日以下拘留，可以并处五百元以下罚款。

《传染病防治法》第六十八、六十九条还规定了疾病预防控制机构、医疗机构故意泄露传染病病人、病原携带者、疑似传染病病人、密切接触者涉及个人隐私的有关信息、资料，由县级以上人民政府卫生行政部门责令限期改正，通报批评，给予警告；对负有责任的主管人员和其他直接责任人员，依法给予降级、撤职、开除的处分，并可以依法吊销有关责任人员的执业证书；构成犯罪的，依法追究刑事责任。

当然，出于公共安全考虑，可以公开必要的个人信息。例如，本章案例 8-2 涉及的新冠肺炎疫情防控的特殊时期，公众知情权、公共安全与公民隐私权需要兼顾平衡。

《政府信息公开条例》第十五条规定：涉及商业秘密、个人隐私等公开会对第三方合法权益造成损害的政府信息，行政机关不得公开。但是，第三方同意公开或者行政机关认为不公开会对公共利益造成重大影响的，可予以公开。因此，基于疫情防控这一公共利益的切实需要，可以对特殊人群的特定信息进行披露。

但是，各项防控措施务必在《传染病防治法》和《突发公共卫生事件应急条例》框架内进行决策和实施，依法办事。针对确诊患者的隐私信息，有关部门要进行脱敏处理，与疫情防控无关的信息不得公布；同时还要加大对侵犯数据隐私行为的打击力度，防止个别地方、部门、医院、科研机构及工作人员非法泄露、恶意传播数据隐私。

📖 **拓展阅读**

读者要想了解更多隐私保护的方法，可以阅读以下书籍资料。

[1] 米特尼克，瓦摩西. 捍卫隐私：世界头号黑客教你如何保护隐私 [M]. 吴攀，译. 浙江：浙江人民出版社，2019.

[2] 中国青年政治学院互联网法治研究中心，封面智库. 中国个人信息安全和隐私保护报告 [R]. 2016.

[3] 向宏. 隐私信息保护趣谈 [M]. 重庆：重庆大学出版社，2019.

[4] 李瑞民. 你的个人信息安全吗 [M]. 2 版. 北京：电子工业出版社，2015.

[5] 佩顿，克莱普尔. 大数据时代的隐私 [M]. 郑淑红，译. 上海：上海科学技术出版社，2016.

[6] 李世明. 应对网络威胁：个人隐私泄露防护 [M]. 北京：人民邮电出版社，2009.

[7] 王忠. 大数据时代个人数据隐私规制 [M]. 北京：社会科学文献出版社，2014.

[8] No-Github. Digital Privacy [EB/OL]. [2020-01-06]. https://github.com/No-Github/Digital-Privacy.

8.5 思考与实践

1. 当前的泛在网络环境下，为什么信息内容安全问题越发严重，确保信息内容安全越发重要？

2. 信息内容包括哪些？它们面临哪些威胁？

3. 信息内容安全与传统信息安全有什么区别和关系？

4. 读书报告：查阅 8.2.1 节列举的我国网络信息内容安全管理的相关法律法规，思考这些法律法规对于信息内容安全管理的重要性和必要性。完成读书报告。

5. 读书报告：阅读 8.4 节推荐的《大数据战争》《今日简史》等书籍，了解当前的隐私泄露问题。完成读书报告。

6．谈谈你对隐私的概念以及隐私和个人信息的关系的理解。

7．读书报告：查阅 8.2.2 节列举的我国个人信息保护的相关法律法规和管理规范，重点了解《网络安全法》中对于个人信息的界定以及保护要求。完成读书报告。

8．读书报告：查阅国家标准《信息安全技术 个人信息安全规范》（GB/T 35273—2020），以及 2018 年 5 月 25 日欧盟颁布的 *General Data Protection Regulation*（《通用数据保护条例》，GDPR），并对两者进行分析对比。完成读书报告。

9．知识拓展：查阅资料，了解内容安全网关产品，并比较其功能及特点。

10．知识拓展：了解 8.3.2 节列举的舆情监控与预警系统产品，并比较其功能及特点。

11．知识拓展：查阅资料，进一步了解信息获取、信息过滤、文本识别等技术细节。例如，新浪微博开放平台为应用开发者提供了方便程序接口，利用这些接口可以准确、高效地获取新浪微博上的各类数据，读者可以访问 http://open.weibo.com/wiki 了解新浪微博开发平台相关文档。

12．操作实验：参考以下书籍在网上搜索自己的相关信息，了解利用搜索引擎进行信息搜集的方法。完成实验报告。

[1] LONG，GARDNER，BROWN. Google Hacking 渗透性测试者的利剑：原书第 3 版 [M]. 沈卢斌，译. 北京：清华大学出版社，2018.

[2] 康迪. Google 知道你多少秘密 [M]. 李静，译. 北京：机械工业出版社，2010.

13．操作实验：了解自己常用的浏览器的隐私功能并进行设置，并谈谈浏览器隐私功能的作用和局限性。完成实验报告。

14．操作实验：了解自己常用的 QQ、微信等社交工具的隐私功能并进行设置。完成实验报告。

15．操作实验：了解自己手机及手机 App 的功能或隐私声明并进行设置。完成实验报告。

16．操作实验：了解 8.4 节中介绍的手机安全软件，安装并使用其安全功能对手机进行安全防护。完成实验报告。

17．编程实验：了解开源爬虫框架 Scrapy，并结合 Python 语言，编写一个爬虫程序。完成实验报告。

18．综合实验：针对案例 8-2 中介绍的 2020 年抗击新冠肺炎期间曝光的隐私泄露问题，请参照《民法典》等法律法规以及《信息安全技术 数据安全能力成熟度模型》（GB/T 37988—2019）、《信息安全技术 个人信息安全规范》（GB/T 35273—2020）等标准或规范，从公民个体和管理者的角度分别谈谈技术上与管理上如何保护隐私。

8.6 学习目标检验

请对照本章学习目标列表，自行检验达到情况。

	学习目标	达到情况
知识	了解当前信息内容产生和传播的特点	
	了解信息内容面临的安全威胁	
	了解信息内容安全的概念，它与传统信息安全的区别和关系	
	了解信息内容安全的目标	

	学习目标	达到情况
知识	了解信息内容安全的重要性及面临的挑战	
	了解信息内容安全保护的法律与法规	
	了解信息内容安全管理的主要技术与设备	
	了解隐私的概念及其与个人信息的关系	
	了解隐私泄露的常见途径及应对措施	
能力	能够正确认识信息内容安全的重要意义	
	能够正确认识和处理重要公共事件中公民个人信息保护的问题	
	能够进行手机、手机 App、PC 隐私保护设置	

第9章 信息安全管理

本章知识结构

本章在介绍信息安全管理概念的基础上，围绕信息安全管理制度、信息安全等级保护、信息安全风险评估这3个信息安全管理中的重要工作展开。本章知识结构如图9-1所示。

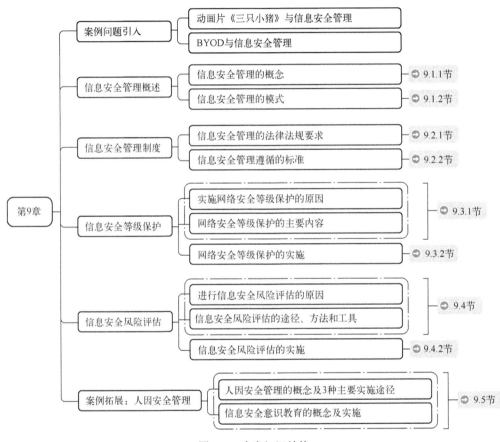

图9-1 本章知识结构

案例与思考9-1：动画片《三只小猪》与信息安全管理

微课视频9-1
三只小猪的故事

【案例9-1】

《三只小猪》是著名的英国童话，讲述了三只小猪在长大后，学好了本领，各自盖了不同的房子，却遭遇大灰狼的故事。大哥盖的是草房，二哥盖的是木房，三弟盖的是砖房。最后，只有不嫌麻烦的三弟的房子没有被大灰狼弄垮，它还把大灰狼给打败了。

【案例 9-1 思考】

● 我们在不同的年龄阶段、不同的工作时期看《三只小猪》这部动画片（见图 9-2）会有不同的感受。请以"安全"为主题，谈谈观后感。

案例与思考 9-2：BYOD 与信息安全管理

【案例 9-2】

随着 Wi-Fi/4G/5G 网络的快速发展、智能移动终端日益普及和性能的极大提升，移动应用和服务不断丰富，BYOD（Bring Your Own Device，自带设备办公）成为趋势。

图 9-2　动画片《三只小猪》

自带的设备包括笔记本计算机，以及手机、平板计算机等移动智能终端设备。员工不仅自带这些设备到办公地点办公，也可以在家中、机场、酒店、咖啡厅等非办公场所，登录组织的邮箱、在线办公系统，这样的办公不受时间、地点、设备、网络环境的限制，在满足员工自身对于新科技和个性化追求的同时提高了员工的工作效率，也降低了组织在办公上的成本和投入。

不过，国际著名的信息系统安全认证联盟（ISC）²发布的《2017 年网络安全趋势焦点报告》（2017 Cybersecurity Trends Report）显示，随着移动性和 BYOD 在工作场所中的增长，安全问题也随之增加。人们对于 BYOD 最大的安全担忧是数据泄露或丢失（69%），其次是下载不安全的应用程序或内容（64%），以及将恶意软件引入组织的 IT 环境（63%）。

报告还显示，加强网络安全的三大障碍是缺乏熟练员工（45%）、缺乏预算（45%）以及员工缺乏安全意识（40%）。克服这些挑战并创造一个更好的安全态势，54% 的组织希望培训和认证它们在职的 IT 人员。

【案例 9-2 思考】

● BYOD 对组织的信息安全提出了哪些严峻挑战？
● 应当如何应对 BYOD 带来的安全挑战？

【案例 9-1 和案例 9-2 分析】

案例 9-1 中，可以从《三只小猪》的故事看到安全意识的重要性、安全防护的动态性，这些都是安全管理的重要内容。

三只小猪为了防止被大灰狼吃掉，各自盖了三所房子——草房、木房和砖房。这相当于安全防护措施的建设，做得越好，房子越结实，抗攻击能力越强。

但即使是砖房，大灰狼也会成功发现房子的漏洞，烟囱、窗户、门都是漏洞，大灰狼钻进来的时候，如果已经补好了这个漏洞，就像影片中小猪在烟囱底下架上一口装满开水的锅，大灰狼的攻击就不可能成功。不过，安全防护是一个动态的过程，比如昨天烧了一锅开水放在烟囱底下，但今天没烧，或窗户今天忘了关，没准大灰狼今天就来了，所以应及时进行安全评估，实施动态风险管理。

案例 9-2 中，BYOD 给组织 IT 安全带来的严峻挑战涉及终端设备、基础设施、应用、数据、人员管理及安全意识教育等众多方面。

挑战一：移动智能终端设备便携性强，但是易丢失或被窃，而且这些设备易被恶意或者被他人非授权使用，这会导致组织内部敏感信息的泄露。

挑战二：组织员工的自有移动终端不可避免地会运行在不安全的外部网络，在采用网页浏览、下载应用、收发邮件等方式访问组织信息时，很可能感染病毒或者被种植木马，移动终端再接入组织内部网络，会对内部网络安全构成极大威胁。

挑战三：组织部署无线网络时需要解决动态可扩展问题。如很多用户携带多个移动设备，不少设备会保持长时间连接，或定期"醒来"连接到网络来检查电子邮件和执行其他定期更新，这将使无线网络接入点饱和成为一个普遍的问题，并带来各种安全管理设施的增加与完善问题，而且各种组织应用的移植，需要同时解决用户体验一致性的问题。

挑战四：组织需要统一管控众多非统一标准、分散各处的移动终端，在减少管理移动设备复杂度的同时，既要保证员工使用移动设备能够跨物理、虚拟、移动和云环境而自由地共享数据，又要避免组织机密数据外泄。

尽管组织会为解决上述安全问题购买多种安全软硬件设备，例如防火墙、入侵检测系统、移动设备管理、系统漏洞管理、数据加密保护等。但是，如何有针对性地合理部署安全设备，如何让这些软硬件设备协同工作，并能在各种人员的使用中真正发挥作用，才是解决 BYOD 安全问题的重点。

"三分技术、七分管理"——这是强调管理的重要性，在安全领域更是如此。仅通过技术手段实现的安全能力是有限的，只有有效的安全管理，才能确保技术在人的使用和管理下发挥其应有的安全作用，从而真正实现软硬件设备、应用、数据和人这个整体的安全。

信息安全管理首先离不开制度规范，在我国还有信息安全等级保护、信息安全风险评估等重要工作。此外，由于我国信息安全教育的普及率较低，数量庞大的 BYOD 用户总体安全意识不强，对个人移动智能终端设备安全的重视性认识不足，因此，提高组织用户的信息安全意识也是信息安全管理的重要内容。

微课视频 9-2
信息安全管理的概念

9.1　信息安全管理概述

本节首先介绍安全管理的概念、目标、内容，最后介绍安全管理的程序和方法。

9.1.1　信息安全管理的概念

信息安全管理是在信息安全这一特定领域里的管理活动，是指为了完成信息安全保障的核心任务，实现既定的信息与信息系统安全目标，针对特定的信息安全相关工作对象，遵循确定的原则，按照规定的程序（规程），运用恰当的方法，所进行的与信息系统安全相关的组织、计划、执行、检查和处理等活动。

信息安全管理是信息安全不可分割的重要内容，信息安全技术是手段，信息安全管理是保障，是信息安全技术成功应用的重要支撑。

信息安全管理的最终目标是将系统（即管理对象）的安全风险降低到用户可接受的程度，保证系统的安全运行和使用。风险的识别与评估是安全管理的基础，风险的控制是安全管理的目标，从这个意义上讲，安全管理实际上是风险管理的过程。

信息安全管理的要素包括以下内容。

● 安全内容：网络基础设施安全、通信基础设施安全、信息系统安全、信息安全生产、信息内容安全等。

- 工作对象：相应的战略规划、日常工作计划、安全目标、安全原则、安全法律法规、安全标准、安全规范、安全技术开发与应用、安全工程、安全服务、安全市场、安全产品的认证、安全保障体系与制度、安全监督与检查等。
- 工作计划：工作目标、步骤、工作策略、工作方法、角色与职责、日常运行保障、安全运行指标等。

9.1.2 信息安全管理的模式

安全管理模型遵循管理的一般循环模式，但是随着新的风险不断出现，系统的安全需求也在不断变化，也就是说，安全问题是动态的。因此，安全管理应该是一个不断改进的持续发展过程。图 9-3 给出的 PDCA 安全管理模型就体现出这种持续改进的模式。

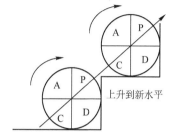

PDCA 管理模型是由美国著名质量管理专家戴明博士提出，故又称为"戴明循环"或"戴明环"。PDCA 管理模型实际上是指有效地进行任何一项工作的合乎逻辑的工作程序，它包括计划（Plan）、执行（Do）、检查（Check）和行动（Action）的持续改进模式，每一次的安全管理活动循环都是

图 9-3　PDCA 安全管理持续改进模型

在已有的安全管理策略指导下进行的，每次循环都会通过检查环节发现新的问题，然后采取行动予以改进，从而形成了安全管理策略和活动的螺旋式提升。

信息安全管理的程序遵循 PDCA 循环模式，4 个阶段的主要工作如下。

1）计划。根据法律、法规的要求和组织内部的安全需求制定信息安全方针、策略，进行风险评估，确定风险控制目标与控制方式，制定信息安全工作计划等内容，明确责任分工，安排工作进度，形成工作文件。

2）执行。按照所选择的控制目标与控制方式进行信息安全管理实施，包括建立权威安全机构，落实各项安全措施，开展全员安全培训等。

3）检查。在实践中检查、评估工作计划执行后的结果，包括制定的安全目标是否合适，是否符合安全管理的原则，是否符合安全技术的标准，是否符合法律法规的要求，是否符合风险控制的指标，控制手段是否能够保证安全目标的实现等，并报告结果。检查阶段就是明确效果，找出问题。

4）行动。行动阶段也可以称为处理阶段，依据上述检查结果，对现有信息安全管理策略的适宜性进行评审与评估，评价现有信息安全管理体系的有效性。对成功的经验加以肯定并予以规范化、标准化，以指导今后的工作，对于失败的教训也进行总结，避免再次出现。

安全管理不只是网络管理员日常从事的管理概念，而是在明确的安全策略指导下，依据国家或行业制定的安全标准和规范，由专门的安全管理员来实施。因此，网络安全管理的主要任务就是制定安全策略并贯彻实施。制定安全策略主要是依据国家标准，结合本单位的实际情况确定所需的安全等级，然后根据安全等级的要求确定安全技术措施和实施步骤。同时，制定有关人员的职责和网络使用的管理条例，并定期检查执行情况，对出现的安全问题进行记录和处理。

接下来将介绍信息安全管理中的几个重点工作：信息安全管理制度、我国信息安全等级保护、信息安全风险评估和信息安全意识教育。

9.2 信息安全管理制度

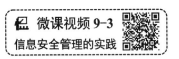

微课视频 9-3
信息安全管理的实践

信息安全管理首先应该从宏观的国家层面建立相应的组织机构，统筹安排、协调信息安全的健康发展，并制定相应的法律法规、标准等管理制度。

2013 年 11 月 12 日，党的十八届三中全会提出，中央将设立国家安全委员会。2014 年 2 月 27 日，中央网络安全和信息化领导小组成立。涵盖信息安全职责的国家安全委员会以及中央网络安全和信息化领导小组，为构建国家信息安全管理体系提供了组织保障。

本节接下来介绍我国信息安全相关的法律法规及信息安全安全标准。

9.2.1 信息安全管理与立法

1. 保护的目标

信息系统安全法律体系不仅仅是简单的对一般违法犯罪或者侵权行为的规制，更重要的是促进网络社会和相关产业的健康发展，保障国家安全和公共安全，规范网络社会活动秩序等。

2. 保护的对象

信息安全问题均与信息资源这一客体以及资源的产生和使用这一主体有关，因此，对信息系统安全的法律保护应涵盖信息资源客体以及资源产生和使用主体。

（1）对信息资源客体的保护

对信息资源这一客体的保护可划分为对信息载体的保护、对信息运行的保护、对信息内容的保护、对信息价值的保护。

1）对信息载体的保护。这是信息安全保护的前提和基础，涉及信息存储和运行所依赖的物理载体，其中关键信息基础设施的保护尤为重要。

2）对信息运行的保护。这是信息安全保护的关键和核心，涉及信息安全传输、转换、处理、交换和存储等全生命周期，以确保信息的安全共享和交换。

3）对信息内容的保护。这是信息安全保护的重要社会目标。这里的信息内容是指电子数据通过计算机系统、网络或者移动终端等设备和软件所呈现的内容。有害的信息内容不仅不能推动社会的发展，反而会阻碍信息社会的发展。确保信息内容的呈现与传播符合国家和社会的要求有着重要意义。

4）对信息价值的保护。这是信息安全保护的重要内容。信息社会中，信息是最重要的资源，信息是有价值的。在大数据时代，信息价值属性不断扩张，其呈现的价值内涵具有复杂性和综合性等特点，对这些信息价值的保护显得尤为重要。

（2）对于信息资源产生和使用主体的保护

对于信息资源产生和使用的主体的保护可以分为对个人、社会、国家利益的保护。网络空间与现实空间不同，但最终都是由现实中的人参与的。也就是说，网络空间安全的破坏，必然表现为对现实空间的人、社会、国家利益的损害。网络空间安全的法律保护应是对个人合法利益、社会公共利益和国家利益的全方位保护。

1）对国家安全利益的保护。网络空间没有现实空间那样清晰的边界，网络空间主权容易受到忽视。在如今信息爆炸时代，哪个国家掌控了信息网络，哪个国家就占领了政治、军事和经济较量的战略制高点，因而制网权的较量成为大国之间较量的新焦点。通过法律对网络空间安全进行保护，不仅是为了宣示和明确网络空间的主权，更重要的是通过法律明确网络空间的国家安全战略，引导社会资源有效配置，将有限资源落实到网络空间的国家主权保障、关键信息基础设施的保护、关键和敏感数据的保护、个人数据安全保护以及落实国家网络空间安全保障工作的体系化和高效运作上。通过对国家安全利益的保护，将那些信息系统建设、运行、维护和使用过程中可能危及国家安全的信息活动通过行政处罚、治安处罚、刑事处罚等措施予以制裁，从而有效保护政治安全、经济安全、文化安全和军事安全，预防因网络空间安全问题引起的国家安全利益的重大损失。

2）对社会公共秩序以及公民涉及网络的各项合法权益的保护。由于网络在社会生活中的不可替代性和用户群的不断增长，无论其作为一项设施、一种工具、一种媒介、一个场所，还是一种财产等，若不对其相关活动进行法律规制，就有可能危及公共安全、社会公共秩序、财产以及公民的人身、民主权利。因此，应通过制定专门法律、增加刑法条文、完善治安管理处罚法、制定相关司法解释等手段予以法律规制，使其适用于新的领域。同时，也要通过民法典、知识产权法等法律或者司法解释将网络出现的各种侵权行为予以规定和明确，确保公民的各项民事权益。

3．保护的范围

网络空间安全法律应贯穿于网络安全保护的各个环节、各个阶段，通过法律的规制、指引作用，使网络空间安全保护的各种要素高效组合，促使网络空间安全技术和管理的不断快速发展，有效控制网络空间安全风险因素，即网络空间安全的法律保护涉及信息系统的整个生命周期，包括系统规划、系统分析、系统设计、系统实施、运维及消亡等阶段。通过国家、行业组织和企业的管理或监督指导，按照法律设定的风险防范手段，逐一排查可能影响国家安全、社会公共利益、个人合法权益的因素，保障信息系统处于规定的安全可控的状态。

在系统建设阶段，应根据信息系统对国家安全、社会秩序和公共利益可能造成损害的程度确定合理的保护等级，并在安全产品的选择和使用上进行检查或控制；在系统运营阶段，国家信息安全监管部门应根据系统的重要程度实施相应的检查、监督或者指导工作。信息系统无论在建设、运营、报废过程中都需要依据国家管理规范、技术标准或者业务特殊安全需求来实施相应的管理，通过法律对相关责任主体设定必要的职责和义务，违反者需承担相应的法律责任。通过法律法规对信息系统生命周期中的每一阶段涉及的安全产品或软件、人、系统实施有效管理制度，通过全过程的安全保护将网络空间安全掌握在可控状态。

4．信息系统安全现有法律法规体系

当前，我国有关信息系统安全的法律仍在不断发展完善中，不过已经基本形成了以《中华人民共和国网络安全法》等专门法律，以及以散见于刑法、民法、治安管理处罚法、三大诉讼法等传统法律中的相关规定为基础，以各种行政法规、部门规章为支撑的较为完善的法律体系，具体来说包括以下5个方面。

（1）信息系统安全政策相关的法律法规

没有网络安全就没有国家安全，构筑全方位的网络与信息安全治理体系是我国信息安全保障工作的重中之重。2017年6月1日正式实施的《中华人民共和国网络安全法》是全面规范国家信息系统安全监督与管理方面的基础性法律，它与一批法律法规共同组成了我国信息系统安全政策相关的法律体系，列举如下。

- 《全国人大常委会关于维护互联网安全的决定》。
- 《国务院关于大力推进信息化发展和切实保障信息安全的若干意见解读》（国发〔2012〕23号）。

- 《中华人民共和国国家安全法》。
- 《中华人民共和国治安管理处罚法》。
- 《中华人民共和国计算机信息系统安全保护条例》。
- 《公安机关互联网安全监督检查规定》。

（2）信息系统安全刑事处罚相关的法律法规

对于严重威胁信息系统安全，或者具有严重社会危害性的行为，需要通过刑法进行规制。我国信息系统安全刑事处罚相关的法律法规列举如下。

- 《中华人民共和国刑法》。
- 《关于防范和打击电信网络诈骗犯罪的通告》。
- 《最高人民法院、最高人民检察院关于办理危害计算机信息系统安全刑事案件应用法律若干问题的解释》（法释〔2011〕19 号）。
- 《最高人民法院、最高人民检察院关于办理利用互联网、移动通讯终端、声讯台制作、复制、出版、贩卖、传播淫秽电子信息刑事案件具体应用法律若干问题的解释》（法释〔2004〕11 号）。
- 《最高人民法院、最高人民检察院关于办理利用信息网络实施诽谤等刑事案件适用法律若干问题的解释》（法释〔2013〕21 号）。

（3）信息系统安全民事侵权相关的法律法规

信息系统安全还广泛涉及民事侵权问题，包括个人信息权、隐私权、软件著作权、专利权、财产权、名誉权、姓名权等。这些侵权行为可能涉及行政处罚和刑事处罚。我国信息系统安全民事侵权相关的法律法规列举如下。

- 《中华人民共和国民法典》。
- 《最高人民法院关于审理利用信息网络侵害人身权益民事纠纷案件适用法律若干问题的规定》。
- 《最高人民法院、最高人民检察院关于办理利用信息网络实施诽谤等刑事案件适用法律若干问题的解释》（法释〔2013〕21 号）。
- 《中华人民共和国网络安全法》。
- 《全国人民代表大会常务委员会关于加强网络信息保护的决定》。
- 《最高人民法院、最高人民检察院关于办理侵犯公民个人信息刑事案件适用法律若干问题的解释》（法释〔2017〕10 号）。
- 《中华人民共和国消费者权益保护法》。

（4）信息系统安全行政处罚相关的法律法规

对于那些涉及网络的不构成犯罪但行政违法或治安管理违法的行为，通过行政处罚和治安管理处罚的措施予以规制。我国信息系统安全行政处罚相关的法律法规列举如下。

- 《中华人民共和国治安管理处罚法》。
- 《中华人民共和国计算机信息系统安全保护条例》。
- 《计算机信息网络国际联网安全保护管理办法》。
- 《互联网信息服务管理办法》。
- 《中华人民共和国电信条例》。
- 《互联网上网服务营业场所管理条例》。

- 《互联网视听节目服务管理规定》。
- 《电子认证服务密码管理办法》。
- 《电子认证服务管理办法》。
- 《互联网域名管理办法》。
- 《计算机病毒防治管理办法》。
- 《中华人民共和国反不正当竞争法》。

（5）信息系统安全诉讼程序相关的法律法规

涉及网络的各种诉讼程序均离不开电子数据证据。电子数据的收集、鉴定、审查与判断等，与传统证据有很大区别。我国信息系统安全诉讼程序相关的法律法规列举如下。

- 《中华人民共和国刑事诉讼法》。
- 《中华人民共和国民事诉讼法》。
- 《中华人民共和国行政诉讼法》。
- 《全国人民代表大会常务委员会关于司法鉴定管理问题的决定》。
- 《最高人民法院、最高人民检察院、公安部关于办理刑事案件收集提取和审查判断电子数据若干问题的规定》（法发〔2016〕22 号）。

9.2.2 信息安全管理与标准

标准是政策、法规的延伸，通过标准可以规范技术和管理活动，信息安全标准也是如此。本节首先介绍信息安全的标准分类及体系结构，然后分别概要介绍国外及我国的信息安全标准。

信息安全标准从适用地域范围可以分为国际标准、国家标准、地方标准、区域标准、行业标准和企业标准。

信息安全标准从涉及的内容可以分为：

- 信息安全体系标准。
- 信息安全机制标准。
- 信息安全管理标准。
- 信息安全工程标准。
- 信息安全测评标准。
- 信息系统等级保护标准。
- 信息安全产品标准。

1. 信息系统安全评测国际标准

（1）TCSEC（*Trusted Computer System Evaluation Criteria*，《可信计算机系统评估标准》）

虽然近些年已有信息系统安全测评国际标准的颁布，但这里还是要提一下 TCSEC。

1983 年，美国国防部（United States Department of Defense，DoD）首次公布了 TCSEC，用于对操作系统的评估。这是 IT 历史上的第一个安全评估标准，为现今的标准提供了思想基础和成功借鉴。TCSEC 因其封面的颜色而被业界称为"橘皮书"（Orange Book）。

TCSEC 所列举的安全评估准则主要是针对美国政府的安全要求，着重点是大型计算机系统机密文档处理方面的安全要求。TCSEC 把计算机系统的安全分为 A、B、C、D 4 个大等级 7 个安全级别。按照安全程度由弱到强的排列顺序是 D、C1、C2、B1、B2、B3、A1，见表 9-1。

表 9-1　TCSEC 安全级别

安 全 级 别					主 要 特 征
1	D	无保护级	D	Minimal Protection	无安全保护
2	C	自主保护等级	C1	Discretionary Access Protection	自主访问控制
			C2	Controlled Access Protection	可控的自主访问控制与审计
3	B	强制保护等级	B1	Labeled Security Protection	强制访问控制，敏感度标记
			B2	Structured Protection	形式化模型、隐蔽信道约束
			B3	Security Domains	安全内核、高抗渗透能力
4	A	验证保护等级	A1	Verified Design	形式化安全验证，隐蔽信道分析

（2）ITSEC（*Information Technology Security Evaluation Criteria*，《信息技术安全性评估标准》）

ITSEC 是英国、德国、法国和荷兰 4 个欧洲国家安全评估标准的统一与扩展，由欧共体委员会（Commission of the European Communities，CEC）在 1990 年首度公布，俗称"白皮书"。

ITSEC 在吸收 TCSEC 成功经验的基础上，首次在评估准则中提出了信息安全的保密性、完整性与可用性的概念，把可信计算机的概念提高到了可信信息技术的高度。ITSEC 成为欧洲国家认证机构进行认证活动的一致基准，自 1991 年 7 月起，ITSEC 就一直被实际应用在欧洲国家的评估和认证方案中，直到其被新的国际标准所取代。

（3）CC（*Common Criteria of Information Technical Security Evaluation*，CCITSE，简称 CC，《信息技术安全评估通用标准》）

CC 是在美国、加拿大、欧洲等国家和地区自行推出测评准则并具体实践的基础上，通过相互间的总结和互补发展起来的。1996 年，六国七方（英国、加拿大、法国、德国、荷兰、美国国家安全局和美国标准技术研究院）公布了 CC 1.0 版。1998 年，六国七方公布了 CC 2.0 版。1999 年 12 月，ISO 接受 CC 为国际标准 ISO/IEC 15408 标准，并正式颁布发行。

TCSEC 主要规范了计算机操作系统和主机的安全要求，侧重对保密性的要求，该标准至今对评估计算机安全具有现实意义。ITSEC 将信息安全由计算机扩展到更为广泛的实用系统，增强了对完整性、可用性的要求，发展了评估保证概念。CC 基于风险管理理论，对安全模型、安全概念和安全功能进行了全面系统描绘，强化了评估保证。其中，TCSEC 最大的缺点是没有安全保证要求，而 CC 恰好弥补了 TCSEC 的这一缺点。

（4）ISO/IEC 15408：2008（2009）（*Information Technology Security Techniques — Evaluation Criteria for IT Security*）（《信息技术　安全技术　信息技术安全性评估准则》）

ISO/IEC15408 是在 CC 等信息安全标准的基础上综合形成，它比以往的其他信息技术安全评估准则更加规范，采用类（Class）、族（Family）及组件（Component）的方式定义准则。国标 GB/T 18336—2015 系列等同采用了 ISO/IEC 15408。

此标准可作为评估信息技术产品和系统安全特性的基本准则，通过建立这样的通用准则库，使得信息技术安全性评估的结果被更多人理解。该标准致力于保护资产的机密性、完整性和可用性，其对应的评估方法和评估范围在 ISO/IEC18045 给出。此外，该标准也可用于考虑人为的（无论恶意与否）以及非人为的因素导致的风险。

（5）ISO/IEC 18045：2008（*Information Technology — Security Technology — Methodology for IT Security Evaluation*）（《信息技术　安全技术　信息技术安全性评估方法》）

国标 GB/T 30270—2013 等同采用了 ISO/IEC 18045，根据 ISO/IEC 15408、2008 和 GB/T

18336—2015 给出信息系统安全评估的一般性准则，以及信息系统安全性检测的评估方法，为评估人员在具体评估活动中的评估行为和活动提供指南。

2．信息安全管理国际标准

信息安全管理体系（Information Security Management System，ISMS）是 1998 年前后从英国发展起来的信息安全领域中的一个新概念，是管理体系（Management System，MS）思想和方法在信息安全领域的应用。可以把 ISMS 理解为一台"机器"，这台机器的功能就是制造"信息安全"，它由许多部件（要素）构成，这些部件包括 ISMS 管理机构、ISMS 文件以及资源等，ISMS 通过这些部件之间的相互作用来实现其"保障信息安全"的功能。

近年来，伴随着 ISMS 国际标准的制/修订，ISMS 迅速被全球接受和认可，成为世界各国、各种类型、各种规模的组织解决信息安全问题的一个有效方法。ISMS 认证随之成为组织向社会及其相关方证明其信息安全水平和能力的一种有效途径。

ISMS 标准族自 2005 年开始制定，是国际标准化组织专门为信息安全管理体系建立的一系列相关标准的总称，已经预留了 ISO/IEC 27000～ISO/ IEC 27059 共 60 个标准号，目前已有 50 多项标准发布。ISMS 标准族针对不同信息安全管理需求的用户提供了不同的标准和参考，该标准至今已形成了比较完整的标准体系，如图 9-4 所示。

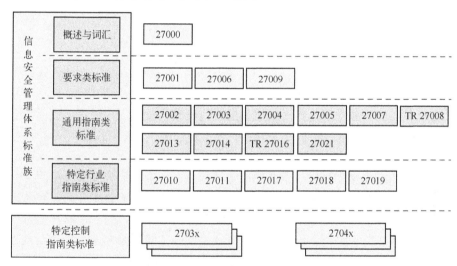

图 9-4　信息安全管理体系标准族关系图

ISO/IEC 27000 标准族的核心框架简要介绍如下。

1）ISO/IEC 27000:2018：*Information Technology – Security Techniques – Information Security Management Systems – Overview and Vocabulary*（《概述和词汇》，省略前面的翻译，下同），描述了 ISO/IEC 27000 ISMS 标准族的整体结构与范围，并给出了术语表，为整个标准族奠定了基础。

2）ISO/IEC 27001:2013：*Requirements*（《要求》），详细说明了建立、实施和维护信息安全管理体系的要求。它着眼于组织的整体业务风险，通过对业务进行风险评估来建立、实施、运行、监视、评审、保持和改进其信息安全管理体系，确保其信息资产的保密性、可用性和完整性。它还规定了为适应不同组织或部门的需求而制定的安全控制措施的实施要求，也是独立第三方认证及实施审核的依据。

3）ISO/IEC 27002:2013：*Code of Practice for Information Security Controls*（《信息安全控制实用规则》），提供了一个公认的控制目标和控制最佳实践的列表（用于选择和实施），为信息安全控制的实施提供指导；它与 ISO/IEC 27001 是伴生的，第 5～18 条（14 个领域，113 个控制项）提供了具体的实施建议和指导，以支持 ISO/IEC 27001:2013 A.5～A.18 中指定的要求。

4）ISO/IEC 27003:2017：*Guidance*（《实施指南》），提供 ISO/IEC 27001 的解释和实施的程序化指导。它给出了 ISMS 实施的关键成功因素，按照 PDCA 的模型，明确了计划、执行、检查、行动每个阶段的活动内容和详细指南。

5）ISO/IEC 27004:2016：*Monitoring, Measurement, Analysis and Evaluation*（《信息安全管理体系 监控、测量、分析和评估》），阐述信息安全管理的测量和指标，用于测量信息安全管理的实施效果，为组织测量信息安全控制措施和 ISMS 过程的有效性提供指南。

6）ISO/IEC 27005:2018：*Information Security Risk Management*（《信息安全风险管理》），描述了信息安全风险管理的要求，可以用于风险评估，识别安全需求，支撑信息安全管理体系的建立和维持。作为信息安全风险管理的指南，该标准还介绍了一般性的风险管理过程，重点阐述了风险评估的重要环节。在附录中它给出了资产、影响、脆弱性以及风险评估的方法，即列出了常见的威胁和脆弱性，最后给出了根据不同通信系统、不同安全威胁选择控制措施的方法。

7）ISO/IEC 27006:2015：*Requirements for bodies providing audit and certification of information security management systems*（《信息安全管理体系审核和认证机构要求》），作为 ISO/IEC 27001 要求的补充，对实施 ISMS 审核和认证的机构规定了要求并提供指南。

3. 信息系统安全工程国际标准

ISO/IEC 21827：2008 *System Security Engineering Capability Maturity Model*（SSE-CMM，《信息安全工程能力成熟度模型》）是关于信息安全建设工程实施方面的标准。

SSE-CMM 的目的是建立和完善一套成熟的、可度量的安全工程过程。该模型定义了一个安全工程过程应有的特征，这些特征是完善的安全工程的根本保证。SSE-CMM 模型通常以过程改善、能力评估和保证 3 种方式来应用。

SSE-CMM 是系统安全工程领域里成熟的方法体系，在理论研究和实际应用方面具有举足轻重的作用，SSE-CMM 模型适用于所有从事某种形式安全工程的组织，而不必考虑产品的生命周期、组织的规模、领域及特殊性。它已经成为西方发达国家政府、军队和要害部门组织和实施安全工程的通用方法，我国也已将 SSE-CMM 作为安全产品和信息系统安全性检测、评估和认证的标准之一，2006 年颁布实施了《信息技术 系统安全工程 能力成熟度模型》（GB/T 20261—2006）。

4. 我国主要标准

通过自主开发的信息安全标准，才能构造出自主可控的信息安全保障体系。信息安全标准是我国信息安全保障体系的重要组成部分，是政府进行宏观管理的重要依据。虽然国际上有很多标准化组织在信息安全方面制定了许多的标准，但是信息安全标准事关国家安全利益，任何国家都不会轻易相信和过分依赖别人，总要通过自己国家的组织和专家制定出自己可以信任的标准来保护民族的利益。因此，我国在充分借鉴国际标准的前提下，建立了自己的信息安全标准化组织和制定本国的信息安全标准。

截至目前，国内已发布或正在制定的信息安全正式标准、报批稿、征求意见稿和草案超过数百项。在这些标准中，有很多是常用的标准，如下所述。

1）信息安全体系、框架类标准，主要包括《信息技术 开放系统互连 开放系统安全框架》（GB/T 18794.1～7—2002～2003），共 7 个部分，分别为概述、鉴别框架、访问控制框架、抗抵赖框架、机密性框架、完整性框架、安全审计和报警框架。

2）信息安全机制标准，包括各种安全性保护的实现方式，如加密、实体鉴别、抗抵赖、数字签名等。这部分有很多标准，要求也比较细。例如，《信息技术 安全技术 IT 网络安全》（GB/T 25068.1~5—2010~2012），共 5 个部分，分别为网络安全管理、网络安全体系结构、使用安全网关的网间通信安全保护、远程接入的安全保护、使用虚拟专用网的跨网通信安全保护。

3）信息安全管理标准，包括信息安全管理测评、管理工程等标准。例如，《信息安全技术 信息安全风险评估规范》（GB/T 20984—2007）、《信息安全技术 信息安全风险评估实施指南》（GB/T 31509—2015）、《信息技术 系统安全工程 能力成熟度模型》（GB/T 20261—2006）等。

4）信息系统安全等级保护标准。9.3 节将详细介绍。

5）信息安全产品标准。其中也包含产品的测评标准等。例如，《信息技术 安全技术 信息技术安全性评估准则》（GB/T 18336.1~3—2015），共 3 部分，分别为简介和一般模型、安全功能组件、安全保障组件。

📖 拓展阅读

读者想要了解更多国外和我国信息系统安全标准情况，可以访问以下官网。

[1] 国际标准化组织（International Organization for Standardization，ISO）官网：http://www.iso.org。

[2] 中国标准服务网，http://www.cssn.net.cn。

[3] 全国信息安全标准化技术委员会网站，https://www.tc260.org.cn。

[4] 网络安全等级保护网，http://www.djbh.net。

9.3 信息安全等级保护

9.3.1 等级保护的概念

1. 等级保护的重要性

（1）对信息安全分级保护是客观需求

信息系统是为社会发展、社会生活的需要而设计、建立的，是社会构成、行政组织体系及其业务体系的反映，这种体系是分层次和级别的。因此，信息安全保护必须符合客观存在。

（2）等级化保护是信息安全发展规律

按组织业务应用区域，分层、分类、分级进行保护和管理，分阶段推进等级保护制度建设，这是做好国家信息安全保护必须遵循的客观规律。

（3）等级保护是国家法律和政策要求

为了提高我国信息安全的保障能力和防护水平，维护国家安全、公共利益和社会稳定，保障和促进信息化建设的健康发展，1994 年国务院颁布的《中华人民共和国计算机信息系统安全保护条例》第九条规定："计算机信息系统实行安全等级保护。安全等级的划分标准和安全等级保护的具体方法，由公安部会同有关部门制定"。

2017 年 6 月 1 日起实施的《中华人民共和国网络安全法》（以下简称《网络安全法》）第二十一条明确规定：国家实行网络安全等级保护制度，网络运营者应当按照网络安全等级保护制度的要求，履行安全保护义务；第三十一条规定：国家对关键信息基础设施，在网络安全等级保护制度的基础上，实行重点保护。

为了与《网络安全法》提出的"网络安全等级保护制度"保持一致性，等级保护的名称由原来的"信息系统安全等级保护"修改为"网络安全等级保护"。

《网络安全法》规定国家实行网络安全等级保护制度，标志着从 1994 年国务院颁布的《中华人民共和国计算机信息系统安全保护条例》上升到国家法律，标志着国家实施 20 余年的信息安全等级保护制度进入 2.0 阶段；标志着以保护国家关键信息基础设施安全为重点的网络安全等级保护制度依法全面实施。

2019 年 12 月 1 日网络安全等级保护相关国家标准正式实施。进入 2020 年后，我国先后制定发布了《网络安全等级保护定级指南》（GB/T 22240—2020）以及《贯彻落实网络安全等级保护制度和关键信息基础设施安全保护制度的指导意见》（公网安〔2020〕1960 号）等文件，明确了贯彻落实网络安全等级保护制度和关键信息基础设施安全保护制度的指导思想、基本原则、工作目标和具体措施。

2．等级保护 2.0 的内容和要求

随着等级保护制度进入 2.0 阶段，等级保护的重要性不断增加，等级保护对象也在扩展，等级保护的体系也在不断升级。

（1）网络安全等级保护对象

根据《信息安全技术 网络安全等级保护基本要求》（GB/T 22239—2019）（以下简称《要求》），网络安全等级保护工作中的对象，通常是指由计算机或者其他信息终端及相关设备组成的按照一定的规则和程序对信息进行收集、存储、传输、交换、处理的系统，主要包括基础信息网络、云计算平台/系统、大数据应用/平台/资源、物联网（IoT）、工业控制系统和采用移动互联技术的系统等。

（2）5 个安全保护等级划分

根据《网络安全等级保护条例》（征求意见稿）及《要求》，等级保护对象根据其在国家安全、经济建设、社会生活中的重要程度，遭到破坏后对国家安全、社会秩序、公共利益以及公民、法人和其他组织的合法权益的危害程度等，由低到高被划分为 5 个安全保护等级。

● 第一级：属于一般网络，其一旦受到破坏，会对公民、法人和其他组织的合法权益造成损害，但不损害国家安全、社会秩序和社会公共利益。

● 第二级：属于一般网络，其一旦受到破坏，会对公民、法人和其他组织的合法权益造成严重损害，或者对社会秩序和社会公共利益造成损害，但不损害国家安全。

● 第三级：属于重要网络，其一旦受到破坏，会对公民、法人和其他组织的合法权益造成特别严重损害，或者对社会秩序和社会公共利益造成严重损害，或者对国家安全造成损害。

● 第四级：属于特别重要网络，其一旦受到破坏，会对社会秩序和社会公共利益造成特别严重损害，或者对国家安全造成严重损害。

● 第五级：属于极其重要网络，其一旦受到破坏，会对国家安全造成特别严重损害。

（3）5 个安全保护能力等级划分

不同级别的等级保护对象应具备的基本安全保护能力划分为如下 5 个等级，从第一级到第五级逐级增强。

● 第一级安全保护能力：应能够防护免受来自个人的、拥有很少资源的威胁源发起的恶意攻击、一般的自然灾难，以及其他相当危害程度的威胁所造成的关键资源损害，在自身遭到损害后，能够恢复部分功能。

- 第二级安全保护能力：应能够防护免受来自外部小型组织的、拥有少量资源的威胁源发起的恶意攻击、一般的自然灾难，以及其他相当危害程度的威胁所造成的重要资源损害，能够发现重要的安全漏洞和处置安全事件，在自身遭到损害后，能够在一段时间内恢复部分功能。
- 第三级安全保护能力：应能够在统一安全策略下防护免受来自外部有组织的团体、拥有较为丰富资源的威胁源发起的恶意攻击、较为严重的自然灾难，以及其他相当危害程度的威胁所造成的主要资源损害，能够及时发现、监测攻击行为和处置安全事件，在自身遭到损害后，能够较快恢复绝大部分功能。
- 第四级安全保护能力：应能够在统一安全策略下防护免受来自国家级别的、敌对组织的、拥有丰富资源的威胁源发起的恶意攻击、严重的自然灾难，以及其他相当危害程度的威胁所造成的资源损害，能够及时发现、监测发现攻击行为和安全事件，在自身遭到损害后，能够迅速恢复所有功能。
- 第五级安全保护能力：《要求》中没有给出。

（4）网络安全保护要求

由于业务目标、使用技术、应用场景的不同等因素，不同的等级保护对象会以不同的形态出现，表现形式可能称之为基础信息网络、信息系统（包含采用移动互联等技术的系统）、云计算平台/系统、大数据平台/系统、物联网、工业控制系统等。形态不同的等级保护对象面临的威胁有所不同，安全保护需求也会有所差异。为了便于实现对不同级别的和不同形态的等级保护对象的共性化和个性化保护，等级保护要求分为安全通用要求和安全扩展要求。

1）安全通用要求针对共性化保护需求提出，等级保护对象无论以何种形式出现，应根据安全保护等级实现相应级别的安全通用要求。

2）安全扩展要求针对个性化保护需求提出，需要根据安全保护等级和使用的特定技术或特定的应用场景选择性地实现安全扩展要求。

（5）等级保护 2.0 的特点

与传统的等级保护相比，等级保护 2.0 在监管和实施流程上有较大变化，具有一些新的特点。

- 监管对象扩大。将网络基础设施（广电网、电信网、专用通信网络等）、重要信息系统、网站、大数据中心、云计算平台、物联网、工控系统、公众服务平台等全部纳入等级保护和安全监管。将互联网企业纳入等级保护管理，保护互联网企业健康发展。
- 监管手段拓宽。将风险评估、安全监测、通报预警、案事件调查、数据防护、灾难备份、应急处理、自主可控、供应链安全、效果评价、综合考核等措施全部纳入等级保护制度并实施。
- 安全要求扩展。构成了"安全通用要求+新型应用安全扩展要求"的等级保护要求。除了设置不论等级保护对象形态如何必须满足的通用安全要求以外，还针对云计算、移动互联、物联网和工业控制系统提出了特殊要求，即安全扩展要求，以管控新技术、新应用带来的安全风险。

9.3.2　等级保护的实施

1．等级保护政策标准体系

为组织开展网络安全等级保护工作，国家相关部委（主要是公安部牵头组织，会同国家保密局、国家密码管理局、原国务院信息办和国家发展改革委等部门）相继出台了一系列文件，对具体工作提供了指导意见和规范。

全国信息安全标准化技术委员会和公安部信息系统安全标准化技术委员会组织制定了信息安全等级保护工作需要的一系列标准,为开展等级保护工作提供了标准保障。对于涉密信息系统的分级保护,另有保密部门颁布的保密标准。这些文件构成了网络安全等级保护政策和标准体系,如图9-5所示。

图9-5 网络安全等级保护政策和标准体系

✉ 说明:

很多网络安全等级保护的标准还在不断修订完善中,读者可通过本章思考与实践第 6 题了解我国制定的信息系统安全相关标准。

2. 网络安全等级保护实施基本流程

根据《信息安全技术 网络安全等级保护实施指南》（GB/T 25058—2019）的规定,对等级保护对象实施等级保护的基本流程包括等级保护对象定级与备案阶段、总体安全规划阶段、安全设计与实施阶段、安全运行与维护阶段和定级对象终止阶段,如图9-6所示。

根据《网络安全等级保护条例（征求意见稿）》规定,县级以上公安机关对网络运营者依照国家法律法规规定和相关标准规范要求,落实网络安全等级保护制度,开展网络安全防范、网络安全事件应急处置、重大活动网络安全保护等工作,实行监督管理;对三级以上网络运营者进行重点监督管理。

3. 确定安全保护等级的建议

第一级信息系统:乡镇所属信息系统、县级单位中一般的信息系统、小型私营企业、个体企业、中小学的信息系统。

第二级信息系统:县级单位中的重要信息系统,地市级以上国家机关、企事业单位内部一般的信息系统,非涉及工作秘密、商业秘密、敏感信息的办公和管理系统。

第三级信息系统:地市级以上国家机关、重要企事业单位内部信息系统。涉及工作和商业秘密、敏感信息的办公管理系统,跨省、市联网运行的生产、调度、管理等重要系统,重要系统在省、市的分支,中央各部委、省（区、市）门户网站。

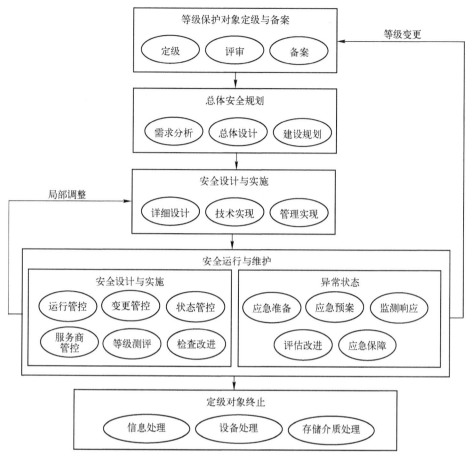

图 9-6　网络安全等级保护工作实施的基本流程

第四级信息系统：国家重要领域、重要部门中的特别重要系统以及核心系统，例如全国铁路、民航、电力等部门的调度系统，银行、证券、保险、税务、海关等几十个重要行业、部门中涉及国计民生的核心系统。

第五级信息系统：国家重要领域、重要部门中的极端重要系统。

9.4　信息安全风险评估

风险评估是等级保护（不同等级不同安全需求）的出发点。信息安全风险评估是信息安全动态管理、持续改进的手段和依据。

9.4.1　风险评估的概念

1．风险和风险评估的定义

（1）风险的定义

本书将风险（Risk）定义为：在特定客观环境下，特定时期内，某一事件的期望结果与实际结果之间变动程度的概率分布。该定义反映了风险的客观性和时空特性，特别是反映了风险的不确定性，即风险是与特定时间和空间相关的，随着环境的变化而变化；风险也与人们的期望有关，如果没有期望的结果就没有风险，期望的结果不同，风险也会不同。

（2）信息安全风险评估的定义

信息安全风险评估（Risk Assessment）是指，在风险事件发生之前或之后，运用科学的方法和手段，系统地分析网络与信息系统所面临的威胁及其存在的脆弱性，评估安全事件一旦发生，给组织和个人各个方面造成的影响和损失程度，提出有针对性的抵御威胁的防护对策和整改措施，并为防范和化解信息安全风险，将风险控制在可接受的水平，最大限度地为保障计算机网络信息系统安全提供科学依据。

（3）安全风险评估与安全测评的关系

通常，人们将风险事件发生后再进行的评估称为安全测评。风险评估可以看作是安全建设的起点，系统测评是安全建设的终点，或者可以理解为，系统安全测评是对实施风险管理措施后的风险再评估。

2. 风险评估的途径

风险评估途径也就是规定风险评估应该遵循的操作过程和方式。组织应当针对不同的环境选择恰当的风险评估途径。目前，实际工作中经常使用的风险评估途径包括基线评估、详细评估和组合评估。

（1）基线评估（Baseline Risk Assessment）

组织根据自己的实际情况（所在行业、业务环境与性质等），对信息系统进行安全基线检查，即拿现有的安全措施与安全基线规定的措施进行比较，找出其中的差距，得出基本的安全需求，通过选择并实施标准的安全措施来消减和控制风险。

所谓"安全基线"，是在诸多标准规范中规定的一组安全控制措施或者惯例，这些措施和惯例适用于特定环境下的所有系统，可以满足基本的安全需求，能使系统达到一定的安全防护水平。例如，安全基线通常可以选择国际标准和国家标准、行业标准或推荐标准、其他有类似目标和规模的组织的惯例。当然，如果环境和目标较为典型，组织也可以自行建立基线。

基线评估的目标是建立一套满足信息安全基本目标的最小对策集合，它可以在全组织范围内实行，如果有特殊需要，应该在此基础上对特定系统进行更详细的评估。

基线评估的优点是，需要的资源少，周期短，操作简单。对于环境相似且安全需求相当的诸多组织，基线评估显然是最经济有效的风险评估途径。

基线评估的缺点是，基线水平的高低难以设定。如果过高，可能导致资源浪费和限制过度；如果过低，可能难以达到充分的安全。

（2）详细评估

详细评估要求对资产进行详细识别和评估，对可能引起风险的威胁和脆弱点进行评估，根据风险评估的结果来识别和选择安全措施。

这种评估途径集中体现了风险管理的思想，即识别资产的风险并将风险降低到可接受的水平，以此证明管理者采用的安全控制措施是恰当的。

详细评估的优点是，组织可以通过详细的风险评估对信息安全风险有一个精确的认识，并且准确定义出组织目前的安全水平和安全需求。

详细评估的缺点是，可能非常耗费时间、精力和资源，因此，组织应该仔细设定待评估的信息系统范围，明确商务环境、操作和信息资产的边界。

（3）组合评估

在实践中，多采用将基线评估和详细评估二者结合的组合评估方式，可以对两种评估方式扬长避短。

组织可以首先对所有的系统进行一次初步的风险评估，着眼于信息系统的商务价值和可能面临的风险，识别出组织内具有高风险的或者对其商务运作极为关键的信息资产或系统。这些资产或系统应该划入详细风险评估的范围，而其他系统则可以通过基线风险评估直接选择安全措施。

组合评估将基线和详细风险评估的优点结合起来，既节省了评估所耗费的资源，又能确保获得一个全面系统的评估结果，而且，组织的资源和资金能够应用到最能发挥作用的地方，具有高风险的信息系统能够被预先关注。

当然，组合评估也有缺点：如果初步的风险评估不够准确，某些本来需要详细评估的系统也许会被忽略，最终导致结果失准。

3. 风险评估的基本方法

在风险评估过程中，可以采用多种操作方法，无论何种方法，共同的目标都是找出组织信息资产面临的风险及其影响，以及目前安全水平与组织安全需求之间的差距。

（1）基于知识的评估方法

基于知识的评估方法又称作经验方法，它牵涉到对来自类似组织（包括规模、商务目标和市场等）的"最佳惯例"的重用，适合一般性的信息安全组织。

采用这种方法，组织不需要付出很多精力、时间和资源，只要通过多种途径采集相关信息，识别组织的风险所在和当前的安全措施，与特定的标准或最佳惯例进行比较，从中找出不符合的地方，并按照标准或最佳惯例的推荐选择安全措施，最终达到消减和控制风险的目的。

信息采集的途径包括会议讨论、对当前的信息安全策略和相关文档进行复查、问卷调查、对相关人员访谈，以及实地考察等。

（2）基于模型的评估方法

基于模型的评估方法指采用 UML 建模语言分析和描述被评估信息系统及其安全风险相关要素，可以运用面向对象的分析方法，采用图形化建模技术，提高系统及其相关安全要素描述的精确性，提高评估结果质量。

UML 在风险评估中的应用，有利于风险评估过程与系统开发过程的相互支持，有利于对安全风险相关要素进行模式抽象和总结，通过模式的复用以及开发应用基于模型方法的工具集，提高效率，降低成本。

（3）定性评估方法

定性评估方法主要由评估者根据自己的知识和经验，针对组织的资产价值、威胁的可能性、漏洞被利用的容易度、现有控制措施的效力等风险管理诸要素，确定大小或高低等级。

在定性评估中并不使用具体的数值，而是指定期望值，如设定每种风险的影响值和发生的概率值为"高""中""低"。有时单纯使用期望值并不能明显区别风险值之间的差别，也可以为定性数据指定数值，如"高"的值设置为 3，"中"的值设置为 2，"低"的值设置为 1。不过，这样的设定只是考虑了风险的相对等级，并不代表风险究竟有多大。

典型的定性评估方法有因素分析法、逻辑分析法、历史比较法、德尔斐法（Delphi Method）。

（4）定量评估方法

定量评估方法是指运用数量指标来对风险进行评估，即对构成风险的各个要素和潜在损失的水平赋予数值或货币金额，当度量风险的所有要素（资产价值、威胁频率、漏洞利用程度、安全措施的效率和成本等）都被赋值，风险评估的整个过程和结果就都可以被量化了。

典型的定量评估方法有因子分析法、聚类分析法、时序模型、回归模型、等风险图法、决策树法等。

定性评估和定量评估的优缺点比较如下。

- 定性评估方法的主观性很强，往往需要凭借评估者的经验和直觉，或者业界的标准和惯例，因此，与定量评估相比较，定性评估的精确性不够。
- 定性评估没有定量评估那样繁多的计算负担，但却要求评估者具备一定的经验和能力。
- 定性评估较为主观，定量评估基于客观，定量评估依赖大量的统计数据。
- 定量评估的结果直观，容易理解，而定性评估的结果则很难有统一的解释。

（5）定性与定量相结合的综合评估方法

定量评估方法的优点是用直观的数据来表述评估的结果，可以对安全风险进行准确的分级。但这有个前提，那就是可供参考的数据指标是准确的，然而在信息系统日益复杂多变的今天，定量评估所依据的数据的可靠性是很难保证的。此外，常常为了量化，使本来比较复杂的事物简单化、模糊化了，有的风险因素被量化以后还可能被误解和曲解。

此外，系统风险评估是一个复杂的过程，需要考虑的因素很多。有些评估要素可以用量化的形式来表达，而对有些要素的量化很困难甚至是不可能的，所以在复杂的信息系统风险评估过程中，应该将定量和定性两种方法融合起来。定量评估是定性评估的基础和前提，定性评估应建立在定量评估的基础上才能揭示客观事物的内在规律。层次分析法（Analytical Hierarchy Process，AHP）是一种定性与定量相结合的多目标决策评估方法。

4．风险评估的工具

风险评估工具是风险评估的辅助手段，是保证风险评估结果可信度的一个重要因素。风险评估工具的使用不但在一定程度上解决了手动评估的局限性，最主要的是它能够将专家知识进行集中，使专家的经验知识被广泛地应用。

根据在风险评估过程中的主要任务和作用原理的不同，风险评估的工具可以分成管理型风险评估工具、技术型风险评估工具以及风险评估辅助工具3类。

（1）管理型风险评估工具

管理型风险评估工具主要从安全管理方面入手，对信息系统面临的威胁进行全面考量，评估信息资产所面临的风险。根据实现方法的不同，风险评估与管理工具可以分为3类。

1）基于信息安全标准的风险评估与管理工具。目前，国际上存在多种不同的风险分析标准或指南（如9.2.2小节介绍的ISO/IEC 27005:2018），不同的风险分析方法，侧重点不同。以这些标准或指南的内容为基础，分别开发相应的评估工具，完成遵循标准或指南的风险评估过程。

2）基于知识的风险评估与管理工具。这类工具并不仅仅遵循某个单一的标准或指南，而是将各种风险分析方法进行综合，并结合最佳实践经验，形成风险评估知识库，以此为基础完成综合评估。

3）基于模型的风险评估与管理工具。这类工具使用定性或定量的分析方法，在对系统各组成部分、安全要素充分研究的基础上，对典型系统的资产、威胁、脆弱性建立量化或半量化的模型，得到评价结果。

（2）技术型风险评估工具

技术型风险评估工具包括脆弱性扫描工具和渗透性测试工具。

1）脆弱性扫描工具（通常也称为漏洞扫描器）主要用于寻找信息系统中的操作系统、数据库系统、网络设备、应用程序等的脆弱性（漏洞）。一些扫描器还可以对信息系统中存在的脆弱性进行评估，给出已发现漏洞的严重程度和被利用的容易程度。

2）渗透性测试工具能够根据脆弱性扫描工具扫描的结果进行模拟攻击测试，判断被非法访问者利用的可能性。这类工具通常包括黑客工具、脚本文件。渗透性测试的目的是检测已发现的脆弱性是否真正会给系统或网络带来影响。通常渗透性测试工具与脆弱性扫描工具一起使用，这可能会对被评估系统的运行带来一定的安全影响。

☞ 请读者完成本章思考与实践第9～11题，应用漏洞扫描器和渗透性测试工具。

（3）风险评估辅助工具

风险评估需要大量的实践和经验数据的支持，这些数据的积累是风险评估科学性的基础。风险评估辅助工具可以实现对数据的采集、现状分析和趋势分析等单项功能，为风险评估各要素的赋值、定级提供依据。常用的辅助工具如下。

1）检查列表。检查列表是基于特定标准或基线建立的，对特定系统进行审查的项目条款。通过检查列表，操作者可以快速定位系统目前的安全状况与基线要求之间的差距。

2）入侵检测系统。入侵检测系统通过部署检测引擎，收集、处理整个网络中的通信信息，以获取可能对网络或主机造成危害的入侵攻击事件；帮助检测各种攻击试探和误操作；同时也可以作为一个警报器，提醒管理员发生的安全状况。

3）安全审计工具。用于记录网络行为，分析系统或网络安全现状；它的审计记录可以作为风险评估中的安全现状数据，并可用于判断被评估对象威胁信息的来源。

4）拓扑发现工具。通过接入点接入被评估网络，完成被评估网络中的资产发现功能，并提供网络资产的相关信息，包括操作系统版本、型号等。拓扑发现工具主要是自动完成网络硬件设备的识别、发现功能。

5）资产信息收集系统。通过提供调查表形式，完成被评估信息系统数据、管理、人员等资产信息的收集功能，了解到组织的主要业务、重要资产、威胁、管理上的缺陷、采用的控制措施和安全策略的执行情况。此类系统主要采取电子调查表的形式，需要被评估系统管理人员参与填写，并自动完成资产信息获取。

6）其他。其他辅助工具包括用于评估过程参考的评估指标库、知识库、漏洞库、算法库、模型库等。

9.4.2 风险评估的实施

安全风险评估是组织确定信息安全需求的过程，包括风险评估准备、资产识别、威胁识别、脆弱性识别和风险分析等一系列活动。图9-7所示是安全风险评估实施的基本流程图。

1. 风险评估准备阶段

风险评估准备是整个风险评估过程有效性的保证。在正式进行风险评估之前，组织应该制订一个有效的风险评估计划，确定安全风险评估的目标、范围；组建评估团队，并进行充分的系统调研，以确定风险评估的依据和方法；根据评估对象和评估内容合理选择相应的评估工具；制定评估方案。

下面介绍风险评估依据的主要国家政策法规、评估标准和行业标准。

1）政策法规。

● 《中华人民共和国网络安全法》第十七条规定：国家推进网络安全社会化服务体系建设，鼓励有关企业、机构开展网络安全认证、检测和风险评估等安全服务。

● 《国家电子政务工程建设管理暂行办法》（国家发改委令第 55 号）第三十一条要求：项目建设单位应在完成项目建设任务后的半年内，组织完成建设项目的信息安全风险评估和初步验收工作。

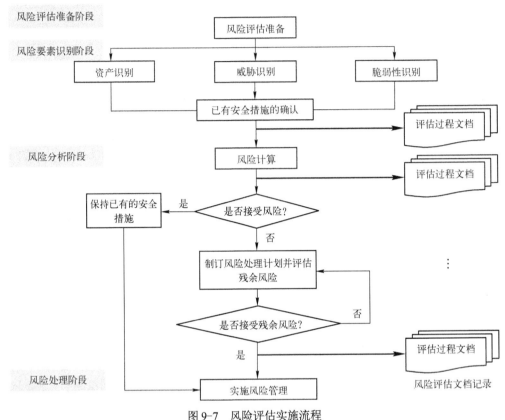

图 9-7　风险评估实施流程

2）评估标准。部分评估标准列举如下。

● GB/T 20984—2007《信息安全技术　信息安全风险评估规范》。

● GB/T 31509—2015《信息安全技术　信息安全风险评估实施指南》。

● GB/T 20918—2007《信息技术　软件生存周期过程　风险管理》。

● GB/Z 24364—2009《信息安全技术　信息安全风险管理指南》。

● GB/T 31722—2015《信息技术　安全技术　信息安全风险管理》。

● GB/T 36466—2018《信息安全技术　工业控制系统风险评估实施指南》。

● JR/T 0058—2010《保险信息安全风险评估指标体系规范》。

● MH/T 0040—2012《民用运输航空公司网络与信息系统风险评估规范》。

● DB32/T 1439—2009《信息安全风险评估实施规范》。

3）行业通用标准，如 CVE 公共漏洞数据库，信息安全应急响应机构公布的漏洞，国家信息安全主管部门公布的漏洞。

2．风险要素识别阶段

识别阶段是风险评估工作的重要工作阶段，对组织和信息系统中资产、威胁、脆弱性等要素的识别，是进行信息系统安全风险分析的前提。

风险评估围绕资产、威胁、脆弱性和安全措施这些基本要素展开，在对基本要素的评估过程中，还需要充分考虑业务战略、资产价值、安全需求、安全事件、残余风险等与这些基本要素相关的各类属性。图 9-8 给出了风险要素及属性之间的关系，图中方框表示风险评估的基本要素，椭圆表示与这些要素相关的属性。

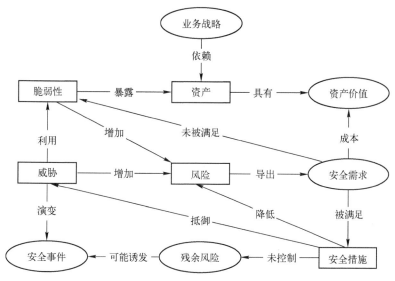

图 9-8　风险评估要素关系图

1）风险要素及属性的相关术语。

● 威胁（Threat）：可能导致对系统或组织危害的不希望发生事故的潜在起因。

● 脆弱性（Vulnerability）：可能被威胁所利用的资产或若干资产的薄弱环节。

● 安全措施（Security Measure）：保护资产、抵御威胁、减少脆弱性、降低安全事件的影响，以及打击信息犯罪而实施的各种实践、规程和机制。

● 信息安全风险（Information Security Risk）：人为或自然的威胁利用信息系统及其管理体系中存在的脆弱性导致安全事件的发生及其对组织造成的影响。

● 业务战略（Business Strategy）：组织为实现其发展目标而制定的一系列规则或要求。

● 资产价值（Asset Value）：资产的重要程度或敏感程度的表征。资产价值是资产的属性，也是进行资产识别的主要内容。

● 安全需求（Security Requirement）：为保证组织业务战略的正常运作而在安全措施方面提出的要求。

● 安全事件（Security Incident）：系统、服务或网络的一种可识别状态的发生，它可能是对信息安全策略的违反或防护措施的失效，或未预知的不安全状况。

● 残余风险（Residual Risk）：采取了安全措施后，信息系统仍然可能存在的风险。

2）风险要素与属性之间的关系。

● 业务战略的实现对资产具有依赖性，依赖程度越高，要求其风险越小。

● 资产是有价值的，组织的业务战略对资产的依赖程度越高，资产价值就越大。

● 风险是由威胁引发的，资产面临的威胁越多则风险越大，并可能演变成为安全事件。

● 资产的脆弱性可能暴露资产的价值，资产具有的脆弱性越多则风险越大。

● 脆弱性是未被满足的安全需求，威胁利用脆弱性危害资产。

● 风险的存在及对风险的认识导出安全需求。

- 安全需求可通过安全措施得以满足，需要结合资产价值考虑实施成本。
- 安全措施可抵御威胁，降低风险。
- 残余风险有些是安全措施不当或无效，需要加强才可控制的风险；而有些则是在综合考虑了安全成本与效益后不去控制的风险。
- 残余风险应受到密切监视，它可能会在将来诱发新的安全事件。

在影响威胁发生的外部条件中，除了资产的脆弱点外，另一个就是组织现有的安全措施。识别已有的（或已计划的）安全控制措施，分析安全措施的效力，确定威胁利用弱点的实际可能性，一方面可以指出当前安全措施的不足，另一方面也可以避免重复投资。

3．风险分析阶段

风险分析要涉及战略、业务、资产、威胁、脆弱性、安全措施等基本要素，以及基本要素与属性之间的关系。

一种风险分析计算模型如图 9-9 所示。根据威胁出现的可能性和脆弱性被利用的可能性确定安全事件的可能性，根据脆弱性的严重程度和资产的重要性确定安全事件造成的损失，最后综合安全事件发生的可能性以及安全事件出现后的损失，计算安全事件一旦发生对组织的影响，即风险值。

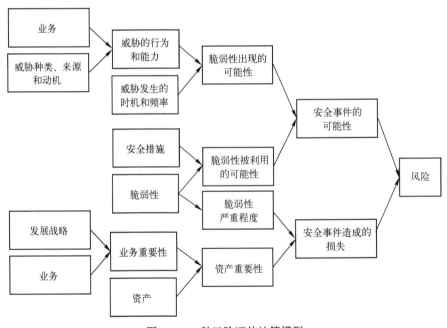

图 9-9　一种风险评估计算模型

4．风险处理阶段

如果风险值在可接受的范围内，则该风险是可接受的，应保持已有的安全措施。

如果风险值在可接受的范围外，即风险值高于可接受范围的上限值，则该风险是不可接受的。对不可接受的风险应根据导致该风险的脆弱性制订风险处理计划。风险处理计划中应明确采取弥补脆弱性的安全措施、预期效果、实施条件、进度安排、责任部门等。

在对于不可接受的风险选择适当安全措施后，为确保安全措施的有效性，可进行再评估，以判断实施安全措施后的残余风险是否已经降低到可接受的水平。一般来说，安全措施的实施是以减少脆弱性或降低安全事件发生可能性为目标的，因此，残余风险的评估可以从脆弱性评估开始，在对照安全措施实施前后的脆弱性状况后，再次计算风险值的大小。某些风险可能在选择了适当的安全措施后，残余风险的结果仍处于不可接受的风险范围内，应考虑是否接受此风险或进一步增加相应的安全措施。

9.5 案例拓展：人因安全管理

1. 网络安全能力成熟度模型

兰德公司于 2018 年 8 月发布报告《发展网络安全能力：基于概念验证的实施指南》（*Developing Cybersecurity Capacity :A proof-of-concept implementation guide*），报告主要基于牛津大学全球网络安全能力中心（Global Cyber Security Capacity Centre，GCSCC）构建的国家网络安全成熟度模型（Cybersecurity Capacity Maturity Model for Nations，CMM），从 5 个维度、24 项因素、130 个方面生成网络安全能力工具箱，旨在促进国家级网络安全能力建设计划以及整体政策和投资战略的制定，以应对网络领域的挑战。5 个维度是：

D1：网络安全政策和战略。

D2：网络文化与社会。

D3：网络安全教育、培训和技能。

D4：法律和监管框架。

D5：标准、组织和技术。

本章介绍的信息安全管理，尤其是安全管理制度涉及的法律、标准是国家网络生态能力组成的重要维度。其中，网络安全教育、培训和技能，提高人的安全素养也是一个重要维度。

2. 人为因素的安全管理

国际著名安全大会 RSAC 2020 的主题就是 "Human Element"（人为因素，本书简称为人因）。本章案例 9-2 反映了 "人为因素" 带来的安全漏洞和脆弱性这一现实问题。本书第 1 章中介绍过管理方面的脆弱点，如组织在安全管理机构、职能部门、岗位、人员等方面设置不合理，分工不明确；安全管理制度的制定不到位；员工缺乏安全培训、缺乏安全意识，安全措施执行不到位。

大量的安全事件表明，再好的网络安全产品和安全管理策略，如果没有被人很好地使用和执行，那么再坚固的安全防线也无济于事。而且，人的信息安全意识薄弱具有普遍性且容易被渗透，攻击者更喜欢选择这条路径发起攻击。那么，如何管理由"人为因素"带来的安全漏洞和脆弱性呢？3 种重要途径如下。

1）信息安全意识教育。

2）安全行为智能化检测与分析。如今的安全审计技术，不论是网络层面或是终端层面，已经深入和细化到应用层、行为层甚至动作层。因此，可以基于上网行为管理的日志，对行为特征进行建模分析，在大数据分析能力与算力的支撑下，对行为管理产品上报元数据集中分析，针对不同应用场景进行多维度分析，自学习创建相应分析策略、行为基线。

区块链技术可以用来有效防止行为和策略基线受到恶意的攻击篡改；而人工智能技术可以把安全审计和区块链进行整合，可以对每个成员的网络行为进行智能分析，并判断行为与基线的偏离，评估相应的风险，及时发现潜在漏洞和风险点。最终可以应用 App 方式可视化展现，帮助组织预知风险，提前干预。

3）访问控制权限动态管理。通过零信任技术实现对组织内部每个成员的访问控制权限进行动态管理。可将组织内部成员的网络行为检测分析结果作为零信任网络的输入，实现对组织内部成员的网络行为管控。本书6.5节中已有零信任技术的介绍。

下面着重介绍信息安全意识教育相关理论和技术。

3. 信息安全意识教育的实施

许多研究实验已表明，增强个人信息安全意识能有效降低由人为因素造成安全威胁发生的概率。

信息安全意识是指用户对信息安全最佳实践重要性的理解层次，如认识到信息安全的重要性，理解如何负责任地操作计算机。信息安全意识教育就是通过培养及提高人的信息安全意识，使他们养成正确积极的工作和上网习惯来保护自己及组织的信息资产，并主动防止安全事故的发生。

良好的培训资料传送和表达方式能更好地帮助终端用户学习信息安全知识，从而提高信息安全意识来应对各类信息安全问题。目前已有一些信息安全教育方法，按照培训资料传送和表达方式可分为5类：传统教育方法、导师为主的教育方法、基于Web的教育方法、基于游戏的教育方法和基于模拟的教育方法。下面简要介绍这些信息安全教育方法。

（1）传统信息安全教育方法

传统教育方法是以纸质材料和电子资料为媒介来教育并影响用户，主要包括海报、传单和简讯。海报和传单主要是在人口密集的地方将教育内容以图片与简短文字的形式来提醒用户，简讯是利用通信设备传送教育内容。这种教育方式的优点是可以同一时间将安全信息推送到大量用户面前。

例如，南京市公安局在学校食堂外张贴"防范电信网络骗局"海报，如图9-10所示。

（2）导师为主的安全教育方法

导师为主的安全教育方法是一种自上而下的教育方式，主要通过专家面向大众的方式来影响个人，类似教师为学生传授知识。它利用专家的权威性取得听众的信任，从而影响他们的行为，并且专家在课堂上能及时对听众的提问迅速反馈，还能根据受教育人的需求调整教育方式。

图9-10 南京市公安局"防范电信网络骗局"海报

（3）基于Web的教育方法

基于Web的教育方法是将传统培训资料、信息安全知识宣传视频、信息安全教学视频以Web页面的方式呈现给用户，使用户通过在线访问这些页面达到自我教育的目的。基于Web的培训，为用户提供了友好、灵活的教学模式。视频形式的教育资源以听觉和视觉为媒介，能长时间吸引用户注意力，因此这种教育方法能有效提高用户的信息安全意识。

例如，Web页面展示的安全专题有：

● 网易企业邮箱安全专题——邮箱防骗策略详解（https://qiye.163.com/entry/news/news2019-07040943.htm）。

● 微软的隐私安全专题，https://privacy.microsoft.com/zh-CN。

● 支付宝的安全中心，https://cshall.alipay.com/lab/cateQuestion.htm?cateId=237830&pcateId=237328。

例如，一些专业安全公司提供的安全内容免费分享、信息安全培训视频，以及安全技术交流分享平台。

- 亭长朗然，http://www.securemymind.com。
- 谷安学天下，http://sectv.gooann.com。
- 安全牛课堂，http://edu.gooann.com。
- FreeBuf，https://www.freebuf.com。
- 看雪学院，https://www.pediy.com。
- 安全客，https://www.anquanke.com。
- i 春秋，https://www.ichunqiu.com。
- PentesterLab，https://pentesterlab.com。
- 阿里云先知社区，https://xz.aliyun.com。
- 四叶草安全，http://www.seclover.com。
- E 安全，https://www.easyaq.com。
- 安全脉搏，https://www.secpulse.com。
- 51CTO，https://netsecurity.51cto.com。
- CSDN 安全博客，https://www.csdn.net/nav/sec。

政府部门也推出了一些在线教育视频，如南京警方自创的"西游警记"卡通系列动画片，可以教导广大用户深入学习防骗常识，从而提高信息安全意识。

（4）基于游戏的安全教育方法

多媒体时代，更多的年轻人习惯利用互动多媒体的学习和娱乐方式来接受新的知识，因此，学者和培训公司研究及开发出生动有趣的游戏来与用户互动，吸引和激励用户参与。反钓鱼工作组（Anti-Phishing Working Group，APWG，https://apwg.org/）设计开发了一系列反钓鱼游戏，如Phil 以游戏的形式教导用户识别钓鱼 URL。

如图 9-11 所示，小鱼 Phil 在老师 PhishGuru 的教导下去互联网港捕食，PhisGuru 教 Phil 识别鱼饵的过程，即是游戏教导用户识别钓鱼 URL 的过程，Phil 学会后自己去捕食，即用户开始游戏，正确识别合法和钓鱼网站便可得分，针对用户的选择，PhishGuru 都会做出相应解释。该游戏总共有三关，只有分数达标后才能进入下一关。这不仅增加了娱乐性，还增强了挑战性，用户也在这个过程中学习并测试了对钓鱼网站的识别能力。

图 9-11　防钓鱼游戏 Phil

国内安全培训公司,如亭长朗然,也推出了信息安全意识培训游戏。

(5)基于模拟的安全教育方法

有实验研究表明,钓鱼攻击者利用人的现实生活情境信息能大大提高攻击成功率。也有研究表明,在用户教育过程中嵌入现实生活情境也能提高教学效率。

Dell 开发了一套网络钓鱼 IQ 测试系统 Phishing IQ (https://www.sonicwall.com/phishing-iq-test),在测试过程中获得用户情境信息,然后提供相应教学内容。它是针对钓鱼邮件的测试,其原理是让用户对 10 封测试邮件给出是否有害的判断,如图 9-12a 所示,然后对用户错误的判断进行分析和教育,如图 9-12b 所示。这种在信息安全意识教育前了解用户认知和行为的薄弱环节,有助于提供明确清晰的教学内容和教育方法。

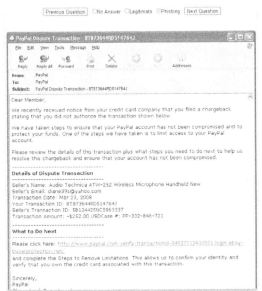
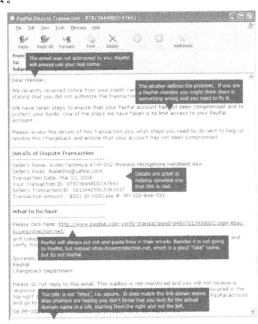

a)   b)

图 9-12 网络钓鱼 IQ 测试

a) 网络钓鱼 IQ 测试题   b) 网络钓鱼 IQ 测试教育内容

📖 **拓展阅读**

读者要想了解更多信息安全意识教育方面的知识和方法,可以阅读以下书籍资料。

[1] 张红旗,张玉臣. 为你护航:网络空间安全科普读本 [M]. 2 版. 北京:电子工业出版社,2020.

[2] 本书编委会. 网民安全手册:维护上网安全,远离网络欺诈 [M]. 北京:电子工业出版社,2014.

[3] 郎庆斌,孙毅. 个人信息安全:研究与实践 [M]. 北京:人民出版社,2012.

[4] 李瀛,李睿,吴娜,等. 用户隐私管理与信息安全行为研究 [M]. 北京:经济科学出版社,2019.

[5] 朱诗兵. 网络安全意识导论 [M]. 北京:电子工业出版社,2020.

9.6 思考与实践

1. 信息安全管理有何重要意义？信息安全管理包含哪些内容？
2. 试述 PDCA 模型的主要内容。
3. 本章中介绍的安全标准有哪些类别？有何联系与区别？
4. 我国对信息系统的安全等级划分通常有两种描述形式，即根据安全保护能力划分安全等级的描述，以及根据主体遭受破坏后对客体的破坏程度划分安全等级的描述。谈谈这两种等级划分的对应关系。
5. 请谈谈计算机信息系统安全风险评估在信息安全建设中的地位和重要意义。
6. 知识拓展：我国目前网络安全等级保护的标准列举如下。读者可访问 9.2.2 节最后给出的网站链接，了解我国信息安全等级保护最新的政策和标准内容。

[1] GB/T 22239—2019《信息安全技术　网络安全等级保护基本要求》。

[2] GB/T 25070—2019《信息安全技术　网络安全等级保护安全设计技术要求》。

[3] GB/T 28448—2019《信息安全技术　网络安全等级保护测评要求》。

[4] GB/T 28449—2018《信息安全技术　网络安全等级保护测评过程指南》。

[5] GB/T 36627—2018《信息安全技术　网络安全等级保护测试评估技术指南》。

[6] GB/T 36958—2018《信息安全技术　网络安全等级保护安全管理中心技术要求》。

[7] GB/T 36959—2018《信息安全技术　网络安全等级保护测评机构能力要求和评估规范》。

[8] GB/T 35673—2017《工业通信网络　网络和系统安全　系统安全要求和安全等级》。

[9] GA/T 1349—2017《信息安全技术　网络安全等级保护专用知识库接口规范》。

[10] GA/T 1389—2017《信息安全技术　网络安全等级保护定级指南》。

[11] GA/T 1390.2—2017《信息安全技术　网络安全等级保护基本要求　第 2 部分：云计算安全扩展要求》。

[12] GA/T 1390.3—2017《信息安全技术　网络安全等级保护基本要求　第 3 部分：移动互联安全扩展要求》。

[13] GA/T 1390.5—2017《信息安全技术　网络安全等级保护基本要求　第 5 部分：工业控制安全扩展要求》。

7. 读书报告：我国有关计算机安全的法律法规有哪些？我国法律对计算机犯罪是如何界定的？请访问以下网站和资料了解更多内容，思考在学习和生活中如何规范我们的行为。完成读书报告。

[1] 中华人民共和国中央人民政府网站的法律法规栏目，http://www.gov.cn/flfg/fl.htm。

[2] 中国法律信息网法律之星，http://law.law-star.com。

[3] 黄道丽. 网络安全法律一本通 [M]. 北京：中国民主法制出版社，2019.

[4] 王永全，廖根为. 网络空间安全法律法规解读 [M]. 西安：西安电子科技大学出版社，2018.

[5] 寿步. 网络空间安全法律问题研究 [M]. 上海：上海交通大学出版社，2018.

[6] 刘浩阳，韩马剑. 网络安全法律法规规范性文件汇编 [M]. 北京：中国人民公安大学出版社，2019.

[7] 喻海松. 网络犯罪二十讲 [M]. 北京：法律出版社，2018.

8．读书报告：搜集文献，了解当前开源的安全测试方法论。目前，为了满足安全评估的需求，已经公布了很多开源的安全测试方法论。对系统安全进行评估是一项对时间进度要求很高、极富挑战性的工作，其难度大小取决于被评估系统的大小和复杂度。而通过使用现有的开源安全测试方法，可以很容易地完成这一工作。在这些方法中，有些集中在安全测试的技术层面，有些则集中在如何对重要指标进行管理上，还有一小部分两者兼顾。要在安全评估工作中使用这些方法，最基本的做法是，根据测试方法的指示，一步步执行不同种类的测试，从而精确地对系统安全性进行判定。以下是 3 个非常有名的安全评估方法，通过了解它们的关键功能和益处，拓展我们对网络和应用安全评估的认识。

[1] 开源安全测试方法（Open Source Security Testing Methodology Manual，OSSTMM），http://isecom.org/osstmm。

[2] 开放式 Web 应用程序安全项目（Open Web Application Security Project，OWASP），http://www.owasp.org。

[3] Web 应用安全联合威胁分类（Web Application Security Consortium Threat Classification，WASC-TC），http://www.webappsec.org。

9．操作实验：OpenVAS 是开放式漏洞评估系统，其核心部件是一个服务器，包括一套网络漏洞测试程序，可以检测远程系统和应用程序中的安全问题。请下载使用 OpenVAS http://www.openvas.org。完成实验报告。

10．综合实验：使用渗透性测试工具 Metasploit 进行漏洞测试。实验内容：

1）安装 Kali（https://www.kali.org），从 Kali 的终端初始化和启动 Metasploit 工具。

2）使用 Metasploit 挖掘 MS08-067 等漏洞。

完成实验报告。

11．综合实验：搜集 Web 安全漏洞扫描、渗透测试及安全风险评估工具，对http://vulnweb.com 页面列举的实验网站进行安全测试。完成实验报告。

12．综合实验：参考风险评估的相关标准与文献资料，提出对恶意代码、手机 App 安全性评估的标准。

13．综合实验：参照《信息安全技术 信息安全风险评估实施指南》（GB/T 31509—2015）附录中给出的风险评估案例，对你所在单位（学校、院系）的信息系统安全做一次风险评估。

14．材料分析：爱尔兰最大的银行爱尔兰银行总裁迈克·索登 2004 年 5 月 29 日宣布，由于自己在办公室浏览色情网站的行为违反了银行的有关规定，因此辞去总裁职务。爱尔兰银行的官员表示，银行之所以对浏览色情内容惩罚很重，不仅是因为色情内容本身，还因为色情网站中经常会附带有恶意代码。历史上，爱尔兰银行曾经发生过大量客户信用卡账号、个人资料被盗的情况，而在检查中发现，客户资料被盗的情况与员工浏览色情网站并被攻击有关。【材料来源：http://news.QQ.com，2004-5-31】

请根据上述材料，谈谈企业应当采取哪些安全管理措施确保企业网络的正常运行。

15．方案设计：目前移动智能设备的 BYOD 应用均涉及严重的安全问题，震网病毒就是通过 U 盘渗透进内网的。试为企业内网中的 BYOD 应用设计安全管理方案。

16．方案设计：访问 9.5 节介绍的安全意识教育网站，了解信息安全意识教育的多种途径和形式，并结合网络安全能力成熟度模型，试为组织或学校设计人因安全管理方案。

9.7 学习目标检验

请对照本章学习目标列表，自行检验达到情况。

	学习目标	达到情况
知识	了解信息安全管理的重要性	
	了解信息安全管理的概念、模式	
	了解我国信息安全管理相关的法律法规	
	了解信息安全管理需要遵循的国际和国内主要标准	
	了解我国网络安全等级保护制度的概念及实施	
	了解风险、风险评估的概念，以及安全风险评估与安全测评的联系与区别	
	了解安全风险评估实施的过程及过程中每一阶段的主要工作	
	了解人因安全管理的概念及 3 种主要实施途径	
	了解信息安全意识教育的概念及实施	
能力	能够针对特定的计算机信息系统（如手机 App）设计风险评估方法，运用风险评估工具	
	能够具有较高的法律意识	
	能够具有较高的信息安全意识	

参 考 文 献

[1] 钟义信. 信息科学原理[M]. 5 版. 北京：北京邮电大学出版社，2013.

[2] ANDRESS J. The Basics of Information Security[M]. 2nd ed. Waltham：Syngress，2014.

[3] 方滨兴. 定义网络空间安全[J]. 网络与信息安全学报，2018，4（1）：1-5.

[4] 吴世忠，李斌，张晓菲，等. 信息安全技术[M]. 北京：机械工业出版社，2014.

[5] STALLINGS W. Network Security Essentials: Applications and Standards[M]. 6th ed. New Jersey：Pearson Education Limited，2016.

[6] PFLEEGER C P，PFLEEGER S L. Security in Computing[M]. 5th ed. New Jersey：Prentice Hall，2015.

[7] HARRIS S. CISSP All-in-One Exam Guide[M]. 8th ed. Columbus: McGraw-Hill Education， 2019.

[8] 崔建树. 美国网络空间战略研究[J]. 和平与发展，2013（5）：51-72.

[9] 赵衍. 互联网时代的信息安全威胁：个人、组织与社会[M]. 北京：企业管理出版社，2013.

[10] 唐开，王纪坤. 基于新木桶理论的数字图书馆网络安全策略研究[J]. 现代情报，2009，29（7）：89-91.

[11] STALLINGS W. Cryptography and Network Security: Principles and Practice[M]. 7th ed. New Jersey：Pearson Education Limited，2016.

[12] 陈波，于泠. 计算机系统安全实验教程[M]. 北京：机械工业出版社，2006.

[13] 陈波，于泠. 计算机系统安全原理与技术[M]. 4 版. 北京：机械工业出版社，2020.

[14] 于浩佳，陈波，刘蓉. 匿名网站信息爬取技术研究[J]. 信息安全研究，2017，3（10）：922-931.

[15] 胡向东，魏琴芳，胡蓉. 应用密码学教程[M]. 4 版. 北京：电子工业出版社，2019.

[16] SCHNEIER B. Applied Cryptography: Protocols，Algorithms，and Source Code in C[M]. 2nd ed. 北京：机械工业出版社，2014.

[17] 陈波，于泠. 信息隐藏技术在安全电子邮件中的应用研究[J]. 计算机工程与应用，2001，37（24）：91-93.

[18] 段钢. 加密与解密[M]. 4 版. 北京：电子工业出版社，2018.

[19] 陈波，于泠，强小辉. 基于隐含格结构 ABE 算法的移动存储介质情境访问控制[J]. 通信学报，2014，35（4）：53-64.

[20] 秦春芳. 移动存储介质安全管理技术研究[D]. 南京：南京师范大学，2013.

[21] YOSIFOVICH P，RUSSINOVICH M E，SOLOMON D A，et al. Windows Internals：Part 1 System architecture，processes，threads，memory management，and more[M]. 7th ed. Redmond：Microsoft Press，2017.

[22] 肯佩斯. 生物特征的安全与隐私[M]. 陈驰，等译. 北京：科学出版社，2017.

[23] 萨师煊，王珊. 数据库系统概论[M]. 5 版. 北京：高等教育出版社，2014.

[24] 国家市场监督管理总局，国家标准化管理委员会. 信息安全技术：数据库管理系统安全技术要求：GB/T 20273—2019 [S]. 北京：中国标准出版社，2019.

[25] 周水庚，李丰，陶宇飞，等. 面向数据库应用的隐私保护研究综述[J]. 计算机学报，2009，32（5）：847-861.

[26] 百度安全实验室. 大数据时代下的隐私保护[EB/OL].(2017-09-08)[2020-01-08]. https://www.freebuf.com/column/147115.html.

[27] 谢希仁. 计算机网络[M]. 7 版. 北京：电子工业出版社，2017.

[28] 陆臻，沈亮，宋好好. 安全隔离与信息交换产品原理及应用[M]. 北京：电子工业出版社，2011.

[29] 陈波，于泠. 防火墙技术与应用[M]. 北京：机械工业出版社，2013.

[30] 林龙成，陈波. 传统网络安全防御面临的新威胁：APT 攻击[J]. 信息安全与技术，2013，4（3）：20-25.

[31] 赛尔网络. IPv6 安全探讨与建议[EB/OL].(2018-04-13)[2020-02-26]. https://dwz.cn/xsE2BJxg.

[32] JIANG J. HTTPS 用的是对称加密还是非对称加密？[EB/OL].[2019-12-10]. https://www.cnblogs.com/imstudy/p/12015889.html.

[33] 陈波，于泠. 软件安全技术[M]. 北京：机械工业出版社，2018.

[34] 徐达威. 面向恶意软件检测的软件可信验证[D]. 南京：南京师范大学，2010.

[35] 360 互联网安全中心. 勒索病毒应急响应自救手册[EB/OL].(2020-03-01)[2020-03-01]. http://zt.360.cn/1101061855.php?dtid=1101062514&did=210850115.

[36] 吴世忠. 信息安全漏洞分析基础[M]. 北京：科学出版社，2013.

[37] 王清. 0 day 安全：软件漏洞分析技术[M]. 2 版. 北京：电子工业出版社，2011.

[38] 陈波，于泠，刘君亭. 泛在媒体环境下的网络舆情传播控制模型[J]. 系统工程理论与实践，2011，31（11）：2140-2150.

[39] 陈波，于泠. 面向下一代网络的内容安全网关设计[J]. 警察技术，2011（5）：12-15.

[40] 陈波，唐相艳，于泠，等. 基于胜任力模型的社交网络意见领袖识别方法[J]. 通信学报，2014，35（11）：12-22.

[41] 刘蓉，陈波，于泠，等. 恶意社交机器人检测技术研究[J]. 通信学报，2017（Z2）：197-210.

[42] 陈建华. 如何认定侵害公民个人信息的行为[EB/OL].(2018-08-11)[2020-02-23]. http://hunanfy.chinacourt.gov.cn/article/detail/2018/10/id/3520788.shtml.

[43] 钱煜明，董振江，吕达. BYOD 企业移动设备管理技术[J]. 中兴通讯技术，2013（6）：33-38.

[44] NIST. 美国国家标准技术研究所出版物[EB/OL].(2019-02-22)[2020-01-10]. http://csrc.nist.gov/publications.

[45] 周筱赟. 侵犯公民个人信息罪概述及相关法律法规汇总：2017 年版[EB/OL].(2017-10-23)[2020-03-06]. http://www.jylawyer.com/special/zongshu/20171023/10985.html.

[46] 王永全. 网络空间安全法律法规解读[M]. 西安：西安电子科技大学出版社，2018.

[47] 新华三集团. 从 RSAC 2020 主题看未来网络行为管理技术发展趋势[EB/OL].[2020-02-26]. https://www.aqniu.com/zhuanti/rsa2020/64091.html.

[48] 朱燕丽. 基于 RSS 的用户信息安全意识教育系统设计与实现[D]. 南京：南京师范大学，2014.

[49] 麦丞程，陈波，周嘉坤，等. 无感状态下基于行为本体的手机用户信息安全能力评估方法[J]. 通信学报，2016，37（Z1）：156-167.

[50] 陈波，朱汉，刘亚尚. 个人信息安全素养评测手机软件开发[J]. 信息安全与技术，2014，5（10）：50-55.

[51] 周嘉坤. 员工信息安全行为的影响因素分析研究[D]. 南京：南京师范大学，2017.

[52] 麦丞程. 移动环境下基于行为本体的员工安全能力评估研究[D]. 南京：南京师范大学，2017.